普通高等教育物联网工程专业系列教材

普通高等教育卓越工程能力培养系列教材

物联网技术与应用
第3版

武奇生　姚博彬　高　荣　许唐雯　编著

机 械 工 业 出 版 社

本书的内容涵盖了物联网、射频识别、无线传感器网络、蓝牙技术、区块链、大数据与云计算等方面的基本概念、原理、技术和应用以及发展趋势，反映了物联网技术的最新进展。主要包括物联网及体系结构、射频识别技术、射频识别的频率标准与技术规范和应用、无线传感器网络概述、蓝牙技术、大数据与云计算、物联网安全技术、物联网基础实验等内容。本书集教程与实验指导书于一体，便于使用。

本书论述严谨、内容新颖、图文并茂，注重基本原理和基本概念的阐述，强调理论联系实际，突出应用技术和实践，重点介绍了物联网技术在智能交通上的应用，有作者研发的配合本书使用的实验装置，加深理解和巩固所学知识，通过教学实验和场景训练，读者可牢固掌握物联网理论知识。

本书可作为高等院校物联网及相关专业大学本科的教材或参考教材，也可作为从事无线传感器网络与物联网工作的广大科技人员及工程技术人员的参考用书。

图书在版编目（CIP）数据

物联网技术与应用/武奇生等编著. —3版. —北京：机械工业出版社，2023.8（2025.1重印）

普通高等教育物联网工程专业系列教材　普通高等教育卓越工程能力培养系列教材

ISBN 978-7-111-73468-0

Ⅰ.①物…　Ⅱ.①武…　Ⅲ.①物联网-高等学校-教材　Ⅳ.①TP393.4②TP18

中国国家版本馆CIP数据核字（2023）第124881号

机械工业出版社（北京市百万庄大街22号　邮政编码100037）

策划编辑：刘琴琴　　　　责任编辑：刘琴琴　王　荣

责任校对：牟丽英　张　征　　封面设计：王　旭

责任印制：任维东

北京中科印刷有限公司印刷

2025年1月第3版第3次印刷

184mm×260mm · 20.5印张 · 468千字

标准书号：ISBN 978-7-111-73468-0

定价：63.80元

电话服务　　　　　　　　　网络服务

客服电话：010-88361066　　机　工　官　网：www.cmpbook.com

010-88379833　　机　工　官　博：weibo.com/cmp1952

010-68326294　　金　书　网：www.golden-book.com

　机工教育服务网：www.cmpedu.com

前言

党的二十大报告强调要加快建设网络强国、数字中国，对信息通信领域的青年学生们寄予了更高的期许。为了鼓励学生树立自强自立的信念，积极投身我国信息通信事业的发展，本书在再版过程中，将科学家精神、“两路”精神等优秀视频教育资源，以二维码的形式融入各章节中，服务于培养德才兼备的科技人才。

物联网是互联网的延伸和拓展，它紧密结合射频识别（RFID）、计算机、通信、无线传感器网络、蓝牙技术、区块链以及大数据与云计算等一系列信息技术，是正在迅速发展并获得广泛应用的一门综合性学科，也正极大地推动着国家的经济建设，改变着人们的工作和生活方式，影响着智能交通的发展。党的二十大报告明确指出，要推动战略性新兴产业融合集群发展，构建新一代信息技术、人工智能等一批新的增长引擎。同时，要加快发展物联网，建设高效顺畅的流通体系，降低物流成本。此外，还要加快发展数字经济，促进数字经济和实体经济深度融合，打造具有国际竞争力的数字产业集群。这些重要指示描绘了物联网及相关技术在建设中国现代化产业体系中即将大放异彩的美好前景。

本书在介绍物联网、物联网体系结构等理论的基础上，从工程和实际应用的角度全面介绍物联网的关键技术和相关知识。全书共 9 章，第 1 章是物联网及体系结构，第 2 章是射频识别技术，第 3 章是无线传感器网络概述，第 4 章是无线传感器网络通信协议规范与应用开发技术，第 5 章是无线传感器网络片上系统及其应用，第 6 章是蓝牙技术，第 7 章是大数据与云计算，第 8 章是物联网安全技术，第 9 章是物联网基础实验。除实验章节外，每章均附有本章小结及习题，为教学实施提供方便。本书参考学时为 40~60 学时，可根据具体情况酌情选择。

本书由武奇生、姚博彬、高荣、许唐雯编著，武奇生负责统稿。具体分工：武奇生编写第 1 章，姚博彬编写第 4~6 章，高荣编写第 7~9 章，许唐雯编写第 2、3 章。谢乾坤、曹清源、王爱民等研究生参与研制了实验装置，郭柳迪、刘雯丽、张迪等研究生对本书的初稿进行了阅读和校对。在本书即将出版之时，回顾近一年的写作过程，时常想起以下要感谢的人和事。

2010 年夏，参加机械工业出版社组织的教育部计算机科学与技术专业教学指导分委员会教师高级研修班时，听取了南开大学吴功宜教授的讲座“智慧的物联网”，并与吴功宜教授探讨物联网的发展，得吴功宜教授赠书，获益匪浅。

2010 年夏，与上海交通大学王东老师本人及 RFID 研究团队进行了交流，并实地参观了上海张江 RFID 应用测试公共服务平台、国家 RFID 产业化（上海）基地，讨论了物联网的发展和应用中的问题和关键技术，对物联网有了更深刻的认识，获益匪浅。

在本书的再版过程中，作者参阅了许多资料，对所参考资料的作者，在此一并表示诚挚的感谢。

在本次修订过程中，补充了与物联网技术关系紧密、相互依存的大数据、云计算、区块链等技术的概要介绍和对应的实验，并将课程思政的教学理念和设计贯穿于课程教学过程当中。对书中的应用案例和作者针对本书研发的实验装置部分进行了内容更新，保持集教材与实验指导书于一体的形式，便于理论联系实际，加深理解和巩固所学知识。

鉴于物联网的迅速发展，物联网协议和相关技术标准仍在不断完善和发展，加之作者水平和时间有限，书中难免存在不妥之处，恳请同行专家和读者批评指正。

编著者

目 录

第1章 物联网及体系结构

我国正处在百年未有的历史转折阶段，2022 年的两会政府工作报告中指出：开展重点产业链强链补链行动；传统产业数字化智能化改造加快；数字技术与实体经济加速融合。物联网等新兴战略产业必然会得到大力推进及发展。

1.1 物联网概述

1.1.1 物联网的概念

物联网的概念首先由麻省理工学院（MIT）的自动识别实验室在 1999 年提出，中国科学院在 1999 年也启动了传感网的研究和开发，当时不叫“物联网”而叫“传感网”，与其他国家相比，我国在此领域的技术研发水平处于世界前列，和较早发展物联网的国家具有同等优势和重大影响力。

国际电信联盟（ITU）从 1997 年开始每一年出版一部世界互联网发展年度报告，其中 2005 年度报告的题目是《物联网（Internet of Things，IoT）》。2005 年 11 月 27 日在突尼斯举办的信息社会世界峰会（WSIS）上，ITU 发布的报告《ITU 互联网报告 2005：物联网》系统地介绍了意大利、日本、韩国与新加坡等国家的案例，并提出了“物联网时代”的构思。该构思设想世界上的万事万物，小到钥匙、手表、手机，大到汽车、楼房，只要注入一个微型的射频标签芯片或传感器芯片，通过互联网就能够实现物与物之间的信息交互，从而形成一个无所不在的“物联网”。世界上所有的人和物在任何时间、任何地点，都可以方便地实现人与人、人与物、物与物之间的信息交互。物联网概念的兴起，很大程度上得益于 ITU 的互联网发展年度报告，但是 ITU 的报告对物联网并没有给出一个清晰的定义。总的来说，物联网是指各类传感器和现有的互联网相互衔接的一种新技术，过去对物质的概念一直是将物理基础设施和信息技术（IT）基础设施分开，一方面是机场、公路、建筑物等存在的物质世界，另一方面是可对其进行管理的数据中心、个人计算机、宽带等 IT 基础设施。而在物联网时代，建筑物、电缆等与芯片、宽带将会整合为统一的物联网基础设施。

1.1.2 物联网的定义

1999 年 MIT 首次提出物联网的概念，2005 年在突尼斯举行的信息社会世界峰会上，ITU 在年度报告中对物联网概念的含义进行了扩展：信息与通信技术的目标已经从任何时间、任何地点连接任何人，发展到连接任何物品的阶段，而物体的连接就构成了物联网。在其发布的《ITU 互联网报告 2005：物联网》中，正式提出了“物联网”的概念。

通过十余年的发展，物联网基本可以定义为：通过射频识别（RFID）卡、无线传感器等信息传感设备，按传输协议，以有线和无线的方式把任何物品与互联网相连接，运用人工智能、云计算等数据处理技术，进行信息交换、通信等处理，以实现智能化识别、定位、跟踪、监控和管理等功能的一种网络。物联网是在互联网的基础上，将用户端延伸和扩展到任何物品与物品之间，在这个网络中，物品（商品）能够彼此进行“交流”，而无须人的干预。其实质是利用射频自动识别等技术，通过计算机互联网实现物品（商品）的自动识别和信息的互联与共享。

物联网把新一代IT技术充分运用到各行各业之中，具体地说，就是把带RFID的传感器等相关设备嵌入和装备到电网、铁路、桥梁、隧道、公路、建筑、大坝、供水系统、油气管道等各种物体中，然后将物联网与现有的互联网整合起来，实现人类社会与物理系统的整合。在这个整合的网络当中，运用功能强大的中心计算机群，即人工智能、大数据、云计算等数据服务，能够对其中的人员、机器、设备和基础设施等实施实时的管理和控制。

当前，世界各国的物联网研究已从技术研究与试验期这个阶段向全面应用过度。美、日、韩、中以及欧盟等国家和组织都投入巨资深入研究探索物联网，并启动了以物联网为基础的“智慧地球”“U-Japan”“U-Korea”“感知中国”等国家或区域战略规划。物联网是建立在现有的微电子技术、计算机网络与信息系统处理技术、识别技术等成熟并完整的产业链基础之上，许多新概念正从研究和试验阶段向应用过度。

美国的IBM公司早在2008年，便提出了“智慧地球”概念；而作为两次信息化革命浪潮中的领跑者，美国已经推出了许多物联网产品，并且通过运营商、学校、科研机构、IT企业等机构结合不少项目建立了广泛的试验区；同时，还与包括中国在内的一些国家积极推动物联网有关技术标准框架的制订。

与历次信息化浪潮革命不同，中国在物联网领域几乎与美国等国家同时起步，中国高度重视物联网的发展，已建立了中国的传感信息中心、“感知中国”中心。

虽然目前全球各主要经济体及信息发达国家纷纷将物联网作为未来战略发展新方向，也有诸多产品进入了试验阶段，包括中国在内的极少数国家已经能够实现物联网完整产业链，但无论是标识物体的IP（互联网协议）地址匮乏关键技术，还是各类通信传输协议需要建立的标准体系、商业模式，以及由物品智能化带来的生产成本较高问题，均制约着物联网的发展和成熟。

因此，物联网目前整体情况既有积极的一面，也有客观存在的诸多难题需要解决；其业务将遵照生产力变革的历史规律不断向前快速发展，但业务的成熟还需要不断努力。

IBM公司也在智慧地球概念的基础上提出了他们对物联网的理解。IBM的学者认为：智慧地球将感应器嵌入和装备到电网、铁路、桥梁、隧道、公路、建筑、供水系统、大坝、油气管道等各种物体中，并通过超级计算机和云计算组成物联网，实现人类社会与物理系统的整合。智慧地球的概念从根本上说，就是希望通过在基础设施和制造业上大量嵌入传感器，捕捉运行过程中的各种信息，然后通过无线传感器接入互联网，通过计算机分析处理发出指令，反馈给传感器，远程执行指令，以达到提高效率、效益的目的。这种技术控制的对象小到控制一个开关、一台可编程序逻辑控制器

（PLC）、一台发电机，大到控制一个行业的运行过程。

因此，我们可以将物联网理解为“物-物相连的互联网”、一个动态的全球信息基础设施，也有的学者将它称作无处不在的“泛在网”和“传感网”。无论是叫它是“物联网”，还是“泛在网”或“传感网”，这项技术的实质是使世界上的物、人、网与社会融合为一个有机的整体。物联网概念的本质就是将地球上人类的经济活动、社会生活、生产运行与个人生活都放在一个智慧的物联网基础设施之上运行。

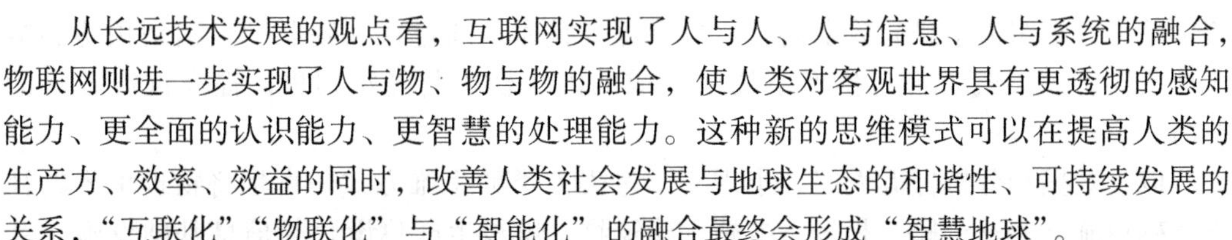

从长远技术发展的观点看，互联网实现了人与人、人与信息、人与系统的融合，物联网则进一步实现了人与物、物与物的融合，使人类对客观世界具有更透彻的感知能力、更全面的认识能力、更智慧的处理能力。这种新的思维模式可以在提高人类的生产力、效率、效益的同时，改善人类社会发展与地球生态的和谐性、可持续发展的关系，“互联化”“物联化”与“智能化”的融合最终会形成“智慧地球”。

1.1.3　从互联网到物联网

在理解物联网的基本概念的同时，需要了解物联网发展的社会背景、技术背景，以及它能够产生的经济与社会效益。

1. 互联网与无线通信网络为物联网的发展奠定了基础

随着我国经济的高速发展，社会对互联网应用的需求日趋增长，互联网的广泛应用对我国信息产业发展产生了重大的影响。因此，研究我国互联网发展的特点与趋势，对学习计算机网络与互联网技术显得更为重要。

我国互联网发展状况数据由中国互联网络信息中心（CNNIC）组织调查、统计，从 1998 年起每年 1 月和 7 月发布两次。调查统计的内容主要包括中国网民人数、互联网普及率，以及网民结构特征、上网条件、上网行为、互联网基础资源等方面的基本情况。2022 年 4 月，中国互联网络信息中心（http://www.cnnic.org）发布了第 49 次《中国互联网络发展状况统计报告》。报告显示，在网络基础资源方面，截至 2021 年 12 月，我国域名总数达 3593 万个，IPv6 地址数量达 63052 块/32，同比增长 9.4%；移动通信网络 IPv6 流量占比已经达到 35.15%。在信息通信业方面，截至 2021 年 12 月，累计建成并开通 5G 基站数达 142.5 万个，全年新增 5G 基站数达到 65.4 万个；有全国影响力的工业互联网平台已经超过 150 个，接入设备总量超过 7600 万台套，全国在建“5G+工业互联网”项目超过 2000 个，工业互联网和 5G 在国民经济重点行业的融合创新应用不断加快。

从以上数据中可以看出，随着我国国民经济的高速发展，我国的互联网应用得到了快速发展，这也将为我国物联网技术的研究打下坚实的基础。

2. 解决物理世界与信息世界分离所造成的问题成为物联网发展的推动力

如果将人们生活的社会称为物理世界，将互联网称为信息世界的话，那么会发现：物理世界发展的历史远远早于信息世界，物理世界中早已形成了自己的生活规则与思维方式，尽管从事信息世界建设的人们希望将两者尽可能地融合在一起，但是物理世界与信息世界分开发展、互相割裂的现象明显存在，造成了物质资源的浪费与信息资源不能被很好地利用。例如，2016 年以前，由于我国电网管理与调度的智能化程度不高，电能在传输过程中损失达到 6%~8%；由于我国医疗信息化程度不够，患者的医疗

信息不能够共享，每个患者辗转在不同医疗机构之间多花费的各种检查与手续费用平均多出 1000 元；由于物流自动化程度不高，每年的物流成本占我国 GDP 的比例高达 20%，高出美国一倍；由于缺乏相应的监管手段，我国仍有大量工业废水与社会污水未经处理就排入到河流或湖泊中，加剧了全国城市的水环境恶化与可利用水资源的不足。据美国仅在洛杉矶的一个小商务区统计，每年车辆因寻找停车位燃烧的汽油就达 47000 加仑（USgal，1USgal = 3. 785dm^3）。我国地震、水灾、冰冻灾害频发，使得人们不得不集中精力，组织力量研究数字地质、数字煤炭技术，通过接入物联网，达到预防和减少地质灾害、天气灾害与生产事故所造成的人员伤害与经济损失，提高抗灾救灾的能力。

以上数据和分析告诉人们一个现实，过去人类的思维方式一直是将物理世界的社会基础设施（高速公路、机场、电站、建筑物、煤炭生产建设）与信息基础设施（互联网、计算机、数据中心）分开规划、设计与建设，而物联网的概念是将人、钢筋混凝土、网络、芯片、信息整合在一个统一的基础设施之上，通过将现实的物理世界与信息世界融合，通过信息技术去提高物理世界的资源利用率、节能减排，达到改善物理世界环境与人类社会质量的目的。

3. 社会经济发展与产业转型成为物联网发展的推动力

社会需求是新技术与新概念产生的真正推动力。在经济全球化的形势下，商品货物在世界范围内的快速流通已经成为一种普遍现象。传统的技术手段对货物的跟踪识别效率低、成本高，容易出现差错，已经无法满足现代物流业的发展要求。同时，经济全球化使得所有的企业都面临激烈竞争的局面，企业需要及时获取世界各地对商品的销售情况与需求信息，为全球采购与生产制订合理的计划，以提高企业的竞争力，这就需要采用先进的信息技术手段和现代管理理念。

同时，在节能减排等方面，物联网也有十分成功的案例。以日本建筑物空调节能的设计为例，在日本的一幢大楼里安装了两万个联网的温度传感器，大楼里面不同的房间在不同的时间要求的温度不一样，传感器测量房间的温度，控制系统按照需要的温度对空调进行智能控制。通过实验，这项技术节约的电能可达 29. 4%。有的 IT 公司办公室所有的灯光都是智能控制的。员工进入办公室之后，头顶上的灯自动打开；离开这个位置后，头顶上的灯则自动关闭；如果外面的阳光太过强烈，窗帘则自动拉下。各个光源都是通过自动感应设备连接到网络中的控制计算机，由计算机进行智能控制，这样可以做到最大限度地节约电能。

智能电网、电力安全监控也是物联网的一个重要的应用。电力行业是关系到国计民生的基础性行业。电力线传输系统包括变电站（高、低压变压器，控制箱）、高压传输线、中继器、塔架等，其中高压传输线及塔架位于野外，承担电能的输运，电压至少为 35kV 以上，是电力网的骨干部分。电力系统是一个复杂的网络系统，其安全可靠运行不仅可以保障电力系统的正常运营与供应，避免安全隐患所造成的重大损失，更是全社会稳定健康发展的基础。中国国家电网公司于 2010 年 5 月 21 日公布了“智能电网”计划，根据国家电网公布的《国家电网智能化规划总报告》，智能电网建设分为三个阶段：规划试点阶段（2009—2010 年）、全面建设阶段（2011—2015 年）和引领提升阶段（2016—2020 年），三个阶段电网智能化投资合计约为 3841 亿元，占电网总投资比

例为11.13%，其中用电环节占智能化投资比例最高，为30.8%，重点发展的关键设备包括电力用户用电信息采集专用芯片、采集终端、主站系统、智能电表等；其次是配电环节占比23.2%、变电环节占比19.5%。随着近年来物联网技术的进步和行业应用能力的提升，国家电网以2019—2021年为战略突破期，将重点应用物联网、大数据、人工智能等新技术，提升电网泛在物联和深度感知能力，于2021年初步建成泛在电力物联网；再通过三年的持续提升，到2024年建成泛在电力物联网。

物联网在工业生产中的应用可以极大地提高企业的核心竞争力。在信息化过程中，信息技术越来越多地融入传统工业产品的设计、生产、销售与售后服务中，提高了企业的产品质量、生产水平与销售能力，极大地提高了企业的核心竞争力。学术界将信息化与工业化的融合总结为五个层面的内容：产业构成层的融合、工业设计层的融合、生产过程控制层的融合、物流与供应链层的融合、经营管理与决策层的融合。应用信息技术改造传统产业主要将表现在产品设计、研发的信息化；生产装备与生产过程的自动化、智能化，物流与供应链管理的信息化；RFID技术在工业生产过程中的应用，用物联网技术支撑工业生产的全过程等方面。

在推进信息化与工业化融合的过程中，人们认识到：物联网可以将传统的工业化产品的设计、供应链、生产、销售、物流与售后服务融为一体，可以最大限度地提高企业的产品设计、生产、销售能力，提高产品质量与经济效益，极大地提高企业的核心竞争力。

物联网发展的社会背景如图1-1所示。

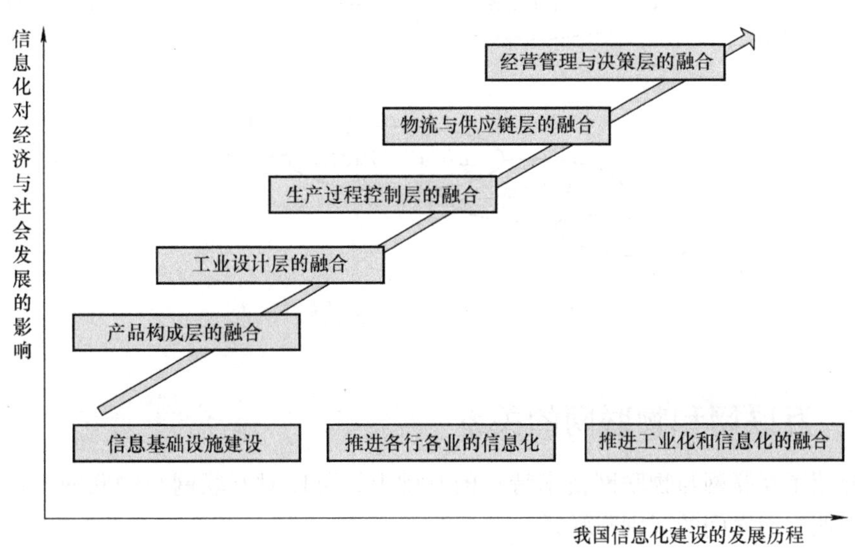

图1-1 物联网发展的社会背景

计算机技术、通信与微电子技术的高速发展，促进了互联网技术、射频识别（RFID）技术、全球定位系统（GPS）技术与数字地球技术的广泛应用，以及无线网络与无线传感器网络（WSN）研究的快速发展，互联网应用所产生的巨大经济与社会效益加深了人们对信息化作用的认识，而互联网技术、RFID技术、GPS技术与WSN技术为实现全球商品货物快速流通的跟踪识别与信息利用，进而实现现代管理打下了坚

实的技术基础。

互联网已经覆盖了世界的各个角落，已经深入到世界各国的经济、政治与社会生活中，已经改变了几十亿网民的生活方式和工作方式。但是现在互联网上关于人类社会、文化、科技与经济信息的采集还必须由人来输入和管理。为了适应经济全球化的需求，人们设想如果从物流角度将 RFID 技术、GPS 技术与 WSN 技术与“物品”信息的采集、处理结合起来，就能够将互联网的覆盖范围从“人”扩大到“物”，就能够通过 RFID 技术、WSN 技术与 GPS 技术采集和获取有关物流的信息，通过互联网实现对世界范围内的物流信息的快速、准确识别与全程跟踪，这种技术就是物联网技术。

物联网发展的社会与技术背景如图 1-2 所示。

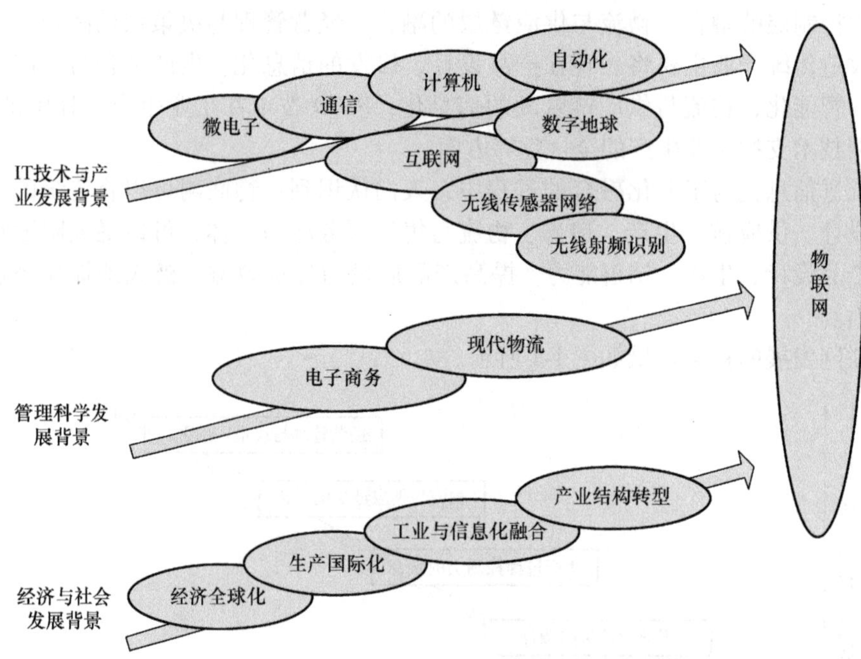

图 1-2 物联网发展的社会与技术背景

1.2 互联网和物联网的关系

在介绍了互联网与物联网技术特点的基础上，可以对互联网与物联网进行深入的比较，说明它们之间的区别与联系。

1.2.1 从端系统接入的角度看互联网的结构

图 1-3 给出了从端系统接入的角度看互联网的结构示意图。从图 1-3 中可以看出，互联网的端系统接入主要有两种类型：有线接入与无线接入。

有线接入主要有三种基本方法：

1）计算机通过网卡接入局域网，然后再通过企业或校园网接入地区主干网，通过地区主干网接入国家或国际主干网，最终接入互联网。

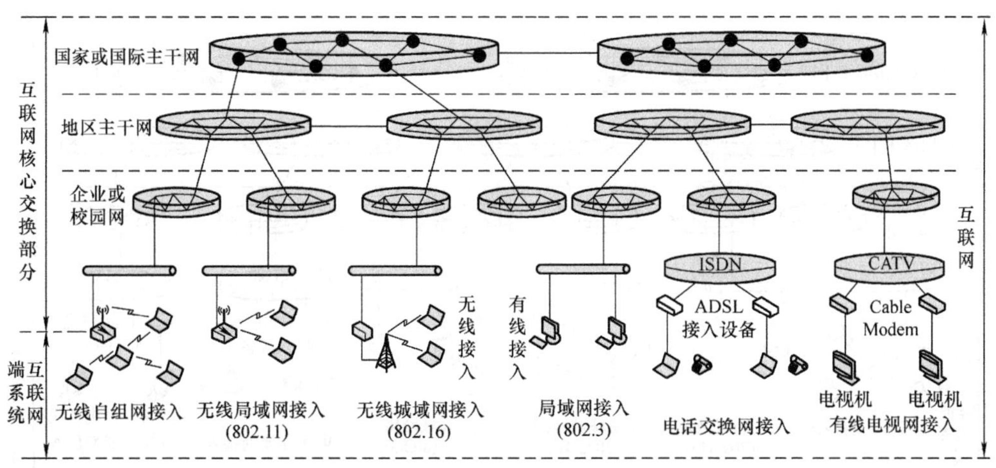

图 1-3　从端系统接入的角度看互联网的结构示意图

ISDN：综合业务数字网　CATV：有线电视

2）计算机可以使用非对称数字用户线（ADSL）接入设备，通过电话交换网接入互联网。

3）计算机可以使用电缆调制解调器（Cable Modem）接入设备，通过有线电视网接入互联网。

无线接入主要有四种基本方法：

1）计算机通过无线网卡接入无线局域网，然后再通过企业网或校园网接入地区主干网，通过地区主干网接入国家或国际主干网，最终接入互联网。

2）计算机可以通过无线城域网接入互联网。

3）计算机可以通过无线自组网接入互联网。

4）计算机可以通过 Wi-Fi 接入互联网。

1.2.2　从端系统接入的角度看物联网的结构

图 1-4 给出了从端系统接入的角度看物联网的结构示意图，可以看出物联网的两个重要特点。

1）物联网应用系统运行在互联网核心交换结构的基础之上，在规划和组建物联网应用系统的过程中，人们将充分利用互联网的核心交换部分，基本上不会改变互联网的网络传输系统结构与技术。物联网应用系统是运行在互联网核心交换结构的基础上的，这一点正体现出互联网与物联网的相同之处。

2）物联网应用系统将根据需要选择无线传感器网络或 RFID 应用系统的接入方式。互联网与物联网在接入方式上是不相同的。互联网用户通过端系统的计算机或手机、个人数字助理（PDA）访问互联网资源，发送或接收电子邮件；阅读新闻；写博客或读博客；通过网络电话通信；在网上买卖股票，预订机票、酒店。而物联网中的传感器节点需要通过无线传感器网络的汇聚节点接入互联网；RFID 芯片通过阅读器（也称读写器）与控制主机连接，再通过控制节点的主机接入互联网。因此，由于互联网与物联网的应用系统不同，所以接入方式也不同。物联网应用系统将根据需要选择无线传感器网络或 RFID 应用系统接入互联网。

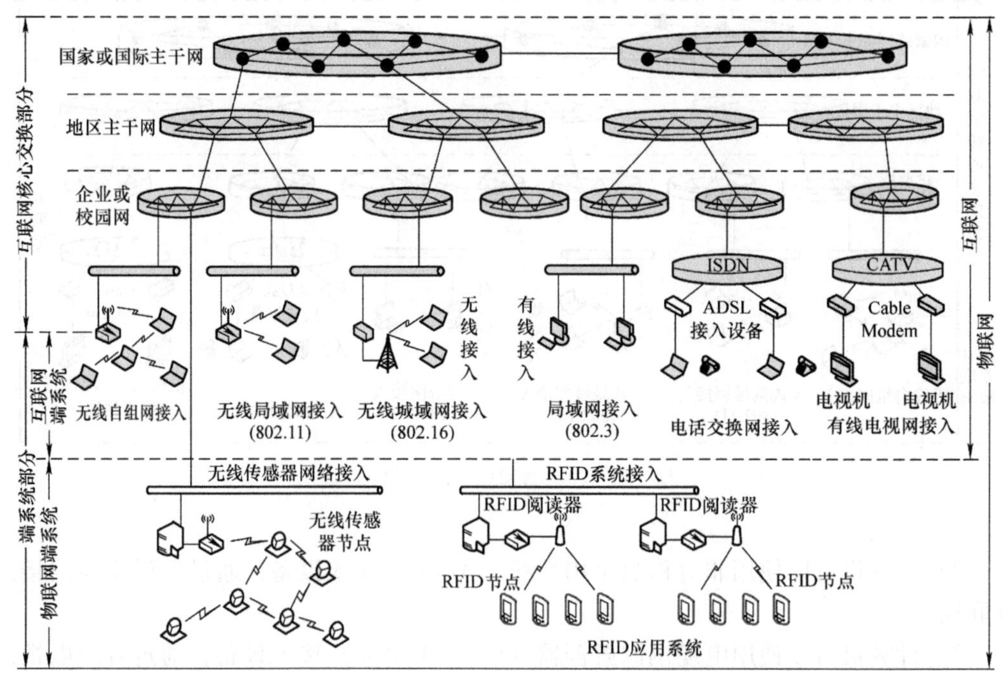

图 1-4　从端系统接入的角度看物联网的结构示意图

1.2.3　互联网与物联网的融合

未来的计算机网络将覆盖所有的企业、学校、科研部门、政府机关和家庭，其覆盖范围可能会超过现有的电话通信网。如果将国家级大型主干网比喻成国家级公路，各个城市和地区的高速城域网比喻成地区级公路，那么接入网就相当于最终把家庭、机关、企业用户接到地区级公路的道路。国家需要设计和建设覆盖全国的国家级高速主干网，各个城市、地区需要设计与建设覆盖一个城市和地区的主干网。但是，最后人们还是需要解决用户计算机的接入问题。对于互联网来说，任何一个家庭、机关、企业的计算机都必须首先连接到本地区的主干网中，才能通过地区主干网、国家级主干网与互联网连接。就像一个大学需要将校内道路就近与城市公路连接，以使学校的车辆可以方便地行驶出去一样，这样学校就要解决连接城市公路的"最后一公里"问题。同样，我们可以形象地将家庭、机关、企业的计算机接入地区主干网的问题也称为信息高速公路中的"最后一公里"问题。

接入网技术解决的是最终用户接入宽带城域网的问题。由于互联网的应用越来越广泛，社会对接入网技术的需求也越来越强烈，对于信息产业来说，接入网技术有着广阔的市场前景，因此它已经成为当前网络技术研究、应用与产业发展的热点问题。

接入网技术关系到如何将成千上万的住宅、小型办公室的用户计算机接入互联网的方法，关系到这些用户所能得到的网络服务的类型、服务质量、资费等切身利益问题，因此这也是城市网络基础设施建设中需要解决的一个重要问题。

接入方式涉及用户的环境与需求，它大致可以分为家庭接入、校园接入、机关与企业接入。

接入技术可以分为有线接入与无线接入两类。从实现技术的角度，目前接入技术主要有数字用户线技术、光纤同轴电缆混合网技术、光纤接入技术、无线接入技术与局域网接入技术。无线接入又可以分为无线局域网接入、家庭 Wi-Fi、无线城域网接入与无线自组网接入。这些接入技术会逐渐互相融合构成一个统一的网络。

1.3 物联网的传输通信保障

在实际开展一项互联网应用系统设计与研发任务时，设计者面对的不会只是单一的广域网或局域网环境，而将是多个路由器互联起来的，局域网、城域网与广域网构成的，复杂的互联网环境。作为互联网的一个用户，你可能是坐在位于中国西安长安大学的某个研究室的一台计算机前，正在使用位于英国剑桥大学的某个实验室的一台超级并行机，合作完成一项大型的分布式计算任务。在设计这种基于互联网的分布式计算软件系统时，设计者关心的是协同计算的功能是如何实现的，而不是每一条指令或数据具体是以多少个字节长度的分组，以及通过哪一条路径传送给对方的。应用软件设计者的任务是如何合理地利用底层所提供的服务，而不需要考虑底层的数据传输任务是由谁、使用什么样的技术，以及是通过硬件还是软件方法去实现的。

面对复杂的互联网结构，研究者必须遵循网络体系结构研究中“分而治之”的分层结构思想，在解决过程中对复杂网络进行简化和抽象。在各种简化和抽象方法中，将互联网系统分为边缘部分和核心交换部分是最有效的方法之一。图 1-5 给出了将互联网抽象为核心交换部分和边缘部分的结构示意图。

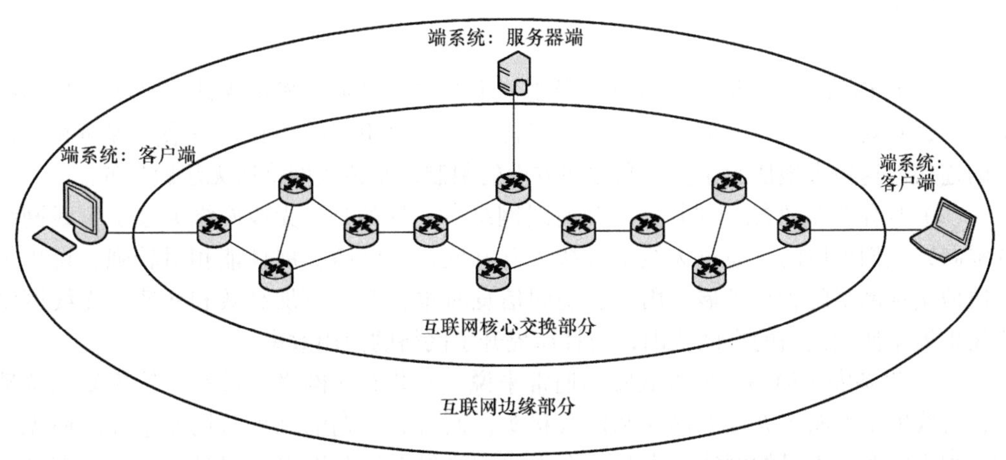

图 1-5 互联网抽象为核心交换部分与边缘部分的结构示意图

互联网边缘部分主要包括大量接入互联网的主机和用户设备，核心交换部分包括由大量路由器互联的广域网、城域网和局域网。边缘部分利用核心交换部分所提供的数据传输服务功能，使得接入互联网的主机之间能够相互通信和共享资源。

互联网边缘部分的用户设备也称为端系统（End System）。端系统是指能够运行文件传送协议（FTP）应用程序、电子邮件（E-mail）应用程序、网络（Web）应用程序，以及对等网络（P2P）文件共享程序或即时通信程序的计算机。因此，端系统又统称为主机（Host）。随着互联网应用的扩展，接入端系统的主机类型已经从初期只有

一种接入设备——计算机，扩展到所有能够接入互联网的设备，如手持终端PDA、固定与移动电话、数字相机、数字摄像机、电视机、无线传感器网络以及各种家用电器。

1.3.1　无线网络

无线网络是指无须布线就能实现各种通信设备互联的网络。无线网络技术涵盖的范围很广，既包括允许用户建立远距离无线连接的全球语音和数据网络，也包括为近距离无线连接进行优化的红外线及射频技术。根据网络覆盖范围的不同，可以将无线网络划分为无线广域网（Wireless Wide Area Network，WWAN）、无线局域网（Wireless Local Area Network，WLAN）、无线城域网（Wireless Metropolitan Area Network，WMAN）和无线个人局域网（Wireless Personal Area Network，WPAN）。无线广域网基于移动通信基础设施，由网络运营商如中国移动、中国联通、Softbank等运营商所经营，其负责一个城市甚至一个国家所有区域的通信服务。无线局域网则是一个负责在短距离范围之内无线通信接入功能的网络，它的网络连接能力非常强大。目前而言，无线局域网是以美国电气电子工程师学会（IEEE）组织的IEEE 802.11技术标准为基础，这也就是所谓的Wi-Fi网络。无线广域网和无线局域网并不完全互相独立，它们可以结合起来并提供更加强大的无线网络服务，无线局域网可以让接入用户共享到局域之内的信息，而无线广域网可以让接入用户共享到局域之外的信息。无线城域网则是可以让接入用户访问到固定场所的无线网络，其将一个城市或者地区的多个固定场所连接起来。无线个人局域网则是用户个人将所拥有的便携式设备通过通信设备进行短距离无线连接的无线网络。

1. 无线网络特点

（1）可移动性强，能突破时空的限制　无线网络是通过发射无线电波来传递网络信号的，只要处于发射的范围之内，人们就可以利用相应的接收设备来实现对相应网络的连接。这极大地摆脱了空间和时间方面的限制，是传统网络所无法做到的。

（2）网络扩展性能相对较强　与有线网络不一样的是，无线网络突破了有线网络的限制，人们可以随时通过无线信号接入互联网，其网络扩展性能相对较强，可更加便捷地实现网络配置与扩展，用户在访问信息时也会变得更加高效和便捷。无线网络不仅扩展了使用网络的空间范围，而且还提升了网络的使用效率。

（3）设备安装简易、成本低廉　通常来说，安装有线网络的过程是较为复杂烦琐的，有线网络要布置大量的网线和网线接头，而且其后期的维护费用非常高。而无线网络则无须布设大量的网线，安装一个无线网络发射设备即可，同时这也为后期网络维护创造了非常便利的条件，极大地降低了网络前期安装和后期维护的成本费用。

与有线网络相比，无线网络的主要特点是完全消除了有线网络的局限性，实现了信息的无线传输，使人们更自由地使用网络。同时，网络运营商操作也非常方便，线路建设成本降低，运行时间缩短，成本回报和利润生产相对较快。此外，还改进了管理员的无线信息传输管理，并为网络中没有空间限制的用户提供了更大的灵活性。

2. 无线网络安全服务要求

无线通信网络中的不安全因素给移动网络用户与网络经营者带来了巨大的威胁，要维护无线通信网络用户和经营者的权益，就必须做好无线网络安全防护技术工作。

无线网络安全服务要求主要包括保密性、身份认证、数据完整性和服务不可否认性四点。

(1) 保密性 保密性是无线通信网络信息安全防护的主要方式。无线通信网络系统的保密性业务主要包括语音与数据保密性、用户身份与位置保密、用户和网络间信息保密性等。采用保密性方式之后，除了信息的参与者之外，其他人即使截获了信息也不能破解其中的含义。

(2) 身份认证 应对身份假冒的最有效的方式就是身份认证。无线网络通过对无线通信中的双方或一方身份进行认证来保障网络资源与服务访问用户的真实性和有效性。无线网络中的身份认证主要包括移动用户身份认证和网络端身份认证两种。其中，移动用户身份认证主要是确保访问用户的合法性，避免非法用户身份假冒问题的出现；网络端身份认证主要是对网络端身份进行认证，避免攻击者假冒网络端欺骗用户。

(3) 数据完整性 数据完整性是应对数据篡改的主要方式。数据完整性主要包括连接完整性、无连接完整性和选域完整性三种。其中，连接完整性主要是对连接中数据完整性的保护；无连接完整性则主要针对无连接中的数据完整性进行保护；选域完整性则是针对具体数据单元中某个区域中数据完整性的保护。

(4) 服务不可否认性 服务不可否认性主要针对服务后抵赖问题。服务不可否认性实施的重点是避免系统内部欺诈行为，具体包括源不可否认和接收不可否认。源不可否认是指确保信息发送方在完成数据传送后不能否认曾经的数据发送行为；接收不可否认是指信息接收方在接收到数据之后不能否认曾经的数据接收行为。

3. 无线网络安全防范

运营商应普及网络安全知识，提高用户对网络安全的认识；此外，应定期维护网络服务器。

用户自身应该加强对网络安全的维护，对自己的重要资料不定期检查、备份，保证数据信息的安全。不少用户使用设备进行无线网络设置时贪图方便常常采用默认设置进行操作，使得设备安全等级较低。一般情况下可以通过安装较常用的网络防火墙软件，提高客户端的安全性来解决。无线网络防火墙可以检查网络中传输的数据的服务类型、源代码、数据传输地址以及端口数据等信息，检测这些信息的合法性，来确定是否让其通过。

在无线网络传输过程中、存储过程中进行信息数据的加密，加密系统既可单独实现，也可以集成到应用程序或者无线网络服务内，加密工作可以通过专业人员完成。

4. 无线网络安全技术

(1) WPKI 技术 WPKI (Wireless Public Key Infrastructure，无线公钥基础设施) 技术是在有线网络中的 PKI (公钥基础设施) 体系基础上发展起来的。在有线网络中，可以通过标准密钥管理平台为用户透明地提供通信网络应用所需要的加密、数字签名等密码服务，从而确保用户网络中数据的机密性与有效性。WPKI 技术是在无线网络中为用户提供与有线网络 PKI 相同的安全服务机制。

公钥证书是 WPKI 的核心，是由证书认证机构签发的，主要包括用户姓名、数字签名、有效期等。证书管理机构 (CA) 所签发的 CA 证书内容不可更改，主要用来确认用户公钥的正确性和用户身份的合法性。PKI 门户主要负责无线应用协议 (WAP)

客户对审核系统与签发系统发送请求的转换，完成无线网络中 WAP 设备和有线网络中 CA 的交互工作。

WAP 终端设备的处理能力较低，且无线网络数据传输带较窄，所以 WPKI 与传统 PKI 技术有很大的区别，WPKI 系统对数据和加密的简洁性要求较高。两者在编码方法、证书格式、加密算法和密钥中均存在一定的差异性。

（2）IBC 技术　WPKI 技术是保障无线通信网络信息安全的有效方式，但是 WPKI 系统的建立需要强大的基础设施作支撑，且其证书状态管理难度较大，新增用户过程较为复杂。所以，在此基础上，一项名为基于身份标识的密码（IBC）技术的新的无线通信网络安全技术得到了较大的发展，并被广泛应用于政务与私人领域。

IBC 技术的最大特点是以用户公开的字符串信息作为公钥。PKI 技术可以随机地生成成对公私密钥，而 IBC 技术则可以由用户自己选择字符串作为自己身份识别的公钥，私钥则通过密钥生产中心计算产生，并以一定的方式传递给用户。

1.3.2　移动通信 4G/5G

1. 4G

第四代移动通信技术（4G）以之前的 2G、3G 为基础，在其中添加了一些新型技术，使得无线通信的信号更加稳定，提高了数据的传输速率，而且兼容性更平滑，通信质量更高。此外，4G 中使用的技术也先进于 2G、3G，使得信息通信速度变快。

4G 是在 3G 基础上不断优化升级、创新发展而来的，融合了 3G 的优势，并衍生出了一系列自身固有的特征，以 WLAN 技术为发展重点。4G 的创新使其与 3G 相比具有更大的竞争优势。首先，4G 在图片、视频传输上能够实现原图、原视频高清传输，其传输质量与计算机画质不相上下；其次，利用 4G，在软件、文件、图片、音视频下载时，其速度最高可达到每秒几十兆字节，这是 3G 无法实现的，同时这也是 4G 的一个显著优势。

2. 5G

第五代移动通信技术（5G）是具有高速率、低时延和大连接特点的新一代宽带移动通信技术，5G 通信设施是实现人机物互联的网络基础设施。

国际电信联盟（ITU）定义了 5G 的三大类应用场景，即增强移动宽带（eMBB）、超高可靠低时延通信（uRLLC）和海量机器类通信（mMTC）。增强移动宽带（eMBB）主要面向移动互联网流量爆炸式增长，为移动互联网用户提供更加极致的应用体验；超高可靠低时延通信（uRLLC）主要面向工业控制、远程医疗、自动驾驶等对时延和可靠性具有极高要求的垂直行业应用需求；海量机器类通信（mMTC）主要面向智慧城市、智能家居、环境监测等以传感和数据采集为目标的应用需求。

为满足 5G 多样化的应用场景需求，5G 的关键性能指标更加多元化。ITU 定义了 5G 的八大关键性能指标，其中高速率、低时延、大连接成为 5G 最突出的特征，用户体验速率达 1Gbit/s，时延低至 1ms，用户连接能力达 100 万连接/km^2。

（1）5G 的关键技术

1）5G 无线关键技术。5G 国际技术标准重点满足灵活多样的物联网需要。在正交频分多址（OFDMA）和多输入多输出（MIMO）基础技术上，5G 为支持三大应用场

景，采用了灵活的全新系统设计。在频段方面，与4G支持中低频不同，考虑到中低频资源有限，5G同时支持中低频和高频频段，其中，中低频满足覆盖和容量需求，高频满足在热点区域提升容量的需求，5G针对中低频和高频设计了统一的技术方案，并支持百兆赫兹的基础带宽。为了支持高速率传输和更优覆盖，5G采用低密度奇偶校验码（LDPC）、极化码（Polar）新型信道编码方案、性能更强的大规模天线技术等。为了支持低时延、高可靠，5G采用短帧、快速反馈、多层/多站数据重传等技术。

2）5G网络关键技术。5G采用全新的服务化架构，支持灵活部署和差异化业务场景。5G采用全服务化设计，模块化网络功能，支持按需调用，实现功能重构；采用服务化描述，易于实现能力开放，有利于引入IT开发实力，发挥网络潜力。5G支持灵活部署，基于网络功能虚拟化（NFV）/软件定义网络（SDN），实现硬件和软件解耦，实现控制和转发分离；采用通用数据中心的云化组网，网络功能部署灵活，资源调度高效；支持边缘计算，云计算平台下沉到网络边缘，支持基于应用的网关灵活选择和边缘分流。通过网络切片满足5G差异化需求，网络切片是指从一个网络中选取特定的特性和功能，定制出的一个逻辑上独立的网络，它使得运营商可以部署功能、特性服务各不相同的多个逻辑网络，分别为各自的目标用户服务，目前定义了三种网络切片类型，即增强移动宽带、低时延高可靠、大连接物联网。

（2）5G的应用领域

1）工业领域。以5G为代表的新一代信息通信技术与工业经济深度融合，为工业乃至产业数字化、网络化、智能化发展提供了新的实现途径。5G在工业领域的应用涵盖研发设计、生产制造、运营管理及产品服务四大工业环节，主要包括十六类应用场景，分别为增强现实（AR）/虚拟现实（VR）研发实验协同、AR/VR远程协同设计、远程控制、AR辅助装配、机器视觉、自动导引运输车（AGV）物流、自动驾驶、超高清视频、设备感知、物料信息采集、环境信息采集、AR产品需求导入、远程售后、产品状态监测、设备预测性维护、AR/VR远程培训。当前，机器视觉、AGV物流、超高清视频等场景已取得了规模化复制的效果，实现“机器换人”，大幅降低人工成本，有效提高产品检测准确率，达到了生产效率提升的目的。未来，远程控制、设备预测性维护等场景预计将会产生较高的商业价值。

以钢铁行业为例，5G技术赋能钢铁制造，实现钢铁行业智能化生产、智慧化运营及绿色发展。在智能化生产方面，5G网络低时延特性可实现远程实时控制机械设备，提高运维效率的同时，促进厂区无人化转型；借助5G+AR眼镜，专家可在后台对传回的AR图像进行文字、图片等多种形式的标注，实现对现场运维人员实时指导，提高运维效率；5G+大数据，可对钢铁生产过程的数据进行采集，实现钢铁制造主要工艺参数在线监控、在线自动质量判定，实现生产工艺质量的实时掌控。在智慧化运营方面，5G+超高清视频可实现钢铁生产流程及人员生产行为的智能监管，及时判断生产环境及人员操作是否存在异常，提高生产安全性。在绿色发展方面，5G大连接特性采集钢铁各生产环节的能源消耗和污染物排放数据，可协助钢铁企业找出问题严重的环节并进行工艺优化和设备升级，降低能耗成本和环保成本，实现清洁低碳的绿色化生产。

5G在工业领域丰富的融合应用场景将为工业体系变革带来极大潜力，使能工业智能化、绿色化发展。“5G+工业互联网”512工程实施以来，行业应用水平不断提升，

从生产外围环节逐步延伸至研发设计、生产制造、质量检测、故障运维、物流运输、安全管理等核心环节，在电子设备制造、装备制造、钢铁、采矿、电力五个行业率先发展，培育形成协同研发设计、远程设备操控、设备协同作业、柔性生产制造、现场辅助装配、机器视觉质检、设备故障诊断、厂区智能物流、无人智能巡检、生产现场监测十大典型应用场景，助力企业降本提质和安全生产。

2）车联网与自动驾驶。5G车联网助力汽车、交通应用服务的智能化升级。5G网络的大带宽、低时延等特性，支持实现车载VR视频通话、实景导航等实时业务。借助于车联网C-V2X（包含直连通信和5G网络通信）的低时延、高可靠和广播传输特性，车辆可实时对外广播自身定位、运行状态等基本安全消息，交通灯或电子标识等可广播交通管理与指示信息，支持实现路口碰撞预警、红绿灯诱导通行等应用，显著提升车辆行驶安全和出行效率，后续还将支持实现更高等级、复杂场景的自动驾驶服务，如远程遥控驾驶、车辆编队行驶等。5G网络可支持港口岸桥区的自动远程控制、装卸区的自动码货以及港区的车辆无人驾驶应用，显著降低AGV控制信号的时延，以保障无线通信质量与作业可靠性，可使智能理货数据传输系统实现全天候全流程的实时在线监控。

3）能源领域。在电力领域，能源电力生产包括发电、输电、变电、配电、用电五个环节，目前5G在电力领域的应用主要面向输电、变电、配电、用电四个环节开展，应用场景主要涵盖了采集监控类业务及实时控制类业务，包括输电线无人机巡检、变电站机器人巡检、电能质量监测、配电自动化、配网差动保护、分布式能源控制、高级计量、精准负荷控制、电力充电桩等。当前，基于5G大带宽特性的移动巡检业务较为成熟，可实现应用复制推广，通过无人机巡检、机器人巡检等新型运维业务的应用，促进监控、作业、安防向智能化、可视化、高清化升级，大幅提升输电线路与变电站的巡检效率；配网差动保护、配电自动化等控制类业务现处于探索验证阶段，未来随着网络安全架构、终端模组等问题的逐渐成熟，控制类业务将会进入高速发展期，提升配电环节故障定位精准度和处理效率。

在煤矿领域，5G应用涉及井下生产与安全保障两大部分，应用场景主要包括作业场所视频监控、环境信息采集、设备数据传输、移动巡检、作业设备远程控制等。当前，煤矿利用5G技术实现地面操作中心对井下综采面采煤机、液压支架、掘进机等设备的远程控制，大幅减少了原有线缆维护量及井下作业人员；在井下机电硐室等场景部署5G智能巡检机器人，实现机电硐室自动巡检，极大提高检修效率；在井下关键场所部署5G超高清摄像头，实现环境与人员的精准实时管控。煤矿利用5G技术的智能化改造能够有效减少井下作业人员，降低井下事故发生率，遏制重特大事故，实现煤矿的安全生产。当前取得的应用实践经验已逐步开始规模推广。

4）教育领域。5G在教育领域的应用主要围绕智慧课堂及智慧校园两方面开展。5G+智慧课堂，凭借5G低时延、高速率特性，结合VR/AR/全息影像等技术，可实现实时传输影像信息，为两地提供全息、互动的教学服务，提升教学体验；5G智能终端可通过5G网络收集教学过程中的全场景数据，结合大数据及人工智能技术，可构建学生的学情画像，为教学等提供全面、客观的数据分析，提升教育教学精准度。5G+智慧校园，基于超高清视频的安防监控可为校园提供远程巡考、校园人员管理、学生作息

管理、门禁管理等应用，解决校园陌生人进校、危险探测不及时等安全问题，提高校园管理效率和水平；基于人工智能（AI）图像分析、地理信息系统（GIS）等技术，可对学生出行、活动、饮食安全等环节提供全面的安全保障服务，让家长及时了解学生的在校位置及表现，打造安全的学习环境。

2022年2月，工业和信息化部、教育部公布2021年“5G+智慧教育”应用试点项目入围名单，一批5G与教育教学融合创新的典型应用亮相。据悉，下一步，有关部门将及时总结经验、做法、成效，努力推动“5G+智慧教育”应用从小范围探索走向大规模落地。

5）医疗领域。5G通过赋能现有智慧医疗服务体系，提升远程医疗、应急救护等服务能力和管理效率，并催生5G+远程超声检查、重症监护等新型应用场景。

① 5G+超高清远程会诊、远程影像诊断、移动医护等应用。在现有智慧医疗服务体系上，叠加5G网络能力，极大提升远程会诊、医学影像、电子病历等数据传输速度和服务保障能力。在2020年抗击新冠肺炎疫情期间，解放军总医院联合相关单位快速搭建5G远程医疗系统，提供远程超高清视频多学科会诊、远程阅片、床旁远程会诊、远程查房等应用，支援新冠肺炎危重症患者救治，有效缓解抗疫一线医疗资源紧缺问题。

② 5G+应急救护等应用。在急救人员、救护车、应急指挥中心、医院之间快速构建5G应急救援网络，在救护车接到患者的第一时间，将病患体征数据、病情图像、急症病情记录等以毫秒级速度、无损实时传输到医院，帮助院内医生做出正确指导并提前制定抢救方案，实现患者“上车即入院”的愿景。

③ 5G+远程手术、重症监护等治疗类应用。由于其容错率极低，并涉及医疗质量、患者安全、社会伦理等复杂问题，其技术应用的安全性、可靠性需进一步研究和验证，预计短期内难以在医疗领域实际应用。

6）文旅领域。5G在文旅领域的创新应用将助力文化和旅游行业步入数字化转型的快车道。5G智慧文旅应用场景主要包括景区管理、游客服务、文博展览、线上演播等环节。5G智慧景区可实现景区实时监控、安防巡检和应急救援，同时可提供VR直播观景、沉浸式导览及AI智慧游记等创新体验，大幅提升了景区管理和服务水平，解决了景区同质化发展等痛点问题；5G智慧文博可支持文物全息展示、5G+VR文物修复、沉浸式教学等应用，赋能文物数字化发展，深刻阐释文物的多元价值，推动人才团队建设；5G云演播融合4K/8K、VR/AR等技术，实现传统曲目线上线下高清直播，支持多屏多角度沉浸式观赏体验，5G云演播打破了传统艺术演艺方式，让传统演艺产业焕发了新生。

7）智慧城市领域。5G助力智慧城市在安防、巡检、救援等方面提升管理与服务水平。在城市安防监控方面，结合大数据及人工智能技术，5G+超高清视频监控可实现对人脸、行为、特殊物品、车等精确识别，形成对潜在危险的预判能力和紧急事件的快速响应能力；在城市安全巡检方面，5G结合无人机、无人车、机器人等安防巡检终端，可实现城市立体化智能巡检，提高城市日常巡查的效率；在城市应急救援方面，5G通信保障车与卫星回传技术可实现建立救援区域海陆空一体化的5G网络覆盖；5G+VR/AR可协助中台应急调度指挥人员能够直观、及时了解现场情况，更快速、更科学

地制定应急救援方案，提高应急救援效率。目前公共安全和社区治安成为城市治理的热点领域，以远程巡检应用为代表的环境监测也将成为城市发展的关注重点。未来，城市全域感知和精细管理成为必然发展趋势，仍需长期持续探索。

8）信息消费领域。5G给垂直行业带来变革与创新的同时，也孕育新兴信息产品和服务，改变人们的生活方式。在5G+云游戏方面，5G可实现将云端服务器上渲染压缩后的视频和音频传送至用户终端，解决了云端算力下发与本地计算力不足的问题，解除了游戏优质内容对终端硬件的束缚和依赖，对于消费端成本控制和产业链降本增效起到了积极的推动作用。在5G+4K/8K VR直播方面，5G技术可解决网线组网烦琐、传统无线网络带宽不足、专线开通成本高等问题，可满足大型活动现场海量终端的连接需求，并带给观众超高清、沉浸式的视听体验；5G+多视角视频可实现同时向用户推送多个独立的视角画面，用户可自行选择视角观看，带来更自由的观看体验。在智慧商业综合体领域，5G+AI智慧导航、5G+AR数字景观、5G+VR电竞娱乐空间、5G+VR/AR全景直播、5G+VR/AR导购及互动营销等应用已开始在商圈及购物中心落地应用，并逐步规模化推广。未来随着5G网络的全面覆盖以及网络能力的提升，5G+沉浸式云XR、5G+数字孪生等应用场景也将实现，让购物消费更具活力。

9）金融领域。金融科技相关机构正积极推进5G在金融领域的应用探索，应用场景多样化。银行业是5G在金融领域落地应用的先行军，5G可为银行提供整体的改造。前台方面，综合运用5G及多种新技术，实现了智慧网点建设、机器人全程服务客户、远程业务办理等；中后台方面，通过5G可实现“万物互联”，从而为数据分析和决策提供辅助。除银行业外，证券、保险和其他金融领域也在积极推动“5G+”发展，5G开创的远程服务等新交互方式为客户带来全方位数字化体验，线上即可完成证券开户核审、保险查勘定损和理赔，使金融服务不断走向便捷化、多元化，带动了金融行业的创新变革。

1.3.3　中国北斗卫星导航系统

拨通移动时代的“大哥大”

中国北斗卫星导航系统（BeiDou Navigation Satellite System，BDS）是中国自行研制的全球卫星导航系统，也是继GPS、GLONASS之后的第三个成熟的卫星导航系统。北斗卫星导航系统（BDS）和美国GPS、俄罗斯GLONASS、欧盟GALILEO，是联合国卫星导航委员会已认定的供应商。

北斗卫星导航系统由空间段、地面段和用户段三部分组成，可在全球范围内全天候、全天时为各类用户提供高精度、高可靠定位、导航、授时服务，并且具备短报文通信能力，已经初步具备区域导航、定位和授时能力，定位精度为分米、厘米级别，测速精度0.2m/s，授时精度10ns。

全球范围内已经有137个国家与北斗卫星导航系统签下了合作协议。随着全球组网的成功，北斗卫星导航系统未来的国际应用空间将会不断扩展。

1. 系统标识

北斗卫星导航系统标识由正圆形、写意的太极阴阳鱼、北斗星、网格化地球和中英文文字等要素组成，如图1-6所示。

图 1-6　北斗卫星导航系统标识

圆形构型象征中国传统文化中的“圆满”，深蓝色的太空和浅蓝色的地球代表航天事业。太极阴阳鱼蕴含了中国传统文化。

北斗星是自远古时起人们用来辨识方位的依据，司南是中国古代发明的世界上最早的导航装置，两者结合既彰显了中国古代科学技术成就，又象征着卫星导航系统星地一体，为人们提供定位、导航、授时服务的行业特点，同时还寓意着中国自主卫星导航系统的名字——北斗。

网格化地球和中英文文字代表了北斗卫星导航系统开放兼容、服务全球。

2. 系统概述

北斗卫星导航系统（以下简称“北斗系统”）是中国着眼于国家安全和经济社会发展需要，自主建设、独立运行的卫星导航系统。

随着北斗系统建设和服务能力的发展，相关产品已广泛应用于交通运输、海洋渔业、水文监测、气象预报、测绘地理信息、森林防火、通信时统、电力调度、救灾减灾、应急搜救等领域，逐步渗透到人类社会生产和人们生活的方方面面，为全球经济和社会发展注入新的活力。

卫星导航系统是全球性公共资源，多系统兼容与互操作已成为发展趋势。中国始终秉持和践行“中国的北斗，世界的北斗”的发展理念，服务“一带一路”建设发展，积极推进北斗系统国际合作。与其他卫星导航系统携手，与各个国家、地区和国际组织一起，共同推动全球卫星导航事业发展，让北斗系统更好地服务全球、造福人类。

3. 基本组成

北斗系统由空间段、地面段和用户段三部分组成。

空间段由若干地球静止轨道卫星、倾斜地球同步轨道卫星和中圆地球轨道卫星组成。

地面段包括主控站、时间同步/注入站和监测站等若干地面站，以及星间链路运行管理设施。

用户段包括北斗及兼容其他卫星导航系统的芯片、模块、天线等基础产品，以及终端设备、应用系统与应用服务等。

4. 发展历程

中国高度重视北斗系统建设发展，自 20 世纪 80 年代开始探索适合国情的卫星导航系统发展道路，形成了“三步走”发展战略（见图 1-7）：2000 年年底，建成北斗一号

系统，向中国提供服务；2012 年年底，建成北斗二号系统，向亚太地区提供服务；2020 年年底，建成北斗三号系统，向全球提供服务。

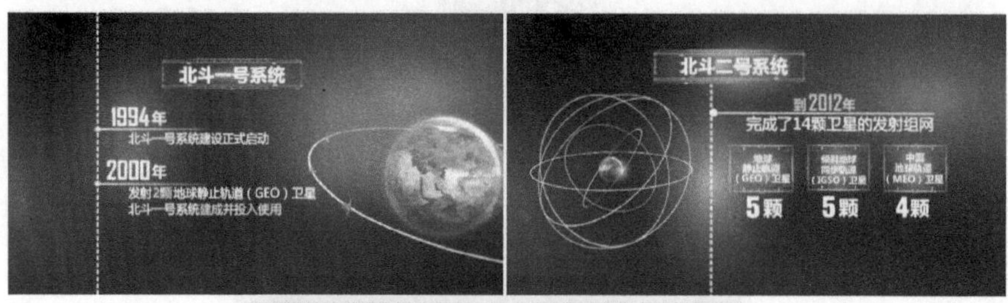

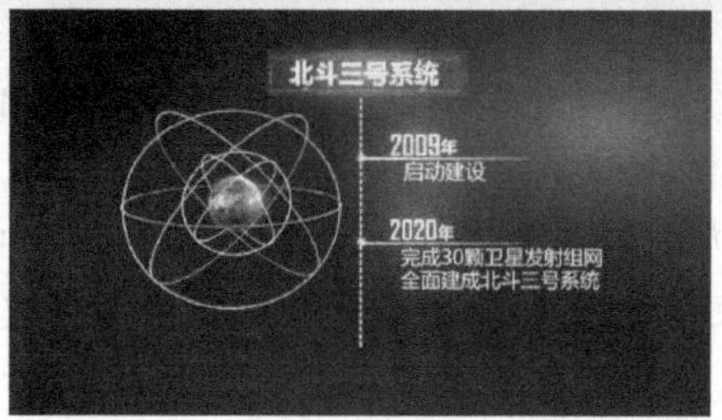

图 1-7　建设北斗系统

第一步，建设北斗一号系统。1994 年，启动北斗一号系统工程建设；2000 年，发射两颗地球静止轨道卫星，建成系统并投入使用，采用有源定位体制，为中国用户提供定位、授时、广域差分和短报文通信服务；2003 年发射第三颗地球静止轨道卫星，进一步增强系统性能。

第二步，建设北斗二号系统。2004 年，启动北斗二号系统工程建设；2012 年年底，完成 14 颗卫星（5 颗地球静止轨道卫星、5 颗倾斜地球同步轨道卫星和 4 颗中圆地球轨道卫星）发射组网。北斗二号系统在兼容北斗一号系统技术体制基础上，增加无源定位体制，为亚太地区用户提供定位、测速、授时和短报文通信服务。

第三步，建设北斗三号系统。2009 年，启动北斗三号系统建设；2018 年年底，完成 19 颗卫星发射组网，完成基本系统建设，向全球提供服务；2020 年年底前，完成 30 颗卫星发射组网，全面建成北斗三号系统。北斗三号系统继承北斗有源服务和无源服务两种技术体制，能够为全球用户提供基本导航（定位、测速、授时）、全球短报文通信、国际搜救服务，中国及周边地区用户还可享有区域短报文通信、星基增强、精密单点定位等服务。

新时代北斗精神

从 2017 年年底开始，北斗三号系统建设进入了超高密度发射。截至 2019 年 9 月，北斗卫星导航系统的在轨卫星已达 39 颗。北斗系统正式向全球提供卫星无线电导航服务（RNSS）。2020 年 6 月 23 日，我国在西昌卫星发射中心用长征三号乙运载火箭，成功发射北斗系统第 55 颗导航卫星，暨北斗三号最后一颗全球组网卫星，至此北斗三号全球卫星导航系统星座部署比原计划提前半年全面完成。2020 年 7 月 31 日，北斗三号全球卫星导航系统建成暨开通仪式在人民大会堂举行，中共中央总书记、国家主席、中央军委主席习近平宣布北斗三号全球卫星导航系统正式开通。2020 年 12 月 15 日，北斗导航装备与时空信息技术铁路行业工程研究中心成立。2021 年 5 月 26 日，在

南昌举行的第十二届中国卫星导航年会上，中国北斗卫星导航系统主管部门透露，中国卫星导航产业年均增长达20%以上。截至2020年，中国卫星导航产业总体产值已突破4000亿元。预估到2025年，中国北斗产业总产值将达到1万亿元。2022年，全面国产化的长江干线北斗卫星地基增强系统工程已建成投入使用，北斗智能船载终端陆续投放航运市场，长江干线1.5万余艘船舶用上北斗系统。2022年1月，西安卫星测控中心圆满完成52颗在轨运行的北斗导航卫星健康状态评估工作。“体检”结果显示，所有北斗导航卫星的关键技术指标均满足正常提供各类服务的要求。2035年，中国将建设完善更加泛在、更加融合、更加智能的综合时空体系，进一步提升时空信息服务能力，为人类走得更深更远做出中国贡献。

5. 发展特色

北斗系统的建设实践，实现了在区域快速形成服务能力、逐步扩展为全球服务的发展路径，丰富了世界卫星导航事业的发展模式。北斗系统具有以下特点：

1）北斗系统空间段采用三种轨道卫星组成的混合星座，与其他卫星导航系统相比高轨卫星更多，抗遮挡能力强，尤其低纬度地区性能特点更为明显。

2）北斗系统提供多个频点的导航信号，能够通过多频信号组合使用等方式提高服务精度。

3）北斗系统创新融合了导航与通信能力，具有实时导航、快速定位、精确授时、位置报告和短报文通信服务五大功能。

1.3.4 蓝牙系统

蓝牙技术是世界著名的五家大公司——爱立信（Ericsson）、诺基亚（Nokia）、东芝（Toshiba）、国际商用机器公司（IBM）和英特尔（Intel），于1998年5月联合宣布的一种无线通信新技术。蓝牙设备是蓝牙技术应用的主要载体，常见的蓝牙设备有计算机、手机等。蓝牙产品容纳蓝牙模块，支持蓝牙无线电连接与软件应用。蓝牙技术是一种无线数据和语音通信开放的全球规范，它是基于低成本的近距离无线连接，为固定和移动设备建立通信环境的一种特殊的近距离无线技术连接。蓝牙使当前的一些便携移动设备和计算机设备能够不需要电缆就能连接到互联网，并且可以无线接入互联网。

蓝牙是支持设备短距离通信（一般为10m内）的无线电技术，能在包括移动电话、PDA、无线耳机、笔记本计算机、相关外部设备（简称外设）等众多设备之间进行无线信息交换。利用蓝牙技术，能够有效地简化移动通信终端设备之间的通信，也能够成功地简化设备与因特网（Internet）之间的通信，从而数据传输变得更加迅速高效，为无线通信拓宽道路。蓝牙是一种无线技术标准，可实现固定设备、移动设备和楼宇个人域网之间的短距离数据交换（使用2.4~2.485GHz的ISM（工业、科学、医学）频段的UHF（特高频）无线电波）。蓝牙可连接多个设备，克服了数据同步的难题。

简单地说，蓝牙技术是一种利用低功率无线电在各种3C设备间彼此传输数据的技术。蓝牙工作在全球通用的2.4GHz ISM频段，使用IEEE 802.15协议。作为一种新兴的短距离无线通信技术，正有力地推动着低速率无线个人区域网络的发展。

蓝牙设备连接必须在一定范围内进行配对。这种配对搜索被称之为短程临时网络模式，也被称之为微微，可以容纳设备最多不超过八台。蓝牙设备连接成功，主设备

只有一台，从设备可以多台。蓝牙技术具备射频特性，采用了时分多址（TDMA）结构与网络多层次结构，在技术上应用了跳频技术、无线技术等，具有传输效率高、安全性高等优势，所以被各行各业所应用。

1. 蓝牙技术及蓝牙产品的特点

1）蓝牙技术的适用设备多，无须电缆，通过无线使计算机和电信联网进行通信。

2）蓝牙技术的工作频段全球通用，适用于全球范围内用户无界限使用，解决了蜂窝式移动电话的国界障碍。蓝牙技术产品使用方便，利用蓝牙设备可以搜索到另外一个蓝牙技术产品，迅速建立起两个设备之间的联系，在控制软件的作用下可以自动传输数据。

3）蓝牙技术的安全性和抗干扰能力强，由于蓝牙技术具有跳频的功能，有效避免了ISM频段遇到干扰源。蓝牙技术的兼容性较好，蓝牙技术已经能够发展成为独立于操作系统的一项技术，实现了各种操作系统中良好的兼容性能。

4）传输距离较短。现阶段，蓝牙技术的主要工作范围在10m左右，经过增加射频功率后的蓝牙技术可以在100m的范围进行工作，只有这样才能保证蓝牙在传播时的工作质量与效率，提高蓝牙的传播速度。另外，在蓝牙技术连接过程中，还可以有效地降低该技术与其他电子产品之间的干扰，从而保证蓝牙技术可以正常运行。蓝牙技术不仅有较高的传播质量与效率，同时还具有较高的传播安全性特点。

5）通过跳频扩频技术进行传播。蓝牙技术在实际应用期间，可以原有的频点进行划分、转化，如果采用一些跳频速度较快的蓝牙技术，那么整个蓝牙系统中的主单元都会通过自动跳频的形式进行转换，从而将其以随机的方式进行跳频。由于蓝牙技术的本身具有较高的安全性与抗干扰能力，在实际应用期间可以保证蓝牙运行的质量。

2. 蓝牙组成

1）底层硬件模块。蓝牙技术系统中的底层硬件模块由基带、跳频和链路管理组成。其中，基带是完成蓝牙数据和跳频的传输。无线跳频层是不需要授权的通过2.4GHz ISM频段的微波，数据流传输和过滤就是在无线调频层实现的，主要定义了蓝牙收发器在此频段正常工作所需要满足的条件。链路管理实现了链路建立、连接和拆除的安全控制。

2）中间协议层。蓝牙技术构成系统中的中间协议层主要包括了服务发现协议、逻辑链路控制和适应协议、电话通信协议和串口仿真协议四个部分。其中，服务发现协议层的作用是提供上层应用程序一种机制以便于使用网络中的服务；逻辑链路控制和适应协议是负责数据拆装、复用协议和控制服务质量，是其他协议层作用实现的基础。

3）高层应用。在蓝牙技术构成系统中，高层应用是位于协议层最上部的框架部分。蓝牙技术的高层应用主要有文件传输、网络、局域网访问。不同种类的高层应用是通过相应的应用程序以一定的应用模式实现的一种无线通信。

3. 发展前景

1）普及蓝牙技术的认知与利用。虽然在现阶段，蓝牙技术已经在实际的生活与工作中有了较多的应用，但是人们对于蓝牙技术并没有过多的认识，除了在手机蓝牙的传输功能与语音功能的应用外，对于无线打印机、无线会议等蓝牙应用没有足够的认识。因此，在未来的蓝牙技术发展中，应对蓝牙技术进行宣传，将成本低和技术先进的蓝牙技术推广在更广泛的应用平台中。

2）拓展蓝牙技术的应用领域。蓝牙技术的应用领域要向广度发展。蓝牙技术的第一阶段是支持手机、PDA 和笔记本计算机，接下来的发展方向要向着各行各业扩展，包括汽车、信息家电、航空、消费类电子、军用等。

3）与更多的操作系统之间兼容。在计算机系统中，若要进一步提高蓝牙技术的应用，就要将蓝牙兼容技术与计算机操作系统同步发展，保持与 Windows 和 Linux 等操作系统的兼容，及时跟进技术水平，如在 Win11 系统的计算机应用中建立支持性，提高蓝牙技术在计算机和相关工程中的应用。另外，在兼容性的技术发展中，要不断地对电子产品的发展方向进行研究，在预见性的规划安排中，提高蓝牙技术的应用能力。

4）低成本发展，芯片小巧且价格下降。蓝牙技术中应用的芯片成本较低，并且在向着单芯片的方向发展，已经开发出了嵌入电池中的单芯片，蓝牙芯片将越来越小巧，价格越来越低。

5）加强合作开发趋势。蓝牙技术的发展主要得益于通信技术的支持，在经济建设中，各行各业都需要在信息自动化的应用中提高生产水平，因此要将蓝牙应用技术与多种行业建立合作形式。在汽车制造中，可以将蓝牙技术设计到汽车的智能化应用系统中，增加汽车的使用功能，通过无线数据的连接，将汽车、计算机、手机和人进行紧密联系，通过手机等设备的简单操作就可以控制汽车运行系统等。如在手机中下载汽车的开关系统后，既可以保证汽车的个人使用安全，也可以在忘记是否关车门时避免回到停车地点复查。

2021 年 6 月 1 日，福州市区首批 32 个共享单车驿站正式启用“蓝牙道钉”装置。这种装置可发射信号，与安装在共享单车上的北斗卫星高精度分体锁通信，实现单车无桩式定点停放，提高共享单车智能化、科学化监管水平。

1.3.5 专用短程通信协议

专用短程通信（Dedicated Short Range Communication，DSRC）协议是适用于智能交通领域道路与车辆之间的通信协议，DSRC 是智能交通的基础，是一种无线通信系统，它通过信息的双向传输将车辆和道路有机地连接起来，如图 1-8 所示。美国、欧洲、日本均建立了自己的 DSRC 标准，虽然国际标准化组织目前尚未制定出完整的 DSRC 国际标准，但是资料表明，基于 5.8GHz 的 DSRC 国际统一标准将成为必然。

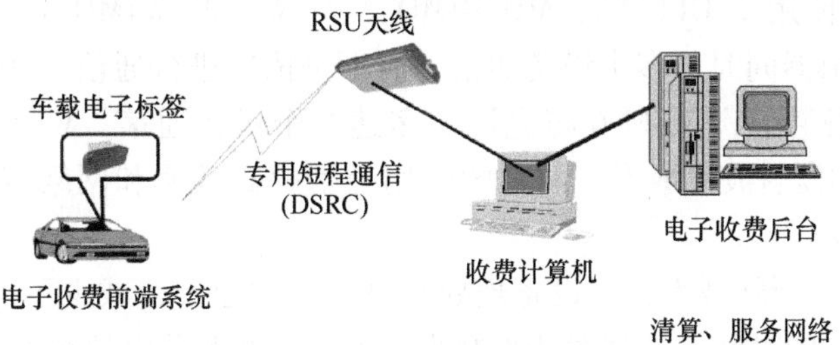

图 1-8 DSRC 及不停车收费系统构成

针对固定于车道或路侧的路侧单元与装载于移动车辆上的电子标签的通信接口的规范，DSRC 协议的主要特征包括：

1）主从式架构，以路侧单元为主、电子标签为从，也就是说路侧单元拥有通信的

主控权、可以主动下传数据，而电子标签必须听从路侧单元的指挥才传资料。

2）半双工通信方式，即传送和接收资料不可以同时进行。

3）异步分时多重接取，即路侧单元与多个电子标签以分时多重接取方式通信，但彼此无须事先建立通信窗口的同步关系。

DSRC 标准可以分为三个层次：物理层、数据链路层和应用层。

1）物理层（Physical Layer）规定了机械、电气、功能和过程的参数，以激活、保持和释放通信系统之间的物理连接。参数包括：通信区的几何要求；电子标签在车上的安装位置和被激活的角度范围，激活进程和激活时间；载波频率辐射功率和极化方向；信号调制方式、数据编码方式和码传输速率；数据帧格式、帧头、帧尾和纠错方式等。其中载波频率是一个很关键的参数，它是造成世界上 DSRC 系统差别的主要原因，目前北美是 5.8GHz 系统和 900MHz 系统，欧洲是 5.8GHz 系统，日本是 5.8GHz 系统。

2）数据链路层（Data Link Layer）制定了介质访问和逻辑链路控制方法，定义了进入共享物理介质、寻址和出错控制的操作。

3）应用层（Application Layer）提供了一些 DSRC 应用的基础性工具。应用层中的过程可以直接使用这些工具，如通过初始化过程、数据传输和擦去操作等。另外，应用层还提供了支持同时多请求的功能。

1.3.6　Wi-Fi 6

Wi-Fi 6（原称：IEEE 802.11.ax）即第六代无线网络技术，是 Wi-Fi 标准的名称，是 Wi-Fi 联盟创建于 IEEE 802.11 标准的无线局域网技术。Wi-Fi 6 将允许与多达八个设备通信，最高速率可达 9.6Gbit/s。

2019 年 9 月 16 日，Wi-Fi 联盟宣布启动 Wi-Fi 6 认证计划，该计划旨在使采用下一代 802.11.ax Wi-Fi 无线通信技术的设备达到既定标准。

2022 年 1 月，Wi-Fi 联盟宣布了 Wi-Fi 6 第 2 版标准（Wi-Fi 6 Release 2）。

Wi-Fi 6 第 2 版标准（Wi-Fi 6 Release 2）改进了上行链路以及所有支持频段（2.4GHz、5GHz 和 6GHz）的电源管理，适用于家庭和工作场所的路由器和设备以及智能家居 IoT 设备。

1. 功能特点

Wi-Fi 6 主要使用了 OFDMA、MU-MIMO 等技术，MU-MIMO（多用户多输入多输出）技术允许路由器同时与多个设备通信，而不是依次进行通信。MU-MIMO 允许路由器一次与四个设备通信，Wi-Fi 6 将允许与多达八个设备通信。Wi-Fi 6 还利用其他技术，如 OFDMA 和发射波束成形，两者的作用分别提高效率和网络容量。Wi-Fi 6 最高速率可达 9.6Gbit/s。

Wi-Fi 6 中的一项新技术允许设备规划与路由器的通信，减少了保持天线通电以传输和搜索信号所需的时间，这就意味着减少电池消耗并改善电池续航表现。

Wi-Fi 6 设备要想获得 Wi-Fi 联盟的认证，则必须使用 WPA3，因此一旦认证计划启动，大多数 Wi-Fi 6 设备都会具有更强的安全性。

2. 应用场景

1）承载 4K/8K/VR 等大宽带视频。Wi-Fi 6 技术支持 2.4GHz 和 5GHz 频段共存，

其中5GHz频段支持160MHz频宽，速率最高可达9.6Gbit/s的接入速率，其5GHz频段相对干扰较少，更适合传输视频业务，同时通过BSS（基于服务集）着色技术、MIMO技术、动态CCA（空闲信道评估）等技术降低干扰，降低丢包率，带来更好的视频体验。

2）承载网络游戏等低时延业务。网络游戏类业务属于强交互类业务，在宽带、时延等方面提出了更高的要求，对于VR游戏，最好的接入方式就是Wi-Fi无线方式，Wi-Fi 6的信道切片技术提供游戏的专属信道，降低时延，满足游戏类业务特别是云VR游戏业务对低时延传输质量的要求。

3）智慧家庭智能互联。智慧家庭智能互联是智能家居、智能安防等业务场景的重要因素，当前家庭互联技术存在不同的局限性，Wi-Fi 6技术将给智能家庭互联带来技术统一的机会，将高密度、大数量接入、低功耗优化集成在一起，同时又能与用户普遍使用的各种移动终端兼容，提供良好的互操作性。

4）行业应用。Wi-Fi 6作为新一代高速率、多用户、高效率的Wi-Fi技术，在行业领域中有广泛的应用前景，如产业园区、写字楼、商场、医院、机场、工厂。

支持Wi-Fi的专家指出，Wi-Fi 6标准的启用，也将给Wi-Fi技术带来一次“技术延寿”和竞争力的大幅提升，将带来一个新的Wi-Fi时代。

1.3.7　LoRa

LoRa（一种物联网接入层网络传输技术）是Semtech公司开发的一种低功耗局域网无线标准，其名称“LoRa”是远距离无线电（Long Range Radio）的意思，它的最大特点就是在同样的功耗条件下比其他无线方式传播的距离更远，实现了低功耗和远距离的统一，它在同样的功耗下比传统的无线射频通信距离扩大3~5倍。

LoRa实际上是物联网（IoT）的无线平台。Semtech公司的LoRa芯片组将传感器连接到云端，实现数据和分析的实时通信，从而提高效率和生产率。

LoRaWAN开放规范是基于Semtech公司LoRa设备的低功耗广域网（LPWAN）标准，利用ISM频段的未经许可的无线电频谱。LoRa Alliance（一个非营利协会和快速发展的技术联盟）推动了LoRaWAN标准的标准化和全球协调。

LoRaWAN标准为农村和室内使用情况中的实际问题提供了高效、灵活和经济的解决方案，在这些情况下，蜂窝、Wi-Fi和蓝牙低功耗（BLE）网络是无效的。

LoRa设备和LoRaWAN标准为物联网应用提供了高效的功能，包括远程、低功耗和安全数据传输。该技术被公共、私有或混合网络所利用，并提供比蜂窝网络更大的范围，可以轻松集成到现有基础设施中，并支持低成本电池供电的物联网应用。LoRa芯片组集成到由大型物联网解决方案提供商生态系统制造的设备中，并连接到全球网络。简单地说，LoRa将设备连接到云，为事物提供“声音”——使世界成为一个更美好的生活、工作和娱乐场所。

1.3.8　NB-IoT

窄带物联网（Narrow Band Internet of Things，NB-IoT）成为万物互联网络的一个重要分支。NB-IoT构建于蜂窝网络，只消耗大约180kHz的带宽，可直接部署于全球移动通信系统（GSM）网络、通用移动通信业务（UMTS）网络或长期演进技术（LTE）网

络，以降低部署成本、实现平滑升级。

NB-IoT 是 IoT 领域一个新兴的技术，支持低功耗设备在广域网的蜂窝数据连接，也被叫作低功耗广域网（LPWAN）。NB-IoT 支持待机时间长、对网络连接要求较高设备的高效连接。据说 NB-IoT 设备电池寿命可以提高至少十年，同时还能提供非常全面的室内蜂窝数据连接覆盖。

NB-IoT 聚焦于低功耗广覆盖（LPWA）物联网（IoT）市场，是一种可在全球范围内广泛应用的新兴技术，具有覆盖广、连接多、速率快、成本低、功耗低、架构优等特点。NB-IoT 使用许可（License）频段，可采取带内、保护带或独立载波三种部署方式，与现有网络共存。

1. 工作模式

1）连接（Connected）态：模块注册入网后处于该状态，可以发送和接收数据，无数据交互超过一段时间后会进入空闲态，时间可配置。

2）空闲（Idle）态：可收发数据，且接收下行数据会进入连接态，无数据交互超过一段时会进入节能模式，时间可配置。

3）节能模式（PSM）：此模式下终端关闭收发信号机，不监听无线侧的寻呼，因此虽然依旧注册在网络，但信令不可达，无法收到下行数据，功率很小。持续时间由核心网配置（T3412），有上行数据需要传输或跟踪区更新（TAU）周期结束时会进入连接态。

目前国内的 NB-IoT 频段主要运行在 B5 和 B8 频段。各运营商的频段和频率见表 1-1。

表 1-1　各运营商的频段和频率　（单位：MHz）

运营商	频段	中心频率	上行频率	下行频率
中国电信	B5	850	824~849	869~894
中国移动、中国联通	B8	900	880~915	925~960

2. 目前主要应用

1）公共事业：智能水表、智能水务、智能气表、智能热表。

2）智慧城市：智能停车、智能路灯、智能垃圾桶、智能窨井盖。

3）消费电子：独立可穿戴设备、智能自行车、慢病管理系统、老人小孩管理。

4）设备管理：设备状态监控、白色家电管理、大型公共基础设施、管道管廊安全监控。

5）智能建筑：环境报警系统、中央空调监管、电梯物联网、人防空间覆盖。

6）指挥物流：冷链物流、集装箱跟踪、固定资产跟踪、金融资产跟踪。

7）农业与环境：农业物联网、畜牧业养殖、空气实时监控、水质实时监控。

8）其他应用：移动支付、智慧社区、智能家居、文物保护。

1.4　物联网的结构

了解物联网的结构是了解物联网的基础，支持物联网的信息技术是物联网的根本。对于物联网结构，我们可以从物联网的体系结构与物联网技术的体系结构两个角度去认识。

1.4.1 物联网的体系结构

物联网应该具备三个特征：一是全面感知，即利用RFID、传感器、二维码等随时获取物体的信息；二是可传递，通过各种电信网络与互联网的融合，将物体的信息实时准确地传递出去；三是智能处理，利用云计算、模糊识别等各种智能计算技术，对海量数据和信息进行分析和处理，对物体实施智能化控制。

1. 物联网体系结构的描述

物联网大致被认为有三个层次：感知层、网络层、应用层，如图1-9所示。

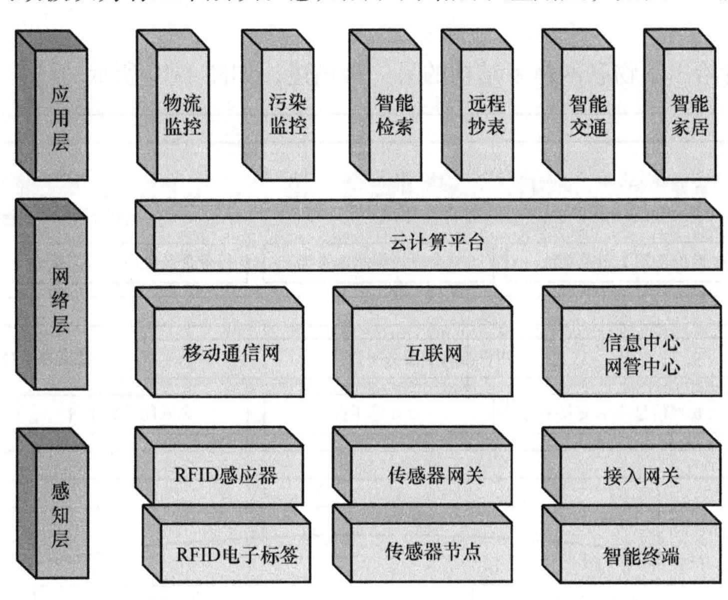

图1-9 物联网的体系结构

（1）感知层 感知层包括传感器等数据采集设备，包括数据接入到网关之前的传感器网络。感知层是物联网发展和应用的基础，RFID技术、传感和控制技术、短距离无线通信技术是感知层涉及的主要技术，其中又包括芯片研发、通信协议研究、RFID材料、智能节点供电等细分技术。例如，加利福尼亚大学伯克利分校等研究机构主要研发通信协议；西安优势微电子有限责任公司研发的“唐芯一号”是国内自主研发的首片短距离物联网通信芯片；Perpetuum公司针对无线节点的自主供电已经研发出通过采集振动能供电的产品；Powermat公司已推出了一种无线充电平台。

（2）网络层 物联网的网络层建立在现有的移动通信网和互联网的基础上。物联网通过各种接入设备与移动通信网和互联网相连，如手机付费系统中，由刷卡设备将内置手机的RFID信息采集上传到互联网，网络层完成后台鉴权认证并从银行网络划账。

网络层中的感知数据管理与处理技术是实现以数据为中心的物联网的核心技术，其包括传感网数据的存储、查询、分析、挖掘、理解及基于感知数据决策和行为的理论和技术。云计算平台作为海量感知数据的存储、分析平台，将是物联网网络层的重要组成部分，也是应用层众多应用的基础。

通信网络运营商将在物联网的网络层占据重要地位，而正在高速发展的云计算平

台将是物联网发展的基础。

（3）应用层　物联网的应用层利用经过分析处理的感知数据为用户提供丰富的特定服务，可分为监控型（物流监控、污染监控）、查询型（智能检索、远程抄表）、控制型（智能交通、智能家居、路灯控制）、扫描型（手机钱包、高速公路不停车收费）等应用类型。

应用层是物联网发展的目的，软件开发、智能控制技术将会为用户提供丰富多彩的物联网应用。各种行业和家庭应用的开发将会推动物联网的普及，也给整个物联网产业链带来了利润，具体的应用参阅后续章节的内容。

2. 物联网的体系结构的另一种描述

也有学者给出了物联网体系结构的另一种描述，如图 1-10 所示。

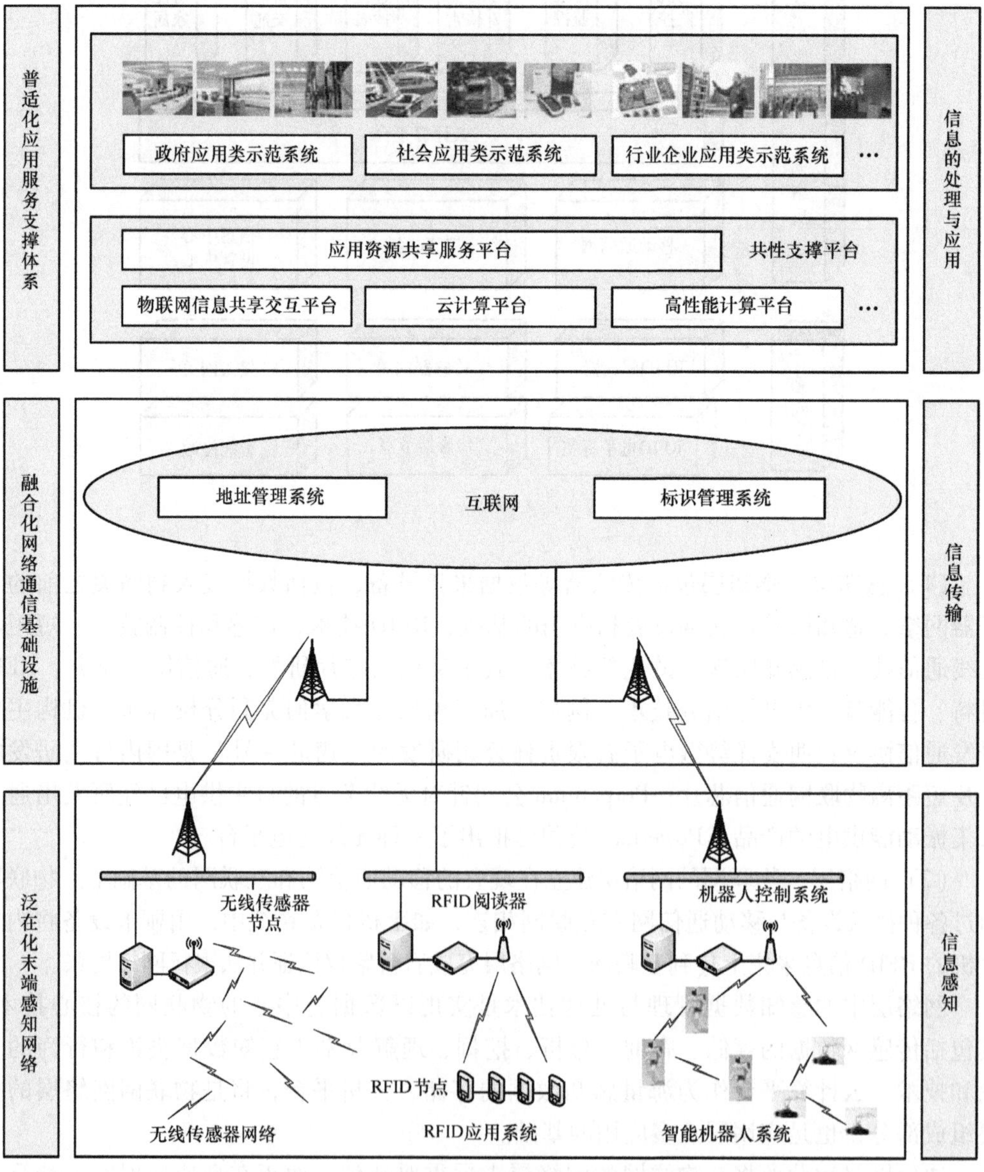

普适化应用服务支撑体系
政府应用类示范系统
社会应用类示范系统
行业企业应用类示范系统
…
应用资源共享服务平台
共性支撑平台
物联网信息共享交互平台
云计算平台
高性能计算平台
…
信息的处理与应用
融合化网络通信基础设施
地址管理系统
互联网
标识管理系统
信息传输
泛在化末端感知网络
无线传感器节点
RFID阅读器
机器人控制系统
RFID节点
无线传感器网络
RFID应用系统
智能机器人系统
信息感知

图 1-10　物联网体系结构的另一种描述

由图1-10可知，物联网的体系结构可以分为三个层次：泛在化末端感知网络（对应感知层）、融合化网络通信基础设施（对应网络层）、普适化应用服务支撑体系（对应应用层）。

（1）泛在化末端感知网络（对应感知层）　泛在化末端感知网络的主要任务是信息感知。理解泛在化末端感知网络需要注意以下几个问题：

1）理解泛在化的概念。物联网的一个重要特征是泛在化，即“无处不在”的意思。这里的泛在化主要是指无线网络覆盖的泛在化，以及无线传感器网络、RFID标识与其他感知手段的泛在化。泛在化的特征说明两个问题：第一，全面的信息采集是实现物联网的基础；第二，解决低功耗、小型化与低成本是推动物联网普及的关键。

2）理解末端感知网络的概念。末端网络是相对于中间网络而言的。在互联网中，如果在中国访问欧洲的一个网络时，数据需要通过多个互联的中间网络转发过去。末端网络是指它处于网络的末端位置，即它只产生数据，通过与它互联的网络传输出去，而自身不承担转发其他网络数据的作用。因此可以将末端感知网络类比为物联网的末梢神经。

3）理解感知手段的泛在化。泛在化末端感知网络的第三个含义是物联网的感知手段的泛在化。通常人们所说的RFID、传感器是感知网络的感节点。但是，目前仍然有大量应用的集成电路（IC）卡、磁卡、一维或二维的条码也纳入了感知网络，称为感知节点。

目前讨论的物联网主要针对大规模、造价低的RFID、传感器的应用问题，这在物联网发展的第一阶段是非常自然的和必需的。但是信息技术研究人员不能不关注世界各国正在大力研究的智能机器人技术的发展，以及智能机器人在军事、防灾救灾、安全保卫、航空航天及其他特殊领域的应用问题。通过网络来控制装备有各种传感器、由大量具备协同工作能力的智能机器人节点组成的机器人集群的研究，正在一步步展示出其有效扩大人类感知世界的能力的应用前景。当智能机器人发展到广泛应用的程度，它必然也会进入物联网，成为感知网络的智能感知节点。在理解感知手段的泛在化特点时，必须前瞻性地预见到这个问题。

（2）融合化网络通信基础设施（对应网络层）　融合化网络通信基础设施的主要功能是实现物联网的数据传输。目前能够用于物联网的通信网络主要有互联网、无线通信网与卫星通信网、有线电视网。理解融合化网络通信基础设施需要注意以下几个问题：

1）理解三网融合对推进物联网网络通信基础设施建设的作用。目前我国正在推进计算机网络、电信网与有线电视网的三网融合。三网融合的结果将会充分发挥国家在计算机网络、电信网与有线电视网基础设施建设上多年投入的作用，推动网络应用，也为物联网的发展提供了一个高水平的网络通信基础设施条件。

2）理解互联网与物联网在传输网层面的融合问题。在互联网应用环境中，用户通过计算机接入互联网时是通过网络层的IP地址和数据链路层的硬件地址（网卡）来标识地址的。当用户要访问一台服务器时，只要输入服务器名，域名服务器（DNS）能够根据服务器名找出服务器的IP地址。而在物联网中，增加了末端感知网络与感知节点标识，因此在互联网中传输物联网数据和提供物联网服务时，必须增加对应于物联

网的地址管理系统与标识管理系统。

3）理解M2M通信业务在物联网应用中的作用。中国电信预计未来用于人对人通信的终端可能仅占整个终端市场的1/3，而更大数量的通信是机器对机器（Machine-to-Machine，M2M）通信业务。在这个分析的基础上，中国电信提出了M2M的概念。目前，M2M重点在于机器对机器的无线通信。这里存在三种模式：机器对机器、机器对移动电话（如用户远程监视）、移动电话对机器（如用户远程控制）。由于M2M是无线通信和信息技术的整合，它可用于双向通信，如远距离采集信息、设置参数和发送指令，因此M2M技术可以用于安全监测、远程医疗、货物跟踪、自动售货机等。M2M通信业务是目前物联网应用中一个重要的通信模式，也是一种经济、可靠的组网方法。

（3）普适化应用服务支撑体系（对应应用层）　普适化应用服务支撑体系的主要功能是物联网的数据处理与应用。理解普适化应用服务支撑体系需要注意以下几个问题：

1）理解物联网的智能性与普适化的关系。物联网的一大特征是智能性。物联网的智能性体现在协同处理、决策支持以及具有算法库和样本库的支持上，而要实现物联网的智能性必然要涉及海量数据的存储、计算与数据挖掘问题。海量数据的存储、计算对于物联网应用服务的普适化是一个很大的挑战。

2）理解云计算对实现物联网应用服务普适化的作用，关于云计算的相关介绍参阅后面章节。IBM公司研究人员对云计算的定义是：云计算是以公开的标准和服务为基础，以互联网为中心，提供安全、快速、便捷的数据存储和网络计算服务，让互联网这片“云”成为每一个网民的数据中心和计算中心。网格计算之父Ian Foster认为：云计算是一种大规模分布式计算模式，其推动力来自规模化所带来的经济性。在这种模式下，一种抽象的、虚拟化的、可动态扩展和管理的计算能力、存储、平台和服务汇聚成资源池，提供“互联网按需交付”给外部用户。对于云计算的特点，Ian Foster总结为：大规模可扩展性；可以被封装成一个抽象的实体，并提供不同的服务水平给外部用户使用；由规模化带来的经济性；服务可被动态配置，按需交付。

根据以上分析可以清晰地看出：云计算适合于物联网的应用，由规模化带来的经济性对实现物联网应用服务的普适化将起到重要的推动作用。

3）理解物联网应用服务普适化。从目前的物联网应用系统的类型看，大致可以分为政府应用类示范系统、社会应用类示范系统，以及行业/企业应用类示范系统等。物联网将在公共管理和服务、企业应用、个人与家庭三大领域应用，将出现大批应用于工业生产、精准农业、公共安全监控、城市管理、智能交通、安全生产、环境监测、远程医疗、智能家居物联网应用示范系统，这也正体现了物联网应用服务普适化的特点。

1.4.2　物联网技术的体系结构

图1-11给出了物联网技术的体系结构示意图。

从物联网技术的体系结构角度解读物联网，可以将支持物联网的技术分为四个层次：感知技术、传输技术、支撑技术与应用技术。

（1）感知技术　感知技术是指能够用于物联网底层感知信息的技术，它包括RFID与RFID读写技术、传感器与传感器网络、机器人智能感知技术、遥测遥感技术以及IC卡与条码技术等。

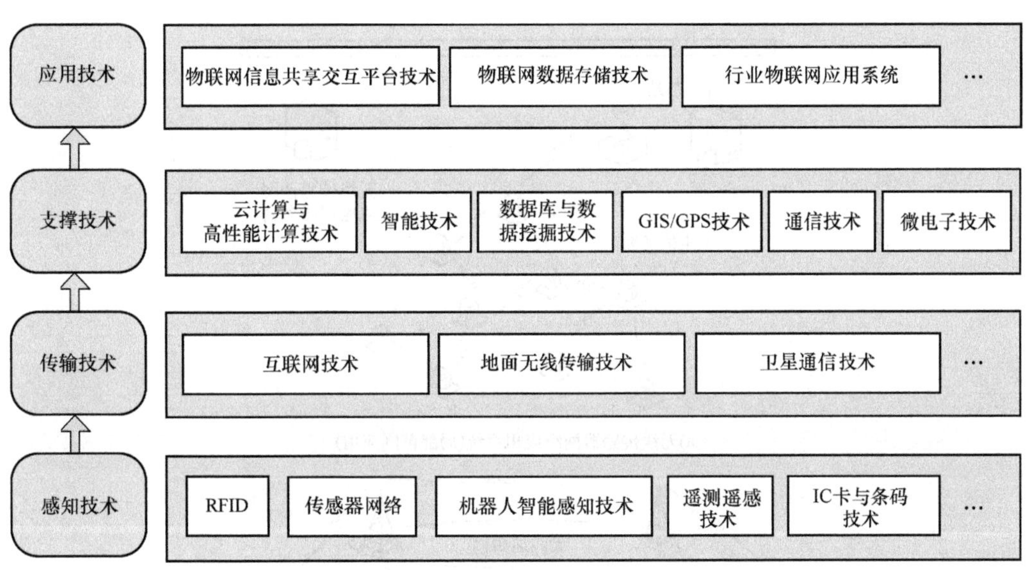

图 1-11　物联网技术的体系结构示意图

（2）传输技术　传输技术是指能够汇聚感知数据，并实现物联网数据传输的技术，它包括互联网技术、地面无线传输技术以及卫星通信技术等。

（3）支撑技术　支撑技术是指用于物联网数据处理和利用的技术，它包括云计算与高性能计算技术、智能技术、数据库与数据挖掘技术、GIS/GPS 技术、通信技术以及微电子技术等。

（4）应用技术　应用技术是指用于直接支持物联网应用系统运行的技术，它包括物联网信息共享交互平台技术、物联网数据存储技术以及各种行业物联网应用系统。

1.5　物联网的一般应用及发展

1.5.1　物联感知下的发展阶段

物联网是十分复杂的，人们对它的认识以及物联网自身的发展也必然有一个由表及里、由局部到全面的过程。物联网应用的发展可以分为三个阶段：信息汇聚、协同感知和泛在聚合。

1. 信息汇聚

图 1-12 给出了信息汇聚应用示意图。

在物联网应用初期，根据应用的实际需求，可实现局部应用场景的物联网应用系统的结构，它的主要作用是信息汇聚。

图 1-12a 是一个文物和珠宝展览大厅或销售大厅的安保系统、一幢大楼的监控系统、一个车间或一个仓库的物流系统为对象的无线传感器网络结构示意图。这类系统建设目标单一、明确，可以用一个简单的无线传感器网络去覆盖。网络中的一个或多个基站之间可以通过局域网与无线传感器网络应用服务器互联，或者通过无线局域网或 M2M 无线网络互联。

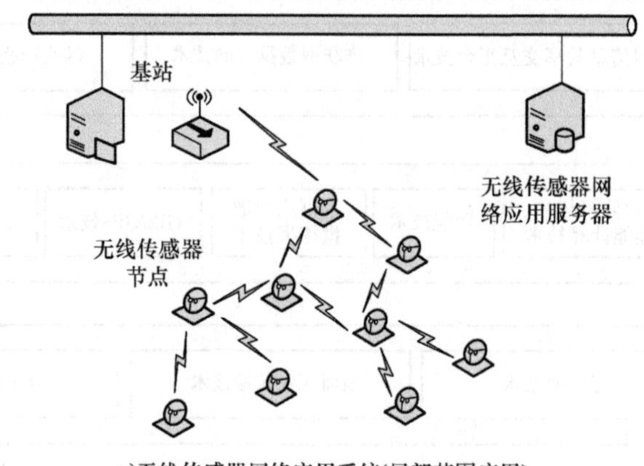

a)无线传感器网络应用系统(局部范围应用)

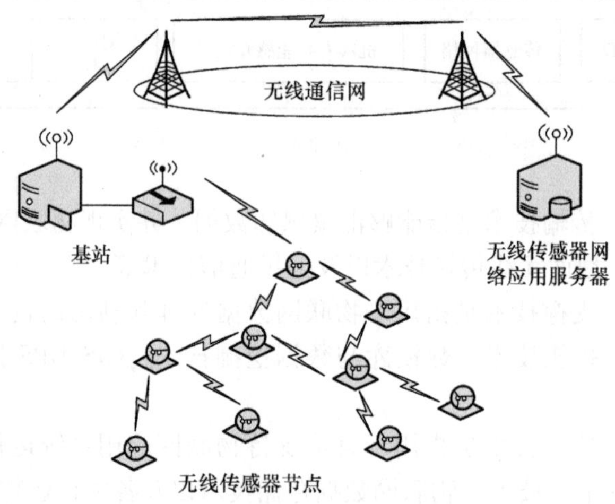

b)无线传感器网络应用系统(远距离应用)

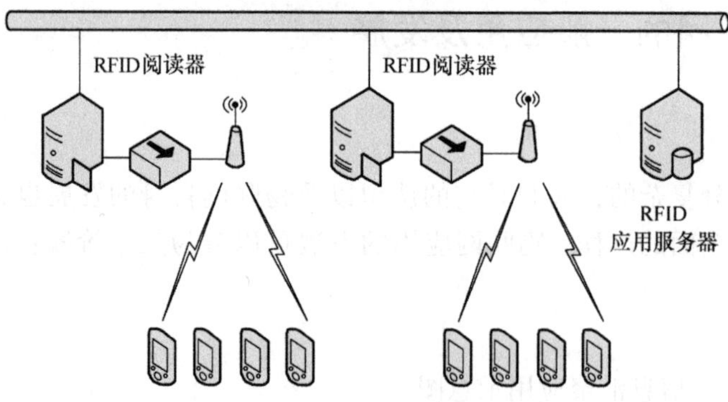

c)RFID应用系统(局部范围应用)

图 1-12　信息汇聚应用示意图

图 1-12b 是一个室外无线传感器网络应用，如特定地区安保、农业示范区应用、无人值守库区监控、公园与公共设施监控为对象的无线传感器网络结构示意图。这类系统建设目标单一、明确，但是传输距离较远，网络中的基站与无线传感器网络服务器之间必须通过无线城域网或 M2M 无线网络互联。

图 1-12c 是一个 RFID 应用系统的结构示意图。这类应用如商场、超市、仓库、装配流水线、高速公路不停车收费等。多个 RFID 阅读器可以通过局域网、无线局域网或 M2M 无线网络与应用服务器连接。由此看出，在物联网应用初期阶段，对于目标单一、明确的应用，可以采用结构相对简单的信息汇聚应用类小型系统结构。

2. 协同感知

有几种情况需要采用协同感知的方法。例如，如果简单地使用 RFID 或无线传感器网络中的一种感知方法已经不能够满足应用需求；一个区域内，一个车辆从一个入口进入，然后它可能装载另一批货物出去的复杂情况；需要融合不同位置、不同传感器数据进行分析的应用场景。这时需要选择将 RFID 和无线传感器网络两种方法协同感知，或者将多种传感器综合起来协同感知。军事物流、大型集装箱码头、保税区物流、城市智能交通、战场协同感知系统的应用都属于协同感知应用。

物联网传感器产品已率先在上海浦东国际机场防入侵系统中得到应用。机场防入侵系统铺设了三万多个传感器节点，覆盖了地面、栅栏和低空探测，可以防止人员的翻越、偷渡、恐怖袭击等攻击性入侵，是典型的协同感知系统的应用。

在军事物流中，军用物资通过铁路运输时，不同的物资可能装在同一个车皮中或一个集装箱中。军需官首先要知道这个车皮是否到达某个车站，这就需要使用无线传感器网络技术；知道车皮到达之后，需要马上得到这个车皮到底有哪些物资，他需要用 RFID 阅读器快速地扫描并列出物资清单；如果这列军车中有运输食品的冷冻车厢，军需官还需要根据冷冻车厢无线传感器网络保存的记录和报警信号了解是否出现过故障，以及确定食品保鲜的情况。

一个保税区面积有几十平方公里，可能有多个公路进出口。为了快速、准确地审查货物报关手续，又不能让无关车辆进入，那么就必须通过无线传感器网络识别车辆，用 RFID 技术快速获取报关货物信息，结合电子报税单进行核对，在这种情况下也必须同时选择将 RFID 与无线传感器网络两种感知系统协同应用。

协同感知系统相对比较复杂，属于中等规模的物联网应用系统。协同感知系统的通信网可以使用 M2M 无线网络或者互联网。

3. 泛在聚合

更大范围的物联网，如国际民用航空运输、海运物流、我国的智慧城市，以及国家级数字环保、数字防灾、数字农业等大型物联网应用系统都属于泛在聚合的类型。这种类型的特点是覆盖范围广、技术复杂、感知目标多样化，属于物联网应用的高级阶段。

例如，智能交通系统（ITS）是利用现代信息技术为核心（参见第 2 章的 ETC 案例应用），利用先进的通信、计算机、自动控制、传感器技术，实现对交通的实时控制与指挥管理。交通信息采集被认为是 ITS 的关键子系统，是发展 ITS 的基础，它已成为交通智能化的前提。无论是交通控制还是交通违章管理系统，都涉及交通动态信息的采集，利用物联网对交通动态信息采集也就成为交通智能化的首要任务。

1.5.2 物联网的国内外发展

1. 物联网行业发展历程

物联网行业发展历程如图 1-13 所示。

萌芽期: 1991—2004年

- 1999年，美国麻省理工学院首先提出物联网的定义，把所有物品通过RFID和条码等信息传感设备与互联网连接起来，实现智能化识别和管理的网络，对物联网的关注度逐渐提升。

初步发展期: 2005—2008年

- 射频识别技术、传感器技术、纳米技术、智能嵌入技术将得到更加广泛的应用，这标志着物联网行业进入初步发展阶段，物联网的概念日益深入人心。

高速发展期：2009年至今

- 2018年6月，3GPP全会批准了第五代移动通信技术(5G NR)标准独立组网功能冻结，5G已经完成第一阶段全功能标准化工作，进入了产业全面冲刺新阶段。

图 1-13　物联网行业发展历程

下面列举物联网发展历程中高速发展期的一些事件。江苏省《2009—2012 年物联网产业发展规划纲要》提出发展物联网产业要“举全省之力”，物联网产业地位超越了经济发展方式转变抓手中其他五大战略性新兴产业。江苏省用 3~6 年时间，建设物联网领域技术、产业、应用的先导省，与国家部委加强联系，将江苏省物联网产业发展上升至国家战略层面。

2009 年 5 月，国际标准化组织在法国巴黎召开的第 17 次工作组会议上，由中国上海港提出的、历经 8 年研究的国际标准草案——《货运集装箱—RFID—货运标签》获得通过，6 月获得国际编号 ISO/NP 18186。这也是中国在获准制定航运国际标准方面的第一次突破。

图 1-14 是 2009 年 10 月上海世博会的 RFID 示范店，它是国内第一家基于 RFID 的未来商店，在南京路投入商业运营。

图 1-14　上海世博会的 RFID 示范店

2010 年，在全国举行的相关会议有：

1）6 月 7—8 日，第八届中国（北京）RFID 与物联网国际峰会。

2）6 月 22—23 日，2010 中国国际物联网大会。

3）6 月 29 日，2010 中国物联网大会。

4）7 月 1—3 日，2010 深圳国际物联网技术与应用博览会。

2010 年，教育部公布同意设置高等学校战略性新兴产业相关本科新专业，批准设立物联网工程等相关专业。

2010 年，上海交通大学在张江高科技园区已建设完成“RFID 应用测试公共服务平台”，可为 RFID 研发、应用提供服务，如图 1-15 所示。

图 1-15　RFID 应用测试公共服务平台

国家在 2012 年已经建成引领我国物联网技术创新、标准制定和示范应用的中国物联网研究发展中心、中国传感网创新研发中心、无锡物联网产业研究院等科研机构，在国内物联网相关标准制定中发挥主导和关键作用，在国际物联网标准制定中取得了重要话语权。

从 2010 年以来，中国已在物联网人才培养、核心技术研发、行业推进等方面做了许多工作，为物联网在中国的发展打下了坚实的基础。

2. 物联网产业链

图 1-16 所示为物联网产业链。

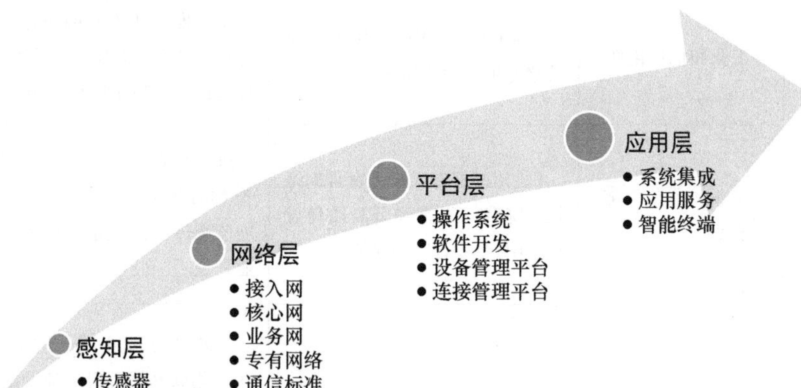

图 1-16　物联网产业链

3. 近年来物联网相关政策

近年来物联网相关政策见表 1-2。

表 1-2 近年来物联网相关政策

发布时间	发布单位	行业相关政策	主要内容
2017 年	国务院	《国务院关于深化“互联网+先进制造业”发展工业互联网的指导意见》	到 2020 年，基本完成面向先进制造业的下一代互联网升级改造和配套管理能力建设，在重点地区和行业实现窄带物联网（NB-IoT）、工业过程/工业自动化无线网络（WIA-PA/FA）等无线网络技术应用
2018 年	中国信息通信研究院（工信部电信研究院）	《物联网安全白皮书》	从物联网安全发展态势出发，从物联网服务端系统、终端系统以及通信网络三个方面，分析物联网的安全风险，构建物联网安全防护策略框架，并提出物联网安全技术未来发展方向和建议
2018 年	工业和信息化部	《工业互联网发展行动计划（2018—2020 年）》	到 2020 年年底，初步建成工业互联网基础设施和产业体系。初步建成适用于工业互联网高可靠、广覆盖、大宽带、可定制的企业外网络基础设施
2018 年	国家发展和改革委员会	《智能汽车创新发展战略》（征求意见稿）	到 2020 年，中国标准智能汽车的技术创新、产业生态、路网设施、法规标准、产品监管和信息安全体系框架基本形成。智能汽车新车占比达到 50%，中高级别智能汽车实现市场化应用
2019 年	工业和信息化部	《关于开展 2019 年 IPv6 网络就绪专项行动的通知》	持续推进 IPv6 在网络各环节的部署和应用，全面提升用户渗透率和网络流量，加快提升我国互联网 IPv6 发展水平
2019 年	工业和信息化部、国资委	《关于开展深入推进宽带网络提速降费 支撑经济高质量发展 2019 专项行动的通知》	进一步升级 NB-IoT 网络能力，持续完善 NB-IoT 网络覆盖。建立移动物联网发展监测体系，促进各地 NB-IoT 应用和产业发展
2020 年	国务院	《关于深入推进移动物联网全面发展的通知》	贯彻落实党中央、国务院关于加快 5G、物联网等新型基础设施建设和应用的决策部署，加速传统产业数字化转型，有力支撑制造强国和网络强国建设，推进移动物联网全面发展

（续）

发布时间	发布单位	行业相关政策	主要内容
2020 年	国家发展改革委、中央网信办、科技部等 11 个部委	《智能汽车创新发展战略》	到 2025 年，中国标准智能汽车的技术创新、产业生态、基础设施、法规标准、产品监管和网络安全体系基本形成。智能交通系统和智慧城市相关基础设施取得积极进展，车用无线通信网络（LTE-V2X 等）实现区域覆盖，新一代车用无线通信网络（5G-V2X）在部分城市、高速公路逐步开展应用，高精度时空基准服务网络实现全覆盖
2021 年	国务院	《中华人民共和国国民经济和社会发展第十四个五年规划和 2035 年远景目标纲要》	加快推动数字产业化，构建基于 5G 的应用场景和产业生态，在智能交通、智慧物流、智慧能源、智慧医疗等重点领域开展试点示范。以数字化助推城乡发展和治理模式创新，全面提高运行效率和宜居度。分级分类推进新型智慧城市建设，将物联网感知设施、通信系统等纳入公共基础设施统一规划建设，推进市政公用设施、建筑等物联网应用和智能化改造。完善城市信息模型平台和运行管理服务平台，构建城市数据资源体系，推进城市数据大脑建设。探索建设数字孪生城市。加快推进数字乡村建设，构建面向农业农村的综合信息服务体系，建立涉农信息普惠服务机制，推动乡村管理服务数字化
2021 年	工业和信息化部	《工业互联网创新发展行动计划（2021—2023 年）》	到 2023 年，工业互联网新型基础设施建设量质并进，新模式、新业态大范围推广，产业综合实力显著提升。包括：新型基础设施进一步完善；融合应用成效进一步彰显；技术创新能力进一步提升；产业发展生态进一步健全；安全保障能力进一步增强

4. 物联网发展现状

目前，全球物联网核心技术持续发展，标准体系正在构建，产业体系处于建立和完善过程中，全球物联网行业处于高速发展阶段。2021 年，全球物联网设备数量 138 亿个，如图 1-17 所示，较 2020 年增加 21 亿个，同比增长 17. 95%；万物物联成为全球网络未来发展的重要方向。

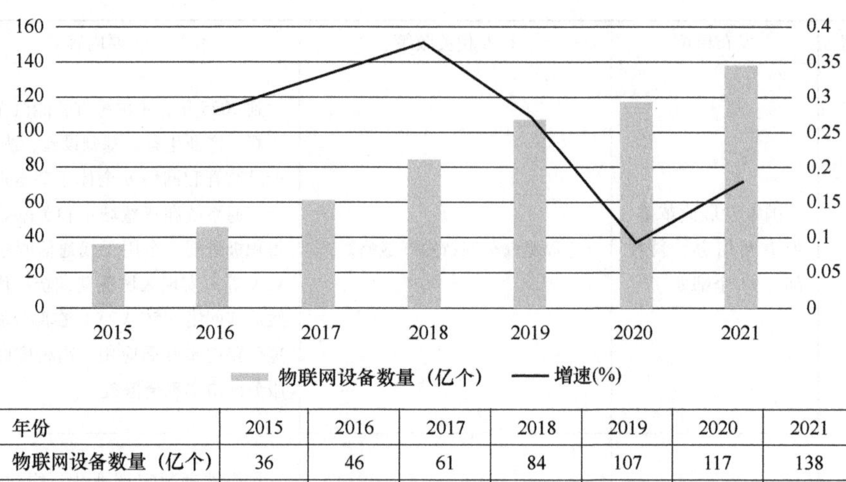

年份	2015	2016	2017	2018	2019	2020	2021
物联网设备数量（亿个）	36	46	61	84	107	117	138
增速(%)		27.78	32.61	37.70	27.38	9.35	17.95

图 1-17　2015—2021 年全球物联网设备数量及增速

全球物物联网核心技术持续发展，标准体系加快构建，产业体系处于建立和完善过程中。截至 2020 年年底，全球物联网市场规模 2480 亿美元，如图 1-18 所示，较 2019 年增加 360 亿美元，同比增长 17%；未来几年，全球物联网市场规模将出现快速增长。

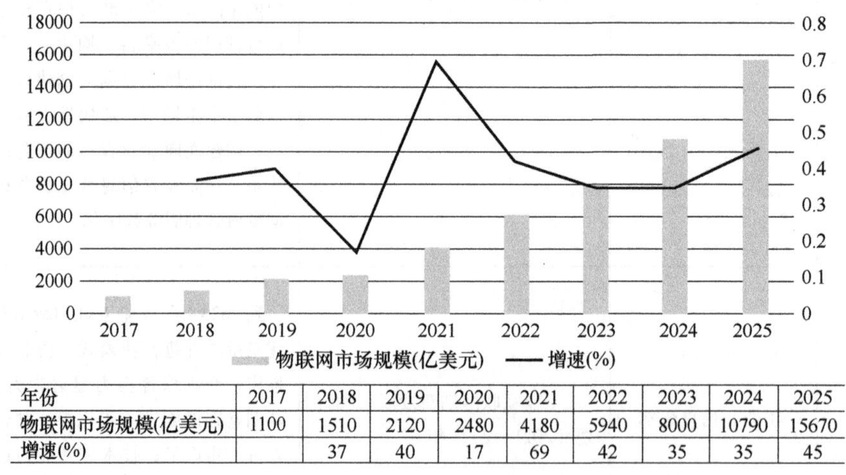

年份	2017	2018	2019	2020	2021	2022	2023	2024	2025
物联网市场规模(亿美元)	1100	1510	2120	2480	4180	5940	8000	10790	15670
增速(%)		37	40	17	69	42	35	35	45

图 1-18　2017—2025 年全球物联网市场规模及增速

在国家政策与技术的支持下，中国物联网市场蓬勃发展。如图 1-19 所示，截至 2021 年年底，中国物联网市场规模达到 18400 亿元，较上年增加 1800 亿元，同比增长 10.84%。

全球份额中，5G 行业应用排在首位的是制造业，占比高达 35%，其次是交通物流占比 17%，能源矿山占比 11%，工程制造占比 9%，通信占比 9%，公共安全占比 8%，媒体娱乐占比 4%，医疗占比 3%，其他占比 4%，如图 1-20 所示。

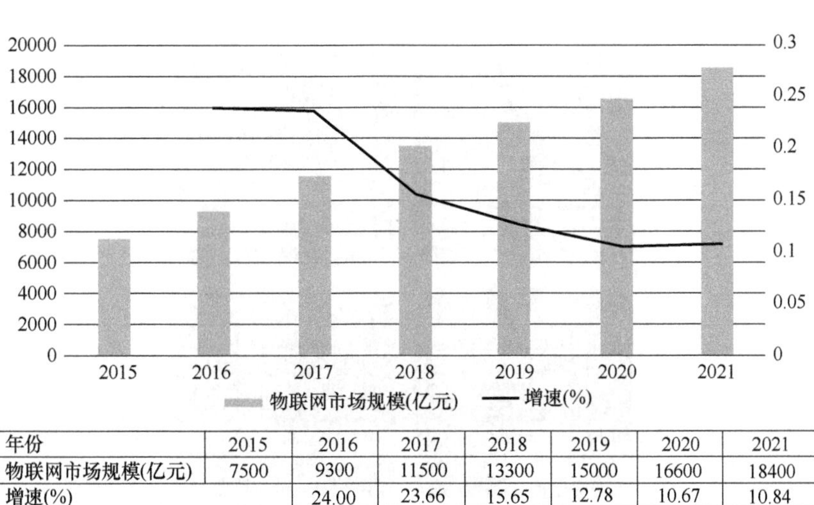

年份	2015	2016	2017	2018	2019	2020	2021
物联网市场规模(亿元)	7500	9300	11500	13300	15000	16600	18400
增速(%)		24.00	23.66	15.65	12.78	10.67	10.84

图 1-19　2015—2021 年中国物联网市场规模及增速

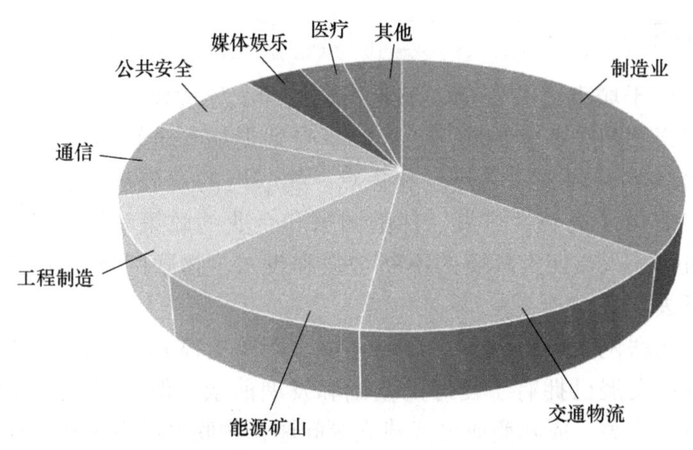

行业	制造业	交通物流	能源矿山	工程制造	通信	公共安全	媒体娱乐	医疗	其他
占比(%)	35	17	11	9	9	8	4	3	4

图 1-20　2020 年全球 5G 行业应用分布

1.5.3　物联网的未来趋势

物联网被称为世界信息产业的第三次浪潮，代表了下一代信息发展技术，物联网是现代信息技术发展到一定阶段后出现的一种聚合性应用与技术提升，如图 1-21 所示，将各种感知技术、现代网络技术和人工智能与自动化技术聚合与集成应用，使人与物智慧对话，创造一个智慧的世界。

随着公共管理和服务市场应用解决方案的不断成熟以及企业集聚、技术的不断整合和提升，逐步形成比较完整的物联网产业链，从而可以带动各行业大型企业的应用市场。
物联网标准体系是一个渐进发展成熟的过程，将呈现从成熟应用方案提炼形成行业标准，以行业标准带动关键技术标准，逐步演进形成标准体系的趋势。
随着产业的成熟，支持不同设备接口、不同互联协议、可集成多种服务的共性技术平台将是物联网产业发展成熟的结果。
物联网将机器人社会的行动都互联在一起，新的商业模式出现将是把物联网相关技术与人的行为模式充分结合的结果。

图 1-21　未来物联网发展趋势

1.6　本章小结

物联网可广泛应用于城市公共安全、工业安全生产、环境监控、智能交通、智能家居、公共卫生、健康监测等多个领域，让人们享受到更加安全轻松的生活。它正日益成为备受全球社会各界共同关注的热点和焦点。物联网的发展从概念到技术研究、试点实验阶段，已经取得了突破性进展。伴随国家和企业的政策和资金的大力支持，政策、金融、研发机构、人员四大环境的不断增强和投入，物联网将会顺应生产力变革的要求不断发展下去。

如今，促进中国物联网发展的政策、产业环境，以及支撑其运行的网络基础正在逐渐完善，中国物联网发展已拥有了良好的基础和发展前景。但同时仍存在成本、技术标准、关键核心技术攻关、成熟商业模式建立等问题，物联网的发展任重而道远！

习　题

1. 简述物联网的概念。
2. 简述物联网的定义。
3. 简述互联网与物联网的关系。
4. 简述常见的物联网传输系统和技术。
5. 简述物联网的体系结构。
6. 简述物联网的发展趋势。

第2章 射频识别技术

射频识别（Radio Frequency Identification，RFID）技术是一种综合利用多门学科、多种技术的应用技术。所涉及的关键技术包括芯片技术、天线技术、无线收发技术、数据变换与编码技术以及电磁传播特性等。

射频识别技术近年来在全球得到了迅速发展，在人们的日常生活中已经出现并且悄悄地产生着影响。那么什么是射频识别技术？它有什么用处？它是怎样发展起来的？它的工作原理是怎样的？其通信基础包含哪些内容呢？本章将一一为读者解答。

2.1 射频识别技术概述

2.1.1 射频识别技术的基本概念和特点

射频识别技术是20世纪90年代开始兴起的一种自动识别技术。该技术是一种非接触的自动识别技术，其基本原理是利用射频信号和空间耦合（电感或电磁耦合）传输特性实现对被识别物体的自动识别。该技术包括无线电射频、计算机软件硬件、编码学和芯片加工技术等多种现代高新科学技术，是多种跨门类科学技术的综合体，被广泛应用于工业自动化、商业自动化、现代服务业、交通运输控制管理等众多领域。

由上可见，为了完成RFID系统的主要功能，RFID系统具有两个基本的组成部分，即电子标签（Tag）和阅读器（Reader）。电子标签（或称应答器）由耦合元件及芯片组成，其中包含加密逻辑、串行电可擦除可编程只读存储器（Electric Erasable and Programmable Read-Only Memory，EEPROM）、微处理器以及射频收发电路。电子标签具有智能读写和加密通信的功能，通过无线电波与读写设备进行数据交换，它工作的能量由阅读器发生的射频脉冲提供。阅读器有时也称为查询器、读写器或读出装置，主要由无线收发模块、天线、控制模块及接口电路等组成。阅读器可将主机的读写命令传送到电子标签，并把从主机发往电子标签的数据加密，然后将电子标签返回的数据解密后送到主机。

此外，为了更好地对识别数据进行分析和处理，在较大型的RFID系统中，还需要中间件、应用系统软件等附属设备来完成对多阅读器识别系统的管理。本书将安排专门的篇幅来介绍电子标签、阅读器、中间件和应用系统软件。图2-1所示为一个典型的RFID应用系统组成图。

2.1.2 射频识别技术的现状和发展

RFID技术的前身可以追溯到第二次世界大战期间，当时该技术被英军用于识别敌我双方的飞机。采用的方法是在英方飞机上装识别标签（类似于现在的主动式标签），

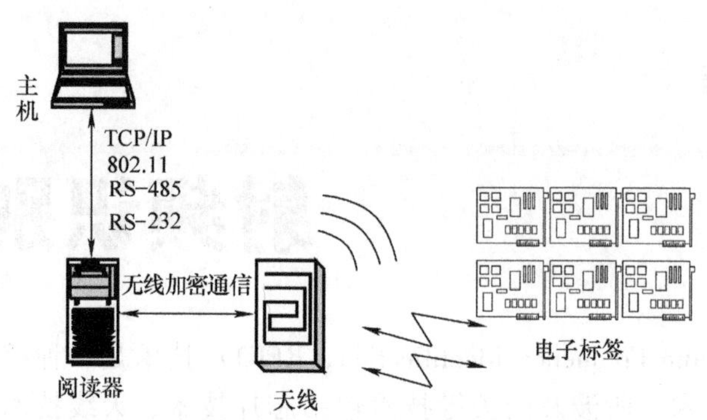

图 2-1　RFID 应用系统组成图

当雷达发出微波查询信号时，装在英方飞机上的识别标签就会做出相应的回执，使得发出微波查询信号的系统能够判别出飞机的身份，此系统称为敌我识别（Identity Friend or Foe，IFF）系统，目前世界上的飞行管制系统仍是在此基础上建立的。而被动式 RFID 技术应该归结为雷达技术的发展及应用，因此其历史可追溯到 20 世纪初期，大约在 1922 年雷达诞生了。雷达发射无线电波并通过接收到的目标反射信号来测定和定位目标的位置及其速度。随后，在 1948 年出现了早期研究 RFID 技术的一篇具有里程碑意义的论文——*Communication by Means of Reflected Power*。后来，信息技术，如晶体管集成电路、微处理芯片、通信网络等新技术的发展，拉开了 RFID 技术的研究序幕。在 20 世纪 60 年代出现了一系列的 RFID 技术论文、专利及文献。

RFID 的应用已于 20 世纪 60 年代应运而生，出现了商用 RFID 系统——电子商品监视（Electronic Article Surveillance，EAS）设备。EAS 被认为是 RFID 技术最早且最广泛应用于商业领域的系统。

20 世纪 70 年代，RFID 技术成为人们研究的热门课题，各种机构都开始致力于 RFID 技术的开发，出现了一系列的研究成果，并且将 RFID 技术成功应用于自动汽车识别（Automatic Vehicle Identification，AVI）的电子计费系统、动物跟踪以及工厂自动化等。

20 世纪 80 年代是充分使用 RFID 技术的 10 年。虽然世界各地开发者的方向有所不同，但是美国、法国、意大利、西班牙、挪威以及日本等国家都在不同应用领域安装和使用了 RFID 系统。第一个实用的 RFID 电子收费系统于 1987 年在挪威正式使用。1989 年美国达拉斯南路高速公路也开始使用不停车收费系统。在此期间，纽约港备局和新泽西港备局开始在林肯路的汽车入口使用 RFID 系统。

20 世纪 90 年代是 RFID 技术繁荣发展的十年，主要体现在美国大量配置了电子收费系统。1991 年在俄克拉荷马州（Oklahoma）建成了世界第一个开放的高速公路不停车收费系统，汽车可以高速通过计费站。世界上第一个包括电子收费系统和交通管理的系统于 1992 年安装在休斯敦（Houston），该系统中首次使用了 Title21 电子标签，而且这套系统和安装在俄克拉荷马州的 RFID 系统相兼容。同时，在欧洲也广泛使用了 RFID 技术，如不停车收费系统、道路控制和商业上的应用。而一种新的尝试是德州仪器（TI）公司开发的 TIRIS 系统用于汽车发动机的启动控制。由于已经开发出了小到能够密封到汽车钥匙中的电子标签，因此 RFID 系统可以方便地应用于汽车防盗中，如

日本丰田汽车、美国福特汽车、日本三菱汽车和韩国现代汽车的欧洲车型已将 RFID 技术用于汽车防盗系统中。RFID 技术已经在许多国家或地区的公路不停车收费、火车车辆跟踪与管理中得到应用，如澳大利亚、中国、菲律宾、巴西、墨西哥、加拿大、日本、马来西亚、新加坡、新西兰、南非、韩国、美国和欧洲等。借助于电子收费系统，出现了一些具有新功能的 RFID 技术。例如，一个电子标签可以具有多个账号，分别用于电子收费系统、停车场管理、费用征收、保安系统以及社区管理。在达拉斯，车辆上有一个电子标签也能用于在北达拉斯的计费系统，并且可用于通过关口和停车场收费，以及在其附近的娱乐场所、乡村停车场、团体及商业住宅区中使用。

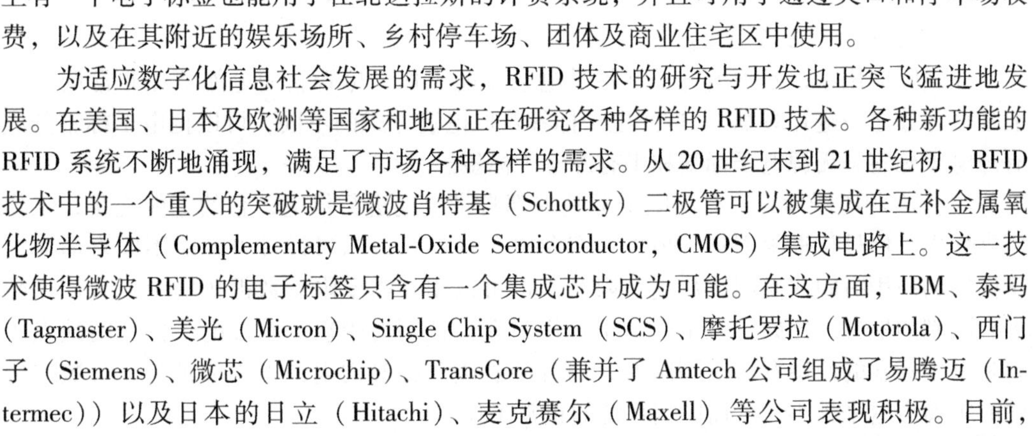

为适应数字化信息社会发展的需求，RFID 技术的研究与开发也正突飞猛进地发展。在美国、日本及欧洲等国家和地区正在研究各种各样的 RFID 技术。各种新功能的 RFID 系统不断地涌现，满足了市场各种各样的需求。从 20 世纪末到 21 世纪初，RFID 技术中的一个重大的突破就是微波肖特基（Schottky）二极管可以被集成在互补金属氧化物半导体（Complementary Metal-Oxide Semiconductor，CMOS）集成电路上。这一技术使得微波 RFID 的电子标签只含有一个集成芯片成为可能。在这方面，IBM、泰玛（Tagmaster）、美光（Micron）、Single Chip System（SCS）、摩托罗拉（Motorola）、西门子（Siemens）、微芯（Microchip）、TransCore（兼并了 Amtech 公司组成了易腾迈（Intermec））以及日本的日立（Hitachi）、麦克赛尔（Maxell）等公司表现积极。目前，Microchip、Hitachi、Maxell、TransCore 和 Tagmaster 等公司已有单一芯片的不同频段的电子标签供应市场，而且已加入防碰撞协议（Anti-Collision Protocol），使得一个阅读器可以同时读出至少 40 个微波电子标签的内容信息，同时也增加了许多功能，如电子钱包需要的低功耗读写功能、数据加密功能等，为 RFID 系统的应用提供更加广泛的应用前景。

RFID 技术在我国也有一定范围的应用。自 1993 年我国政府颁布实施“金卡工程”计划以来，加速了我国国民经济信息化的进程。由此，各种射频识别技术的发展及应用十分迅猛。1996 年 1 月，北京首都机场高速公路天竺收费站安装了不停车收费系统，该设备从美国 Amtech 公司引进。该系统没有真正实现一卡通功能，从而限制了其速卡通用户的数量。为适应全国信息化技术的要求，铁道部于 1999 年开始投资建设自动车号识别系统，并于 2000 年开始正式投入使用，作为电子清算的依据。该项目由兰州远望公司和哈尔滨铁路科学研究所共同研制。2001 年 7 月，上海虹桥国际机场组合式不停车电子收费系统（ETC）试验开通，被国家经贸委和交通部确定为“高等级公路电子收费系统技术开发和产业化”创新项目的示范工程。与此相适应，深圳市海关正在建设不停车通关系统，在往来车辆上安装了具有防盗等功能的主、副两个微波电子标签。深圳市的机荷、梅观高速公路的不停车收费系统在 2002 年 12 月已进入试运行。在我国西部四川宜宾市建立了国内第一个 RFID 实验工程用于市内车辆交通管理与不停车收费。在 2001 年，交通部宣布开发使用电子车牌管理系统，给 RFID 技术的应用增添了新的活力。2019 年 3 月 5 日，十三届全国人大二次会议上，国务院总理李克强作政府工作报告，报告中提出：“两年内基本取消全国高速公路省界收费站，实现不停车快捷收费，减少拥堵、便利群众。”2019 年 3 月 15 日上午十三届全国人大二次会议记者会上，李克强总理在答记者问中再次提及了取消省界收费站工作：“政府工作报告提

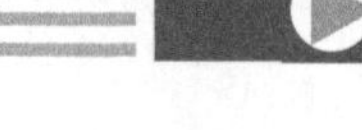

出，两年内要基本取消省界高速公路收费站，大家都很赞成。这样做有利于解决拥堵问题，也有利于相关产业发展。这个目标我们要确保完成，同时我们要求有关部门力争提前实现。”按照国务院最新决策部署，交通运输部迅速做出工作安排，要求2019年底前基本取消全国高速公路省界收费站，并将不停车快捷收费、缓解拥堵和便利群众作为主要目标，基于RFID的ETC收费系统在2.8节介绍。

2.1.3　射频识别技术的分类

1. 根据电子标签的供电形式分类

在实际应用中，必须给电子标签供电它才能工作，尽管它的电能消耗非常低（一般是百万分之一毫瓦级别）。按照电子标签获取电能方式的不同，可以把电子标签分成有源电子标签、无源电子标签和半有源电子标签。

（1）有源电子标签　有源电子标签内部自带电池进行供电，它的电能充足，工作可靠性高，信号传送距离远。另外，有源电子标签可以通过设计电池的不同寿命对电子标签的使用时间或使用次数进行限制，也可以用在需要限制数据传输量或者使用数据有限制的地方，比如，一年内电子标签只允许读写有限次。有源电子标签的缺点主要是电子标签的使用寿命受到限制，而且随着电子标签内电池电力的消耗，其数据传输的距离会越来越小，从而影响系统的正常工作。

（2）无源电子标签　无源电子标签内部不带电池，要靠外界提供能量才能正常工作。无源电子标签典型的产生电能的装置是天线与线圈，当电子标签进入系统的工作区域时，天线接收到特定的电磁波，线圈就会产生感应电流，再经过整流电路给电子标签供电。无源电子标签具有永久的使用期，常常用在电子标签信息需要每天读写或频繁读写多次的地方，而且无源电子标签支持长时间的数据传输和永久性的数据存储。无源电子标签的缺点主要是数据传输的距离要比有源电子标签短。无源电子标签依靠外部的电磁感应供电，它的电能就比较弱，因此数据传输的距离和信号强度就受到限制，需要灵敏度比较高的信号接收器（阅读器）才能可靠识读。

（3）半有源电子标签　半有源系统介于两者之间，虽然带有电池，但是电池的能量只激活系统，系统激活后无须电池供电，直接进入无源电子标签工作模式。

2. 根据电子标签的工作方式分类

电子标签的工作方式即是电子标签通过何种形式或方法与阅读器进行数据交换，据此，RFID可分为主动式RFID、被动式RFID和半主动式RFID。

（1）主动式RFID　通常来说，主动式RFID系统为有源系统，即主动式电子标签用自身的射频能量主动地发送数据给阅读器，在有障碍物的情况下，只需穿过障碍物一次。因此主动方式工作的电子标签主要用于有障碍物的应用中，距离较远（可达30m）。

（2）被动式RFID　被动式RFID系统必须利用阅读器的载波来调制自身的信号，电子标签产生电能的装置是天线和线圈。电子标签进入RFID系统工作区域后，天线接收到特定电磁波，线圈产生感应电流，从而给电子标签供电，在有障碍物的情况下，阅读器的能量必须来去穿过障碍物两次。该类系统一般适合用在门禁或交通领域应用中，因为阅读器可以确保只激活一定范围之内的电子标签。

（3）半主动式 RFID　半主动式 RFID 系统虽然本身带有电池，但是电子标签并不通过自身能量主动发送数据给阅读器，电池只负责为电子标签内部电路供电。电子标签需要被阅读器的能量激活，然后才通过反向散射调制方式传送自身数据。

3. 根据电子标签的工作频率分类

从应用概念来说，电子标签的工作频率也就是射频识别系统的工作频率，是其最重要的特点之一。电子标签的工作频率不仅决定着射频识别系统的工作原理（电感耦合还是电磁耦合）、识别距离，还决定着电子标签及阅读器实现的难易程度和设备的成本。

工作在不同频段或频点上的电子标签具有不同的特点。射频识别应用占据的频段或频点在国际上有公认的划分，即位于 ISM 频段之中。典型的工作频率有 125kHz、133kHz、13. 56MHz、433. 92MHz、862（902）~928MHz、2. 45GHz、5. 8GHz 等，它们分别属于低频、中频和高频 RFID 系统，如图 2-2 所示。

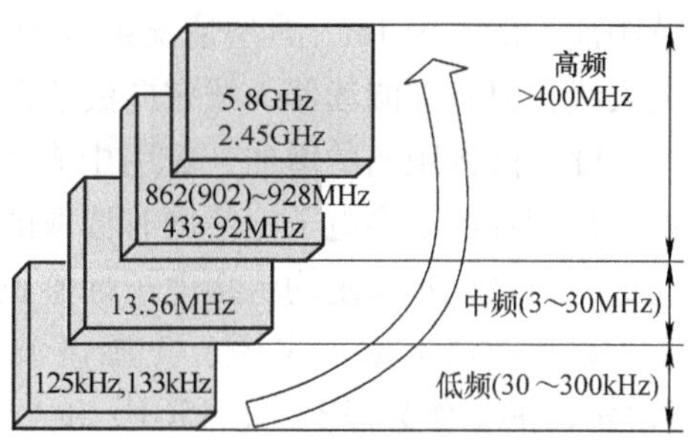

图 2-2　不同频率的 RFID 系统

（1）低频段电子标签　低频段电子标签简称低频标签，其工作频率范围为 30~300kHz，典型工作频率有 125kHz、133kHz（也有接近的其他频率，如 TI 公司使用 134. 2kHz）。低频标签一般为无源电子标签，其工作能量通过电感耦合方式从阅读器耦合线圈的辐射近场中获得。低频标签与阅读器之间传送数据时，低频标签需要位于阅读器天线辐射的近场区内。低频标签的阅读距离一般情况下小于 1m。

低频标签的典型应用有动物识别、容器识别、工具识别、电子闭锁防盗（带有内置应答器的汽车钥匙）等。

低频标签的主要优势有：芯片一般采用普通的 CMOS 工艺，具有省电、廉价的特点；工作频率不受无线电频率管制约束；可以穿透水、有机组织、木材等；非常适合近距离、低速度、数据量要求较少的识别应用（如动物识别）等。

低频标签的主要劣势有：存储数据量较小；只适合低速、近距离识别应用；与高频标签相比，标签天线匝数更多，成本更高一些。

（2）中频段电子标签　中频段电子标签简称中频标签，其工作频率范围为 3~30MHz，典型工作频率为 13. 56MHz。该频段的电子标签，从射频识别应用角度来说，因为其工作原理与低频标签完全相同，即采用电感耦合方式工作，所以宜将其归为低频标签类。另一方面，根据无线电频率的一般划分，其工作频段又是高频，所以也常将其归为高频标签类。

中频标签一般也采用无源方式，其工作能量同低频标签一样，也是通过电感（磁）耦合方式从阅读器耦合线圈的辐射近场中获得。中频标签与阅读器进行数据交换时，必须位于阅读器天线辐射的近场区内。中频标签的阅读距离一般情况下也小于 1m（最大读取距离为 1. 5m）。

中频标签可方便地做成卡的形状，其典型应用包括电子车辆、电子身份证、电子闭锁防盗（电子遥控门锁控制器）等。

中频标签的基本特点与低频标签相似，随着其工作频率的提高，可以选用较高的数据传输速率。电子标签天线的设计相对简单，标签一般制成标准卡片形状。

（3）高频段电子标签　高频段电子标签简称高频标签，其工作频段处于超高频（UHF）或微波频段，因此，高频标签也可称为超高频或微波频段电子标签，还可称为微波电子标签，其典型工作频率为433.92MHz、862（902）~928MHz、2.45GHz、5.8GHz。

微波电子标签可分为有源电子标签与无源电子标签两类。工作时，电子标签位于阅读器天线辐射场的远区场内，与阅读器之间的耦合方式为电磁耦合方式。阅读器天线辐射为无源电子标签提供射频能量，将有源电子标签唤醒。相应的射频识别系统阅读距离一般大于1m，典型情况范围为4~7m，最大可达10m。阅读器天线一般均为定向天线，只有在阅读器天线定向波速范围内的电子标签可被读/写。

随着阅读距离的增加，应用中有可能存在阅读区域中同时出现多个电子标签的情况，从而提出了多电子标签同时读取的需求，这种需求进而发展成为一种潮流。目前，先进的射频识别系统均将多电子标签识读问题作为系统的一个重要特征。

以目前技术水平来说，无源微波电子标签比较成功，其产品相对集中在902~928MHz的工作频段上。2.45GHz和5.8GHz射频识别系统多以半无源微波电子标签产品面世。半无源电子标签一般采用扣式电池供电，具有较远的阅读距离。

4. 根据电子标签的可读性分类

根据电子标签内部使用的存储器类型的不同，电子标签可分为三种，即只读（Read Only，RO）电子标签、可读写（Read and Write，RW）电子标签和一次写入多次读出（Write Once Read Many，WORM）电子标签，可读写电子标签一般比多次读出电子标签和只读电子标签的成本高很多。

（1）只读电子标签　只读电子标签内部只有只读存储器（Read Only Memory，ROM）和随机存取存储器（Random Access Memory，RAM）。ROM用于存储发射器操作系统程序和安全性要求较高的数据，它与内部的处理器或逻辑处理单元共同完成内部的操作控制功能，如响应延迟时间控制、数据流控制等。另外，只读电子标签的ROM中还存储有电子标签的标识信息。这些信息可以在电子标签制造过程中由制造商写入ROM，也可以在电子标签开始使用时由使用者根据特定的应用目的写入。这种信息可以只简单地代表二进制中的“0”或者“1”，也可以像二维条形码那样，包含相当复杂、丰富的信息。只读电子标签中的RAM用于存储电子标签反应和数据传输过程中临时产生的数据。另外，只读电子标签中除了ROM和RAM外，一般还有缓冲存储器，用于暂时存储调制后等待向天线发送的信息。

（2）可读写电子标签　可读写电子标签内部的存储器除了ROM、RAM和缓冲存储器之外，还有非活动可编程记忆存储器。这种存储器除了有存储数据的功能外，还具有在适当的条件下允许多次写入数据的功能。非活动可编程记忆存储器有许多种，EEPROM（带电可擦可编程只读存储器）是比较常用的一种，这种存储器在加电的情况下，可以实现对原有数据的擦除以及数据的重新写入。

（3）一次写入多次读出电子标签　一次写入多次读出电子标签是用户可以一次性写入的标签，但写入后数据不能再改变。

5. 根据电子标签中存储器数据存储能力分类

根据电子标签中存储器数据存储能力的不同，可以把电子标签分成仅用于标识目的的标识电子标签与便携式数据文件两种。对于标识电子标签来说，一个数字或者多个数字、字母、字符串存储在电子标签中是为了识别的目的或者是作为进入信息管理系统中数据库的钥匙（Key）。条形码技术中标准码制的号码，如欧洲商品编码（EAN）/商品统一代码（UPC）、混合编码，或者电子标签使用者按照特别的方法编的号码，都可以存储在标识电子标签中，标识电子标签中存储的只是标识号码，用于特定的标识项目，如人、物、地点等进行标识，关于被标识项目详细的、特定的信息，只能在与系统相连接的数据库中进行查找。

顾名思义，便携式数据文件即电子标签中存储的数据量非常大，足以看作一个数据文件。这种电子标签一般都是用户可编程的，电子标签中除了存储有标识码外，还存储有大量的被标识项目及其他的相关信息，如包装说明、工艺过程说明等。在实际应用中，关于被标识项目的所有信息都是存储在电子标签中的，读电子标签就可以得到关于被标识项目的所有信息，而不用再连接到数据库中进行信息读取。另外，随着电子标签存储能力的提高，它还可以提供组织数据的能力，在读电子标签的过程中，可以根据特定的应用目的控制数据的读出，实现在不同的情况下读出的数据部分不同。

6. 根据电子标签和阅读器之间的通信工作时序分类

时序是指电子标签和阅读器的工作次序问题，即是阅读器先发言（Reader Talk First，RTF），还是电子标签先发言（Tag Talk First，TTF）的方式。

对于无源电子标签来讲，一般是阅读器先发言的形式；对于多电子标签同时识读来讲，既可以采用阅读器先发言的形式，也可以采用电子标签先发言的形式。多电子标签的同时识读，只是相对的概念。为了实现多电子标签无冲撞同时识读，对于阅读器先发言的形式，阅读器先对一批电子标签发出间隔指令，使得阅读器识读范围内的多个电子标签被隔离，最后只保证一个电子标签处于活动状态与阅读器建立无冲撞的通信联系。通信结束后指定该电子标签进入休眠，然后指定一个新的电子标签执行无冲撞通信指令。如此往复，完成多电子标签同时识读。对于电子标签先发言的方式，电子标签在随机的时间内反复地发送自己的识别 ID，不同的电子标签可在不同的时间段内被阅读器正确识读，完成多电子标签的同时识别。

7. 按数据通信方式划分

按数据在 RFID 阅读器与电子标签之间的通信方式，RFID 系统可以划分为三种，即半双工（HDX）系统、全双工（FDX）系统和时序（SEQ）系统，如图 2-3 所示。

（1）半双工系统　在半双工系统中，从电子标签到阅读器的数据传输与从阅读器到电子标签的数据传输是交替进行的。当频率在 300MHz 以下时常常使用负载调制的半双工法，有没有负载都可以，其电路也很简单。与此很相近的方式是来源于雷达技术的调制反射截面的方法，工作频率在 100MHz 以上。负载调制和调制反射截面直接影响由阅读器产生的磁场或电磁场，因此被称作谐波处理法。

（2）全双工系统　在全双工系统中，数据在电子标签和阅读器之间的双向传输是同时进行的。其中，电子标签发送数据，所用频率为阅读器的几分之一，即采用分谐波，或是用一种完全独立的非谐波频率。

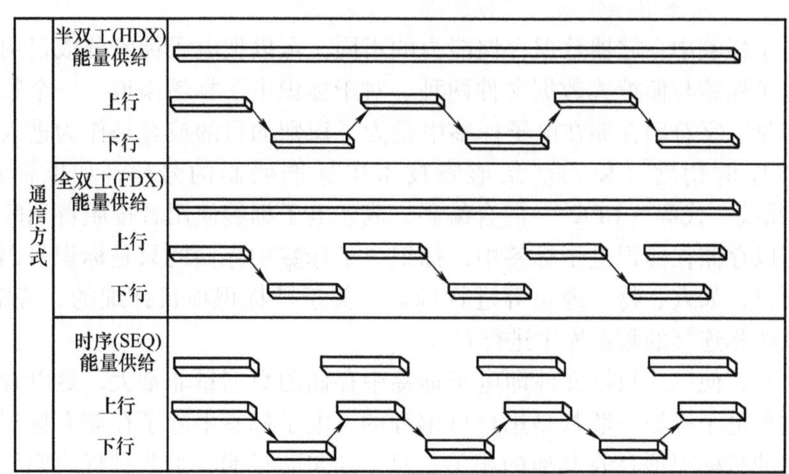

图 2-3 半双工、全双工与时序系统示意图

(3) 时序系统 在时序系统中，从阅读器到电子标签的数据传输和能量供给与从电子标签到阅读器的数据传输在时间上是交叉的，即脉冲系统。

半双工与全双工两种方式的共同点是，从阅读器到电子标签的能量供给是连续的，与数据传输的方向无关，而与此相反，在使用时序系统的情况下，从阅读器到电子标签的能量供给总是在限定的时间间隔内进行，从电子标签到阅读器的数据传输是在电子标签的能量供给间歇时进行的。这三种通信方式的时间过程说明如图 2-3 所示，其中，从阅读器到电子标签的数据传输定义为下行，而从电子标签到阅读器的数据传输定义为上行。

8. 根据射频标签工作距离

根据工作距离，射频标签可以分为远程标签、近程标签和超近程标签三种类型。

(1) 远程标签 工作距离在 100cm 以上的标签称为远程标签。

(2) 近程标签 工作距离在 10~100cm 的标签称为近程标签。

(3) 超近程标签 工作距离在 0.2~10cm 的标签称为超近程标签。

2.2 射频识别的基本原理及工作过程

2.2.1 射频识别的基本原理

1. 射频识别（RFID）的基本交互原理

RFID 的基本原理框图如图 2-4 所示。

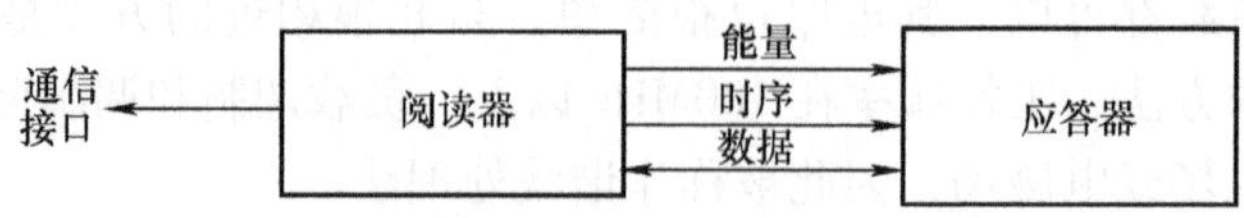

图 2-4 RFID 的基本原理框图

应答器为集成电路芯片，它的工作需要由阅读器提供能量，阅读器产生的射频载

波用于为应答器提供能量。

阅读器和应答器之间的信息交互通常是采用询问-应答的方式进行，因此必须有严格的时序关系，时序由阅读器提供。

应答器和阅读器之间可以实现双向数据交换，应答器存储的数据信息采用对载波的负载调制方式向阅读器传送，阅读器给应答器的命令和数据通常采用载波间隙、脉冲位置调制、编码调制等方法实现传送。

2. RFID 的耦合方式

根据射频耦合方式的不同，RFID 可以分为电感耦合方式（磁耦合）RFID 和反向散射耦合方式（电磁场耦合）RFID 两大类。

3. RFID 的工作频率

RFID 系统的工作频率划分为下述频段：

1）低频（LF，频率范围为 30～300kHz）：工作频率低于 135kHz，最常用的是 125kHz。

2）高频（HF，频率范围为 3～30MHz）：工作频率低于 13.56MHz±7kHz。

3）特高频（UHF，频率范围为 300MHz～3GHz）：工作频率为 433MHz、866～960MHz 和 2.45GHz。

4）超高频（SHF，频率范围为 3～30GHz）：工作频率为 5.8GHz 和 24GHz，但目前 24GHz 基本没有采用。

其中，后三个频段为 ISM（Industrial Scientific Medical）频段。ISM 频段是为工业、科学和医疗应用而保留的频率范围，不同的国家可能会有不同的规定。UHF 和 SHF 都在微波频率范围内，微波频率范围为 300MHz～300GHz。

在 RFID 技术的术语中，有时称无线电频率在 LF 和 HF 内时为 RFID 低频段，UHF 和 SHF 为 RFID 高频段。

RFID 技术涉及无线电的低频、高频、特高频和超高频频段。在无线电技术中，这些频段的技术实现差异很大，因此可以说，RFID 技术的空中接口覆盖了无线电技术的全频段。

2.2.2　射频识别系统的工作过程

阅读器在一个区域内发射射频能量形成电磁场，作用距离和范围的大小取决于发射功率和天线。电子标签通过这一区域时被触发，发送存储在电子标签中的数据，或根据阅读器的指令改写存储在电子标签中的数据。阅读器可以与电子标签建立无线通信，向电子标签发送数据及从电子标签接收数据，并能通过标准接口与计算机网络进行通信，从而实现射频识别系统的顺利工作。

1. RFID 应用系统的组成

RFID 应用系统的组成结构如图 2-5 所示，它由阅读器、应答器和高层等部分组成。最简单的应用系统只有单个阅读器，它一次对一个应答器进行操作，如公交汽车上的票务操作。较复杂的应用需要一个阅读器可同时对多个应答器进行操作，即要具有防碰撞（也称为防冲突）的能力。更复杂的应用系统要解决阅读器的高层处理问题，包括多阅读器的网络连接。可参阅第 9 章 9.1 节 RFID 实验。

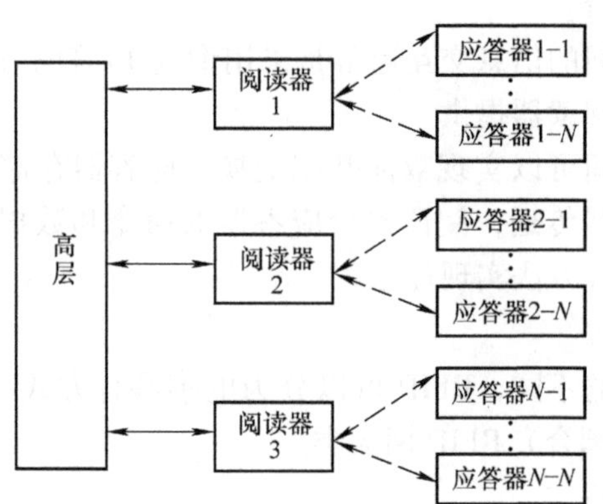

图 2-5　RFID 应用系统的组成结构

2. 应答器（射频卡和电子标签）

从技术角度来说，RFID 技术的核心在应答器，阅读器是根据应答器的性能而设计的。虽然在 RFID 系统中应答器的价格远比阅读器低，但通常情况下，在应用中应答器的数量是很大的，尤其是在物流应用中，应答器用量不仅大而且可能是一次性使用，而阅读器的数据相对要少很多。

（1）射频卡和电子标签　应答器在某种应用场合还有一些专有的名称，如射频卡（也称为非接触卡）、电子标签等，但都可统称为应答器。

1）射频卡（RF Card）。射频卡的外形多种多样，如盘形、卡形、条形、钥匙扣形、手表形等，不同的形状适应于不同的应用。

如果将应答器芯片和天线塑封成像银行的银联卡和电信的电话卡那样，塑料卡的物理尺寸符合 ID-1 型卡的规范，那么这类应答器称为射频卡或非接触卡，如图 2-6 所示。

ID-1 是国际标准 ISO/IEC 7810 中规定的三种磁卡尺寸规格中的一种，其标准尺寸（宽度×高度×厚度）为 85. 6mm×53. 98mm×0. 76mm。

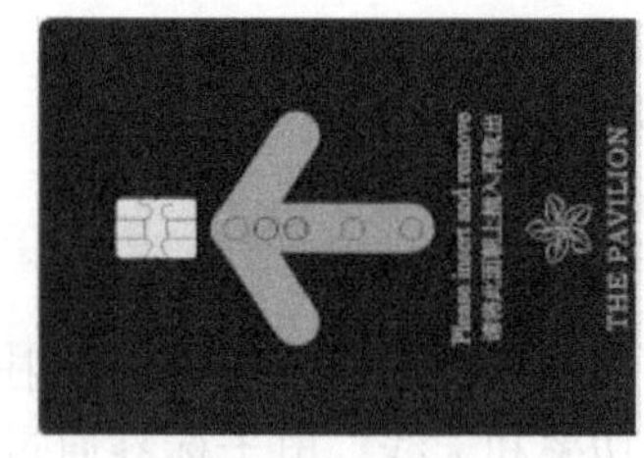

图 2-6　射频卡

射频卡的工作频率为 135kHz 或 13. 56MHz，采用电感耦合方式实现能量和信息的传输。射频卡通常用于身份识别和收费。

2）电子标签（Tag）。除了卡状外形，应答器还具有上面介绍的很多其他形状，可用于动物识别、高品货物识别、集装箱识别等，在这些应用领域应答器常称为电子标签。

图 2-7 所示为几种典型电子标签的外形。应答器芯片安放在一张薄纸膜或塑料膜内，这种薄膜往往和一层纸胶合在一起，背面涂上黏合剂，这样就很容易粘贴到被识别的物体上。

（2）应答器的主要性能参数　应答器的主要性能参数有工作频率、读/写能力、编码调制方式、数据传输速率、信息数据存储容量、工作距离、多应答器识读能力（也称为防碰撞或者防冲突能力）、安全性能（密钥、认证）等。

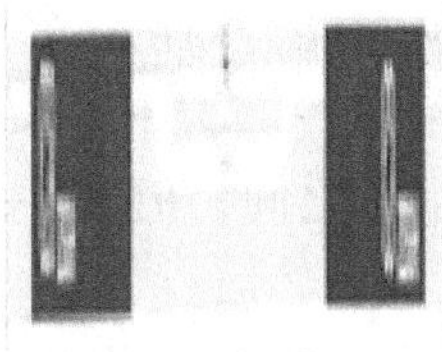
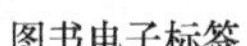

图书电子标签

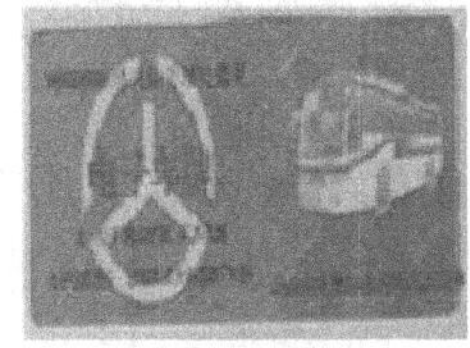

电子车牌电子标签

物流电子标签

超高频不干胶电子标签

图 2-7　电子标签

（3）应答器的分类　根据应答器是否需要加装电池及电池供电的作用，可将应答器分为无源（被动式）、半无源（半被动式）和有源（主动式）应答器三种类型。

1）无源应答器。无源应答器不附带电池。在阅读器的阅读范围之外，应答器于无源状态；在阅读器的阅读范围之内，应答器从阅读器发出的射频能量中提取工作所需的电能。采用电感耦合方式的应答器多为无源应答器。

2）半无源应答器。半无源应答器内装有电池，但电池仅起辅助作用，它为维持数据的电路供电或为应答器芯片工作所需的电压作辅助支持。应答器电路本身耗能很少，平时处于休眠状态。当应答器进入阅读器的阅读范围时，受阅读器发出的射频能量的激励而进入工作状态，它与无源应答器一样，用于传输通信的射频能量源自阅读器。

3）有源应答器。有源应答器的工作电源完全由内部电池供给，同时内部电池能量也部分地转换为应答器与阅读器通信所需的射频能量。

（4）应答器电路的基本结构和作用　应答器电路的基本结构如图 2-8 所示。它由天线电路、编/解码器、电源电路、解调器、存储器、控制器、时钟和负载调制电路组成。

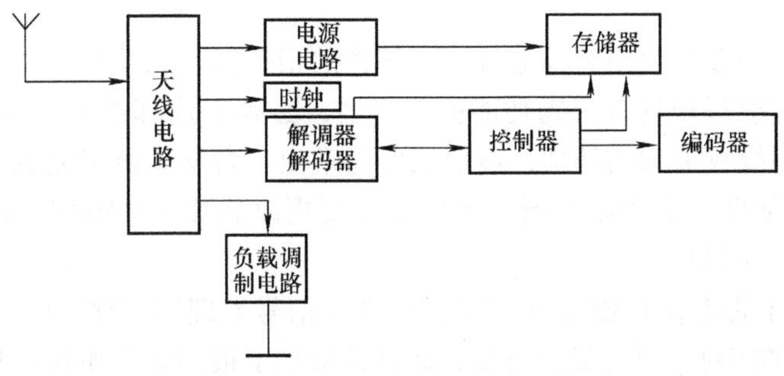

图 2-8　应答器电路的基本结构

1）应答器组成电路的复杂度和应答器所具有的功能相关。按照应答器的功能来分类，应答器可分为存储器应答器（又可分为只读应答器和可读/写应答器）、具有密码功能的应答器和智能应答器。

2）能量获取。天线电路用于获取射频能量，由电源电路整流稳压后为应答器电路提供直流工作电压。对于可读/写应答器，如果存储器是 EEPROM，电源电路还需要产生写入数据时所需的直流高电压。

3）时钟。天线电路获取的载波信号的频率经分频后，分频信号可作为应答器的控制器、存储器、编/解码器等电路工作时所需的时钟信号。

4）数据的输入/输出。从阅读器送来的命令，通过解调器、解码器送到控制器，控制器实现命令所规定的操作；从阅读器送来的数据，经解调、解码后在控制器的管

理下写入存储器。应答器送至阅读器的数据，在控制器的管理下从存储器输出，经编码器、负载调制电路输出。

5）存储器。RFID 应答器的存储数据量通常在几字节到几千字节之间，但有一个例外，就是前面介绍的用于电子防盗系统（EAS）的 1bit 应答器。

简单系统的应答器的存储数据量不大，通常多为序列号码（如唯一识别号（UID）、电子商品码（EPC）等）。它们在芯片生产时写入，以后就不能改变。

在可读/写的应答器中，除了固化数据外，还需支持数据的写入，为此有三种常用的存储器：EEPROM（电可擦除只读存储器）、SRAM（静态随机存储器）和 FRAM（铁电随机存储器）。

EEPROM 使用较广，但其写入过程中的功耗大，擦写寿命约为 10 万次，是电感耦合方式应答器主要采用的存储器。SRAM 写入数据很快，但为了保存数据需要用辅助电池进行不中断的供电，因此 SRAM 用在一些微波频段自带电池的应答器中。

FRAM 是一种新的非瞬态存储技术。FRAM 存储的基本原理是铁电效应，即一种材料在电场消失的情况下保持其电极化的能力。FRAM 与 EEPROM 相比，其写入功耗低（约为 EEPROM 功耗的 1/100），写入时间短（约为 0.1μs，比 EEPROM 快 1000 倍），因此 FRAM 在 RFID 系统中极有应用前景。FRAM 目前存在的问题是，把它与 CMOS 微处理器、射频前端模拟电路集成到单独一块芯片上仍存在困难，这妨碍了 FRAM 在 RFID 中的广泛应用。

在具有密码功能的应答器中，存储器中还存在密码，以供加密信息和认证。由于篇幅有限，有关 RFID 中的加密、认识技术，这里不再详细说明，有兴趣的读者可以参阅有关文献。

6）控制器。控制器是应答器芯片有序工作的指挥器。只读应答器的控制器电路比较简单。对于可读/写和具有密码功能的应答器，必须有内部逻辑控制对存储器的读/写操作和对读/写授权请求的处理，该项工作通常由一台状态机来完成。然而，状态机的缺点是缺乏灵活性，这意味着当需要变化时要更改芯片上的电路，这在经济性和完成时间上都存在着问题。

如果应答器上带有微控制器（MCU）或数字信号处理器（DSP），就成为智能应答器，这对于更改的应对会更为灵活方便，而且还增加了很多运算和处理能力。随着 MCU 和 DSP 功耗的不断降低，智能应答器在身份识别、金融等领域的应用会不断扩大。

3. 阅读器（读写器或基站）

阅读器也有一些其他称呼，如读写器、基站等。本书中没有对它们加以区别，即阅读器并不是仅具有读功能，而是泛指其具有读/写功能。基站一词是用于无线移动通信的术语，阅读器具有相当于基站的功能。实际上在 RFID 系统中，也可将应答器固定安装，而将阅读器应用于移动状态。

图 2-9 所示为几种典型阅读器的实物图。

（1）阅读器的功能　虽然因频率范围、通信协议和数据传输方法的不同，各种阅读器在一些方面会有很大的差异，但阅读器通常都应具有下述功能：

1）以射频方式向应答器传输能量。

2）从应答器中读出数据或向应答器写入数据。

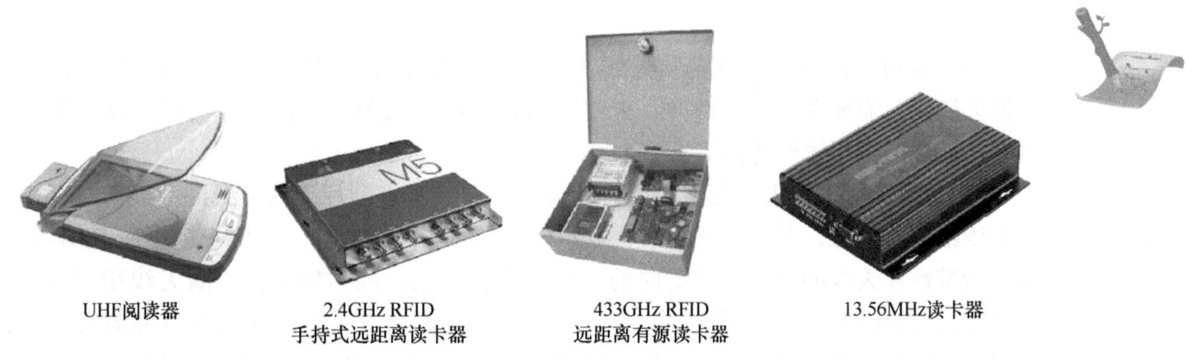

图 2-9　阅读器

3）完成对读取数据的信息处理并实现应用操作。

4）若有需要，应能和高层处理单元交互信息。

（2）阅读器电路的组成　阅读器电路的组成框图如图 2-10 所示，各部分的作用简述如下：

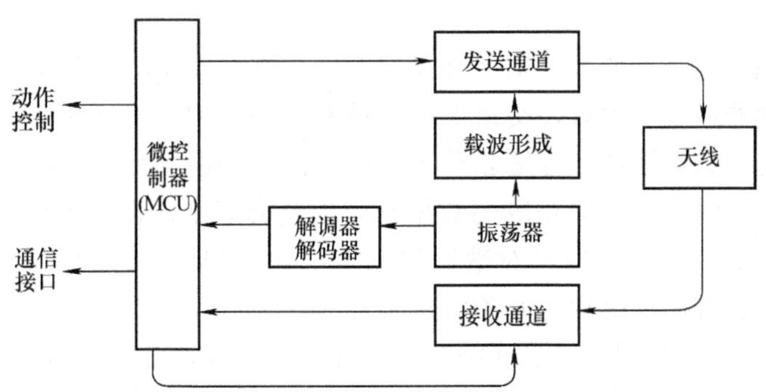

图 2-10　阅读器电路的组成框图

1）振荡器。振荡器电路产生符合 RFID 系统要求的射频振荡信号，一路经时钟电路产生 MCU 所需的时钟信号，另一路经载波形成电路产生阅读器工作的载波信号。例如，振荡器的振荡频率为 4MHz，经整形后提供 MCU 工作的 4MHz 时钟上，经分频（32 分频）产生 125kHz 的载波。

2）发送通道。发送通道包括编码、调制和功率放大电路，用于向应答器传送命令和写数据。

3）接收通道。接收通道包括解调、解码电路，用于接收应答器返回的应答信息和数据。根据应答器的防碰撞能力的设置，还应考虑防碰撞电路的设计。

4）微控制器（MCU）。MCU 是阅读器工作的核心，完成收/发控制、向应答器发送命令与写数据、应答器数据读取与处理、与应用系统的高层进行通信等任务。

MCU 的动作控制包括与声、光、显示部件的接口，通信接口可采用 RS-232、USB 或其他通信接口。

随着数字信号处理器（DSP）应用的普及，阅读器也可采用 DSP 作为核心器件来实现更加完善的功能。

4. 天线

阅读器和应答器都需要安装天线，天线的应用目的是取得最大的能量传输效率。选择天线时，需要考虑天线类型、天线的阻抗、应答器附着物的射频特性、阅读器与应答器周围的金属物体等因素。

RFID 系统所用的天线类型主要有偶极子天线、微带贴片天线、线圈天线等。偶极子天线辐射能力强，制造工艺简单，成本低，具有全向方向性，常用于远距离 RFID 系统。微带贴片天线的方向图是定向的，但工艺较复杂，成本较高。线圈天线用于电感耦合方式的 RFID 系统中（阅读器和应答器之间的耦合电感线圈在这里也称为天线），线圈天线适用于近距离（1m 以下）的 RFID 系统，在 UHF、SHF 频带段的工作距离、方向不定的场合难以得到广泛的应用。

在应答器中，天线和应答器芯片封装在一起，由于应答器尺寸的限制，天线的小型化、微型化成为决定 RFID 系统性能的重要因素。近年来研制的嵌入式线圈天线、分型开槽环天线和低剖面圆极化 EBG（电磁带隙）天线等新型天线为应答器天线小型化提供了技术保证。

5. 数据管理平台

（1）数据管理平台的作用　对于独立的应用，阅读器可以完成应用的需求，例如，公交车上的阅读器可以实现对公交票卡的验读和收费。但是对于由多阅读器构成网络架构的信息系统，数据管理平台是必不可少的。也就是说，针对 RFID 的具体应用，需要在数据管理平台将多阅读器获取的数据有效地整合起来，提供查询、历史档案等相关管理和服务。更进一步，通过对数据的加工、分析和挖掘，为正确决策提供依据。这就是所谓的信息管理系统和决策系统。

（2）中间件与网络应用　在 RFID 网络应用中，企业通常最想问的第一个问题是如何将现有的系统与 RFID 阅读器连接。针对这个问题的解决方案就是 RFID 中间件(Middle Ware)。

RFID 中间件是介于 RFID 阅读器和后端应用程序之间的独立软件，能够与多个 RFID 阅读器和多个后端应用程序连接。应用程序使用中间件所提供的一组通用应用程序接口（API），应能连接到 RFID 阅读器，读取 RFID 应答器数据。这样一来，即使当存储应答器信息的数据库软件改变、后端应用程序增加或改由其他软件取代、阅读器种类增加等情况发生时，应用端不需要修改也能应对这些变化，从而减轻了多对多连接的设计与维护的复杂性。

图 2-11 所示为利用中间件的网络应用的结构。

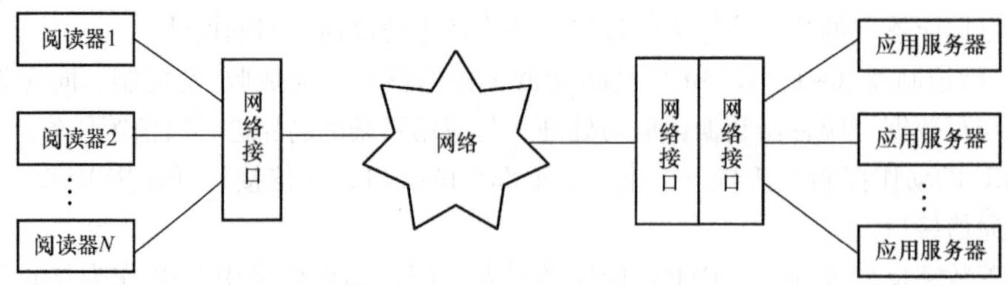

图 2-11　利用中间件的网络应用的结构

2.3 射频识别的数据传输协议

2.3.1 射频识别的接口协议

1. 空中接口

空中接口通信协议规范阅读器与电子标签之间信息交互，目的是为不同厂家生产设备之间的互联互通性。ISO/IEC 制定五种频段的空中接口协议，这种思想充分体现标准统一的相对性，一个标准是对相当广泛的应用系统的共同需求，但不是所有应用系统的需求，一组标准可以满足更大范围的应用需求。ISO/IEC 18000-1《信息技术—基于单品管理的射频识别—参考结构和标准化的参数定义》规范空中接口通信协议中共同遵守的阅读器与标签的通信参数表、知识产权基本规则等内容。这样每一个频段对应的标准不需要对相同内容进行重复规定。

ISO/IEC 18000-2《信息技术—基于单品管理的射频识别—适用于中频段 125~134kHz》规定在电子标签和阅读器之间通信的物理接口，阅读器应具有与 Type A（FDX）和 Type B（HDX）标签通信的能力；规定协议和指令再加上多标签通信的防碰撞方法。

ISO/IEC 18000-3《信息技术—基于单品管理的射频识别—适用于高频段 13.56MHz》规定阅读器与电子标签之间的物理接口、协议和命令再加上防碰撞方法。关于防碰撞协议可以分为两种模式：模式 1 分为基本型与两种扩展型协议（无时隙无终止多应答器协议和时隙终止自适应轮询多应答器读取协议）；模式 2 采用时频复用 FTDMA 协议，共有八个信道，适用于标签数量较多的情形。

ISO/IEC 18000-4《信息技术—基于单品管理的射频识别—适用于微波段 2.45GHz》规定阅读器与电子标签之间的物理接口、协议和命令再加上防碰撞方法。该标准包括两种模式：模式 1 是无源电子标签，工作方式是阅读器先发言；模式 2 是有源电子标签，工作方式是电子标签先发言。

ISO/IEC 18000-6《信息技术—基于单品管理的射频识别—适用于超高频段 860~960MHz》规定阅读器与电子标签之间的物理接口、协议和命令再加上防碰撞方法。它包含 TypeA、TypeB 和 TypeC 三种无源电子标签的接口协议，通信距离远，可以达到 10m。其中 TypeC 是由 EPCglobal 起草的，并于 2006 年 7 月获得批准，它在识别速度、读写速度、数据容量、防碰撞、信息安全、频段适应能力、抗干扰等方面有较大提高。2006 年递交 V4.0 草案，它针对带辅助电源和传感器电子标签的特点进行扩展，包括电子标签数据存储方式和交互命令。带电池的主动式电子标签可以提供较大范围的读取能力和更强的通信可靠性，不过其尺寸较大，价格也更贵一些。

ISO/IEC 18000-7 适用于超高频段 433.92 MHz，属于有源电子标签。规定阅读器与电子标签之间的物理接口、协议和命令再加上防碰撞方法。有源电子标签识读范围大，适用于大型固定资产的跟踪。

2. 数据标准

数据内容标准主要规定数据在电子标签、阅读器到主机（也即中间件或应用程序）各个环节的表示形式。因为电子标签能力（存储能力、通信能力）的限制，在各个环

节的数据表示形式必须充分考虑各自的特点，采取不同的表现形式。另外，主机对电子标签的访问可以独立于阅读器和空中接口协议，也就是说阅读器和空中接口协议对应用程序来说是透明的。RFID 数据协议的应用接口基于 ASN.1，它提供一套独立于应用程序、操作系统和编程语言，也独立于电子标签阅读器与电子标签驱动之间的命令结构。ISO/IEC 15961 规定阅读器与应用程序之间的接口，侧重于应用命令与数据协议加工器交换数据的标准方式，这样应用程序可以完成对电子标签数据的读取、写入、修改、删除等操作功能。该协议也定义错误响应消息。

ISO/IEC 15962 规定数据的编码、压缩、逻辑内存映射格式，再加上如何将电子标签中的数据转化为应用程序有意义的方式。该协议提供一套数据压缩的机制，能够充分利用电子标签中有限数据存储空间再加上空中通信能力。

ISO/IEC 24753 扩展 ISO/IEC 15962 数据处理能力，适用于具有辅助电源和传感器功能的电子标签。增加传感器以后，电子标签中存储的数据量再加上对传感器的管理任务大大增加，ISO/IEC 24753 规定电池状态监视、传感器设置与复位、传感器处理等功能。图 2-12 表明 ISO/IEC 24753 与 ISO/IEC 15962 一起，规范带辅助电源和传感器功能电子标签的数据处理与命令交互。它们的作用使得 ISO/IEC 15961 独立于电子标签和空中接口协议。

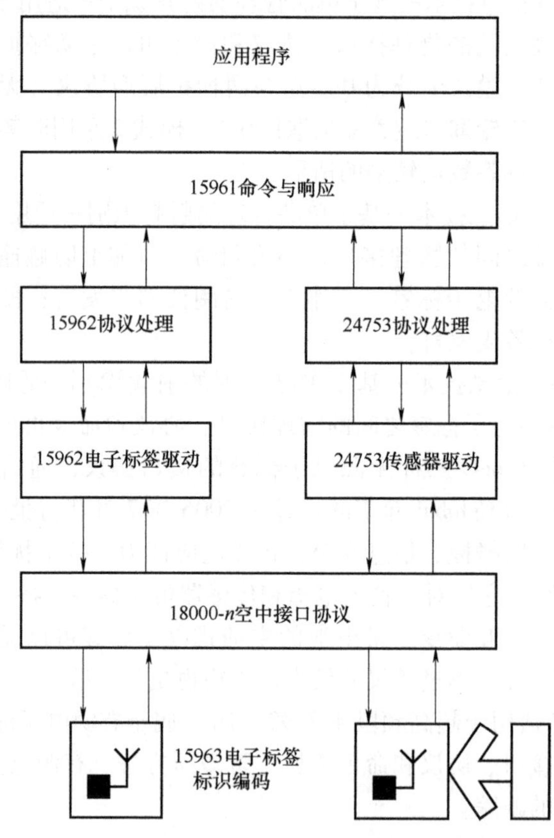

图 2-12　ISO RFID 标准体系框图

ISO/IEC 15963 规定电子标签标识的编码标准，该标准兼容 ISO/IEC 7816-6、ISO/

TS 14816、EAN. UCC 标准编码体系、INCITS 256 再加上保留对未来扩展。注意与物品编码的区别，物品编码是对电子标签所贴附物品的编码，而该标准标识的是电子标签自身。

3. 实时定位

实时定位系统（RTLS）可以改善供应链的透明性，其表现在船队管理、物流和船队安全等。RFID 电子标签可以解决短距离尤其是室内物体的定位，可以弥补 GPS 等定位系统只能适用于室外大范围的不足。GPS 定位、手机定位再加上 RFID 短距离定位手段与无线通信手段一起可以实现物品位置的全程跟踪与监视。相关标准有：

ISO/IEC 24730-1《信息技术—实时定位系统（RTLS）第 1 部分：应用编程接口（API）》，它规范 RTLS 服务功能再加上访问方法，目的是应用程序可以方便地访问 RTLS，它独立于 RTLS 的低层空中接口协议。

ISO/IEC 24730-2《信息技术—实时定位系统（RTLS）第 2 部分：适用于 2450MHz 的空中接口协议》，它规范一个网络定位系统，该系统利用 RTLS 发射机发射无线电信标，接收机根据收到的几个信标信号解算位置。发射机的许多参数可以远程实时配置。ISO/IEC 24730-3 适用于 433MHz 的 RTLS 空中接口协议。

4. 基本架构

2006 年，ISO/IEC 开始重视 RFID 应用系统的标准化工作，将 ISO/IEC 24752 调整为六个部分并重新命名为 ISO/IEC 24791。制定该标准的目的是对 RFID 应用系统提供一种框架，并规范数据安全和多种接口，便于 RFID 系统之间的信息共享；使得应用程序不再关心多种设备和不同类型设备之间的差异，便于应用程序的设计和开发；能够支持设备的分布式协调控制和集中管理等功能，优化密集阅读器组网的性能。该标准的主要目的是解决阅读器之间再加上应用程序之间共享数据信息，随着 RFID 技术的广泛应用，RFID 数据信息的共享越来越重要。

5. 数据编码方式

从阅读器到电子标签方向的数据传输过程中，所有已知的数字调制方法都可以选用，而与工作频率和耦合方式无关。常用的数据调制解调方式有幅度调制键控（ASK）、频移键控（FSK）和相移键控（PSK）等方式。为了简化电子标签设计并降低成本，多数射频识别系统采用 ASK 调制方式。

数据编码一般又称为基带数据编码，一方面便于数据传输，另一方面可以对传输的数据进行加密。常用的数据编码方式有反向不归零（NRZ）编码、曼彻斯特（Manchester）编码、单极性归零（Unipolar RZ）编码、差动双相（DBP）编码、米勒（Miller）编码、差动编码、脉冲宽度编码（Pulse Width Modulation，PWM）、脉冲位置编码（Pulse Position Modulation，PPM）等方式，其中几种如图 2-13 所示。

（1）反向不归零（Non-Return-to-Zero，NRZ）编码　NRZ 编码用“高”电平表示 1，“低”电平表示 0。

（2）曼彻斯特（Manchester）编码　曼彻斯特编码在半个比特周期时的负跳变表示 1，半个比特周期时的正跳变表示 0。曼彻斯特编码在采用负载波的负载调制或者反相散射调制时，通常用于从标签到阅读器的数据传输，因为这有利于发现数据传输的错误。

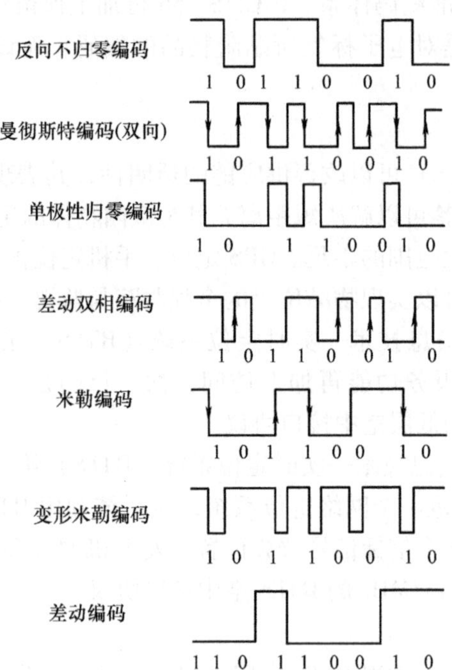

图 2-13　射频识别系统中的数据编码（传递的数据为 10110010）

（3）单极性归零（Unipolar RZ）编码　单极性归零编码在第一个半比特周期内的“高”电平表示 1，而持续整个比特周期的“低”电平表示 0。

（4）差动双相（DBP）编码　差动双相编码在半个比特周期内的任意边沿跳变表示 0，而没有边沿跳变表示 1。因为在每个比特周期的开始电平都要反相，因此对于接收器来说，位同步重建比较容易。

（5）米勒（Miller）编码　米勒编码在半个比特周期内的任意边沿表示 1，而经过下一个比特周期内不变的电平表示 0。一连串的零在比特周期开始时产生跳变。对于接收器来说，要建立位同步也比较容易。

（6）变形米勒编码　变形米勒编码相对于米勒编码来说，将其每个边沿都用负脉冲代替。由于负脉冲的时间很短，可以保证数据传输过程中从高频场中连续给标签提供能量。变形米勒编码在电感耦合的射频识别系统中用于从阅读器到射频标签的数据传输。

（7）差动编码　采用差动编码时，每个要传输的二进制 1 将引起信号电平的改变，而对于 0 则保持信号电平不变。

（8）脉冲宽度编码　对脉冲宽度编码来说，在下一脉冲前的暂停持续时间 t 表示二进制 1，而下一脉冲前的暂停持续时间 $2t$ 表示二进制 0，如图 2-14 所示。

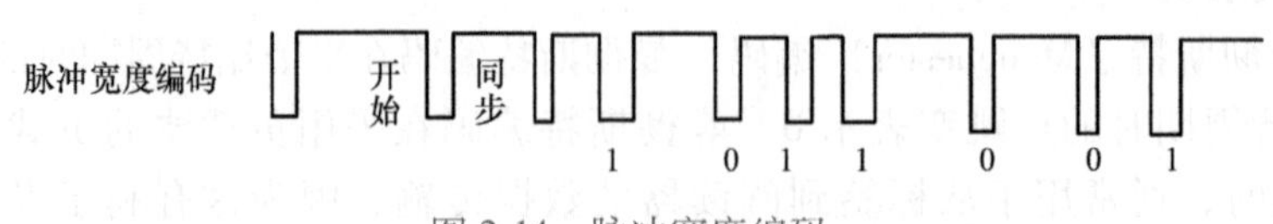

图 2-14　脉冲宽度编码

在系统中，采用的“开始”和“同步”也是用不同间隔 t 的脉冲来表示的。

（9）脉冲位置编码　脉冲位置编码与上述的脉冲宽度编码类似，不同的是，在脉冲位置编码方式中，每个数据比特的宽度是一致的。其编码方式如图 2-15 所示，其中，脉冲在第一个时间段表示 00，第二个时间段表示 01，第三个时间段出现脉冲表示 10，第四个时间段出现脉冲表示 11。

在射频识别系统选择一种合适的信号编码系统时，最重要的是调制后的信号频谱，以及对传输错误的敏感度。此外，对无源电子标签来讲，不允许由于信号编码与调制方法的不适当而导致能量供应的中断。

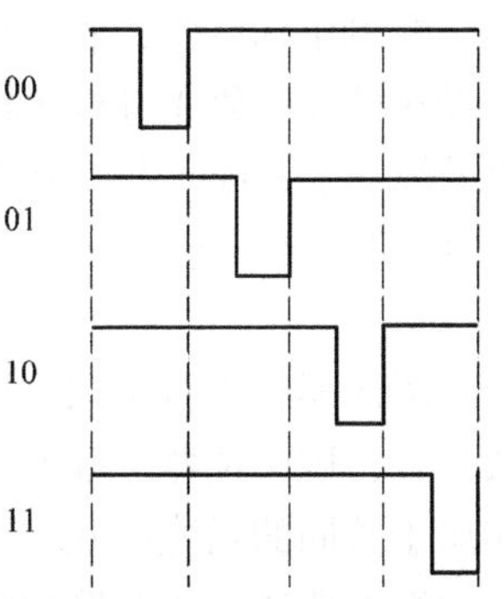

图 2-15　脉冲位置编码

2.3.2　数据安全性

在选择射频识别系统时，应该根据实际情况考虑是否选择具有密码功能的系统。在一些对安全功能没有要求的应用中，如工业自动控制、工具识别、动物识别等应用领域，如果引用密码过程，会使费用增高。与此相反，在高安全性的应用中（如车票、支付系统），如果省略密码过程，可能会由于使用假冒的应答器来获取未经许可的服务，从而形成非常严重的疏漏。

高度安全的射频识别系统对于以下单项攻击应能够予以防范：

1）为了复制或改变数据，未经授权的读取数据载体。

2）将外来的数据载体置入某个阅读器的询问范围内，企图得到非授权出入建筑物或不付费的服务。

3）为了假冒真正的数据载体，窃听无线电通信并重放数据。

射频识别系统常用的系统安全手段有许多种，下面分别进行介绍。

1. 相互对称的鉴别

对称算法是指加密密钥和解密密钥要一样，这种算法的安全程度依赖于密钥的保密程度，而且密钥的分发困难。

阅读器和电子标签之间的相互鉴别建立在国际标准 ISO 9798-2《三通相互鉴别》的基础上。双方在通信中互相检测另一方的密码。

在这个过程中，所有电子标签和阅读器构成了某项应用的一部分，具有相同的密钥 K（对称加密过程）。当某个电子标签首先进入阅读器的询问范围时，它无法断定参与通信的对方是否属于同一个应用。从阅读器来看，需要防止假冒的伪造数据。另一方面，电子标签同样需要防止未经认可的数据读取或重写。

相互鉴别的过程从阅读器发送查询命令给电子标签开始，如图 2-16 所示。

于是，在电子标签中产生一个随机数 A，并回送给阅读器。阅读器收到 A 后，产生一个随机数 B，使用共同的密钥 K 和共同的密码算法 ek，阅读器算出一个加密的数据块，用令牌 1（Token 1）表示。Token 1

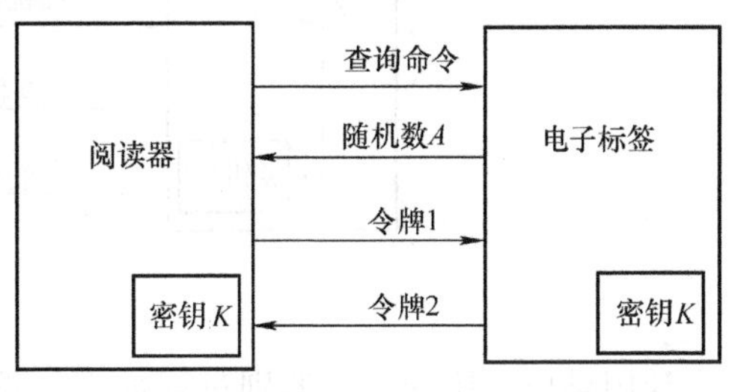

图 2-16　电子标签和阅读器相互鉴别的过程

包含了两个随机数及附加的控制数据，并将此数据块发送给电子标签。

$$\text{Token 1} = \text{ek}(B \| A \| \text{IDA} \| \text{电文 1})$$

在电子标签中，收到的 Token 1 被译码，并将从明码报文中取得的随机数 A_1 与原先发送的随机数 A 进行比较。如果两者一致，则电子标签确认两个公有的密钥是一致的。电子标签中另行产生一个随机数 A_2，并用以算出一个加密的数据块，用令牌 2（Token 2）表示，其中也包含有 B 和控制数据，Token 2 由电子标签发送给阅读器。

$$\text{Token 2} = \text{ek}(B \| A \| \text{电文 2})$$

阅读器将 Token 2 译码，检查原先发送的 B 与刚收到的 B' 是否一致。如果两个随机数一致，则阅读器也证明了两个公有的密钥是一致的。于是阅读器和电子标签均已查实属于共同的系统，双方更进一步的通信是合法的。

综上所述，相互鉴别的过程具有以下优点：

1）密钥从不经过空间传输，而只是传输加密的随机数。

2）总是两个随机数同时加密，排除了为了计算密钥用 A 执行逆变换获取 Token 1 的可能性。

3）可以使用任意算法对令牌进行加密。

4）通过严格使用来自两个独立源（电子标签、阅读器）的随机数，使回放攻击而记录鉴别序列的方法失败。

5）从产生的随机数可以算出随机的密钥，以便加密后续传输的数据。

2. 利用导出密钥的鉴别

相互对称的鉴别方法有一个缺点，即所有属于同一应用的电子标签都是用相同的密钥 K 来保护的。这种情况对于具有大量电子标签的应用来说是一种潜在的危险。由于这些电子标签以不可控的数量分布在众多的使用者手中，而且廉价并容易得到，因此必须考虑电子标签的密钥被破解的可能。如果发生了这种情况，改变密钥的代价将会非常大，实现起来也会很困难。

对图 2-16 描述的鉴别过程进行改进，如图 2-17 所示。主要的改进措施是每个电子标签采用不同的密钥来保护。为此，在电子标签生产过程中读出它的序列号，用加密算法和主控密钥 KM 计算密钥 KX，而电子标签就这样被初始化。每个电子标签因此接受了一个与自己识别号和主控密钥 KM 相关的密钥。

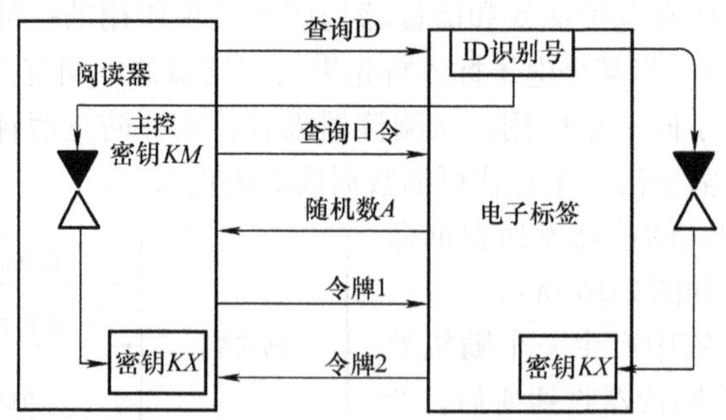

图 2-17　鉴别过程的改进

利用导出密钥的相互鉴别过程如下：首先由阅读器读取射频标签的 ID，然后用阅

读器通过安全模块（Security Authentication Module，SAM），使用主控密钥 *KM* 计算出标签的专用密钥，以便启动鉴别过程。

3. 加密的数据传输

数据在传输时受到物理影响而可能面临某种干扰，可以用这种模型扩展到一个隐藏的攻击者。攻击者的类型可以分为两种类型，试图窃听数据和试图修改数据的攻击者，如图 2-18 所示。

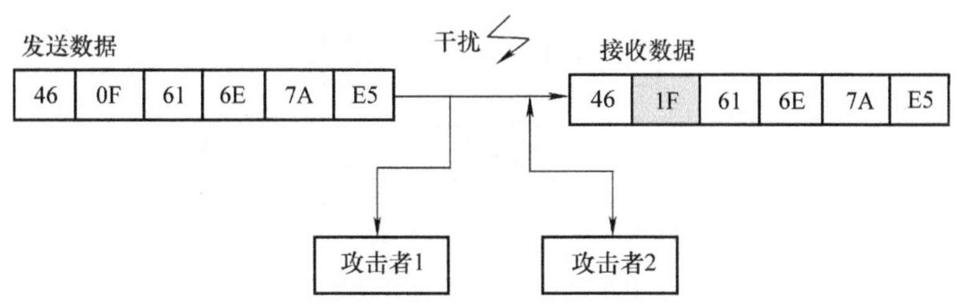

图 2-18　数据传输线路攻击模型

攻击者 1 的行为表现为被动的，并试图通过窃听传输线路发现秘密而达到非法目的。攻击者 2 处于主动状态，操作传输数据并为了其个人利益而修改它。

加密过程可以用来防止主动攻击和被动攻击，为此传输数据（明文）可以在传输前改变（加密），使隐藏的攻击者不能推断出信息的真实内容（明文）。

加密的数据传输总是按相同的模式进行：传输数据（明文）被密钥 K 和加密算法变换（密码术）为秘密数据（密文）。如果不了解加密算法和加密密钥 K，则隐藏的攻击者将无法解释所记录的数据，即从密文不可能重现传输数据。在接收器中，使用解密密钥 K' 和加密算法把加密数据变换回原来的形式（解密）。

如果加密密钥 K 和解密密钥 K' 是相同的（$K=K'$），或者相互间有直接的关系，那么，这种加密解密算法就称为对称密钥算法。如果解密过程与加密密钥 K 的知识无关，那么这种加密解密算法就称为非对称算法。对射频识别系统来说，最常用的算法就是使用对称算法，所以这里不对其他方法做进一步的讨论。

如果每个符号在传输前单独加密，这种方法称为序列密码（也称流密码）。相反，如果多个符号划分为一组进行加密，则称其为分组密码。通常分组密码的计算强度大，因而分组密码在射频识别系统中用得较少。因此，下面把重点放在序列密码上，如图 2-19 所示。序列密码对传输数据加密能有效地保护数据不被窃听和修改。

所有加密方法的基本问题是安全分配密钥 K，因为在启动数据传输过程之前，必须让授权的参与通信方知道。

数据流密码：每一步都用不同的函数把明文的字符序列变换为密码序列的加密算法，就是序列密码法或流密码法。流密码术的理想实现方法是所谓的“一次插入”法，也称为“Vernam 密码法”。

加密数据前，要产生一个随机密钥 K，而且这个密码对双方都适用。作为密钥使用的随机序列的长度至少必须与要加密的信息长度相等，因为与明文相比，如果密钥较短，有可能被攻击者通过密码分析而破解，从而导致传输线路被攻击。此外，密码只

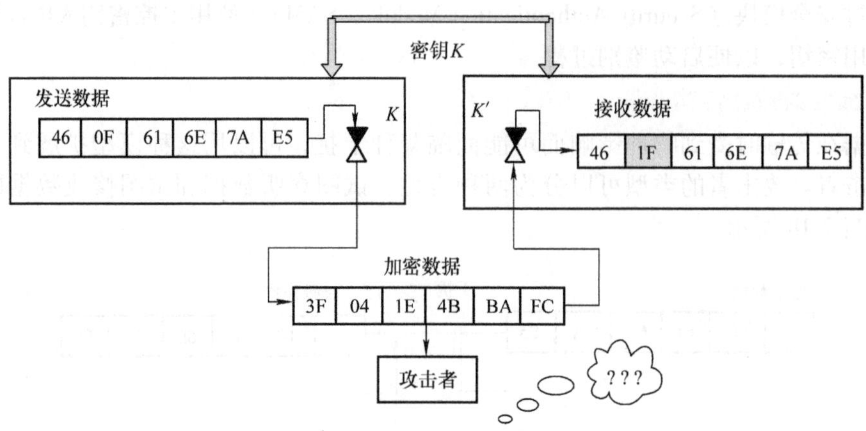

图 2-19　序列密码

能使用一次，这意味着为了安全地分配，密钥需要极高的安全水平。然而，对射频识别系统来说，这种形式的流密码是完全不适用的。

为了克服密码的产生和分配问题，系统应按照“一次插入”原则创建流密码。而使用所谓的伪随机数序列来取代真正的随机序列，伪随机序列用伪随机数发生器产生，如图 2-20 所示。

图 2-20 是使用伪随机数发生器产生密钥的基本原理。“一次插入”密钥是从随机数产生的而且只能使用一次，然后被销毁。由于序列密码的机密函数可以随着每个符号（随机地）改变，所以此函数不仅依赖于当前输入的符号，而且还应当依赖于附加的特性，即其内部状态 M。内部状态 M 在每一加密步骤后随状态变换函数 $g(K)$ 而改变。伪随机数发生器由部件 M 和 $g(K)$ 构成。密文的安全性主要取决于内部状态 M 的数量和函数 $g(K)$ 的复杂性。对序列密码的研究，主要是对伪随机数发生器的研究。

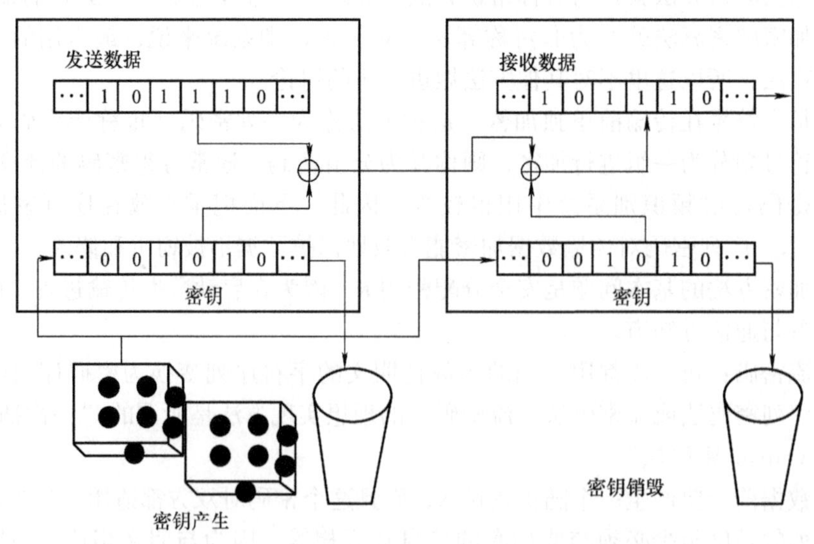

图 2-20　使用伪随机数发生器产生密钥的基本原理

此外，加密函数 $f(K)$ 通常很简单，可能仅包括加法或者“异或（XOR）”逻辑门。从图 2-21 所示线路的观点来看，伪随机数发生器是由状态自动机产生的，它由二进制存储单元即所谓的触发器组成。如果一个状态机具有 n 个存储单元，则它可取 $2n$ 个不同的内部状态 M。状态变换函数 $g(K)$ 可表示为组合逻辑。如果仅限于使用线性移位寄存器，则可大大简化伪随机数发生器的研制与实现。

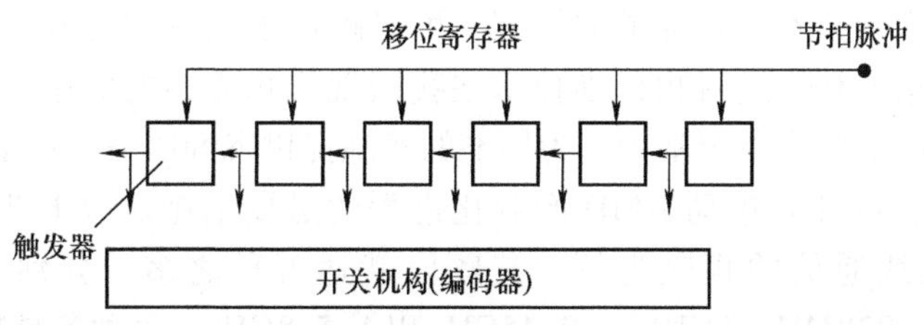

图 2-21　由线性移位寄存器组成的伪随机数发生器原理图

移位寄存器由触发器串联组成，所有的时钟输入是并联在一起的。对每一个时钟脉冲来说，触发器的时钟脉冲均向前移一位。最后触发器的内容即为输出。

2.4　射频识别的频率标准与技术规范

标准化是指对产品、过程和服务中的现实和潜在问题做出规定，提供可共同遵守的工作语言，以利于技术合作和防止贸易壁垒。射频标准体系将无线技术作为一个大系统，并形成一个完整的标准体系。由于目前还没有正式的 RFID 产品（包括各个频段）的国家标准，因此，各个厂家推出的 RFID 产品互不兼容，造成了 RFID 产品在不同市场和应用上的混乱和孤立，这势必对未来的 RFID 产品互通和发展造成障碍，标准化是推动 RFID 产业化进程的必要措施。

标准化的重要意义是改进产品、过程和服务的适用性，防止贸易壁垒，促进技术合作。射频识别技术主要用于物流管理等行业，一般都需要通过电子标签来实现数据共享，因此射频识别技术中的数据编码结构、数据的读取都需要通过标准进行规范，以保证电子标签能够在全世界范围内跨地域、跨行业、跨平台使用。射频识别系统也属于无线电传播系统的一种，所以它必须占据一定的空间通信信道。射频系统的工作频率是射频识别技术系统最基本的技术参数之一。工作频率的选择在很大程度上决定了电子标签的应用范围、技术可行性和系统的成本。因此，下面将介绍射频识别的频率标准与技术规范。

2.4.1　射频识别标准简介

目前，电子标签已经成为 21 世纪全球自动识别技术发展的主要方向。电子标签贴附在商品等物品上，通过专门的设备无线的进行信息读取。电子标签可广泛用于商品流通、制造业成品、零部件管理以及物品和人员的跟踪等多个领域。在全球大型零售企业的推动下，可以预见，电子标签很快就将取代目前正在应用的商品条形码。有关专家指出，不仅是电子标签本身，而且电子标签读取设备和相关的应用软件也将形成一个迅速发展的大市场。正是由于微小的电子标签从设计、制作和应用上含有较高的

技术含量以及拥有极为广阔的市场前景，美国、欧洲和日本等发达国家都看好这一新生事物。他们将从技术标准等知识产权方面入手，主导这一市场。

据业内人士预测，RFID 市场在未来 5 年内能达到数千亿美元的市场空间。这一数字或许存在一定的水分，但 RFID 将膨胀为一个巨大的市场却毫无疑问。RFID 作为 21 世纪最具发展潜力的技术之一，其标准之争正进入白热化阶段。

通过对射频识别技术国际标准的研究，可以跟踪国际射频技术的最新发展动态及标准化的进程，指导和推进射频识别技术在我国现代物流中的应用，为我国的射频识别技术的国家标准的制定奠定基础，为标准的实施提供咨询服务的技术资料。

事实证明，标准化是推动 RFID 产业化进程的必要措施。以 RFID 电子标签与阅读器之间进行无线通信的频段为例，其频段就达五种之多，分别是 135kHz 以下、13.56MHz、860~928MHz（UHF）、2.45GHz 以及 5.8GHz。每种各具特色也都有缺陷。前两者使用最广，但通信速度过慢，传输距离也不够长；而后三者频段高，通信距离远，而耗电量也大。

目前，国际上 RFID 技术发展迅速，并且已经在很多国际大公司中开始进入实用阶段。在 2005 年全球最大的零售商沃尔玛已经要求旗下前 100 大的供货商，所有运到主要集散工场的产品，都装上 RFID 标签，至今该公司的前 600 大供货商都已导入 RFID 标签。如同条形码一样，电子标签的应用是全球性的，所以标准化工作非常重要。相关的标准包括电器特性部分、通信频率、数据格式和元数据等。目前，我国已制定诸多“电子标签”的标准，指导“电子标签”产业更加标准化、规范化、产业化。

标准不统一已成为制约 RFID 发展的重要因素之一。由于每个 RFID 电子标签中都有一个唯一的识别码（ID），如果它的数据格式有很多种类且互不兼容，那么使用不同标准的 RFID 产品就不能通用，这对全球经济一体化的物品流通非常不利。数据格式的标准问题涉及各个国家自身的利益和安全，现状是日本“泛亚 ID 中心”和美国的 EPC Global 两大标准组织互不兼容。预计世界各国从自身的利益和安全出发，倾向于制定不同的数据格式标准，由此带来的兼容麻烦和损失难以估量。如何让这些标准互相兼容，让一个 RFID 产品能顺利地在世界范围中流通，是当前重要而急切需要解决的问题。

标准的不统一是制约 RFID 得以推广的一个重要因素。物联网是跨地区和跨国家的全球统一的网络，如果标准不统一，对物联网方案的实现会是一个非常大的障碍。

由于 RFID 的应用牵涉众多行业，因此其相关的标准盘根错节，非常复杂。从类别看，RFID 标准可以分为以下四类：技术标准（如 RFID 技术、IC 卡标准等）；数据内容与编码标准（如编码格式、语法标准等）；性能与一致性标准（如测试规范等）；应用标准（如船运标签、产品包装标准等）。具体来讲，RFID 相关的标准涉及电气特性、通信频率、数据格式和元数据、通信协议、安全、测试、应用等方面。

与 RFID 技术和应用相关的国际标准化机构主要有：国际标准化组织（ISO）、国际电工委员会（IEC）、国际电信联盟（ITU）、世界邮联（UPU）。此外还有其他的区域性标准化机构（如 EPC Global、UID 中心、欧洲标准化委员会（CEN））、国家标准化机构（如英国标准协会（BSI）、美国应用标准体系（ANSI）、德国标准化学会（DIN））和产业联盟（如亚洲技术产业联盟（ATA）、美国汽车工业行动集团（AIAG）、美国电子工业协会（EIA））等也制定与 RFID 相关的区域、国家或产业联盟标准，并通过不同

的渠道提升为国际标准。RFID 主要频段标准及特性见表 2-1。

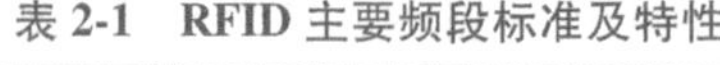
表 2-1 RFID 主要频段标准及特性

频段	低频	高频		超高频	微波
工作频率	125~134kHz	13.56MHz	JM13.56MHz	868~915MHz	2.45~5.8GHz
读取距离	1.2m	1.2m	1.2m	4m（美国）	15m（美国）
速度	慢	中等	很快	快	很快
潮湿环境	无影响	无影响	无影响	影响较大	影响较大
方向性	无	无	无	部分	有
是否全球适用频率	是	是	是	部分（欧盟，美国）	部分（非欧盟国家）
现有 ISO 标准	11784/85，14223	18000-3.1/14443	18000-3/2 15693，A，B，C	EPC C0，C1，C2，G2	18000-4
主要应用范围	进出管理、固定设备、天然气、洗衣店	图书馆、产品跟踪、货架、运输	空运、邮局、医药、烟草	货架、货车、拖车跟踪	收费站、集装箱

目前 RFID 存在三个主要的技术标准体系，总部设在美国麻省理工学院（MIT）的 Auto-ID Center（自动识别中心）、日本的 Ubiquitous ID Center（泛在 ID 中心，UIC）和 ISO 标准体系。

中国是世界上最大的产品制造基地，当中国制造的产品远涉重洋走向世界的时候，在产品里安装的 RFID 标签也必定要符合世界通用标准。国内由于涉足 RFID 时间较晚，在标准制定、技术储备和人才培养等方面与国外存在着较大的差距。

国内外对 RFID 标准的利益之争已经进入了白热化阶段。如今国内外已制定了诸多 RFID 标准，我国自己制定的 RFID 标准在国际标准制定中扮演重要角色。在技术标准策划制定的同时，国内 RFID 的技术储备、技术研发和产业化工作也应加大力度，力争以较短的时间跻身世界一流水平。

2004 年 2 月，中国国家标准化管理委员会宣布成立电子标签国家标准工作组，负责起草、制定中国有关电子标签的国家标准。2004 年 4 月底，中国企业加入了 RFID 的全球化标准组织——EPC Global，同期，EPC Global China 也已成立。与此同时，日本的 RFID 标准化组织 T-Engine 论坛与中国企业实华开电子商务有限公司合作成立了基于日本 UID 标准技术的实验室——UID 中国中心。

2022 年 5 月 25 日，国际标准化组织（ISO）发布公告，ISO/IEC 30169：2022《物联网 针对电子标签系统的物联网应用》国际标准正式发布。该标准由 ISO/IEC JTC 1/SC 41 归口并组织制定，于 2019 年由京东方科技集团股份有限公司联合中国电子技术标准化研究院提出并通过立项，我国专家蒲灵峰担任主编辑。

该标准对电子价签系统（Electronic Label System，ELS）的框架、应用模型和总体技术做出明确规定，适用于零售业 ELS 物联网应用的设计和开发，也可以为教育、商务办公、健康服务、智慧园区、广告宣传等行业的 ELS 物联网应用的设计和开发提供参考。该国际标准的发布和实施，将推动 ELS 相关技术产品的研发进程和国际化推广，提高不同 ELS 之间的兼容性和互通性。

全国信标委物联网分技术委员会（SAC/TC 28/SC 41）同步开展了对应的国家标准立项和研制工作，目前《物联网　电子价签系统　总体要求》（项目计划号：20202543-T-469）已进入报批阶段。该国家标准在起草时参考了 ISO/IEC 30169：2022 中的国际通用内容，确保了国际标准与国家标准的衔接，同时，充分考虑了国内电子价签产业的先进性和适用性，增加了电子价签显示精度、工作环境条件、电池寿命等要求。该国家标准的制定将为国内相关单位对标达标提供依据，有利于推进我国电子价签产业发展、市场准入和质量监管等工作，促进零售及其他相关行业的有序健康发展，充分发挥物联网新型基础设施赋能行业的作用。

2.4.2　射频识别的频率标准

RFID 电子标签与阅读器之间进行无线通信的频段有多种，常见的工作频率有 135kHz 以下、13.56MHz、860~928MHz（UHF）、2.45GHz 及 5.8GHz 等。

低频系统工作频率一般低于 30MHz，典型的工作频率有 125kHz、225kHz、13.56MHz 等，这些频点应用的射频识别系统一般都有相应的国际标准予以支持。其基本特点是电子标签的成本较低、电子标签内保存的数据量较少、阅读距离较短（无源情况，典型阅读距离为 10cm）、电子标签外形多样（卡状、环状、纽扣状、笔状）、阅读天线方向性不强等。

高频系统一般指其工作频率高于 400MHz，典型的工作频段有 915MHz、2.45GHz、5.8GHz 等。高频系统在这些频段上也有众多的国际标准予以支持。基本特点是电子标签及阅读器成本均较高、电子标签内保存的数据量较大、阅读距离较远（可达几米至十几米），适应物体高速运动性能好，外形一般为卡状，阅读天线及电子标签天线均有较强的方向性。

各种频段有其技术特性和适合的应用领域。低频系统使用广，但通信速度过慢，传输距离也不够长；高频系统通信距离远，但耗电量也大。短距离的射频卡可以在一定环境下替代条形码，用在工厂的流水线等场合跟踪物体。长距离的产品多用于交通系统，距离可达几十米，可用在自动收费或识别车辆身份等场合。

1. 频率标准许可

射频系统的工作频率是射频识别技术系统最基本的技术参数之一。工作频率的选择在很大程度上决定了射频标签的应用范围、技术可行性以及系统成本的高低。射频识别系统归根到底是一种无线电传播系统，必须占据一定的空间通信信道。在空间通信信道中，射频信号只能以电磁耦合或电磁波耦合的形式表现出来；因此，射频系统的工作性能必定要受到电磁波空间传输特性的影响。

在日常生活中，电磁波无处不在。飞机的导航、电台的广播、军事应用等，无处不用到电磁波。美国国家和地区都对电磁频率的使用进行了许可证制度，在中国是国家无线电管理委员会进行归口管理；因此，无线电产品的生产和使用都必须符合国家的许可。

2. 不同的电磁波频段

国际上通行的电磁波频段（波段）划分方法包括按照频率、波长等方法见表 2-2，微波常用波段代号及其标称波长见表 2-3。

表 2-2　电磁波频段（波段）的划分

波段名	亚毫米波	毫米波	厘米波	分米波	超短波	SW（短波）	MW（中波）	LW（长波）	甚长波	特长波	超长波	极长波
		微波										
	射频波段											
波长 λ	0.1~1mm	1~10mm	1~10cm	10~100cm	1~10m	10~100m	100~1000m	1~10km	10~100km	100~1000km	1000~10000km	10000以上
频率 f	0.3~3THz	300~30GHz	30~3GHz	3000~300MHz	300~30MHz	30~3MHz	3000~300kHz	300~30kHz	30~3kHz	3000~300Hz	300~30Hz	30Hz以下
频段		EHF（极高频）	SHF（超高频）	UHF（特高频）	VHF（甚高频）	HF（高频）	MF（中频）	LF（低频）	VLF（甚低频）	ULF（特低频）	SLF（超低频）	ELF（极低频）

表 2-3　微波常用波段代号及其标称波长

波段代号	L	S	C	X	Ku	K	Q
标称波长/cm	50/23	10	5.5	3.2	2	1.25	0.82
对应频率/GHz	0.6/1.3	3	5.455	9.375	15	24	36.58

3. 射频识别系统的工作频率与应用范围

射频识别系统属于无线电的应用范畴，因此，其使用不能干扰到其他系统的正常工作。工业、科学和医疗（ISM）使用的频率范围通常是局部的无线电通信频段，因此，通常情况下，无线射频使用的频段也是 ISM 频段。

对于 135kHz 以下的低频频段也可以自由使用射频识别系统，因为低频穿透力较强，但是传播距离很近。

射频识别系统最主要的工作频率是 9~135kHz、频段 6.78MHz、13.56MHz、27.125MHz、40.680MHz、433.920MHz、869MHz、915MHz、2.45GHz、5.8GHz 以及 24.125GHz。

4. 射频识别系统工作频段解释

（1）频段 9~135kHz　这个频段没有作为 ISM 使用的频段保留，因此，被其他无线电机构大量使用。这个频段的技术比较成熟和开放，长波到达的距离非常远（1000km 以上），但是其发射功率也非常大。在这个频段，常见的应用是航空与航海导航系统、定时信号系统以及军事领域。此外，在普通门禁上，低频系统也得到了非常广泛的应用。

（2）频段 6.78MHz　频段 6.765~6.795MHz 属于短波频率。在这个频段，波长白天到达距离最多为几百千米，晚上会非常远。这个频率范围广泛被无线电广播服务、气象服务以及航空服务所利用。

（3）频段 13.56MHz　频段 13.553~13.567MHz 处于短波范围之间。这个频段允许昼夜横穿大陆，应用范围为新闻广播、电信服务、电感射频识别、遥控系统、远距离控制模拟系统、无线电演示设备以及传呼台等。频段 13.56MHz 在中国的最大应用案例为第二代身份证以及学生铁路优惠票证的应用。

（4）频段 27.125MHz　频段 25.565~27.405MHz 在欧洲、美国、加拿大分配给民

用无线电台使用。在 26.957~27.283MHz 之间的 ISM 应用除了电感射频识别系统外，还有电热治疗仪、高频焊接装置、远动控制模型和传呼装置。

（5）频段 40.680MHz　频段 40.680~40.700MHz 处于 VHF 频段类较低端。波的传播限制为表面波，对建筑物和其他障碍物的衰减不敏感。该频段的主要应用为遥感与测控。

（6）频段 433.920MHz　频段 430.050~434.790MHz 分配给业余无线电服务机构。ISM 频段为 433.050~434.790MHz 的应用主要有反向散射射频识别系统、小型电话、遥测发射器、无线耳机、无须许可的近距离小功率对讲机、汽车遥控系统。

（7）频段 869MHz　频段 868~870MHz 允许短距离使用，如邮政、会议等。

（8）频段 915MHz　频段 888~889MHz 和 902~928MHz 被射频识别系统广泛使用。此外，与此临近的频段范围被 D-网络电话和无绳电话占用。

（9）频段 2.45GHz　2.400~2.4835GHz 频段波通过建筑物和其他障碍物进行反射，衰减很大。主要应用在以下方面：射频识别、遥测发射器与计算机的无线网络。

（10）频段 5.8GHz　频段 5.725~5.875GHz 典型的 ISM 应用包括大门开启系统、厕所自动冲洗传感器、射频识别系统。

（11）频段 24.125GHz　频率范围 24.00~24.25GHz 的主要应用有移动信号传感器、无线电定位系统（传输数据用）。射频识别系统不使用此频段。

5. 电感耦合射频识别系统的使用频率选择

对于电感耦合的射频识别系统的频率选择（135kHz~27.125MHz）来讲，应考虑到一些供使用的频率范围的特性，其所涉及的系统工作范围内的可用场强对系统参数有着决定性的影响，因此，应该进行试验选择。同时，还要考虑到带宽、天线线圈尺寸（粗细以及长度等）以及频段的可用性。对于不同的频段范围，可以参照表 2-4 所示的频率优选条件。

表 2-4　不同频率的优选条件

不同的频率范围	选择条件
小于 135kHz——优先适用于远距离和低成本电子标签	· 高功率可供电子标签使用 · 较低的时钟频率使电子标签的功率消耗较低 · 电子标签可以使用铁氧体线圈，电子标签体积较小，可供动物识别使用 · 金属材料和液态物体对其有较低的吸收率，穿透性较强，适用于动物识别 · 和高频相比，同等功耗下距离较近
6.78MHz——低成本和中等识别速度的电子标签	· 与 13.56MHz 相比，可以使用较大一些的功率 · 时钟频率为 13.56MHz 的一半 · 可以和低频结合使用，制造双频产品
13.56MHz——可用于高速/高档、中速、低档的应用场合	· 数据传输快（典型速率 106kbit/s） · 时钟频率较高，可以实现密码功能和微处理器工作 · 可以实现电子标签线圈片上并联电容器（谐振微调）

（续）

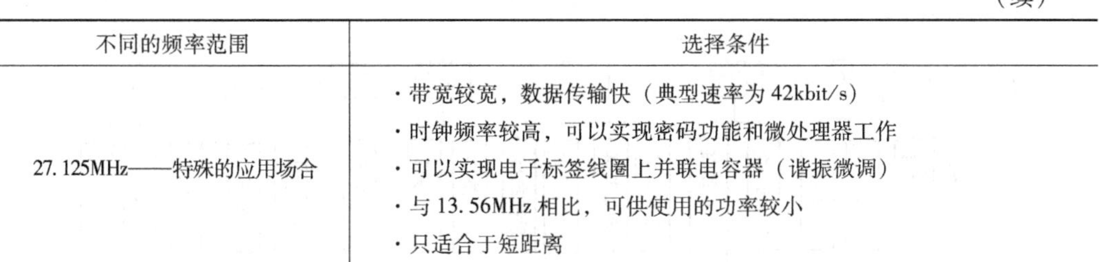

不同的频率范围	选择条件
27.125MHz——特殊的应用场合	· 带宽较宽，数据传输快（典型速率为42kbit/s） · 时钟频率较高，可以实现密码功能和微处理器工作 · 可以实现电子标签线圈上并联电容器（谐振微调） · 与13.56MHz相比，可供使用的功率较小 · 只适合于短距离

2.5　射频识别标准体系结构

RFID的无线接口标准中受注目的是ISO/IEC 18000系列协议，涵盖了125kHz～2.45GHz的通信频率，识读距离由几厘米到几十米，其中主要是无源电子标签但也有用于集装箱的有源电子标签。

近距离无线通信（NFC）是一项让两个靠近（近乎接触）的电子装置以13.56MHz频率通信的RFID应用技术。由诺基亚、飞利浦和索尼创办的近距离无线通信论坛（NFC Forum）起草了相关的通信和测试标准，让消费类电子设备（尤其是手机）与接触式IC卡兼容。目前，已经有支持NFC功能的手机面世，可以用手机来阅读兼容ISO/IEC 14443 Type A或索尼FeliCa的非接触式IC卡或电子标签。

超宽带无线技术（UWB）是一种直接以载波频率传送数据的通信技术。以UWB作为射频通信接口的电子标签可实现半米以内的定位。这种定位功能方便实现医院里的贵重仪器和设备管理、大楼或商场里以至奥运场馆内的人员管理。无线传感器网络是另一种RFID技术的扩展。传感器网络技术的对象模型和数字接口已经形成产业联盟标准IEEE 1451。该标准正进一步扩展，提供基于射频的无线传感器网络，相关标准草案1451.5正在草议中。有关建议将会对现有的ISO/IEC 18000系列RFID标准，以及ISO/IEC 15961、ISO/IEC 15862阅读器数据编码内容和接口协议进行扩展。

针对射频识别技术的广阔应用前景，根据目前我国已应用领域的现状（如动物标识的应用、防伪标识的应用、产品标识的应用、交通运输收费管理、门禁管理应用、身份识别应用、物流管理等），应开展射频识别技术应用标准体系的研究，阐明符合重点行业特点的射频技术的应用模式，从而加快射频识别技术在重点行业的应用，提高我国射频识别技术的应用水平，促进物流、电子商务等信息技术的发展，推动我国自动识别产业的发展，并提供咨询服务。

图2-22是RFID标准体系基本结构，图2-23则是RFID标准体系中的技术标准基本结构，图2-24是RFID标准体系中的应用标准基本结构。

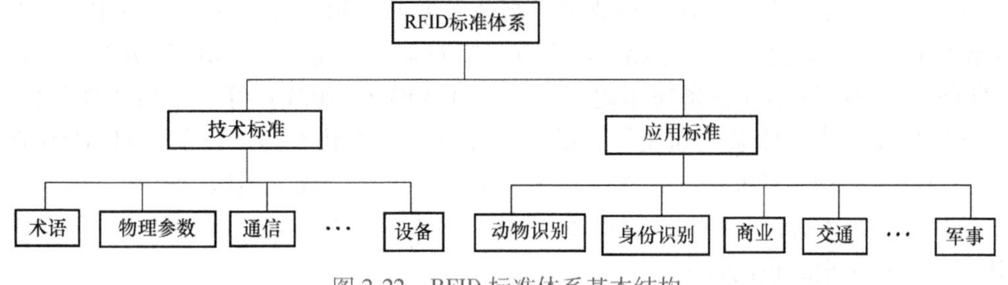

图2-22　RFID标准体系基本结构

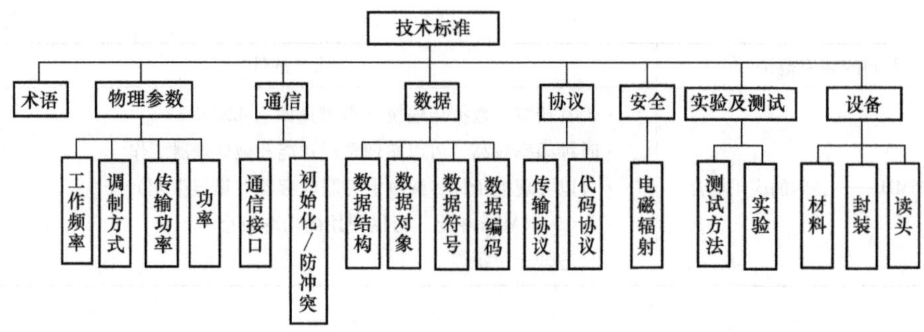

图 2-23　RFID 标准体系中的技术标准基本结构

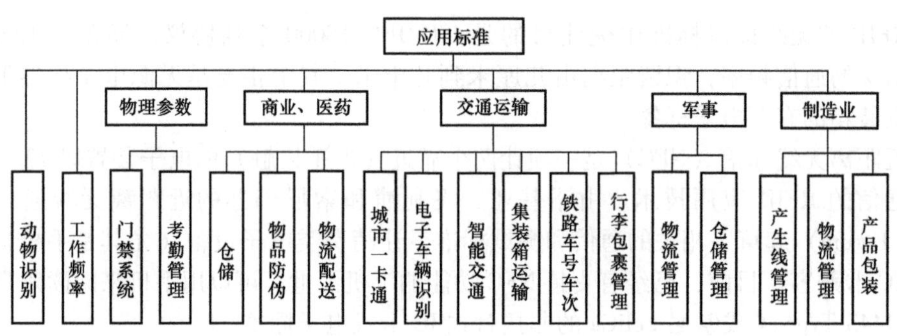

图 2-24　RFID 标准体系中的应用标准基本结构

2.6　射频识别的应用行业标准

本节将简单介绍射频识别在行业上的应用标准。

RFID 标准是其产品的指南或规范，各个标准都提供有关 RFID 系统如何工作的指导原则、操作频率、数据传输方式以及阅读器与电子标签之间通信的工作原理。RFID 在行业上的应用标准包括动物识别、道路交通、集装箱识别、产品包装、自动识别等。

2003 年，国家质量监督检验检疫总局发布强制标准《全国产品与服务统一标识代码编制规则》（GB 18937—2003），为中国实施产品的电子标签化管理打下基础，并确定首先在药品、烟草防伪和政府采购项目上实施。2004—2006 年，RFID 技术开始在全世界普及，中国 RFID 行业进入培育期；2006—2010 年，我国开始建立射频识别行业标准，行业进入发展期；2010—2014 年，RFID 技术开始应用于门票、食品等行业，行业进入快速成长期；2014 年至今，RFID 应用逐渐进入航空、建筑等领域。2010 年至今，随着 RFID 下游行业应用的不断拓展，对 RFID 技术的要求与日俱增，超高频 RFID 的技术开始在其他领域展开了普及和应用，行业进入高速发展期。2016 年以来，我国相继颁布了《网络安全法》、《信息安全技术物联网数据传输安全技术要求》（GB/T 37025—2018）、《物联网　生命体征感知设备通用规范》（GB/T 40687—2021）等一系列法规和标准，强化物联网安全监管体系快速发展，助推产业进入发展快车道。目前针对 RFID 在汽车、信息技术、仓储管理、物联网、动物识别方面出台了数十项国家标准，如《射频识别应用工程技术标准》（GB/T 51315—2018），该标准对新建、改建和扩建射频识别应用工程进行了全方位的规范。

2.6.1　ISO TC 23/SC 19 WG3 应用于动物识别的标准

- ISO　11784：1996 动物无线射频识别编码结构；
- ISO　11785：1996 动物无线射频识别技术概念；
- ISO　14223：2000 动物无线射频识别高级标签　第一部分：非接触接口。

2.6.2　ISO TC 204 应用于道路交通信息学的标准

- ISO/DTR 14813—1　运输信息与控制系统 TICS 部门的参考模型构造　第一部分：TICS 基础服务；
- ISO/DTR 14813—2　参考模型，TICS 部分的构造　第二部分：核心参考模型；
- ISO/DTR 14813—3　参考模型，TICS 部分的构造　第三部分：案例细节；
- ISO/DTR 14813—4　参考模型，TICS 部分的构造　第四部分：参考模型指南；
- ISO/DTR 14813—5　运输信息与控制系统 TICS 部分的参考模型构造　第五部分：在 TICS 标准中对构造描述的要求；
- ISO/DTR 14813—6　参考模型，TICS 部分的构造　第六部分：ASN. 1 中的数据描述；
- ISO/DTR 14816　一般 AVI/AEI 的数字配置；
- ISO/DTR 14819—1　交通和旅游信息（TTI）　TTI 信息通过交通信息编码　第一部分：无线数字系统的代码协议　交通信息通道（RDS-TMC）采用 C 警报；
- ISO/TR 14825：1996　地理数据文件（GDF）；
- ISO/TR 14904：1997　道路运输和交通信息通信　自动收费系统（AFC）　交换机之间的清空界面规范；
- ISO/TR 14906：1998　道路运输和交通信息通信（R1flrr）　电子收费系统（EFC）专用的近距离通信的应用界面定义。

2.6.3　ISO TC 104 应用于集装箱运输的标准

- ISO 668：1995　系列 1 集装箱运输　分类、尺寸和等级；
- ISO 6346：1995　集装箱运输　代码识别和标记；
- ISO 9897：1997　集装箱运输　集装箱设备数据交互（CEDEX）　一般通信代码；
- ISO 10374：1991　集装箱运输　自动识别；
- NWIP　集装箱运输　电子集装箱封签。

2.6.4　ISO TC 122 应用于包装的标准

- ISO 15394　包装　用于船运、运输和接收标签的条码和二维标签；
- NWIP　包装　产品包装的条码和二维标签；
- ANSI MH10. 8. 4　装载单元和运输单元的射频标签（美国标签工程）。

2.6.5　ISO/IEC JTC 1 SC 31 自动识别应用标准

- ISO/IEC 15434　信息技术　高品质 ADC 介质的传输规则；

- ISO/IEC 15459—1 传输单元的唯一识别 第一部分：技术标准；
- ISO/IEC 15459—2 传输单元的唯一识别 第二部分：程序标准；
- ISO/IEC 15418 EAN/UCC 应用标志符和实际数据标志符；
- ISO/IEC 15424 数据载体/象征标志符；
- ISO/IEC 18001 项目管理无线射频识别 应用需求概要；
- ISO/IEC 15962 数据符号；
- ISO/IEC 15963 射频标签的唯一识别和管理唯一性的注册职权；
- ISO/IEC 15961 项目管理无线射频识别 数据对象。

2.6.6 ISO/IEC 18000 项目管理的射频识别——非接触接口

- Part 1 全球通用频率非接触接口通信一般参数；
- Part 2 135kHz 以下的非接触接口通信参数；
- Part 3 13.56MHz 非接触接口通信参数；
- Part 4 2.45GHz 非接触接口通信参数；
- Part 5 5.8GHz 非接触接口通信参数；
- Part 6 非接触接口通信参数 UHF 频段。

2.6.7 SC 17/WG 8 识别卡非接触式集成电路

1. ISO 10536 紧密耦合卡（0~1mm）

- 物理特性；
- 耦合区的尺寸和位置；
- 电子信号和复位过程；
- 响应复位和传输协议。

2. ISO 14443 近距离 Proximity 卡（0~10cm）

- 物理特性；
- 无线射频能量和信号接口；
- 初始化和防冲突；
- 传输协议。

3. ISO 15693 近距离 Vicinity 卡（0~100cm）

- 物理特性；
- 空中接口和初始化；
- 协议；
- 应用/发行注册。

2.7 应用射频识别的相关事项

2.7.1 射频识别的基本技术参数

可以用来衡量射频识别系统的技术参数比较多，比如系统使用的频率、协议标准、

识别距离、识别速度、数据传输速率、存储容量、防碰撞性能以及电子标签的封装标准等。这些技术参数相互影响和制约。

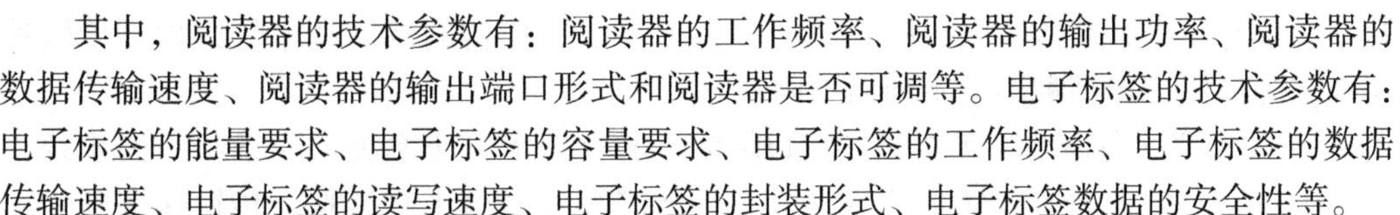

其中，阅读器的技术参数有：阅读器的工作频率、阅读器的输出功率、阅读器的数据传输速度、阅读器的输出端口形式和阅读器是否可调等。电子标签的技术参数有：电子标签的能量要求、电子标签的容量要求、电子标签的工作频率、电子标签的数据传输速度、电子标签的读写速度、电子标签的封装形式、电子标签数据的安全性等。

1. 工作频率

工作频率是RFID系统最基本的技术参数之一。工作频率的选择在很大程度上决定了RFID系统的应用范围、技术可行性以及系统的成本高低。从本质上说，RFID系统是无线电传播系统，必须占据一定的无线通信信道。在无线通信信道中，射频信号只能以电磁耦合或者电磁波传播的形式表现出来。因此，RFID系统的工作性能必然会受到电磁波空间传输特性的影响。

从电磁波的物理特性、识读距离、穿透能力等特性上来看，不同射频频率的电磁波存在较大的差异，特别是在低频和高频两个频段上。低频电磁波具有很强的穿透能力，能够穿透水、金属、动物等导体材料，但是传播距离比较近。另外，由于频率比较低，可以利用的频带窄，数据传输速率较低，信噪比较低，容易受到干扰。

相比低频电磁波而言，要达到同样的传输效果，高频系统的发射功率较小，设备比较简单，成本也比较低。高频电磁波的数据传输速率较高，没有低频的信噪比限制。但是，高频电磁波的穿透能力较差，很容易被水等导体媒质所吸收，因此，高频电磁波对障碍物的敏感性较强。

2. 作用距离

RFID系统的作用距离指的是系统的有效识别距离。影响阅读器识别电子标签有效距离的因素很多，主要包括阅读器的发射功率、系统的工作频率和电子标签的封装形式等。

其他条件相同时，微波系统的识别距离最远，其次是中高频系统、低频系统，低频系统的识别距离最近。只要阅读器的频率发生变化，系统的工作频率就会随之改变。

RFID系统的有效识别距离和阅读器的射频发射功率成正比。发射功率越大，识别距离也就越远。但是电磁波产生的辐射超过一定的范围时，就会对环境和人体产生有害的影响。因此，在电磁功率方面必须遵循一定的功率标准。

电子标签的封装形式也是影响系统识别距离的因素之一。电子标签的天线越大，即电子标签穿过阅读器的作用区域内所获取的磁通量越大，存储的能量也越大。

应用项目所需要的作用距离取决于多种因素：电子标签的定位精度；实际应用中多个电子标签之间的最小距离；在阅读器的工作区域内，电子标签的移动速度。

通常在RFID应用中，选择恰当的天线，即可适应长距离读写的需要。例如，Fast-Track传送带式天线就是设计安装在滚轴之间的传送带上，RFID载体则安装在托盘或产品的底部，以确保载体直接从天线上通过。

3. 数据传输速率

对于大多数数据采集系统来说，速度是非常重要的因素。由于当今不断缩短产品生产周期，要求读取和更新 RFID 载体的时间越来越短。

（1）只读速率 RFID 只读系统的数据传输速率取决于代码的长度、载体数据发送速率、读写距离、载体与天线间载波频率，以及数据传输的调制技术等因素。传输速率随实际应用中产品种类的不同而不同。

（2）无源读写速率 无源读写 RFID 系统的数据传输速率决定因素与只读系统一样，不过除了要考虑从载体上读数据外，还要考虑往载体上写数据。传输速率随实际应用中产品种类的不同而有所变化。

（3）有源读写速率 有源读写 RFID 系统的数据传输速率决定因素与无源系统一样，不同的是无源系统需要激活载体上的电容充电来通信。很重要的一点是，一个典型的低频读写系统的工作速率可能仅为 100B/s 或 200B/s。这样，由于在一个站点上可能会有数百字节数据需要传送，数据的传输时间就会需要数秒钟，这可能会比整个机械操作的时间还要长。EMS 公司已经通过采用数项独到且专有的技术，设计出一种低频系统，其速率高于大多数微波系统。

（4）安全要求 安全要求一般指的是加密和身份认证。对一个计划中的 RFID 系统，应该就其安全要求做出非常准确的评估，以便从一开始就排除在应用阶段可能会出现的各种危险攻击。为此，要分析系统中存在的各种安全漏洞、攻击出现的可能性等。

（5）存储容量 数据载体存储容量的大小不同，系统的价格也不同。数据载体的价格主要是由电子标签的存储容量确定的。

对于价格敏感、现场需求少的应用，应该选用固定编码的只读数据载体。如果要向电子标签内写入信息，则需要采用 EEPROM 或 RAM 存储技术的电子标签，系统成本会有所增加。

基于存储器的系统有一个基本的规律，那就是存储容量总是不够用。毋庸置疑，扩大系统存储容量自然会扩大应用领域。只读载体的存储容量为 20bit，有源读写载体的存储容量从 64B 到 32KB 不等，也就是说，在可读写载体中可以存储数页文本，这足以装入载货清单和测试数据，并允许系统扩展。无源读写载体的存储容量从 48B 到 736B 不等，它有许多有源读写系统所不具有的特性。

（6）RFID 系统的连通性 作为自动化系统的发展分支，RFID 技术必须能够集成现存的和发展中的自动化技术，RFID 系统应该可以直接与个人计算机、可编程控制器或工业网络接口模块（现场总线）相连，从而降低安装成本。连通性使 RFID 技术能够提供灵活的功能，易于集成到广泛的工业应用中去。

（7）多电子标签同时识读性 由于系统可能需要同时对多个电子标签进行识别，因此，对阅读器提供的多电子标签识读性也需要考虑。这与阅读器的识读性能、电子标签的移动速度等都有关系。

（8）电子标签的封装形式 针对不同的工作环境，电子标签的大小、形式决定了电子标签的安装与性能的表现，电子标签的封装形式也是需要考虑的参数之一。电子标签的封装形式不仅影响到系统的工作性能，而且影响到系统的安全性能和美观。

对 RFID 系统性能指标的评估十分复杂，影响到 RFID 系统整体性能的因素很多，包括了产品因素、市场因素以及环境因素等。

2.7.2　射频识别系统的选择标准与性能评估

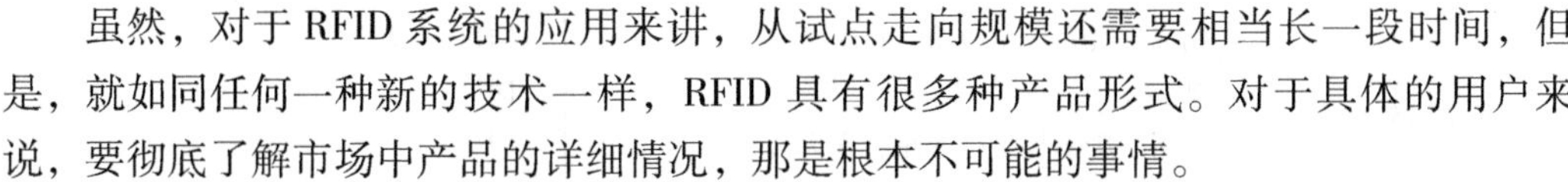

虽然，对于 RFID 系统的应用来讲，从试点走向规模还需要相当长一段时间，但是，就如同任何一种新的技术一样，RFID 具有很多种产品形式。对于具体的用户来说，要彻底了解市场中产品的详细情况，那是根本不可能的事情。

因此，如何选择一个适合自己的、最佳的系统非常重要。它既要满足自己的具体情况的需要，又要尽量节约成本。

对于一个 RFID 系统的选择与评价，可以从以下几个方面来考虑。

1. 工作频率

使用从 100kHz~30MHz 频率工作的射频识别系统利用电感式耦合进行工作。相反，工作在 915MHz、2.45GHz 或 5.8GHz 频率范围内的微波系统使用电磁场进行耦合。

对于水或绝缘体材料，在 100kHz 时的特定吸收率（衰减）是在 1GHz 时的 1/100000，因此实际上不会出现吸收或衰减。采用较低频率的短波系统主要是因为对物体有更好的穿透性。因此，对于动物识别、门禁管制等应用案例，如果对距离没有太高的要求，则可以采用低频产品，但是如果有识别距离的要求，那么双频产品可能是最佳的选择。与电感式系统相比，采用反向散射调制系统的作用范围有明显扩大，其典型值为 2~15m。

不同频率的射频识别系统具有不同的特点，有着不同的技术指标和应用领域。其中，低频距离附近 RFID 系统主要集中在 125kHz、13.56MHz 系统；高频远距离 RFID 系统主要集中在 UHF 频段（902~928MHz）915MHz、2.45GHz、5.8GHz。UHF 频段的远距离 RFID 系统在北美得到了很好的发展；欧洲的应用则以有源 2.45GHz 系统应用较多。5.8GHz 系统在日本和欧洲均有较为成熟的有源 RFID 系统。表 2-5 表示典型 RFID 系统的技术参数比较。

表 2-5　典型 RFID 系统的技术参数比较

频率	低频（LF）	高频（HF）	超高频（UHF）	微波（μWF）
载波频率	<135kHz	13.56MHz	902~928MHz	2.45GHz
国家和地区	所有	大多数	大多数	大多数
数据传输速率	低（8kbit/s）	高（64kbit/s）	高（64kbit/s）	高（64kbit/s）
识别速度	低（<1m/s）	中（<5m/s）	高（<50m/s）	中（<10m/s）
标签结构	线圈	印刷线圈	双极天线	线圈
传播性能	可穿透导体	可穿透导体	线性传播	
防冲撞性能	有限	好	好	好
识别距离	<60cm	10cm~1.0m	1~6m	25~50cm（被动式） 1~15m（主动式）

表 2-6 是不同频率的 RFID 系统在不同领域的应用。

表 2-6　不同频率的 RFID 系统在不同领域的应用

适用领域	具体应用	RFID 频段
供应链管理（SCM）	物品、托盘、集装箱、仓库	UHF，μWF
	纸卷	DF
	气罐、啤酒桶、行李箱、灭火器	UHF
	纺织与成衣（商标保护、跟踪与防盗）	UHF，μWF
	医疗（试管、仪器）、汽车零件等	UHF，μWF
交通与物流管理	存货与铁路	UHF
	运输车辆、拖车	UHF
	车库管理	UHF
	轮胎	UHF，μWF
	航空行李跟踪	UHF，μWF
	电子交通识别、数字影碟和许可	UHF
生物学应用	家禽识别与跟踪	DF
	容易腐烂的食品、水果和蔬菜	UHF，DF
工业与采矿	传送带撕裂监测与管理	UHF
	矿山应用	DF
	人员与设备跟踪	DF
	地下管网标识（电缆、给水排水等）	DF
人员、动物与资产管理跟踪	门禁、设施管理、电子呼救	DF
	财产安全与防盗	DF
	出租物品管理	DF
	产品鉴定与知识产权管理	DF，UHF，μWF
	智能卡、信用卡识别	DF，UHF
档案、包裹与行李跟踪	邮递与速递服务	DF，μWF
	存贷管理	DF
	图书馆系统	DF
休闲与体育	运动计时与图像	DF
	运动计时（摩托车、越野车拉力赛）	UHF
	遥控车、玩具、手推车	UHF

2. 作用距离

应用项目所需要的作用距离取决于以下多种因素：

1）电子标签的定位精度。

2）实际应用中多个电子标签之间的最小距离。

3）在阅读器工作区域内的标签速度。

例如，对于非接触式付款应用项目，如公交系统中的车票，由于电子标签是用手来靠近阅读器的，因此定位速度很慢。多个电子标签间的最小距离在这里就是两个乘客在进入车厢时的距离。对于这样的系统，最佳作用距离为 5～10cm。更大的作用距离可能会引发问题，因为阅读器可能会同时读取多个乘客的车票，而这时就无法正确地

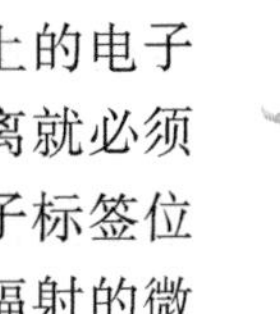

确定车票与乘客的对应关系。

在汽车工业的装配线上经常要同时制造不同标准的各种汽车。因此汽车上的电子标签和阅读器之间距离的变化较大，所采用的射频识别系统的写入，读取距离就必须能满足所需的最大距离。电子标签之间的距离要设计恰当，使得仅有一个电子标签位于阅读器的作用范围内。与作用面广、无定向的电感耦合系统相比，有定向辐射的微波系统具有明显的优势。

电子标签相对于阅读器的速度与最大写入/读取距离一起决定了电子标签在阅读器作用范围内的停留时间。在对汽车进行识别时，射频识别所需的作用距离是这样确定的，即在汽车最大速度的情况下，电子标签在阅读器作用范围内的停留时间要能满足所需数据的传送需要。

3. 安全要求

对一个计划中的射频识别应用所提出的安全要求，即加密和身份认证，应该做出非常精确的评估，以便从一开始就排除掉在应用阶段可能会出现的各种危险“攻击”。为此，要进行分析，此系统的潜在入侵者要达到什么目的，多数都是要通过非法手段来获得金钱或物质上的利益。为了能够评估这些可能性，这里将应用项目分为工业或封闭式应用项目以及与投资或资产相关的公共应用项目。

4. 存储容量

数据载体芯片大小的不同也带来了价格上的差异，其价格主要是由其存储容量确定的。

对于价格敏感、现场信息需求少的应用，应选用固定编码的只读数据载体。但这样只能在数据载体中定义对象的身份，其他的数据需存储在一台主计算机的中央数据库内。如果要向电子标签内写入有关数据，则需要采用EEPROM或RAM存储技术的标签，其成本会有所增加。

5. 多电子标签同时识读性

考虑到系统需要用到多电子标签同时识读的需求，因此，对于阅读器提供的多电子标签同时识读性的考察也非常重要。目前最好的系统同时可以识别300个电子标签。

6. 电子标签的封装形式

针对不同的工作环境与作业工况，电子标签的大小、形式决定了电子标签的安装与性能的表现，电子标签的封装形式也是需要考虑的参数之一。电子标签的封装形式不仅影响到系统的工作性能，而且影响到系统的安装性能与美观性能。

对RFID自动识别系统性能指标的评估十分复杂。影响到RFID整体性能的因素非常多，包括产品因素、市场因素以及环境因素。对以上列举的因素加以分类、综合和补充，这些因素可以归纳为芯片的技术参数。如激活所需能量、多电子标签同时阅读性能、速度、协议等（u_1）；阅读器输出功率（u_2）；系统频率及其可调性（u_3）；所需要遵守的输出功率标准和极限（u_4）；芯片的尺寸、封装形式（u_5）；芯片和电子标签成本（u_6）；阅读器成本（u_7）；应用系统成本与技术支援成本（u_8）；市场需求（u_9）；应用范围（u_{10}）；阅读器工作环境适应性（u_{11}）；电子标签工作环境适应性（u_{12}）；外

部电磁场对阅读器电子标签系统性能的影响（u_{13}）等。其中，$u_1 \sim u_{13}$分别表示各种因素的影响权重，取值小于1。

以上各项因素对于RFID系统的影响程度各不相同，如果$k_1 \sim k_{13}$表示各种因素的影响系数，则整个RFID系统的性能可以表示为

$$\begin{aligned} \text{TRP} &= f(u_1k_1+\cdots+u_ik_i+\cdots+u_{13}k_{13}) \\ &= \sum_{i=1}^{13} u_ik_i \end{aligned}$$

以上的整体系统性能函数只是给出了一个定性的说明公式，在实际应用中，很难确定各方面的因素对系统性能的影响程度。

2.7.3　射频识别应用系统的发展趋势

随着RFID应用越来越普及，RFID应用系统的兼容性会越来越受到重视。可以预见，在RFID系统的应用上，会存在以下的技术趋势。

1. 系统向高频化发展

由于超高频RFID系统具有低频系统无可比拟的特性，如识别距离远、无法伪造、可重复读写、体积小巧等，因此，随着制造成本的降低，超高频系统的应用会越来越广泛。此外，由于双频系统兼有低频和高频的共同优点，为动物识别和人员管理以及在导体干扰环境中的应用提供了最好的选择，因此，双频系统也会得到越来越广泛的应用。

2. 系统的网络化

大的应用场合需要将不同系统（或者多个阅读器）所采集的数据进行统一处理，然后提供给使用者进行决策，需要进行RFID系统的网络化处理，并实现系统的远程控制与管理。只有借助网络化的数据系统，才能做到现代企业数据采集实时化、决策实时化的要求。

3. 系统对不同厂家的设备提出了兼容性要求

系统购置的先后顺序以及产品厂家的不同，造成了多个不同系统并存的局面。这就要求系统能够兼容处理不同厂家的系统与电子标签，也就是标准化的问题。在标准化还不能完全实现的阶段，不妨借助于中间件等一类设备进行兼容性管理，以达到统一管理、降低投资的目的。

4. RFID大量数据处理需求

2020年新冠疫情期间，阿里巴巴跨境零售电商平台速卖通的数据显示，疫情在海外开始蔓延的3月份，速卖通上商家新开店数环比增长了132%。疫情加速了线上零售对线下零售替代过程，也加速了消费者消费习惯的养成。

目前，智能包装已经出现了非常丰富的产品类型，其中细分市场规模最大的是RFID信息型智能包装，主要用于产品的质量监测、鉴真防伪、货运追溯等方面。

中国智能包装行业的快速发展为传统包装印刷企业带来了新的发展机遇。未来，随着印刷电子、RFID、柔性显示等创新技术的发展与深度融合，尤其是RFID技术的高速发展，将为智能包装及业内企业的发展带来利好。

5. RFID 技术的发展趋势

RFID 技术已拥有较长的应用历史。实际上，RFID 技术真正的应用潜力，完全可以借助于各行各业的人们去发挥自己的想象力。RFID 技术在今天已经被称为条形码技术的取代者，但是还有尚待拓展的应用空间并需要克服一系列的安全障碍。尽管如此，RFID 技术成本的降低、印制技术的革新，以及数字信息技术在各行业的广泛深入，为 RFID 技术提供了更广阔的发展前景。将来 RFID 一旦在零售、医疗等行业甚至在政府部门等应用领域普及开来，各厂商产品之间的标准化问题也会得到相应的解决。另外，随着 RFID 技术在安全性和成本方面的全面进展，其潜在的商用价值将被逐渐发挥出来。

2.8 案例应用——基于射频识别的 ETC 收费系统

2.8.1 系统定义与特点

电子收费系统（Electronic Toll Collection System）简称 ETC 系统，又称不停车收费系统，是以现代通信技术、电子技术、自动控制技术、计算机和网络技术等高新技术为主导，实现车辆不停车自动收费的智能交通子系统。该系统通过路侧天线与车载电子标签之间的专用短程通信，在不需要驾驶人停车和其他收费人员采取任何操作的情况下，自动完成收费处理全过程。

ETC 系统优势明显，彻底改变了半自动收费的窘迫现状。其特点主要表现在以下几个方面：

1）减少交通拥堵，提高道路通行能力。采用电子收费技术大大提高了收费路口的通行能力，解决了收费站的交通瓶颈问题。调查数据表明，使用无障碍专用车道的高速 ETC 系统，其通行能力为人工收费车道通行能力的 5~7 倍。

2）减少交通污染，保护环境。车辆对环境造成的污染主要是在车辆加速和减速的过程中所排放的尾气，而在传统的收费方式下，车辆必须在收费口经过减速、停车和加速来完成路费支付的过程。应用电子收费系统，车辆无须速度的变化，以固定车速通过收费口就可以实现路费的支付，从而减少交通污染，有效地保护大气环境。

3）提高收费工作效率，促进道路收费规范化。发展 ETC 系统采用电子货币支付方式，避免了收费工作人员与驾驶人的直接接触，极大地提高了道路收费的工作效率，可杜绝人为费额流失，有利于道路收费的规范化。

4）具有交通数据采集功能。当车辆通过收费口时，电子收费系统在电子支付的过程中，自动进行车辆信息及车辆出行信息的数据采集，这些数据一方面为公安部门提供车辆监控信息，另一方面为城市规划、交通管理者提供准确的车辆出行（OD）数据及路口和路段交通流数据。

2.8.2 系统构成

ETC 系统主要由 ETC 收费车道、收费站管理系统、ETC 管理中心、专业银行及传

输网络组成。根据分工的不同，系统又可分为前台和后台两大部分。前台以车道控制系统为核心，完成对过往车辆车型的判别以及收费信息的采集与处理，并实时传送给收费站管理子系统。后台由收费站管理系统、ETC管理中心和专业银行组成。ETC管理中心是ETC系统的最高管理层，既要进行收费信息与数据的处理和交换，又要行使必要的管理职能，它包括各公路收费专营公司、结算中心和客户服务中心。后台根据收到的数据文件在公路收费专营公司和用户之间进行交易和财务结算。配有多台功能强大计算机的数据传输网络完成系统中各种数据、图像的采集、处理和分发，将各单元组成一个系统。ETC系统有多种类型，设备配置略有不同，但功能基本一致，其组成如图2-25所示。

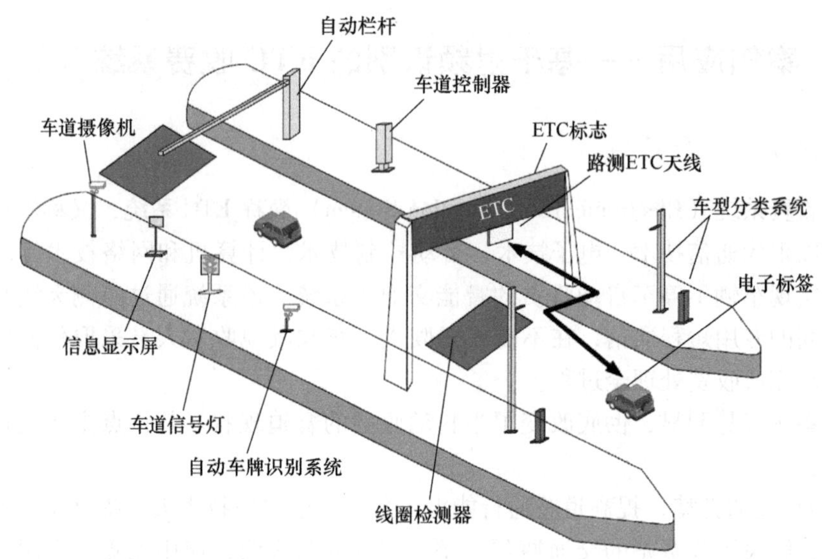

图2-25 ETC系统的组成

车道系统的配套设备如下：

（1）ETC入口车道系统 ETC入口车道系统的配套设备包括车道控制器、路侧单元（RSU）、高清车牌图像识别设备、自动栏杆、报警设备、信息显示屏、雨棚信号灯、车道信号灯、车辆检测器、车道摄像机、车型识别设备（可选）等。

（2）ETC/MTC（公路半自动车道收费）混合入口车道系统 ETC/MTC混合入口车道系统的配套设备包括车道控制机、RSU、高清车牌图像识别设备、自动栏杆、报警设备、信息显示屏、雨棚信号灯、车道信号灯、车辆检测器、车道摄像机、收费员终端（显示器、键盘）、非接触式IC卡阅读器、车型识别设备（可选）等。

（3）其他设备 车道系统配置ETC便携机，以便ETC车道交易失败、系统故障等应急情况使用。

2.8.3 系统类型

电子收费技术在发展过程中出现过多种类型的收费系统，根据车辆过收费车道的速度、收费车道结构和通行卡类型，目前形成的各种系统可归纳为收费站ETC系统和自由流ETC系统两种类型。

1. 收费站 ETC 系统

ETC 用户较少时，一般采用收费站 ETC 系统混合式收费，既要有 ETC 车道，也必须保留原半自动收费车道。ETC 应用初期，混合式收费不可避免，其主要特征为：

1）在原有的收费车道（有收费岛）基础上改造而成，与半自动收费车道并列在收费广场。

2）车辆通过收费车道的车速较低，常为 20km/h，通过率可达 600~1000 辆/h。

3）车道出口端设立自动栏杆，以防无货车通过。

4）为引导无卡用户进入普通收费车道按章收费，收费岛另辟一条通向收费亭的车道。

从图 2-26 可以看出，收费车道入口端上方有电子收费车道的标志和信号灯。如果车辆密度不大，天线并不连续工作，无车辆通过时，天线处于休眠状态。在天线辐射区外的车道埋设一环形线圈。当车辆进入线圈检测区，线圈发出电信号，唤醒天线进入工作状态。此时，自动栏杆关闭，交通信号灯为红色。车辆进入通信区，在载波作用下，电子标签被唤醒，响应天线的询问，将客户身份与车型代码上传给车道天线，由天线转送给车道控制机进行审核。如为有效卡，控制机指令栏杆打开，交通信号灯变绿，如要进一步交换信息，读写数据，可以继续通信，直到收费过程结束；如为无效卡，车道控制机审核时会立即发现，发出指令，栏杆继续关闭并发出声光报警，现场工作人员将引导车辆从旁路进入半自动收费车道，办理各项收费手续，控制机将情况记录存档。

图 2-26 现有 ETC 系统

2. 自由流 ETC 系统

当 ETC 用户在全体用户中已占大多数时，宜采用自由流 ETC 系统。国外现在趋向于取消收费岛，在收费广场设置一个横跨车道上空的龙门架，架上安装 ETC 设备，实施电子收费。它的主要特征为：

1）无收费岛、亭等设施。

2）进入收费区域时不需减速，车辆继续高速行驶。

3）需要建立一套高精度逃费取证处理系统，现场捕捉车辆信息作为冲卡逃费的证据，以便事后依法处理。目前大多采用高速、高分辨率摄像机对车辆牌照进行抓拍。

4）在收费区域附近，需建造一条与主道平行的普通收费车道，以便无卡车辆通行。

5）车道天线控制器能操纵多部天线并行工作，与多部车辆的电子标签同时通信。

自由流 ETC 系统具有很多优点，如车速高、无行车延误、车道通行能力接近 2000 辆/h。但设备投资大，技术上实施难度也较大，特别是在高速运行时，如何防止和扼制冲卡车辆是该系统的关键技术。

2.8.4　系统业务流程

不同的电子收费系统的收费业务过程基本相同，现以封闭式为例，说明电子收费系统的工作过程。当车辆进入收费车道进口天线的发射区时，处于休眠状态的电子标签受到微波激励而被唤醒，开始工作；电子标签响应天线的请求，以微波方式发出电子标签标识和车型代码；天线接收并确认电子标签有效后，以微波发出入口车道代码和时间信号，写入电子标签的存储器内。当车辆驶入收费车道出口天线发射范围，经过唤醒、相互认证有效性等过程，天线读出车型代码以及驶入代码和时间，传送给车道控制机；车道控制机对信息核实确认后，计算出此次通行费额，存储或指令天线将费额写入标识卡。与此同时，车道控制机存储原始数据并编辑成数据文件，定时传送给收费站并转送收费结算中心。

银行收到汇总好的各路段收费公司的收费数据，从各个用户的账号中扣除通行费和算出余额，拨入相应的公司账号。与此同时，银行核对各用户账户剩余金额是否低于预定的临界值，如低于临界值，应及时通知用户补交，并将此名单（灰名单）下发给全体收费站，如灰名单用户不补交金额而继续通行，导致剩余金额低于危险临界值，则应将其划归为无效电子标签，编入黑名单，并通知各收费站，拒绝无效电子标签在高速公路电子收费车道通行。

收费结算中心应常设用户服务机构，向客户出售标识卡、补收金额和接待客户查询。显然，后台必须有一套金融运行规则和强大的计算机网络及数据库支持，才能实现事后收费。

车道基本功能要求如下：

1）ETC 入口车道软件同时支持双片式车载单元（OBU）、单片式 OBU 交易处理流程，并在 OBU（或 ETC 卡）内写入入口信息。

2）ETC/MTC 混合入口车道软件同时支持双片式 OBU、单片式 OBU 及高速公路复合通行卡（CPC 卡）交易处理流程，清除过站和计费信息并写入入口信息。

3）识别 ETC、MTC 车辆，自动检测、识别通行车辆的车牌（车牌号、车牌颜色）、车型（如有）、通行时间等信息，ETC/MTC 混合出口车道支持人工校核、修正。无牌车辆禁止通行，按收费运营及稽查业务规则处理，必要时与公安交管部门联动处置。

4）具备接收、更新收费参数（ETC 状态名单、稽查逃费黑（灰）名单、大件运输车辆名单、优免车辆名单、“两客一危”车辆名单）功能，并在交易记录中写入特情车辆信息。

5）接收入口治（拒）超站的车辆检测数据，并根据业务规则判定、处置。

6）兼具 ETC 门架功能的收费站，所辖车道还应具备接收、更新省级联网中心下发的本站收费费率并计算通行费功能，在 OBU 或 CPC 卡内相应位置写入入口信息、扣费或计费信息并形成交易流水（交易凭证）。

7）具备对车道连接状态、参数状态和关键设备状态的运行监测功能，并可根据监测的情况，生成相应的运行监测数据。监测内容有：

① 车道连接状态，且当车道处于连接状态时，应可获知车道是否开启/关闭、操作系统版本号和车道软件版本号。

② 车道参数状态，指各类状态名单的版本信息。

③ 关键设备状态，包括：RSU 状态、车牌识别设备状态、轮轴检测器状态、车检器状态、光栅状态、车道摄像机状态、费额显示屏状态、信息提示屏状态、通行信号灯状态等，当中可识别正常、异常和无配置状态。

8）具备按自然日进行车道交易处理的合计数处理能力。

9）通行记录、交易流水（交易凭证）应与车辆抓拍图片进行自动匹配，通行记录、交易流水、车道日志、图片、图像等相关数据应按接口规范要求实时上传至收费站。

10）可配置 ETC 便携机，满足 ETC 专用车道交易失败时进行人工处理。

2.8.5　系统关键技术

为了使 ETC 系统能够高效、可靠地完成收费过程，达到最大的车辆通过率并且让顾客能够接受，它必须包括自动车辆识别（Automatic Vehicle Identification，AVI）系统。

自动车辆识别（AVI）系统使用装备在车上的射频装置向收费口处的收费装置传送识别信息，如 ID、车型、车主等，以辨别车辆是否可以通过不停车收费车道。下面简述 AVI 系统。

自动车辆识别技术是实现不停车自动收费的核心技术。所谓自动车辆识别是指当车辆通过某一特定地点（如收费站）时，不需驾驶人和收费人员采取任何措施，就能精确、快速地识别出车辆身份的一种技术。其识别车辆的过程如下：当车辆通过收费站收发信机时，车载收发信机被触发，发射出能唯一表明通过车辆身份的代码信息（如车牌号码、车型类别、车辆颜色、车牌颜色、银行账号、单位名称及用户姓名等），收费站收发信机接收信号后，经处理传输到计算机系统，进行数据管理及存档，以备查询。

1. AVI 系统组成

目前世界上各国厂商所生产的 AVI 产品种类很多，且彼此之间多难以兼容，每一家产品皆有其特色，但在系统的基本构架方面都将系统分成三个功能部分：

（1）车载单元（On Board Unit，OBU，也称为车载电子标签）　车载单元既是车辆的身份标签，又是车辆的电子钱包，一般由车载机和 IC 卡两部分组成，其中 IC 卡中已经记录了该车的物理信息，比如车辆类型、颜色、车牌号码等，还存储了用户账号、余额等与货币有关的信息。

（2）路侧单元（Road Side Unit，RSU）　路侧单元主要指车道通信设备——路旁天

线。其参数主要有频率、发射功率和通信接口等。路旁天线能够覆盖的通信区域为3~30m。通过路侧单元与车载单元的信息交互，实现自动电子收费。

（3）数据处理单元　数据处理单元接收RSU送出的有关数据，和计算机数据库里的使用者资料对比，对车辆身份进行验证，并实施有关计算和控制的操作。

2. 电子标签简介

电子标签是一种安装在车辆上的无线通信设备，可允许车辆在高速行驶状态下电子标签与路旁的读写设备进行双向通信，其结构、工作原理和功能与非接触式IC卡非常相似，主要差别在于通信距离。它装有微处理器芯片和接收与发射天线，在高速行驶中（可达250km/h）与相距8~15m远的阅读器进行微波或红外线通信，比非接触式IC卡的工作频率、通信速率高出很多，阅读器通过天线向电子标签发射信号，激活电子标签开始进行通信，电子标签反馈回与具体车辆对应的独一无二的ID，用于ETC收费系统对车辆进行身份识别。电子标签可分为只读型、读/写型和带IC卡接口的读/写型三种不同形式。

（1）只读型电子标签　只读型电子标签置于车内，用于和车道内的读写天线进行通信，验证车辆和车主的识别信息。其外形为单片式，成本低，读写天线只能读出存储的客户身份代码（ID）和车型代码，不能写入任何数据。阅读器在车辆驶过收费站时，只要读出用户的身份，就完成了信息的无线传输，而扣除通行费、计算余额、通知客户补交金额等工作都由后台完成。这种卡的透明度低，一般适用于开放式收费。

（2）读/写型电子标签　读/写型电子标签置于车内，用于和车道内的读写天线进行通信联系，验证车辆、车主以及账户余额的识别信息。读/写型电子标签所存储的信息包括不可更改部分（如车辆和顾客数据）和可更改的部分（如账户余额信息）。在入口车道，读写天线将高速公路、入口地址、行驶方向代码和进入时间等写入可读写区；在出口车道，读写天线读出刚写入的数据，并将计算的本次通行费写入电子标签，由于此种电子标签内有一个微信息处理器，用于维护账户余额信息并根据使用情况随时进行修改，故通行费可由卡自行扣除并算出余额，整个交易过程的数据可以全部显示，具有很好的透明度，重点用于封闭式收费。

（3）带IC卡接口的读/写型电子标签　带IC卡接口的读/写型电子标签能分成两块：IC卡和电子标签，故又称为两片式电子标签。它与读/写电子标签不同的是，多一片可插拔的作为扩展存储器使用的IC卡，IC卡插在电子标签里面，其中电子标签主要作为车辆识别卡和通信中继器使用，在电子标签中只记录车牌号、车型及车辆的物理参数，为车道系统提供车辆识别信息；而账号、金额方面的信息则存储在IC卡内，电子标签与IC卡之间可以进行数据交换。ETC车道天线可以借助车载电子标签远距离快速读取IC卡中的数据信息，从而实现免停车通过收费站并完成收费交易。带IC卡接口的读/写型电子标签如图2-27所示。

此类电子标签一般还带有液晶显示屏，可显示通行费和存款余额等信息，高速公路机电系统管理是目前功能最全面、最先进的电子标签，其优点为：

1）可选择对驾驶人或车辆收费。在我国，很多情况下车辆的车主和驾驶人并不是同一个人，由于IC卡的便携性，收费系统可选择对驾驶人或车辆收费。

图 2-27　带 IC 卡接口的读/写型电子标签

2）安全性高。两片式系统的 IC 卡中存有余额和其他重要数据，可随身携带，以防卡被盗用。

3）可增加对用户的服务。IC 卡作为不停车收费系统的一部分，其功能相当于一个便携式数据库，可对其进行增值，IC 卡里面可记录金额及其他信息，既可用于预付款方式，也能用于后付款方式。

4）具有一卡多用的特征。由于 IC 卡具有存储容量大、安全性好等特征，IC 卡可以是 ETC 专用卡，也可以是银行发行的信用卡或电子钱包，这样就扩大了卡的使用范围。

电子标签具有身份证明、通行券或兼用代替现金付账等功能，其体积小、质量轻，如同一张标签贴在汽车前风窗玻璃上，用于开放式或封闭式不停车收费。当用户在设有不停车收费系统的公路上行驶时，可不停车高速通过收费站，收费系统设备自动完成通行费征收，极大地提高了收费站的通行能力，减少了污染，节约了能源，避免了收费贪污等问题。

电子标签所支持的电子收费系统（不停车收费系统），在国外的一些大城市和环城高速公路中应用较多，尤其是行政区域比较独立的城市，如新加坡等。我国部分短途高速公路实施或正在实施电子收费系统，如北京机场高速公路。随着成本的降低，相信会有越来越多的道路收费系统选用电子标签作为通行券。

3. 电子标签读写设备

电子标签读写设备由车道天线和天线控制器等功能模块组成，车道天线是个微波收发模块，负责调制/解调信号数据。天线控制器是控制发射和接收数据、以及处理收发信息的模块。电子标签读写设备以无线通信的方式，与经过微波通信区域的电子标签进行数据交换，采集和更新标签中的收费信息。

目前，采用较多的是一条车道安装一台天线，天线和车载电子标签间是点对点通信，其特点是：通信对象、方向一定（指定车道的车辆），距离近（5～10m）；车载卡通过有效通信区域的距离约为 4m，在高车速条件下，可供通信的时间很短（80～400ms）；通信数据帧不长，但交换次数多；各车道通信应相互无干扰，由此决定天线应具有方向性强、能耗低、传输速率高、波瓣尺寸符合要求和抗干扰能力强等功能。

天线控制器可插装 1～3 块控制板，这些板通过双端子寄存器、电流/频率（I/F）板和车道控制计算机总线相连接，每块板通过 I/F 和 RS-485 接口与天线相连接。它将控制机的通信指令通过天线传送给车载电子标签，又将天线接收车载电子标签的回答

信号并转送给计算机。控制板还有一块通信处理单元，按照DSRC规定的通信协议执行操作，保证天线与卡之间的通信顺利进行。

在电子标签读写设备中，关键技术在于DSRC专用短程通信。2000年，原交通部出台的《高速公路联网收费的暂行技术要求》，对于采用5.8GHz微波频段作为ETC试点应用做出了明确规定。因此，电子标签读写设备必须符合国际主流标准和国家新出台的技术规范。

4. 电子标签与车道天线的专用短程通信协议

电子标签与天线是电子收费系统的车载设备和路侧设备。在两者交换数据的过程中必然涉及如何将信息编辑成易于辨识的数据，数据分割包装成多大的、什么形式的块（数据帧），以什么样的方式和速率传送，传输的器件和线路应有哪些要求等。

电子收费系统短距微波通信具有传输距离短、通信方向相对固定、数据内容简单和重复性强等特点，但天线→电子标签（下行）与电子标签→天线（上行）的通信要求又各有特色。要保证电子标签、天线和通信在全球范围内相容，必须有一整套相关的技术标准。

为了发挥ITS的功能，实现ITS对车辆的智能化、实时和动态管理，国际上专门开发了适用于ITS领域道路与车辆之间的通信协议，即专用短程通信（DSRC）协议。

针对固定于车道或路侧的路侧单元与装载于移动车辆上的电子标签的通信接口的规范，DSRC协议的主要特征包括：

1）主从式架构，以路侧单元为主、电子标签为从，也就是说路侧单元拥有通信的主控权、路侧单元可以主动下传数据，而电子标签必须听从路侧单元的指挥才传资料。

2）半双工通信方式，即传送和接收资料不可以同时进行。

3）异步分时多重接取，即路侧单元与多个电子标签以分时多重接取方式通信，但彼此无须事先建立通信窗口的同步关系。

DSRC是ITS的基础，是一种无线通信系统，它通过信息的双向传输将车辆和道路有机地连接起来。目前，美国、欧洲、日本均建立了自己的DSRC标准，但是国际标准化组织目前尚未制定出完整的DSRC国际标准，但资料表明，基于5.8GHz的DSRC国际统一标准将成为必然。DSRC标准可以分为三个层次：物理层、数据链路层和应用层。

1）物理层（Physical Layer）：规定了机械、电气、功能和过程的参数，以激活、保持和释放通信系统之间的物理连接。参数包括：通信区的几何要求；电子标签在车上的安装位置和被激活的角度范围，激活进程和激活时间；载波频率辐射功率和极化方向；信号调制方式、数据编码方式和码传输速率；数据帧格式、帧头、帧尾和纠错方式等。其中载波频率是一个很关键的参数，它是造成世界上DSRC系统差别的主要原因，目前北美是5.8GHz系统和900MHz系统，欧洲是5.8GHz系统，日本是5.8GHz系统。

2）数据链路层（Data Link Layer）：制定了介质访问和逻辑链路控制方法，定义了进入共享物理介质、寻址和出错控制的操作。

3）应用层（Application Layer）：提供了一些DSRC应用的基础性工具。应用层中的过程可以直接使用这些工具，如通过初始化过程、数据传输和擦去操作等。另外，应用层还提供了支持同时多请求的功能。

5. AVI系统类型

在实际运行的AVI系统中，按工作频率可分为三种，即915MHz、2.45GHz和5.8GHz。从已建成的电子收费系统看，915MHz系统主要用于北美地区，5.8GHz系统主要用于欧洲、亚洲以及大洋洲地区，2.45GHz系统主要用于实验，实际使用很少，我国无线电委员会推荐使用5.8GHz系统。5.8GHz系统已成为国际电信联盟（ITU）划分给专用短程通信（DSRC）的专用频段。

AVI系统按通信方式又可分为主动式和被动式，在主动式系统中，电子标签本身具有电源，当车道天线向电子标签发送询问信号后，电子标签利用自身的电池能量发射波及数据给车道天线，发回信号功率较大，通信距离也较长，可达30m。在被动式系统中，由车道天线发射电磁信号，电子标签被电磁波激活进入通信状态，上行载波来源于频率偏移后的下行载波，发射的能量来自于存储的电磁波。被动式电子标签可以是有源的，也可以是无源的，被动式电子标签的电源是供存储数据和处理数据用的，其工作距离较近。

按系统的读写方式可分为只读型AVI系统和读写型AVI系统。只读型AVI系统采用只读型电子标签，电子标签的内容只能被读出，不可被修改或写入，只读型系统大多在早期应用于桥梁、隧道的开放式收费系统；读写型AVI系统采用读写型电子标签，电子标签的内容既可被车道天线读出，也可由车道天线写入或修改，读写型系统大多应用于封闭式收费环境。

AVI系统按有无IC卡又可分为单片式系统和两片式系统。不带IC卡的电子标签一般称为单片式，带IC卡接口并在使用时需插入IC卡的称为两片式。单片式比较简单，价格低。两片式价格较高，适应性强，系统功能可以非常容易地扩展，是未来的发展方向。但两片式涉及的技术规范较多，需考虑的问题也较多。如果系统方案设计较好，并遵守有关技术标准，单片式系统可以比较容易地过渡到两片式系统。

根据技术的发展趋势和国内应用情况，建议选择5.8GHz频段、全双工被动式通信方式、可读写的单片式或两片式电子标签的AVI系统构成不停车收费系统的车道系统。

2.8.6　ETC各系统功能简介

1. 车道系统功能

（1）入口车道

1）控制信号灯、显示牌引导ETC用户驶入正确的ETC收费车道。

2）车辆检测器启动。

3）唤醒AVI系统，向电子标签写入入口车道信息。

4）放行合法ETC用户，分流非法进入车辆。

5）生成入口车道过车信息上传给收费站管理系统。

（2）出口车道

1）控制信号灯、显示牌引导ETC用户驶出正确的ETC收费车道。

2）车辆检测器启动。

3）唤醒AVI系统，读取电子标签中的用户信息和入口车道信息。

4）唤醒汽车自动分类（AVC）系统进入工作状态，进行自动车型辨别，并进行车型核对。

5）对合法ETC用户，进行收费记录，给放行指示。

6）对非法ETC用户，进行车牌抓拍，生成违章记录，便于事后处理。

7）向用户显示有关收费状态信息。

8）将收费记录信息上传给收费站管理系统。

2. 收费站管理系统

收费站管理系统包括计算机系统、监控系统和通信系统。计算机系统由收费数据处理机、图像处理机、网络服务器和车道计算机组成计算机网络；监控系统由收费车道摄像机、图像处理单元（图像记录和显示）组成；通信系统可采用光纤通信、数字数据网络（DDN）专线或普通电话线路。

收费站管理系统主要功能如下：

1）建立收费、交通流的原始数据和图像信息。

2）实时采集入口车道的过车信息。

3）实时采集出口车道的收费交易记录，实时采集违章图像并暂存。

4）接收公司传来的系统黑名单，并下传给车道控制计算机。

5）统计、存储、分析收费及交通流量有关数据。

6）完成车道系统与管理中心有关收费信息的交换。

7）处理和上传违章车辆的图像，接收和下达黑名单、黄名单。

3. 管理中心

管理中心是ETC系统的最高管理层，既要进行收费信息与数据的处理和交换，又要行使必要的管理职能。它包括专营公司、结算中心、顾客服务中心和专业银行。

（1）专营公司　专营公司建立中央管理子系统，负责采集所有收费站管理系统所汇集的车道收费数据信息。专营公司的中央管理系统将对ETC收费数据和人工收费数据进行整理和汇总，整理完毕的ETC收费数据清单将被转发给结算中心请求支付。中央管理子系统功能如下：

1）分时采集收费站暂存收费数据。

2）整理ETC收费数据，对车道控制系统无法处理的违章记录做处理。

3）向结算中心上传ETC收费数据清单，请求支付。

4）对收费数据进行各种方式的汇总、打印，统计出各种数据指示。

5）接收结算中心下传的系统黑名单，并下传给收费站管理系统。

（2）结算中心　结算中心掌握全系统的收费数据信息，负责重要的资金结算工作。一般不负责与ETC用户直接沟通的工作。结算中心关于资金的管理和划转委托银行来进行。另外，根据账户资金有效、无效的车载电子标签清单，下传给专营公司中央管理子系统。具体功能如下：

1）为 ETC 用户建立和维护资金账户。

2）生成 ETC 系统黑名单、黄名单，将其下传给各专营公司中央管理系统。

3）接收各专营公司中央管理系统上传的收费数据。

4）根据收费数据，更新各 ETC 用户账号资金。

5）根据收费数据，向各专营公司划拨通行费。

（3）顾客服务中心　顾客服务系统主要包括密钥系统、初始化发行系统、电子收费管理中心应用软件、客户服务中心系统、网站系统和呼叫中心系统等。具体功能如下：

1）办理 ETC 用户申办电子标签的手续。

2）向 ETC 用户发放电子标签，对电子标签进行初始化操作。

3）向 ETC 用户提供消费明细账户查询、资金补充、打印服务等。

4）接收 ETC 用户挂失、注销等业务请求。

（4）专业银行　银行是底层逻辑支撑，主要负责客户的营销、用户申请数据的收集、订单的发送、设备的采购资金提供、通行资金的清算、用户标签激活的入口管理等。具体功能如下：

1）接收管理中心上传的收费数据。

2）处理业主和用户的账务。

3）办理业主与用户的开户和销户事宜。

4）产生违章车辆的黑名单、黄名单。

5）发售电子标签。

2.9　本章小结

射频识别技术是一种先进的自动识别技术，它的主要任务是提供关于个人、动物和货物等被识别对象的信息。本章首先对现有的自动识别技术进行了简要的介绍，并介绍了射频识别技术的发展历史、分类，分析各种自动识别技术的特点，然后介绍射频识别的工作原理，以及射频识别技术的通信基础，射频识别技术的数据传输协议、数据完整性和关键技术多电子标签同时识别与系统防冲撞，让读者对射频识别技术概念、工作原理和流程等关键技术以及应用领域都有了一个全面的认识。

科学家精神

本章重点介绍了射频识别技术的频率标准，RFID 的标准体系结构以及 RFID 的应用行业标准。将来 RFID 一旦在零售、医疗等各行业甚至在政府部门等应用领域中普及开来，各厂商的产品之间的标准化问题也会得到相应的解决。通过对 ETC 系统的介绍，以实例展示了 RFID 的应用，随着 RFID 技术在安全性和成本方面的全面进展，其潜在的商用价值将逐渐发挥出来。

习　题

1. 按照电子标签获取电能方式的不同，电子标签可以分为哪几类？各自有什么特点？
2. 根据射频识别技术特点，设想一下可以将其应用到生活中的哪些方面？

3. 简述 RFID 应用系统的组成及工作原理。
4. 简述应答器的分类及其特点。
5. 试回答应答器电路的基本结构和作用。
6. 试回答阅读器电路的基本结构和功能。
7. RFID 数据传输中常用的数据编码方式有哪些？
8. 简述射频识别系统常用的系统安全手段和基本原理。
9. RFID 数据传输中常用的数据校验方法有哪几种？
10. 在射频识别系统中采用的多路存取方法有哪些？有什么特点？
11. 射频识别系统的工作频率是什么？
12. 射频识别应用于动物识别的标准是什么？
13. 射频识别应用于道路交通信息学的标准是什么？
14. 射频识别在自动识别应用方面的标准是什么？
15. 非接触识别卡的主要参数有哪几个？

第3章 无线传感器网络概述

随着无线通信、集成电路、传感器以及微机电系统（MEMS）等技术的不断发展，汇集低成本、低功耗和多功能的新型的测控网络——无线传感器网络（Wireless Sensor Networks，WSN）使信息的获取逐渐从过去的单一化方式逐步向集成化、微型化和网络化方式演进。无线传感器网络技术是继个人计算机、互联网和移动通信技术之后的第四次工业革命中与智能化系统相关的一个非常重要的核心技术。如果说因特网构成了逻辑上的信息世界，改变了人与人之间的沟通方式，那么，无线传感器网络就是将逻辑上的信息世界与客观上的物理世界融合在一起，改变人与自然界的交互方式。未来的人们将通过遍布四周的传感器网络直接感知客观世界，从而极大地扩展网络的功能和人类认识世界的能力。

3.1 无线传感器网络的概念

无线传感器网络是由部署在监测区域内大量的微型传感器节点通过无线通信的方式形成的一个多跳的自组织网络系统，其目的是协作感知、采集和处理网络覆盖区域里被监测对象的信息，并发送给远程监测中心。由于微型传感器体积小、重量轻，有的甚至可以像灰尘一样在空气中浮动，因此，人们又称无线传感器网络为“智能尘埃（Smart Dust）”，将它散布于四周以实时感知物理世界的变化。

传感器发展历程及演进如图 3-1 所示。20 世纪 70 年代，首先出现了利用点对点传输技术以及专门的控制器将传统传感器连接起来，从而构成传感器网络的雏形，这就是第一代传感器网络。随着技术的不断发展和进步，传感器网络也具有了获取多种信息的综合处理能力，采用如 RS-232、RS-485 等串行接口与传感控制器相连，构成具有

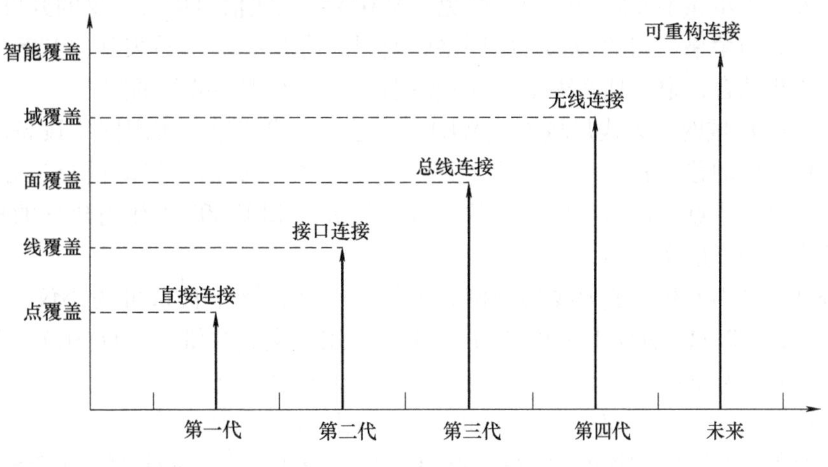

图 3-1 传感器发展历程及演进

信息综合和处理能力的第二代传感器网络。第三代传感器网络出现在20世纪90年代后期和21世纪初，集成了能够获取多种信息的多功能传感器，采用现场总线（FieldBus）连接传感控制器，构成局域网络，成为智能化传感器网络。第四代传感器网络就是目前的研究热点——无线传感器网络，该网络采用大量具有多功能多信息获取能力的传感器，其最重要的变化就是传感器之间采用无线通信技术进行连接。未来，随着通信感知计算一体化的飞速发展，传感器接口的适应性、连接的可重构性将会得到极大促进，无线传感器网络也将会持续演进发展。

1. 无线网络技术

无线网络技术起源于人们对无线数据传输的需求，其发展也同样经历了漫长的发展过程。无线网络技术的不断进步直接推动了无线传感器网络概念的产生和发展。以下是几种典型的无线网络。

（1）ALOHA 系统　1971 年，美国夏威夷大学创建了 ALOHA 系统，它包含七台计算机，采用双向星形拓扑连接，横跨夏威夷的四座岛屿。该系统是第一个获得成功应用的无线网络。其最重要的一点是提出了随机占用信道的概念，即系统中众多用户共用一个信道，采用突发占用、碰撞重发的方法。当某一个用户有信息要传递时，就立即向信道上发送消息，同时检测信道的使用情况。如果出错，则认为和其他用户发送的数据发生了碰撞，于是在某一时延后重发这个数据分组。这里选取“某一时延”是为了防止发生碰撞的用户在检测到碰撞后都立即重发分组，而使各个用户错开重发时间，以避免连锁碰撞的恶性循环。ALOHA 技术非常便于无线设备的实现，它有效地将计算机和通信结合起来，能够将计算机存储的大量信息传输到所需的地方。

（2）分组无线网　基于 ALOHA 系统的成功经验，美国国防部高级研究计划局（DARPA）于 1972 年开始了以包交换无线电网（PRNET）为代表的一系列无线分组网络研发计划。PRNET 是一种直序扩频系统，每个接入节点每隔 7.5s 向邻居节点发布信标来维护网络拓扑。另外，加拿大的业余无线电爱好者数字通信小组（ADCG）采用单一信道工作模式以及频移键控调制方法，在通信过程中使用了与 ALOHA 系统相似的载波监听多路访问（CSMA）的信道接入方式。分组无线网络的后续研究取得了不少成果，最主要的进步在于多路访问冲突避免（MACA）无线信道接入协议的开发。MACA 将 CSMA 机制与苹果公司的 Localtalk 网络中使用的请求发送/允许发送（RTS/CTS）通信握手机制相结合，很好地解决了“隐蔽终端”和“暴露终端”的问题。

（3）无线局域网　无线局域网（WLAN）通过无线信道来实现网络设备之间的通信，并实现通信的移动化、个性化和宽带，它具有接入灵活、移动便捷、方便组建、易于扩展等诸多优点。作为全球公认的局域网权威，IEEE 802 工作组建立的标准在局域网领域内得到了广泛应用。

IEEE 于 1997 年发布了无线局域网领域第一个在国际上被认可的协议——802.11 协议。其中，802.11a 协议工作频带为 5GHz，采用正交相移键控（QFSK）调制方式，传输速率为 6~54Mbit/s。它采用正交频分复用（OFDM）技术，可提供 25Mbit/s 的无线异步传输方式（ATM）接口和 10Mbit/s 的以太网无线帧结构接口，并支持语音、数据、图像业务；802.11b 协议工作在 2.4GHz 频带，采用直接序列扩频（DSSS）技术和

补偿编码键控（CCK）调制方式。该标准能够在 11Mbit/s、5.5Mbit/s、2Mbit/s、1Mbit/s 的不同速率之间自动切换。它从根本上改变了无线局域网设计和应用现状，扩大了无线局域网的应用领域。802.11g 标准使用与 802.11a 相同的 OFDM 技术，工作拥挤的 2.4GHz 频率（同样遭受与 802.11b 相同的干扰问题）。802.11g 与 802.11b 设备向后兼容，即 802.11b 设备可以连接到 802.11g 接入点（但以 802.11b 的速度）。802.11n 标准（Wi-Fi 4）工作在 2.4GHz 和 5GHz 频段，使用多输入多输出（MIMO）技术，其中多个发送器/接收器在链路的一端或两端同时运行，最大传输速度理论值为 600Mbit/s。802.11ac 标准（Wi-Fi 5）的核心技术主要基于 802.11a，工作在 5GHz 频段，理论传输速度最高可达到 1Gbit/s。802.11ax 标准（Wi-Fi 6）覆盖 2.4GHz、5GHz 工作频段，采用了 MU-MIMO（多用户多输入多输出）技术允许路由器同时与多个设备通信，而不是依次进行通信，最高速率可达 9.6Gbit/s。

（4）无线个域网　无线个域网（WPAN）是在个人周围空间形成的无线网络，现通常指覆盖范围在 10m 半径以内的短距离无线网络，尤其是指能在便携式消费者电器和通信设备之间进行短距离特别连接的自组织网。HomeRF 工作组于 1998 年为在家庭范围内实现语音和数据的无线通信制定了一个规范，即共享无线访问协议（SWAP）。该协议主要针对家庭无线局域网，其数据通信采用简化的 IEEE 802.11 协议标准。之后，HomeRF 工作组又制定了 HomeRF 标准，它是 IEEE 802.11 与泛欧数字无绳电话标准（DECT）的结合，用于实现 PC 和用户电子设备之间的无线数字通信，可同步支持四条高质量语音信道并具有低功耗的优点。

由爱立信等公司发起成立的“蓝牙特别兴趣小组（BSIG）”提出了用于实现短距离无线语音和数据通信的蓝牙系统。蓝牙技术采用自动寻道技术和快速跳频技术保证传输的可靠性，具有全向传输能力。它工作于 ISM 频段，基带部分的数据速率为 1Mbit/s，有效无线通信距离为 10~100m，采用时分双工传输方案实现全双工传输。在任意时间，只要蓝牙技术产品进入彼此有效范围之内，它们就会立即传输地址信息并自动组建成网。

HomeRF 和蓝牙都工作在 2.4GHz ISM 频段，并且都采用跳频扩频（FHSS）技术，因此，HomeRF 产品和蓝牙产品之间几乎没有相互干扰。蓝牙技术适用于松散型的网络，可以让设备为一个单独的数据建立一个连接，而 HomeRF 技术则不像蓝牙那样随意。组建 HomeRF 网络前，必须为各网络成员事先确定一个唯一的识别代码，因而比蓝牙技术更安全。

（5）无线自组网络　无线自组网络是一组由带有无线收发装置的移动终端所组成的一个多跳自组织的自治网络系统。蜂窝移动通信网络和无线局域网都属于现有网络基础设施范畴，它们需要类似基站或访问服务点这样的中心控制设备，而无线自组网络是一种无中心的分布式控制网络，每个用户终端兼备路由器和主机两种功能，这为便携终端实现自由快速的无线通信提供了可能。20 世纪 90 年代以来，以 Ad-Hoc 网络为代表的无线自组网络已经从无线通信领域中的一个小分支逐渐扩大到相对较为独立的领域。由于无线自组网络不依赖于任何已有的网络基础设施，终端节点动态且随意分布，因此，如何在终端节点移动的情况下保证高质量的数据通信是该领域研究的热点问题。

2. 无线传感器网络

无线传感器网络起源于美国军方的作战需求。1978 年，DARPA 在卡内基·梅隆大学成立了分布式传感器网络工作组。工作组根据军方对军用侦查系统的需求，研究传感器网络中的通信、计算问题。此后，DARPA 又联合美国国家科学基金会（NSF）设立了多项有关无线传感器网络的研究项目。这些研究推动了以网络技术为核心的新军事革命，建立了网络中心战的思想体系，由此也拉开了无线传感器网络研究的序幕。20 世纪 90 年代中期以后，无线传感器网络引起了学术界、军界和工业界的极大关注，美国通过国防部和国家自然基金委员会等多种渠道投入巨资支持无线传感器网络技术的研究，其他发达国家也相继启动了许多关于无线传感器网络的研究计划。

（1）SensorIT　DARPA 在 1998 年开展了名为传感器信息技术（Sensor Information Technology，SensorIT）的研究计划。该计划共有 29 个研究项目，分别在 25 个研究机构完成。SensorIT 的研究目标主要是针对适应战场高度动态的环境，建立快速进行任务分配和查询的反应式网络系统，利用无线传感器网络的协作信息处理技术发挥战场网络化观测的优势。

（2）WINS　由 DARPA 资助，加利福尼亚大学洛杉矶分校与罗克韦尔研究中心合作开展的无线集成网络传感器（Wireless Integrated Network Sensors，WINS）开始于 1996 年。该研究计划的目标是结合微机电系统（MEMS）技术、信号处理技术、嵌入式计算和无线通信技术，构造大规模、复杂的集成传感系统，实现物理世界与网络世界的连接。

（3）Smart Dust　在 DARPA 的微系统技术办公室（MTO）的资助下，加利福尼亚大学伯克利分校于 1998 年开始了名为“智能尘埃”（Smart Dust）的研究计划，其目标是结合 MEMS 技术和集成电路技术，研制体积不超过 $1m^3$，使用太阳能电池，具有光通信能力的自治传感器节点。由于体积小、重量轻，该节点可以附着在其他物体上，甚至可以在空气中浮动。

（4）SeaWeb　海网（Sea Web）是由美国海军研究办公室（ONR）支持，目标是研究基于水声通信的无线传感器网络的组网技术。该项目针对水声通信带宽窄、速率低、时延抖动大等特点，利用无线传感器网络获取的信息对水声信道时变、空变的特点进行建模。该项目在 1999—2004 年间进行了多次实验，取得了大量的现场数据，验证了构造水声传感器网络系统的可行性。

（5）Hourglass　哈佛大学于 2004 年开展了名为 Hourglass 的研究项目，旨在构建一个健壮、可扩展的数据采集网络，即把不同的传感器网络连接起来，提供一个对广泛分布的传感数据进行采集、过滤、聚集和存储的框架，并致力于将这个框架推进成为一个可以部署多传感器网络应用的平台。其关键在于为异构的无线传感器网络提供网格 API，以统一地存取传感数据。

（6）Sensor Webs　2001 年以来，美国国家航空与航天局（NASA）的 JPL 实验室所开展的传感器网络（Sensor Webs）计划，致力于通过近地低空轨道飞行的星载传感器提供全天候、同步、连续的全球影像，实现对地球突发事件的快速反应，并准备用在将来的火星探测项目上。目前，已经在佛罗里达肯尼迪航天中心周围的环境监测项目中进行测试和进一步完善。

（7）IrisNet　IrisNet是英特尔公司与美国卡内基·梅隆大学合作开发的技术，其主要设想是利用可扩展标记语言（XML）将分散于全球的传感器网络上的数据集中起来，并加以灵活利用，使其成为传感信息世界中的Google。在“搜索空停车场”的实例中，它在多个停车场里设置摄像头，并组成网络，根据所拍摄的录像建立停车空位信息数据库，为用户提供查询空车位的服务。

（8）NEST　网络嵌入式系统技术（NEST）战场应用实验作为DARPA主导的一个重要项目，致力于为火控和制导系统提供准确的目标定位信息。该项目成功地验证了无线传感器网络技术能够准确定位敌方狙击手。这些传感器节点能够跟踪子弹产生的冲击波，在节点范围内测定子弹发射时产生声震和枪震的时间，以判定子弹的发射源。三维空间的定位精度可达1.5m，定位延迟达2s，甚至能显示出敌方射手采用跪姿和站姿射击的差异。

关于无线传感器网络技术的研究，最早开始有关技术研究的是美国军方，此后美国国家自然基金委员会设立了大量与其相关的项目；美国的加利福尼亚大学伯克利分校、康奈尔大学等学校也对传感器网络的基础理论和关键技术开展深入研究。英特尔、波音、摩托罗拉以及西门子等在内的诸多科技公司也都较早加入了无线传感器网络技术的研究。2006年我国发表了《国家中长期科学与技术发展规划纲要》，为信息领域的发展确定了三个前沿方向，其中两个都与无线传感器网络有关，分别是智能感知技术和自组织网络技术。2022年国务院印发的《“十四五”数字经济发展规划》中明确将传感器与网络通信作为战略性前瞻性领域目标，强化关键技术自给保障能力，由此可以看出我国对此技术的重视程度。在国内，一些大学和科研机构的研究人员已开始关注这一网络技术，特别是进入21世纪后，针对无线传感器网络的核心问题提出了许多新颖的思想和解决方案。但是，从总体上说这个领域的研究尚需深入挖掘，已有的研究工作正在为该领域提出越来越多需要解决的问题。

尽管无线传感器网络理论和技术目前仍处于研究和开发阶段，但其应用已经由军事国防领域扩展到环境监测、交通管理、医疗健康、工商服务、反恐抗灾等诸多领域，使人们在任何时间、任何地点和任何环境条件下都能够获取大量翔实可靠的信息，最终成为一种“无处不在”的传感技术。

3.2　无线传感器网络的特点

无线通信网络技术在过去的几十年间取得了飞速的发展。作为互联网在无线和移动领域的扩展和延伸，无线自组网络（Ad-hoc Network）由若干采用无线通信的节点动态地形成一个多跳的移动性对等网络，从而不依赖于任何基础设施。无线传感器网络与无线自组网络有很多相似之处，总的来说，它们都具有以下这些特点：

（1）分布式　网络中没有严格的控制中心，所有节点地位平等，节点之间通过分布式的算法来协调彼此的行为，是一个对等式网络。节点可以随时加入或离开网络，任何节点的故障不会影响整个网络的运行，具有很强的抗毁性。

（2）自组织　通常网络所处物理环境及网络自身有很多不可预测因素。比如：节点的位置不能预先精确设定；节点之间的相邻关系预先也不知道；部分节点由于能量耗尽或其他原因而死亡，新的节点加入到网络中；无线通信质量受环境影响不可预测；

网络环境中的突发事件不可控。这样就要求节点具有自组织的能力，无须人工干预和任何其他预置的网络设施，可以在任何时刻、任何地方快速展开并自动组网，自动进行配置和管理，通过适当的网络协议和算法自动转发监测数据。

（3）拓扑变化　网络中节点具备移动能力；节点在工作和睡眠状态之间切换以及传感器节点随时可能由于各种原因发生故障而失效，或者有新的传感器节点补充进来以提高网络的质量；加之无线信道间的互相干扰、地形和天气等综合因素的影响，这些都会使网络的拓扑结构随时发生变化，而且变化的方式与速率难以预测。这就要求网络系统能够适应拓扑变化，具有动态可重构的性能。

（4）多跳路由　由于节点发射功率的限制，节点的覆盖范围有限，通常只能与它的邻居节点通信，如果要与其覆盖范围以外的节点进行通信，则需要通过中间节点的转发。此外，多跳路由是由普通网络节点协作完成的，没有专门的路由设备。这样每个节点既可以是信息的发起者，也可以是信息的转发者。

（5）安全性差　由于采用了无线信道、分布式控制等技术，网络更容易受到被动窃听、主动入侵等攻击。因此，网络的通信保密和安全性十分重要，信道加密、抗干扰、用户认证和其他安全措施都需要特别考虑，以防止监测数据被盗取和获取伪造的监测信息。

在无线传感器网络的研究初期，人们一度认为成熟的互联网技术加上无线自组网络的机制对无线传感器网络的设计是足够充分的，但随后的深入研究表明，无线传感器网络有着与无线自组网络明显不同的技术要求和应用目标。无线自组网络以传输数据为目的，致力于在不依赖于任何基础设施的前提下为用户提供高质量的数据传输服务。而无线传感器网络以数据为中心，将能源的高效使用作为首要设计目标，专注于从外界获取有效信息。除此之外，无线传感器网络还具有以下一些区别于无线自组网络的独有特征：

（1）规模大、密度高　为获取尽可能精确、完整的信息，无线传感器网络通常密集部署在大片的监测区域中，其节点的数量和密度较无线自组网络成数量级的提高。它并非依靠单个设备能力的提升，而是通过大量冗余节点的协同工作来提高系统的工作质量。

（2）动态性强　无线传感器网络工作在一定的物理环境中。不断变化的外界环境（如无线通信链路时断时续，突发事件产生导致网络任务负载变化等）往往会严重影响系统的功能，这就要求传感器节点能够随着环境的变化而适时地调整自身的工作状态。此外，网络拓扑结构的变化也要求系统能够很好地适应自身动态多变的“内在环境”。

（3）应用相关　无线传感器网络通过感知客观世界的物理量来获取外界的信息。由于不同应用关心不同的物理量，因而对网络系统的要求也不同，其硬件平台、软件系统和通信协议也必然会有很大差异。这使得无线传感器网络不能像互联网那样有统一的通信协议平台，只有针对每一个具体的应用来开展设计工作，才能实现高效、可靠的系统目标，这也是无线传感器网络设计不同于传统网络的显著特征。

（4）以数据为中心　在无线传感器网络中，人们通常只关心某个区域内某个观测指标的数值，而不会去具体关心单个节点的观测数据。例如，人们可能希望知道“监测区域东北角上的温度是多少”，而不会关心“节点 8 所探测到的温度值是多少”。这

就是无线传感器网络以数据为中心的特点，它不同于传统网络的寻址过程，能够快速、有效地组织起各个节点的信息并融合提取出有用信息直接传送给用户。这种以数据本身作为查询或传输线索的思想更接近于自然语言交流的习惯。用户使用传感器网络查询事件时，直接将所关心的事件通告给网络，而不是通告给某个确定编号的节点。网络在获得指定事件的信息后汇报给用户。

（5）可靠性　通过随机撒播传感器节点，无线传感器网络可以大规模部署于指定的恶劣环境或无人区域，由于传感器节点往往在无人值守的状态下工作，这使得网络的维护变得十分困难，甚至不太可能，因而要求传感器节点非常坚固、不易损坏，在环境因素变化不可预知的情况下能够很好地适应各种极端的环境。此外，为防止监测数据被盗取和获取到伪造的监测信息，无线传感器网络的通信保密和安全也十分重要，这要求无线传感器网络的设计必须具有很好的鲁棒性和容错性。

（6）节点能力受限　传感器节点具有的处理能力、计算和存储能力、通信能力等都十分有限，因而在实现各种网络协议和应用系统时，传感器节点的能力要受到以下一些限制：

1）电源能量受限。由于传感器节点的微型化，节点的电池能量有限，而且由于物理限制难以给节点更换电池，所以传感器节点的电池能量限制是整个无线传感器网络设计最关键的约束之一，它直接决定了网络的工作寿命。传感器节点消耗能量的模块包括传感器模块、处理器模块和无线通信模块，其中绝大部分的能量消耗在无线通信模块上，通常 1bit 信息传输 100m 距离所需的能量大约相当于执行 3000 条计算指令所消耗的能量。

2）计算和存储能力有限。廉价微型的传感器节点带来了处理器能力弱、存储器容量小的特点，使得其不能进行复杂的计算，而传统互联网上成熟的协议和算法对于无线传感器网络而言开销太大，难以使用，因此必须重新设计简单、有效的协议及算法。如何利用有限的计算和存储资源完成诸多协同任务成为对无线传感器网络设计的挑战。

3）通信能力有限。通常，无线通信的能耗 E 与通信距离 d 的关系为

$$E = kd^n$$

其中，$2<n<4$。参数 n 的取值与很多因素有关：由于传感器节点体积小，发送端和接收端都贴近地面，障碍物多，干扰大，n 的取值要偏大；另外，天线质量对信号发射质量的影响也很大。综合考虑这些因素，通常取 $n=3$，即通信能耗与通信距离的三次方成正比，随着通信距离的增加，能耗会急剧增加。为节能起见，无线传感器网络应采用多跳路由的通信传输机制，尽量减少单跳通信的距离。

由于无线信道自身的物理特性，通常使得它所能提供的网络带宽相对有线信道要小得多。此外，节点能量的变化、周围地势地貌以及自然环境的影响，使网络的无线通信性能也会经常变化，甚至通信有可能时断时续。因此，如何设计可靠的通信机制以满足网络的通信需求是无线传感器网络所面临的一个重要挑战。

3.3　无线传感器网络的系统结构

无线传感器网络的基本结构如图 3-2 所示，通常包括传感器节点（Sensor Node）、汇聚节点（Sink Node）和管理节点（Manager Node）。

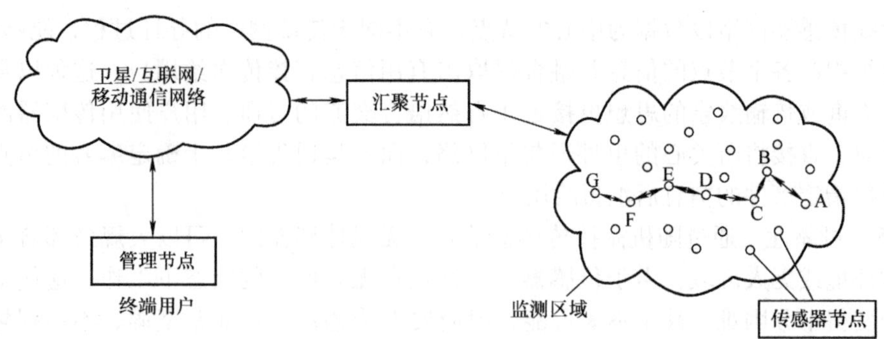

图 3-2 无线传感器网络的基本结构

在图 3-2 中，大量传感器节点随机密布于整个被监测区域中，通过自组织的方式构成网络。传感器节点在对所探测到的信息进行初步处理之后，以多跳中继的方式将其传送给汇聚节点，然后经卫星、互联网或是移动通信网络等途径到达最终用户所在的管理节点。终端用户也可以通过管理节点对无线传感器网络进行管理和配置、发布监测任务或是收集回传数据。

3.3.1 无线传感器网络的节点结构

传感器节点通常是一个嵌入式系统，由于受到体积、价格和电源供给等因素的限制，它的处理能力、存储能力相对较弱，通信距离也很有限，通常只与自身通信范围内的邻居节点交换数据。要访问通信范围以外的节点，必须使用多跳路由。为了保证采集到的数据信息能够通过多跳送到汇聚节点，节点的分布要相当密集。从网络功能上看，每个传感器节点都具有信息采集和路由的双重功能，除了进行本地信息收集和数据处理外，还要存储、管理和融合其他节点转发过来的数据，同时与其他节点协作完成一些特定任务。

汇聚节点通常具有较强的处理能力、存储能力和通信能力，它既可以是一个具有足够能量供给、更多内存资源和计算能力的增强型传感器节点，也可以是一个带有无线通信接口的特殊网关设备。汇聚节点连接传感器网络与外部网络，通过协议转换实现管理节点与传感器网络之间的通信，把收集到的数据信息转发到外部网络上，同时发布管理节点提交的任务。

传感器节点由传感单元、处理单元、无线收发单元和电源单元等几部分组成，如图 3-3 所示。

传感单元由传感器和数/模（A/D）转换模块组成，用于感知、获取监测区域内的信息，并将其转换为数字信号；处理单元由嵌入式系统构成，包括处理器、存储器等，负责控制和协调节点各部分的工作，存储和处理自身采集的数据以及其他节点发来的数据；无线收发单元由无线通信模块组成，负责与其他传感器节点进行通信，交换控制信息和收发采集数据；电源单元能够为传感器节点提供正常工作所必需的能源，通常采用微型电池。

此外，传感器节点还可以包括其他辅助单元，如移动系统、定位系统和自供电系统等。由于需要进行比较复杂的任务调度与管理，处理单元还需要包含一个功能较为

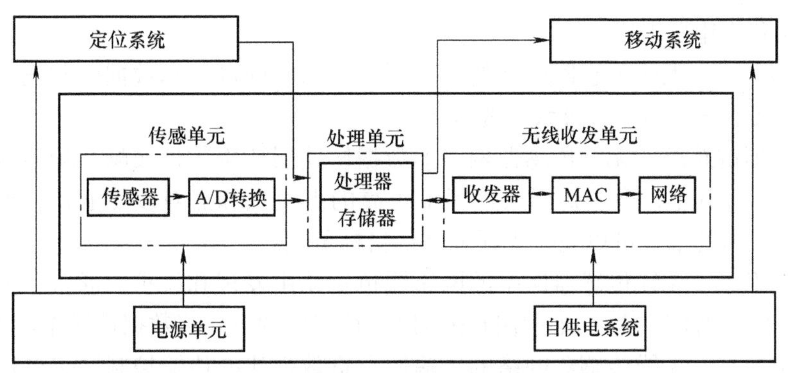

图 3-3 无线传感器网络的节点结构

完善的微型化嵌入式操作系统，如美国加利福尼亚大学伯克利分校开发的 TinyOS。目前已有多种成型的传感器节点设计，如加利福尼亚大学伯克利分校的 Motes、中国科学院计算机研究所（ICTCAS）/香港科技大学（HKUST）的 BUDS、英特尔公司的 IMote 等，它们在实现原理上是相似的，只是采用了不同的微处理器、不同的协议和通信方式。

由于传感器节点采用电池供电，一旦电能耗尽，节点就失去了工作能力。为了最大限度地节约电能，在硬件设计方面，要尽量采用低功耗器件，在没有通信任务的时候，切断射频部分电源；在软件设计方面，各层通信协议都应该以节能为中心，必要时可以牺牲一些其他的网络性能指标，以获得更高的电源效率。

3.3.2 无线传感器网络的体系结构

无线传感器网络的体系结构由分层的网络通信协议、网络管理平台以及应用支撑平台三个部分组成，如图 3-4 所示。

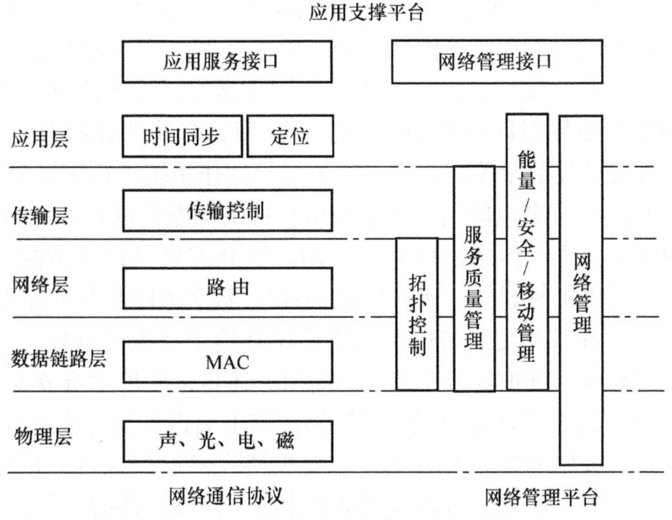

图 3-4 无线传感器网络的体系结构

1. 分层的网络通信协议

类似于传统互联网中的 TCP/IP 体系，网络通信协议由物理层、数据链路层、网络

层、传输层和应用层组成。

(1) 物理层 无线传感器网络的物理层负责信号的调制和数据的收发，所采用的传输介质主要有无线电、红外线、光波等。

(2) 数据链路层 无线传感器网络的数据链路层负责数据成帧、帧检测、介质访问和差错控制。其中，介质访问协议保证可靠的点对点和点对多点通信；差错控制则保证源节点发出的信息可以完整无误地到达目标节点。

(3) 网络层 无线传感器网络的网络层负责路由发现和维护。通常，大多数节点无法直接与网关通信，需要通过中间节点以多跳路由的方式将数据传送至汇聚节点。

(4) 传输层 无线传感器网络的传输层负责数据流的传输控制，主要通过汇聚节点采集传感器网络内的数据，并使用卫星、移动通信网络、互联网或者其他的链路与外部网络通信，是保证通信服务质量的重要部分。

(5) 应用层 应用层的主要任务就是获取数据并进行初步处理，这与具体的应用场合和环境密切相关，必须针对不同的应用需求进行设计。

2. 网络管理平台

网络管理平台主要是对传感器节点自身的管理以及用户对传感器网络的管理，它包括了拓扑控制、服务质量管理、能量管理、安全管理、移动管理、网络管理等。

(1) 拓扑控制 为了节约能量，某些传感器节点会在某些时刻进入休眠状态，这导致网络的拓扑结构不断变化，因而需要通过拓扑控制技术管理各节点状态的转换，使网络保持畅通，数据能够有效传输。拓扑控制利用数据链路层、网络层完成拓扑生成，反过来又为它们提供基础信息支持，优化介质访问控制（MAC）协议和路由协议，降低能耗。

(2) 服务质量管理 服务质量（QoS）管理在各协议层设计队列管理、优先级机制或者带宽预留等机制，并对特定应用的数据给予特别处理。它是网络与用户之间以及网络上互相通信的用户之间关于信息传输与共享的质量约定。为满足用户的要求，无线传感器网络必须能够为用户提供足够的资源，以用户可接受性能为指标工作。

(3) 能量管理 在无线传感器网络中，电源能量是各个节点最宝贵的资源。为了使无线传感器网络的使用时间尽可能长，需要合理、有效地控制节点对能量的使用。每个协议层次中都要增加能量控制代码，并提供给操作系统进行能量分配决策。

(4) 安全管理 由于节点随机部署、网络拓扑的动态性以及无线信道的不稳定性，传统的安全机制无法在无线传感器网络中适用，因此需要设计新型的无线传感器网络安全机制，这需要采用扩频通信、接入认证/鉴权、数字水印和数据加密等技术。

(5) 移动管理 在某些无线传感器网络应用环境中节点可以移动，移动管理用来监测和控制节点的移动，维护到汇聚节点的路由，还可以使传感器节点跟踪它的邻居。

(6) 网络管理 网络管理是对无线传感器网络上的设备及传输系统进行有效监视、控制、诊断和测试所采用的技术和方法。它要求协议各层嵌入各种信息接口，并定时收集协议运行状态和流量信息，协调控制网络中各个协议组件的运行。

3. 应用支撑平台

应用支撑平台建立在分层网络通信协议和网络管理技术的基础之上，它包括一系列基于监测任务的应用层软件，通过应用服务接口和网络管理接口来为终端用户提供

各种具体应用的支持。

（1）时间同步　无线传感器网络的通信协议和应用要求各节点间的时钟必须保持同步，这样多个传感器节点才能相互配合工作。此外，节点的休眠和唤醒也要求时钟同步。

（2）定位　节点定位是确定每个传感器节点的相对位置或绝对位置，节点定位在军事侦察、环境监测、紧急救援等应用中尤为重要。

（3）应用服务接口　无线传感器网络的应用是多种多样的，针对不同的应用环境，有各种应用层的协议，如任务安排和数据分发协议、节点查询和数据分发协议等。

（4）网络管理接口　主要是传感器管理协议，用来将数据传输到应用层。

3.4　无线传感器网络协议

3.4.1　路由协议

无线传感器网络路由协议的作用是将数据分组从源节点通过网络中继节点转发到目的节点。这主要包括两个功能：寻找源节点和目的节点之间的最优路径，并沿该最优路径实现数据分组的转发。

在无线传感器网络中，节点所携带的能量是有限的，并且一般很难及时补充，因此路由协议必须具有能量有效性；同时传感器节点数目众多、位置分散，每个节点只能获取局部网络拓扑信息，路由协议要能在局部网络信息的约束下选择最合适的数据传输路径。传统无线网络的路由协议并不适用于无线传感器网络，这主要在于传感器网络是应用导向的，不同应用中的路由协议差别可能很大，无法依靠一个通用协议应对众多可能的应用。此外，为了减少通信数据的能量开销，传感器网络的路由机制通常还需联合数据的压缩、融合等技术。总的来说，无线传感器网络的路由协议具有以下特点：

（1）能量优先　传统路由协议在选择最优路径时，很少考虑节点的能量消耗问题。而无线传感器网络中节点的能量有限，延长整个网络的生存期成为传感器网络路由协议设计的重要目标，因此需要考虑节点的能量消耗以及网络能量均衡使用的问题。

（2）基于局部拓扑信息　无线传感器网络为了节省通信能量，通常采用多跳的通信模式，而节点有限的存储资源和计算资源，使得节点不能存储大量的路由信息，不能进行太复杂的路由计算。在节点只能获取局部拓扑信息和资源有限的情况下，如何实现简单高效的路由机制是无线传感器网络的一个基本问题。

（3）以数据为中心　传统的路由协议通常以地址作为节点的标识和路由的依据，而无线传感器网络中大量节点随机部署，所关注的是监测区域的感知数据，而不是具体哪个节点获取的信息，不依赖于全网唯一的标识。传感器网络通常包含多个传感器节点到少数汇聚节点的数据流，按照对感知数据的需求、数据通信模式和流向等，以数据为中心形成消息的转发路径。

（4）应用相关　传感器网络的应用环境千差万别，数据通信模式不同，没有一个路由机制适合所有的应用，这是传感器网络应用相关性的一个体现。设计者需要针对每一个具体应用的需求，设计与之适应的特定路由机制。

无线传感器网络的路由过程主要分为以下四个步骤：

1）某一个设备发出路由请求命令帧，启动路由发现过程。

2）对应的接收设备收到该命令后，回复应答命令帧。

3）对潜在的各条路径开销（跳转次数、延迟时间），进行评估比较。

4）将评估确定之后的最佳路由记录添加到此路径上各个设备的路由表中。

针对不同的传感器网络应用，研究人员提出了不同的路由协议。但到目前为止，仍缺乏一个完整和清晰的路由协议分类。根据不同应用对传感器网络各种特性的敏感度不同，将路由协议分为以下四种类型：

1. 能量多路径路由协议

高效利用网络能量是传感器网络路由协议的一个显著特征，早期提出的一些传感器网络路由协议往往仅考虑了能量因素。能量感知路由协议从数据传输中的能量消耗出发，讨论最优能量消耗路径以及最长网络生存期等问题。下面以能量多路径路由协议为例，简要介绍其基本原理。

传统网络的路由机制往往选择源节点到目的节点之间跳数最小的路径传输数据，但在无线传感器网络中，如果频繁使用同一条路径传输数据，就会造成该路径上的节点因能量消耗过快而过早失效，从而使整个网络分割成互不相连的孤立部分，减少了整个网络的生存期。能量多路径路由机制在源节点和目的节点之间建立多条路径，根据路径上节点的通信能量消耗以及节点的剩余能量情况，给每条路径赋予一定的选择概率，使得数据传输均衡消耗整个网络的能量，延长整个网络的生存期。

能量多路径路由协议包括路径建立、数据传播和路由维护三个过程。路径建立过程是该协议的重点内容。每个节点需要知道到达目的节点的所有下一跳节点，并计算选择每个下一跳节点传输数据的概率。概率的选择是根据节点到目的节点的通信代价来计算的，在下面的描述中用 $\mathrm{Cost}(N_i)$ 表示节点 i 到目的节点的通信代价。因为每个节点到达目的节点的路径很多，所以这个代价值是各个路径的加权平均值。能量多路径路由的主要过程描述如下：

1）目的节点向邻居节点广播路径建立消息，启动路径建立过程。路径建立消息中包含一个代价域，表示发出该消息的节点到目的节点路径上的能量信息，初始值设置为零。

2）当节点收到邻居节点发送的路径建立消息时，相对发送该消息的邻居节点，只有当自己距源节点更近，而且距目的节点更远的情况下，才需要转发该消息，否则将丢弃该消息。

3）如果节点决定转发路径建立消息，需要计算新的代价值来替换原来的代价值。当路径建立消息从节点 N_i 发送到节点 N_j 时，该路径的通信代价值为节点 i 的代价值加上两个节点间的通信能量消耗，即

$$C_{N_j,N_i}=\mathrm{Cost}(N_i)+\mathrm{Metric}(N_j,N_i) \tag{3-1}$$

式中，C_{N_j,N_i}为节点 N_j发送数据经由节点 N_i路径到达目的节点的代价；$\mathrm{Metric}(N_j,N_i)$为节点 N_j到节点 N_i的通信能量消耗，计算公式如下：

$$\mathrm{Metric}(N_j,N_i)=e_{ij}^{\alpha}R_i^{\beta} \tag{3-2}$$

式中，e_{ij}^{α}为节点 N_j和 N_i直接通信的能量消耗；R_i^{β}为节点 N_i的剩余能量；α、β 为常量。

这个度量标准综合考虑了节点的能量消耗以及节点的剩余能量。

4）节点要放弃代价太大的路径，节点 j 将节点 i 加入本地路由表 FT_j 中的条件是

$$FT_j=\{i \mid C_{N_j,N_i} \leqslant \alpha(\min_k(C_{N_j,N_k}))\} \tag{3-3}$$

式中，α 为大于 1 的系统参数。

5）节点为路由表中每个下一跳节点计算选择概率，节点选择概率与能量消耗成反比。节点 N_j 使用如下公式计算选择节点 N_i 的概率：

$$P_{N_j,N_i}=\frac{1/C_{N_j,N_i}}{\sum_{k \in FT_j} 1/C_{N_j,N_k}} \tag{3-4}$$

6）节点根据路由表中每项的能量代价和下一跳节点选择概率计算本身到目的节点的代价 $\mathrm{Cost}(N_j)$。$\mathrm{Cost}(N_j)$ 定义为经由路由表中节点到达目的节点代价的平均值，即

$$\mathrm{Cost}\,(N_j)=\sum_{k \in FT_j} P_{N_j,N_i} C_{N_j,N_k} \tag{3-5}$$

节点 N_j 将用 $\mathrm{Cost}(N_j)$ 值替换消息中原有的代价值，然后向邻居节点广播该路由建立消息。

在数据传播阶段，对于接收的每个数据分组，节点根据概率从多个下一跳节点中选择一个节点，并将数据分组转发给该节点。路由的维护是通过周期性地从目的节点到源节点实施洪泛查询来维持所有路径的活动性。

能量多路径路由综合考虑了通信路径上的消耗能量和剩余能量，节点根据概率在路由表中选择一个节点作为路由的下一跳节点。由于这个概率是与能量相关的，可以将通信能耗分散到多条路径上，从而可实现整个网络的能量平稳降级，最大限度地延长网络的生存期。

2. 基于查询的路由协议

在诸如环境监测、战场评估等应用中，需要不断查询传感器节点采集的数据，汇聚节点（查询节点）发出任务查询命令，传感器节点向查询节点报告采集的数据。在这类应用中，通信流量主要是查询节点和传感器节点之间的命令和数据传输，同时传感器节点的采样信息在传输路径上通常要进行数据融合，通过减少通信流量来节省能量。下面介绍两种基于查询的路由协议：定向扩散路由和谣传路由。

（1）定向扩散路由　定向扩散（Directed Diffusion，DD）是一种基于查询的路由机制。汇聚节点通过兴趣消息（Interest）发出查询任务，采用洪泛方式传播兴趣消息到整个区域或部分区域内的所有传感器节点。兴趣消息用来表示查询的任务，表达网络用户对监测区域内感兴趣的信息，如监测区域内的温度、湿度和光照等环境信息。在兴趣消息的传播过程中，协议逐跳地在每个传感器节点上建立反向的从数据源到汇聚节点的数据传输梯度（Gradient）。传感器节点将采集到的数据沿着梯度方向传送到汇聚节点。

定向扩散路由机制可以分为周期性的兴趣扩散、梯度建立以及路径加强三个阶段。图 3-5 显示了这三个阶段的数据传播路径和方向。

1）兴趣扩散阶段。在兴趣扩散阶段，汇聚节点周期性地向邻居节点广播兴趣消息。兴趣消息中含有任务类型、目标区域、数据发送速率、时间戳等参数。每个节点

在本地保存一个兴趣列表，对于每一个兴趣，列表中都有一个表项记录发来该兴趣消息的邻居节点、数据发送速率和时间戳等任务相关信息，以建立该节点向汇聚节点传递数据的梯度关系。每个兴趣可能对应多个邻居节点，每个邻居节点对应一个梯度信息。通过定义不同的梯度相关参数，可以适应不同的应用需求。每个表项还有一个字段用来表示该表项的有效时间值，超过这个时间后，节点将删除这个表项。

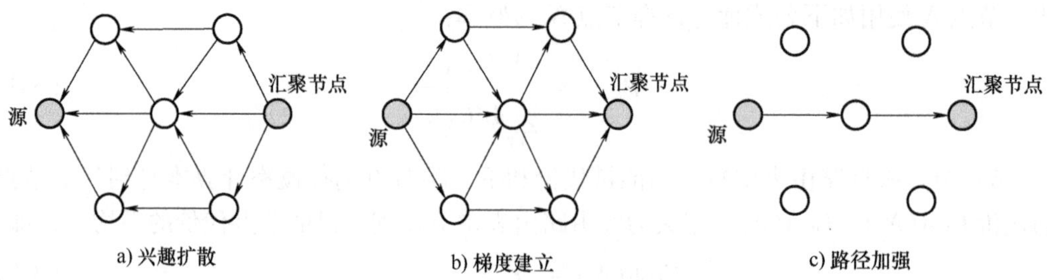

图 3-5 定向扩散路由机制

当节点收到邻居节点的兴趣消息时，首先检查兴趣列表中是否存有参数类型与收到兴趣相同的表项，而且对应的发送节点是该邻居节点。如果有对应的表项，就更新表项的有效时间值；如果只是参数类型相同，但不包含发送该兴趣消息的邻居节点，就在相应表项中添加这个邻居节点；对于任何其他情况，都需要建立一个新表项来记录这个新的兴趣。如果收到的兴趣消息和节点刚刚转发的兴趣消息一样，为避免消息循环则丢弃该信息。否则，转发收到的兴趣消息。

2）梯度建立阶段。当传感器节点采集到与兴趣匹配的数据时，把数据发送到梯度上的邻居节点，并按照梯度上的数据传输速率设定传感器模块采集数据的速率。由于可能从多个邻居节点收到兴趣消息，节点向多个邻居节点发送数据，汇聚节点可能收到经过多个路径的相同数据。中间节点收到其他节点转发的数据后，首先查询兴趣列表的表项。如果没有匹配的兴趣表项就丢弃数据。如果存在相应的兴趣表项，则检查与这个兴趣对应的数据缓冲池（Data Cache），数据缓冲池用来保存最近转发的数据。如果在数据缓冲池中有与接收到的数据匹配的副本，说明已经转发过这个数据，为避免出现传输环路而丢弃这个数据；否则，检查该兴趣表项中的邻居节点信息。如果设置的邻居节点数据发送速率大于或等于接收的数据速率，则全部转发接收的数据；如果记录的邻居节点数据发送速率小于接收的数据速率，则按照比例转发。对于转发的数据，数据缓冲池保留一个副本，并记录转发时间。

3）路径加强阶段。定向扩散路由机制通过正向加强机制来建立优化路径，并根据网络拓扑的变化修改数据转发的梯度关系。兴趣扩散阶段是为了建立源节点到汇聚节点的数据传输路径，数据源节点以较低的速率采集和发送数据，称这个阶段建立的梯度为探测梯度（Probe-gradient）。汇聚节点在收到从源节点发来的数据后，启动建立到源节点的加强路径，后续数据将沿着加强路径以较高的数据速率进行传输。加强后的梯度称为数据梯度（Data Gradient）。

假设以数据传输延迟作为路由加强的标准，汇聚节点选择首先发来最新数据的邻居节点作为加强路径的下一跳节点，向该邻居节点发送路径加强消息。路径加强消息

中包含新设定的较高发送数据速率值。邻居节点收到消息后，经过分析确定该消息描述的是一个已有的兴趣，只是增加了数据发送速率，则断定这是一条路径加强消息，从而更新相应兴趣表项的到邻居节点的发送数据速率。同时，按照同样的规则选择加强路径的下一跳邻居节点。

路由加强的标准不是唯一的，可以选择在一定时间内发送数据最多的节点作为路径加强的下一跳节点，也可以选择数据传输最稳定的节点作为路径加强的下一跳节点。在加强路径上的节点如果发现下一跳节点的发送数据速率明显减小，或者收到来自其他节点的新位置估计，则推断加强路径的下一跳节点失效，就需要使用上述的路径加强机制重新确定下一跳节点。

（2）谣传路由 谣传路由机制引入了查询消息的单播随机转发，克服了使用洪泛方式建立转发路径带来的开销过大问题。它的基本思想是：事件区域中的传感器节点产生代理（Agent）消息，代理消息沿随机路径向外扩散传播，同时，汇聚节点发送的查询消息也沿随机路径在网络中传播。当代理消息和查询消息的传输路径交叉在一起时，就会形成一条汇聚节点到事件区域的完整路径。

谣传路由原理图如图3-6所示，灰色区域表示发生事件的区域，圆点表示传感器节点，黑色圆点表示代理消息经过的传感器节点，灰色节点表示查询消息经过的传感器节点，连接灰色节点和部分黑色节点的路径表示事件区域到汇聚节点的数据传输路径。谣传路由的工作过程如下：

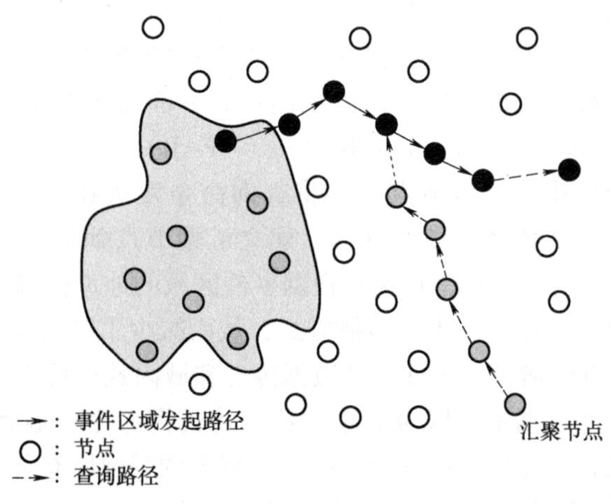

图3-6 谣传路由原理图

1）每个传感器节点维护一个邻居列表和一个事件列表。事件列表的每个表项都记录事件相关的信息，包括事件名称、到事件区域的跳数和到事件区域的下一跳邻居等信息。当传感器节点在本地监测到一个事件发生时，在事件列表中增加一个表项，设置事件名称、跳数（为零）等，同时根据一定的概率产生一个代理消息。

2）代理消息是一个包含生命期等事件相关信息的分组，用来将携带的事件信息通告给它传输经过的每一个传感器节点。对于收到代理消息的节点，首先检查事件列表中是否有该事件相关的表项，列表中存在相关表项就比较代理消息和表项中的跳数值，如果代理中的跳数小，就更新表项中的跳数值，否则更新代理消息中的跳数值。如果

事件列表中没有该事件相关的表项，就增加一个表项来记录代理消息携带的事件信息。然后，节点将代理消息中的生存值减 1，在网络中随机选择邻居节点转发代理消息，直到其生存值减少为零。通过代理消息在其有限生存期的传输过程，形成一段到达事件区域的路径。

3）网络中的任何节点都可能生成一个对特定事件的查询消息。如果节点的事件列表中保存有该事件的相关表项，说明该节点在到达事件区域的路径上，它沿着这条路径转发查询消息。否则，节点随机选择邻居节点转发查询消息。查询消息经过的节点按照同样方式转发，并记录查询消息中的相关信息，形成查询消息的路径。查询消息也具有一定的生存期，以解决环路问题。

4）如果查询消息和代理消息的路径交叉，交叉节点会沿查询消息的反向路径将事件信息传送到查询节点。如果查询节点在一段时间没有收到事件消息，就认为查询消息没有到达事件区域，可以选择重传、放弃或者洪泛查询消息的方法。由于洪泛查询机制的代价过高，一般作为最后的选择。

与定向扩散路由相比，谣传路由可以有效地减少路由建立的开销。但是，由于谣传路由使用随机方式生成路径，所以数据传输路径不是最优路径，并且可能存在路由环路问题。

3. 地理位置路由协议

在诸如目标跟踪类应用中，往往需要唤醒距离跟踪目标最近的传感器节点，以得到关于目标的更精确位置等相关信息。在这类应用中，通常需要知道目的节点的精确或者大致地理位置。把节点的位置信息作为路由选择的依据，不仅能够完成节点路由功能，还可以降低系统专门维护路由协议的能耗。下面简要介绍位置和能量感知的地理路由（Geographical and Energy Aware Routing，GEAR）协议。

在数据查询类应用中，汇聚节点需要将查询命令发送到事件区域内的所有节点。采用洪泛方式将查询命令传播到整个网络，建立汇聚节点到事件区域的传播路径，这种路由建立过程的开销很大。GEAR 机制根据事件区域的地理位置信息，建立汇聚节点到事件区域的优化路径，避免了洪泛传播方式，从而减少了路由建立的开销。

GEAR 中查询消息传播包括事件区域数据传送和域内数据传送两个阶段：首先汇聚节点发出查询命令，并根据事件区域的地理位置将查询命令传输到区域内距汇聚节点最近的节点，然后从该节点将查询命令传播到区域内的其他所有节点。

（1）查询消息传送到事件区域　GEAR 用实际代价（Learned Cost）和估计代价（Estimated Cost）两种代价值来表示路径代价。当没有建立从汇聚节点到事件区域的路径时，中间节点使用估计代价来决定下一跳节点。估计代价定义为归一化的节点到事件区域的距离以及节点的剩余能量两部分，节点到事件区域的距离用节点到事件区域几何中心的距离表示。由于所有节点都知道自己的位置和事件区域的位置，因而所有节点都能够计算自己到事件区域几何中心的距离。

节点采用如下公式计算其自身到事件区域的估计代价：

$$c(N_i,R)=\beta d(N_i,R)+(1-\beta)e(N_i) \tag{3-6}$$

式中，$c(N_i,R)$ 为节点 N_i 到事件区域 R 的代价估计值；$d(N_i,R)$ 为节点 N_i 到事件区域 R 的距离；$e(N_i)$ 为节点的剩余能量；β 为比例参数。

查询信息到达事件区域后，事件区域的节点沿着查询路径的反方向传输监测数据，数据消息中“捎带”每跳节点到事件区域的实际能量消耗值。对于数据传输经过的每个节点，首先记录捎带信息中的能量代价，然后将信息中的能量代价加上其发送该消息到下一跳节点的能量消耗，替换消息中原来的“捎带”值来转发数据。节点下一次转发查询消息时，用刚才记录的到事件区域的实际能量代价替换式（3-6）中的 $d(N_i,R)$，计算其到汇聚节点的实际代价，根据节点调整后的实际代价选择到事件区域的最优路径。

从汇聚节点开始的路径建立过程采用贪婪算法，节点在邻居节点中选择到事件区域代价最小的节点作为下一跳节点，并将自己的路由代价设为该下一跳节点的路由代价加上到该节点一跳通信的代价。如果节点的所有邻居节点到事件区域路由代价都比自己的大，则陷入了路由空洞（Routing Void）。如图 3-7 所示，节点 C 是节点 S 的邻居节点中到目的节点 T 代价最小的节点，但节点 G、H、I 为失效节点，节点 C 的所有邻居节点到节点 T 的代价都比节点 C 大。可采用如下方式解决路由空洞问题：节点 C 选取邻居中代价最小的节点 B 作为下一跳节点，并将自己的代价值设为 B 的代价加上节点 C 到节点 B 一跳通信的代价，同时将这个新代价值通知节点 S。当节点 S 再转发查询命令到节点 T 时，就会选择节点 B 而不是节点 C 作为下一跳节点。

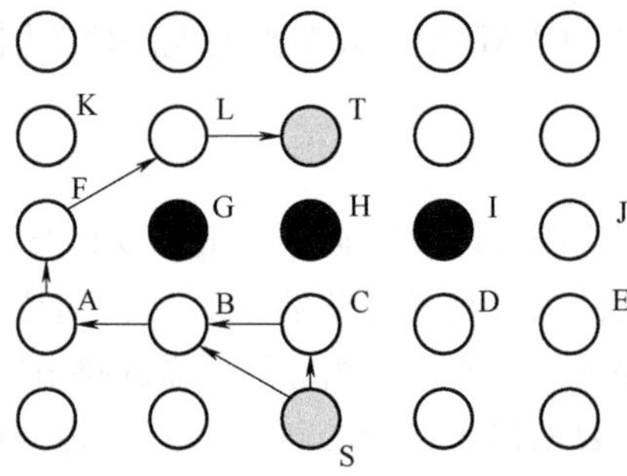

图 3-7　贪婪算法的路由空洞

（2）查询消息在事件区域内传播　当查询命令传送到事件区域后，可以通过洪泛方式传播到事件区域内的所有节点。但当节点密度比较大时，洪泛方式开销比较大，这时可以采用迭代地理转发策略。如图 3-8 所示，事件区域内首先收到查询命令的节点将事件区域分为若干子区域，并向所有子区域的中心位置转发查询命令。在每个子区域中，最靠近区域中心的节点（如图 3-8 中节点 N_i）接收查询命令，并将自己所在的子区域再划分为若干子区域并向各个子区域中心转发查询命令。该消息传播过程是一个迭代过程，当节点发现自己是某个子区域内唯一的节点，或者某个子区域没有节点存在时，停止向这个子区域发送查询命令。当所有子区域转发过程全部结束时，整个迭代过程终止。

洪泛机制和迭代地理转发机制各有利弊。当事件区域内节点较多时，迭代地理转发的消息转发次数少，而节点较少时使用洪泛策略的路由效率高。GEAR 可以使用如下方法在两种机制中做出选择：当查询命令到达区域内的第一个节点时，如果该节点的邻居数量大于一个预设的阈值，则使用迭代地理转发机制，否则使用洪泛机制。

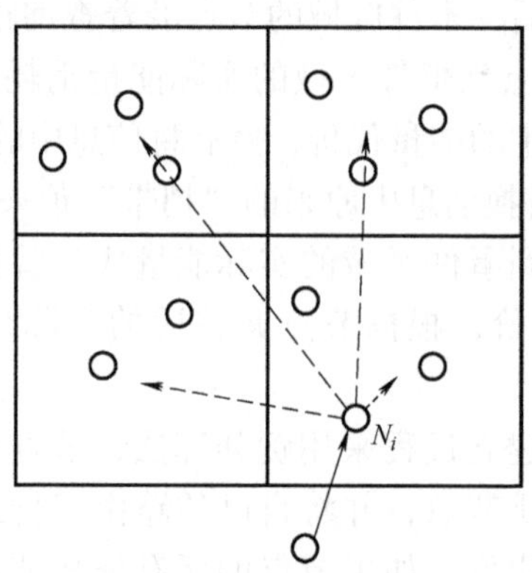

图 3-8 区域内的迭代地理转发

GEAR 通过定义估计路由代价为节点到事件区域的距离和节点剩余能量，并利用捎带机制获取实际路由代价，进行数据传输的路径优化，从而形成能量高效的数据传输路径。GEAR 采用的贪婪算法是一个局部最优的算法，适合无线传感器网络中节点只知道局部拓扑信息的情况，其缺点是由于缺乏足够的拓扑信息，路由过程中可能遇到路由空洞，反而降低了路由效率。如果节点拥有相邻两跳节点的地理位置信息，可以大大减少路由空洞的产生概率。GEAR 中假设节点的地理位置固定或变化不频繁，适用于节点移动性不强的应用环境。

4. 可靠路由协议

无线传感器网络的某些应用对通信的服务质量有较高要求，如可靠性和实时性等。而在无线传感器网络中，链路的稳定性难以保证，通信信道质量比较低，拓扑变化比较频繁，要实现服务质量保证，需要设计相应的可靠的路由协议。

目前，可靠路由协议主要从以下两个方面考虑：一是利用节点的冗余性提供多条路径以保证通信可靠性；二是建立对传输可靠性的估计机制，从而保证每跳传输的可靠性。另外，某些传感器网络应用需要节点间通信具有一定的实时性。下面分别介绍两种可靠路由协议：基于不相交路径的多路径路由机制和 SPEED 协议。

（1）基于不相交路径的多路径路由机制　在传感器网络中，引入多路径路由是为了提高数据传输的可靠性和实现网络负载平衡。在多路径路由中，如何建立数据源节点到汇聚节点的多条路径是首要问题。在定向扩散路由中，当有数据查询需要时，汇聚节点首先通过洪泛兴趣消息形成传输梯度，然后建立数据源节点到汇聚节点的多条路径，最后通过路径加强消息选择一条主路径传输数据。当主路径失败时，定向扩散路由需要使用周期性低速率的泛洪过程重新建立主路径。

基于不相交路径的多路径路由其基本思想是：首先建立从数据源节点到汇聚节点的主路径，然后再建立多条备用路径；数据通过主路径进行传输，同时利用备用路径低速传送数据来维护路径的有效性；当主路径失败时，从备用路径中选择次优路径作为新的主路径。

关于多条路径的建立方法，有不相交多路径（Disjoint Multipath）和缠绕多路径（Braid Multipath）两种算法。不相交多路径是指从源节点到目的节点之间的任意两条

路径都没有相交的节点。建立过程如图 3-9 所示：汇聚节点首先通过主路径增强消息建立主路径；然后发送次优路径增强消息给次优节点 A，节点 A 再选择自己的最优节点 B，把次优路径增强信息传递下去。如果 B 在主路径上，则 B 发回否定增强消息给 A，A 向次优节点传递次优路径增强信息；如果 B 不在主路径上，则 B 继续传递次优路径增强信息，直到构造一条次优路径。按照同样方式，可继续构造下一条次优路径。

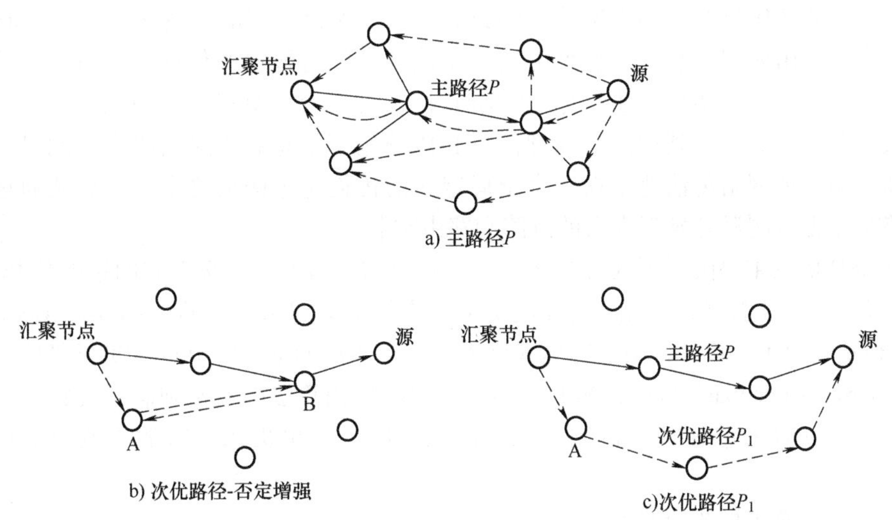

图 3-9 局部不相交多路径的构建

在不相交多路径中，备用路径可能比主路径长得多，为此引入了缠绕多路径的概念。缠绕多路径可以克服主路径上单个节点失败的问题。理想的缠绕多路径是由一组缠绕路径形成的。一条缠绕路径对应于主路径上的一个节点，在网络不包括该节点时，形成从源节点到目的节点的优化备用路径。缠绕路径作为主路径的一条备用路径。主路径上每个节点都有一个对应的缠绕路径，这些缠绕路径构成从源节点到目的节点的缠绕多路径。显然，这样得到的备用路径与主路径相交，如图 3-10 所示，其中 $n(k)$ 和 $n(i)$ 分别表示主路径上的节点和备用路径上的节点。

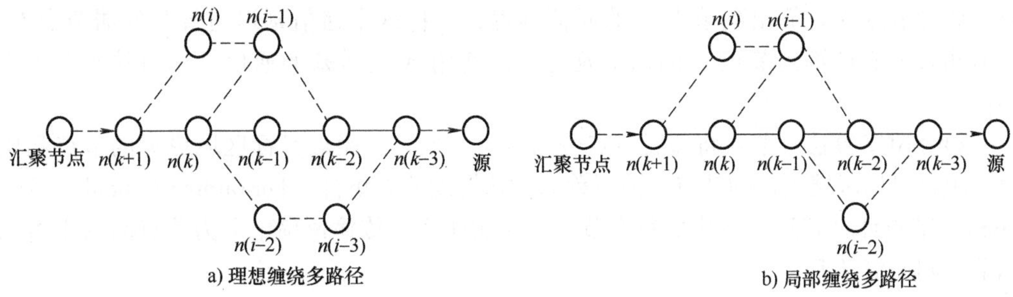

图 3-10 缠绕多路径

理想的缠绕多路径中，节点需要知道全局网络拓扑。一种局部缠绕多路径生成算法如下：在建立主路径后，主路径上的每一个节点（除了源端和靠近源端的节点）都要发送备用路径增强消息给自己的次优节点，次优节点再寻找其最优节点传播该备用

路径增强消息。如果这个次优节点的最优节点不在主路径上，将继续向自己的最优节点传播，直到与主路径相交形成一条新的备用路径。

在上述两种多路径生成算法中，备用路径之间具有不同的优先级。当主路径失效时，次优路径将被激活成为新的主路径。

（2）SPEED 协议　在有些传感器网络应用中，汇聚节点需要根据采集数据实时做出反应，因此传感器节点到汇聚节点的数据通道要保持一定的传输速率。SPEED 协议是一个实时路由协议，在一定程度上实现了端到端的传输速率保证、网络拥塞控制以及负载平衡机制。为实现上述目标，SPEED 协议首先交换节点的传输延迟，以得到网络负载情况；然后节点利用局部地理信息和传输速率信息做出路由决定，同时通过邻居反馈机制保证网络传输速率在一个全局定义的传输速率阈值之上。节点还通过反向压力路由变更机制避开延迟太大的链路和路由空洞。

SPEED 协议主要由以下几部分组成：①延迟估计机制，用来得到网络的负载情况，判断网络是否发生拥塞；②无状态非确定位置转发（Stateless Non-deterministic Geographic Forwarding，SNGF）算法，用来选择满足传输速率要求的下一跳节点；③邻居反馈策略（Neighborhood Feedback Loop，NFL），是当 SNGF 路由算法中找不到满足传输速率要求的下一跳节点时采取的补偿机制；④反向压力路由变更机制，用来避免拥塞和路由空洞。

下面详细描述每部分的工作原理。

1）延迟估计。在 SPEED 协议中，节点记录到邻居节点的通信延迟，用来表示网络局部的通信负载。这里的通信延迟主要是指发送延迟，而忽略传输延迟。在带宽有限的网络条件下，如果用专门分组探测节点间的通信延迟，开销比较大。SPEED 协议采用数据包捎带的方法得到节点之间的通信延迟，具体过程如下：

发送节点给数据分组加上时间戳；接收节点计算从收到数据分组到发出 ACK 的时间间隔，并将其作为一个字段加入 ACK 报文；发送节点收到 ACK 后，从收发时间差中减去接收节点的处理时间，得到一跳的通信延迟。在更新记录的延迟值时，综合考虑新计算的延迟值和原来记录的延迟值，更新的延迟值是两者的指数加权平均（Exponential Weighted Moving Average，EWMA）。节点将计算出的通信延迟通告邻居节点。假设节点 A 计算出到节点 B 的通信延迟，并将这个通信延迟通告其邻居节点 C，则 C 可以不必计算到节点 B 的通信延迟，而使用 A 发送来的通信延迟直接与节点 B 通信。

2）SNGF 算法。节点将邻居节点分为两类：比自己距离目标区域更近的节点和比自己距离目标区域更远的节点。前者称为候选转发节点集合（Forwarding Candidate Set，FCS）。节点计算其到 FCS 中的每个节点的传输速率。传输速率定义为节点间的距离除以节点间通信延迟。

如果节点的 FCS 为空，意味着分组走到了路由空洞中。这时节点将丢弃分组，并使用下一节介绍的反向压力信标（Backpressure Beacon）消息通告上一跳节点，以避免分组再走到这个路由空洞中。

根据传输速率是否满足预定的传输速率阈值，FCS 中的节点又分为两类：大于速率阈值的邻居节点和小于速率阈值的邻居节点。若 FCS 中有节点的传输速率大于速率

阈值，则在这些节点中按照一定的概率分布选择下一跳节点，节点的传输速率越大，被选中的概率越大；若 FCS 内所有节点传输速率都小于速率阈值，则使用下一节介绍的邻居反馈环（NFL）算法计算一个转发概率，并按照这个概率转发分组。如果决定转发分组，FCS 内的节点按照一定的概率分布选择为下一跳节点。

3）邻居反馈环机制。为了保证节点间的数据传输满足一定的传输速率要求，引入邻居反馈环（NFL）机制。在邻居反馈环机制中，数据丢失和低于传输速率阈值的传送都视作传输差错。邻居反馈环机制如图 3-11 所示。

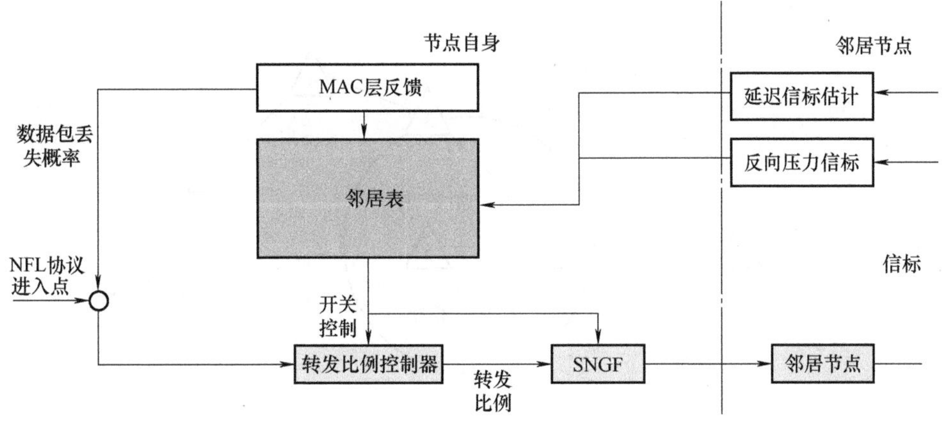

图 3-11　邻居反馈环机制

MAC 层收集差错信息，并把到邻居节点的传输差错率通告给转发比例控制器（Ratio Controller），转发比例控制器根据这些差错率计算出转发概率，供 SNGF 算法做出选路决定。满足传输速率阈值的数据按照 SNGF 算法决定的路由传输出去，而不满足传输速率阈值的数据传输由邻居反馈环机制计算转发概率。这个转发概率表示网络能够满足传输速率要求的程度，因此节点按照这个概率进行数据转发。

由传输差错率计算转发概率的方法：查看 FCS 中的节点，如果存在节点的传输差错率为零，表明存在节点满足传输速率要求，因而设转发概率为 1；如果 FCS 中所有节点的传输差错率都大于零，按照下式计算转发概率：

$$u = 1 - K\frac{\sum_{i=1}^{N_{\mathrm{FCS}}} e_i}{N_{\mathrm{FCS}}} \tag{3-7}$$

式中，e_i 为到 FCS 中节点 i 的传输差错率；N_{FCS} 为 FCS 中节点个数；K 为比例常数；u 为转发概率。

4）反向压力路由变更机制。邻居反馈环机制可以保证节点间一定的传输速率，但是不能对网络拥塞做出有效反应。为此，引入反向压力路由变更机制。

当网络中某个区域发生事件时，数据量会突然增大。事件区域附近的节点传输负载加大，不再能够满足传输速率要求。产生拥塞的节点用反向压力信标消息向上一跳节点报告拥塞，并用反向压力信标消息表明拥塞后的传输延迟。上一跳节点按照上面几节介绍的机制重新选择下一跳节点。如果节点的 FCS 中所有邻居节点都报告了拥塞，

节点计算出这些邻居节点的传输延迟平均值作为自己的延迟，并用反向压力信标消息继续向上一跳节点报告拥塞。

由于SNGF算法是一个贪婪算法，会遇到路由空洞问题。协议同样使用反向压力信标消息来解决这个问题。如图3-12所示，节点2发现自己没有下游节点能将分组传送到目的节点5，这时节点2向上游节点发送一份延迟时间为无穷大的反向压力信标消息，以表明遇到了路由空洞。节点1将到节点2的延迟时间设为无穷，并转而使用节点3来传递分组。如果所有的下游节点都遇到路由空洞，节点1继续向上游节点发送反向压力信标消息。

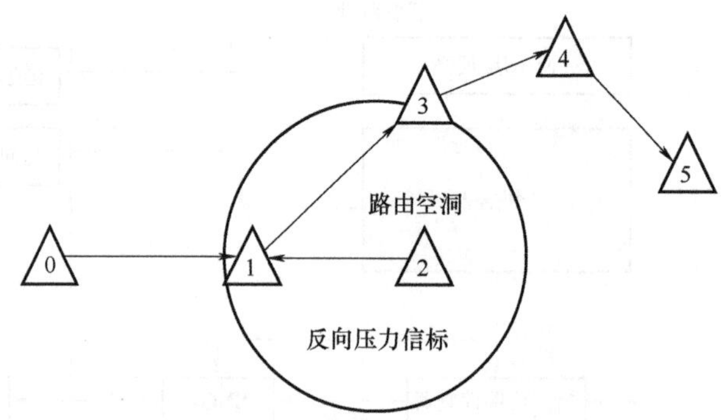

图3-12 用反向压力信标解决路由空洞问题

在实际应用中，有时需要在相同监测区域完成不同的任务，在这种情况下，如果为每种任务部署专门的无线传感器网络就将增加成本。因此，无线传感器网络应该能够用于多种任务，根据不同应用需求选择适用的路由协议来适应不同的应用环境和网络条件的需要，并且还能够在各个路由协议之间能实现自主切换。

3.4.2 MAC协议

无线传感器网络中的介质访问控制（Medium Access Control，MAC）协议决定无线信道的使用方式，通过在传感器节点之间建立链路来保证节点公平有效地分配有限的无线通信资源。它决定了无线传感器网络的评价指标，比如吞吐量、带宽利用率、公平性和延迟性能等。所以MAC协议是无线传感器网络中十分重要的协议。

传感器节点的能量、存储、计算和通信带宽等资源有限，单个节点的功能比较弱，而传感器网络的强大功能是由众多节点协作实现的。多点通信在局部范围需要MAC协议协调其间的无线信道分配，在整个网络范围内需要路由协议选择通信路径。在设计无线传感器网络的MAC协议时，需要着重考虑以下几个方面：

1）节省能量。传感器网络的节点一般是以干电池、扣式电池等提供能量，而且电池能量通常难以进行补充，为了长时间保证传感器网络的有效工作，MAC协议在满足应用要求的前提下，应尽量节省使用节点的能量。

2）可扩展性。由于传感器节点数目、节点分布密度等在传感器网络生存过程中不断变化，节点位置也可能移动，还有新节点加入网络的问题，所以无线传感器网络的拓扑结构具有动态性。MAC协议也应具有可扩展性，以适应这种动态变化的拓扑结构。

3）网络效率。网络效率包括网络的公平性、实时性、网络吞吐量以及带宽利用率等。

在无线传感器网络中，人们经过大量实验和理论分析，总结出可能造成网络能量浪费的主要原因包括如下几方面：

1）如果MAC协议采用竞争方式使用共享的无线信道，节点在发送数据的过程中，可能会引起多个节点之间发送的数据产生碰撞。这就需要重传发送的数据，从而消耗节点更多的能量。

2）节点接收并处理不必要的数据。这种串音（Overhearing）现象造成节点的无线接收模块和处理器模块消耗更多的能量。

3）节点在不需要发送数据时一直保持对无线信道的空闲侦听（Idle Listening），以便接收可能传输给自己的数据。这种过度的空闲侦听或者没必要的空闲侦听同样会造成节点能量的浪费。

4）在控制节点之间的信道分配时，如果控制消息过多，也会消耗较多的网络能量。

传感器节点无线通信模块的状态包括发送状态、接收状态、侦听状态和睡眠状态等。单位时间内消耗的能量按照上述顺序依次减少：无线通信模块在发送状态消耗能量最多，在睡眠状态消耗能量最少，接收状态和侦听状态下的能量消耗稍小于发送状态。基于上述原因，传感器网络MAC协议为了减少能量的消耗，通常采用“侦听/睡眠”交替的无线信道使用策略。当有数据收发时，节点就开启无线通信模块进行发送或侦听；如果没有数据需要收发，节点就控制无线通信模块进入睡眠状态，从而减少空闲侦听造成的能量消耗。为了使节点在无线模块睡眠时不错过发送给它的数据，或减少节点的过度侦听，邻居节点间需要协调侦听和睡眠的周期，同时睡眠或唤醒。如果采用基于竞争方式的MAC协议，就要考虑尽量减少发送数据碰撞的概率，根据信道使用的信息调整发送的时机。当然，MAC协议应该简单高效，避免协议本身开销大、消耗过多的能量。

1. 基于竞争的MAC协议

基于竞争的MAC协议采用按需使用信道的方式，它的基本思想是当节点需要发送数据时，通过竞争方式使用无线信道，如果发送的数据产生了碰撞，就按照某种策略重发数据，直到数据发送成功或放弃发送。典型的基于竞争的MAC协议是载波侦听多路访问（Carrier Sense Multiple Access，CSMA）。无线局域网IEEE 802.11 MAC协议的分布式协调功能（Distributed Coordination Function，DCF）工作模式采用带冲突避免的载波侦听多路访问（CSMA with Collision Avoidance，CSMA/CA）协议，它可以作为基于竞争的MAC协议的代表。

IEEE 802.11 MAC协议有分布式协调功能（DCF）和点协调功能（Point Coordination Function，PCF）两种访问控制方式，其中DCF工作方式是IEEE 802.11协议的基本访问控制方式。由于在无线信道中难以检测到信号的碰撞，因而只能采用随机退避的方式来减少数据碰撞的概率。在DCF工作方式下，节点在侦听到无线信道忙之后，采用CSMA/CA机制和随机退避时间，实现无线信道的共享。另外，所有定向通信都采用立即的主动确认（ACK帧）机制：如果没有收到ACK帧，则发送方会重传数据。

PCF 工作方式是基于优先级的无竞争访问，是一种可选的控制方式。它通过访问接入点（Access Point，AP）协调节点的数据收发，通过轮询方式查询当前哪些节点有数据发送的请求，并在必要时给予数据发送权。

在 DCF 工作方式下，载波侦听机制通过物理载波侦听和虚拟载波侦听来确定无线信道的状态。物理载波侦听由物理层提供，而虚拟载波侦听由 MAC 层提供。如图 3-13 所示，节点 A 希望向节点 B 发送数据，节点 C 在节点 A 的无线通信范围内，节点 D 在节点 B 的无线通信范围内，但不在节点 A 的无线通信范围内。节点 A 首先向节点 B 发送一个请求（Request-to-send，RTS）帧，节点 B 返回一个清除（Clear-to-send，CTS）帧进行应答。在这两个帧中都有一个字段表示这次数据交换需要的时间长度，称为网络分配矢量（Network Allocation Vector，NAV），其他帧的 MAC 头也会捎带这一信息。节点 C 和节点 D 在侦听到这个信息后，就不再发送任何数据，直到这次数据交换完成为止。NAV 可看作一个计数器，以均匀速率递减计数到零。当计数器为零时，虚拟载波侦听指示信道为空闲状态；否则，指示信道为忙状态。

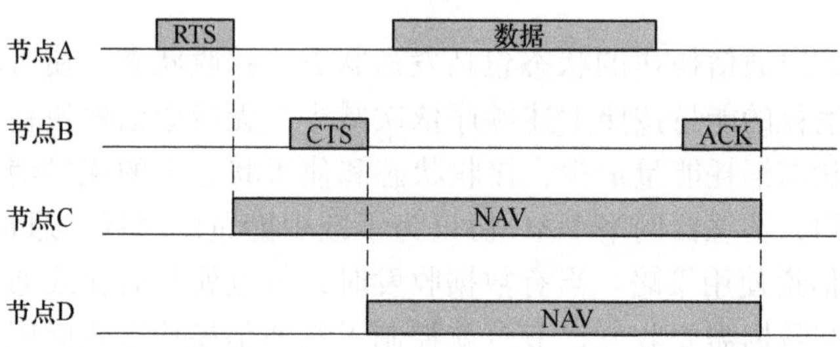

图 3-13 CSMA/CA 中的虚拟载波侦听

IEEE 802.11 MAC 协议规定了三种基本帧间空隙（Inter Frame Spacing，IFS），用来提供访问无线信道的优先级。三种帧间空隙分别如下：

1）SIFS（Short IFS）：最短帧间空隙。使用 SIFS 的帧优先级最高，用于需要立即响应的服务，如 ACK 帧、CTS 帧和控制帧等。

2）PIFS（PCF IFS）：PCF 工作方式下节点使用的帧间空隙，用以获得在无竞争访问周期启动时访问信道的优先权。

3）DIFS（DCF IFS）：DCF 工作方式下节点使用的帧间空隙，用以发送数据帧和管理帧。

上述各帧间空隙满足关系：DIFS>PIFS>SIFS。

根据 CSMA/CA 协议，当一个节点要传输一个分组时，它首先侦听信道状态。如果信道空闲，而且经过一个帧间空隙 DIFS 后，信道仍然空闲，则站点立即开始发送信息。如果信道忙，则站点一直侦听信道直到信道的空闲时间超过 DIFS。当信道最终空闲下来时，节点进一步使用二进制退避算法（Binary Backoff Algorithm），进入退避状态来避免发生碰撞。图 3-14 描述 CSMA/CA 的基本访问机制。

随机退避时间按下面公式计算：

$$随机退避时间 = \text{Random}() \times \text{aSlottime} \tag{3-8}$$

式中，Random() 是在竞争窗口［0,CW］内均匀分布的伪随机整数，CW 是整数随机

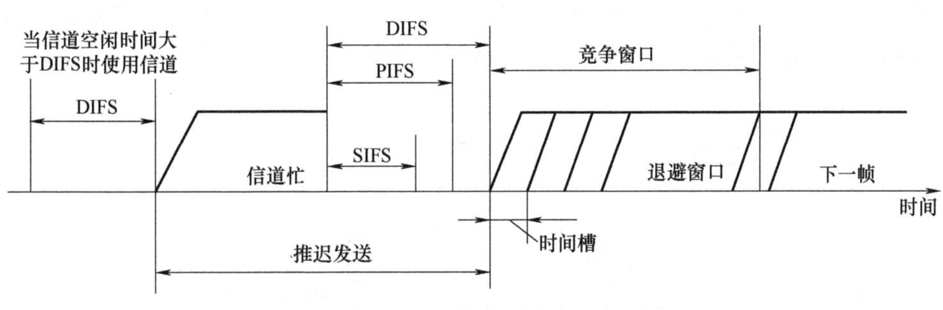

图 3-14 CSMA/CA 的基本访问机制

数，其值处于标准规定的 aCW_{min} 和 aCW_{max} 之间；aSlottime 是一个时槽时间，包括发射启动时间、介质传播时延、检测信道的响应时间等。

节点在进入退避状态时，启动一个退避计时器，当计时达到退避时间后结束退避状态。在退避状态下，只有当检测到信道空闲时才进行计时。如果信道忙，退避计时器中止计时，直到检测到信道空闲时间大于 DIFS 后才继续计时。当多个节点推迟且进入随机退避时，利用随机函数选择最小退避时间的节点作为竞争优胜者，如图 3-15 所示。

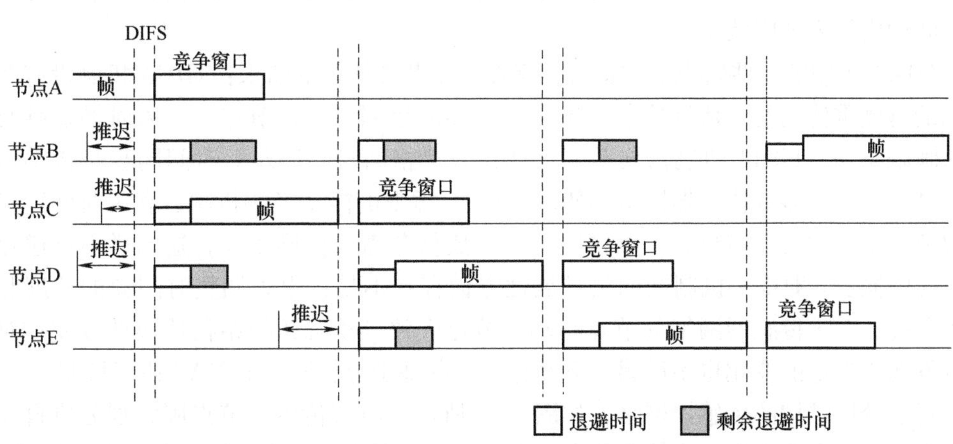

图 3-15 802.11 MAC 协议的退避机制

802.11 MAC 协议中通过立即主动确认机制和预留机制来提高性能，如图 3-16 所示。在主动确认机制中，当目标节点收到一个发给它的有效数据帧（DATA）时，必须向源节点发送一个肯定应答（ACK）帧，确认数据已被正确接收到。为了保证目标节点在发送 ACK 过程中不与其他节点发生冲突，目标节点使用 SIFS 帧间隔。主动确认机制只能用于有明确目标地址的帧，不能用于组播报文和广播报文传输。

为减少节点间使用共享无线信道的碰撞概率，预留机制要求源节点和目标节点在发送数据帧之前交换简短的控制帧，即发送请求（RTS）帧和清除请求（CTS）帧。从 RTS（或 CTS）帧开始到 ACK 帧结束的这段时间，信道将一直被这次数据交换过程占用。RTS 帧和 CTS 帧中包含有关于这段时间长度的信息。每个站点维护一个定时器，记录网络分配矢量（NAV），指示信道被占用的剩余时间。一旦收到 RTS 帧或 CTS 帧，

所有节点都必须更新它们的 NAV 值。只有在 NAV 值减至零时，节点才可能发送信息。通过此种方式，RTS 帧和 CTS 帧为节点的数据传输预留了无线信道。

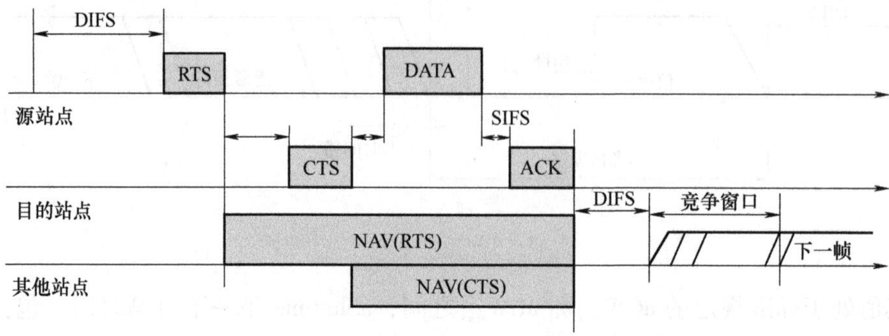

图 3-16 802.11 MAC 协议的应答与预留机制

2. 基于时分复用的 MAC 协议

时分复用（Time Division Multiple Access，TDMA）是实现信道分配的简单成熟的机制，蓝牙（Bluetooth）网络采用了基于 TDMA 的 MAC 协议。在传感器网络中采用 TDMA 机制，就是为每个节点分配独立的用于数据发送或接收的时槽，而节点在其他空闲时槽内转入睡眠状态。

TDMA 机制的一些特点非常适合传感器网络节省能量的需求：TDMA 机制没有竞争机制的碰撞重传问题；数据传输时不需要过多的控制信息；节点在空闲时槽能够及时进入睡眠状态。TDMA 机制需要节点之间比较严格的时间同步。时间同步是传感器网络的基本要求：多数传感器网络都使用了侦听/睡眠的能量唤醒机制，利用时间同步来实现节点状态的自动转化；节点之间为了完成任务需要协同工作，这同样不可避免地需要时间同步。TDMA 机制在网络扩展性方面存在不足：很难调整时间帧的长度和时槽的分配；对于传感器网络的节点移动、节点失效等动态拓扑结构适应性较差；对于节点发送数据量的变化也不敏感。下面介绍一种基于分簇网络的 MAC 协议机制。

对于分簇结构的传感器网络，如图 3-17 所示，所有传感器节点固定划分或自动形成多个簇，每个簇内有一个簇头节点。簇头节点负责为簇内传感器节点（簇成员节点）分配时槽，收集和处理簇内传感器节点发来的数据，并将数据发送给汇聚节点。

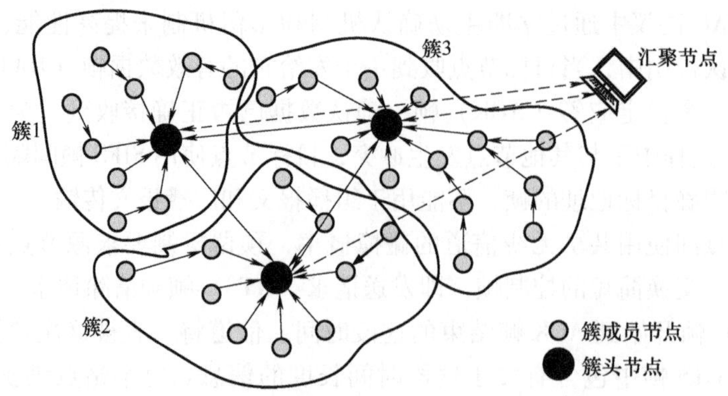

图 3-17 基于分簇网络的 TDMA MAC 协议

在基于分簇网络的 MAC 协议中，节点状态分为感应（Sensing）、转发（Relaying）、感应并转发（Sensing &Relaying）和非活动（Inactive）四种状态。节点在感应状态时，采集数据并向其相邻节点发送；在转发状态时，接收其他节点发送的数据并发送给下一个节点；在感应并转发状态的节点，需要完成上述两项的功能；节点没有数据需要接收和发送时，自动进入非活动状态。为了适应簇内节点的动态变化、及时发现新的节点、使用能量相对高的节点转发数据等目的，协议将时间帧分为周期性的四个阶段：

1）数据传输阶段。簇成员节点在各自分配的时槽内，发送采集数据给簇头节点。

2）刷新阶段。簇成员节点向簇头节点报告其当前状态。

3）刷新引起的重组阶段。紧跟在刷新阶段之后，簇头节点根据簇成员节点的当前状态，重新给簇成员节点分配时槽。

4）事件触发的重组阶段。节点能量小于特定值、网络拓扑发生变化等事件发生时，簇头节点就要重新分配时槽。通常在多个数据传输阶段后有这样的事件发生。

上述基于分簇网络的 MAC 协议在刷新和重组阶段重新分配时槽，适应簇内节点拓扑结构的变化及节点状态的变化。簇头节点要求具有比较强的处理和通信能力，能量消耗也比较大，如何合理地选取簇头节点是一个需要深入研究的关键问题。

3.4.3 拓扑结构控制

在传感器网络中，网络的拓扑结构控制与优化有着十分重要的意义，主要表现在以下几个方面：

1）影响整个网络的生存时间。传感器网络的节点一般采用电池供电，节省能量是网络设计主要考虑的问题之一。拓扑控制的一个重要目标就是在保证网络连通性和覆盖度的情况下，尽量合理、高效地使用网络能量，延长整个网络的生存时间。

2）减小节点间通信干扰，提高网络通信效率。传感器网络中节点通常密集部署，如果每个节点都以大功率进行通信，会加剧节点之间的干扰，降低通信效率，并造成节点能量的浪费。另一方面，如果选择太小的发射功率，会影响网络的连通性。所以，拓扑控制中的功率控制技术是解决这个矛盾的重要途径之一。

3）为路由协议提供基础。在传感器网络中，只有活动的节点才能够进行数据转发，而拓扑控制可以确定由哪些节点作为转发节点，同时确定节点之间的邻居关系。

4）影响数据融合。传感器网络中的数据融合指传感器节点将采集的数据发送给骨干节点，骨干节点进行数据融合，并把融合结果发送给数据收集节点。而骨干节点的选择是拓扑控制的一项重要内容。

5）弥补节点失效的影响。传感器节点可能部署在恶劣环境中，在军事应用中甚至部署在敌方区域中，所以很容易受到破坏而失效。这就要求网络拓扑结构具有鲁棒性以适应这种情况。

传感器网络拓扑控制主要研究的问题是：在满足网络覆盖度和连通度的前提下，通过功率控制和骨干网节点选择，剔除节点之间不必要的通信链路，形成一个数据转发的优化网络结构。具体地讲，传感器网络中的拓扑控制按照研究方向可以分为两类：节点功率控制机制和层次型拓扑控制。功率控制机制调节网络中每个节点的发射功率，在满足网络连通度的前提下，均衡节点的单跳可达邻居数目。层次型拓扑控制利用分

簇机制，让一些节点作为簇头节点，由簇头节点形成一个处理并转发数据的骨干网，其他非骨干网节点可以暂时关闭通信模块，进入休眠状态以节省能量。下面介绍两种算法：基于节点度的算法和LEACH算法。

1. 基于节点度的算法

一个节点的度数是指所有距离该节点一跳的邻居节点的数目。基于节点度算法的核心思想是给定节点度的上限和下限需求，动态调整节点的发射功率，使得节点的度数落在上限和下限之间。基于节点度的算法利用局部信息来调整相邻节点间的连通性，从而保证整个网络的连通性，同时保证节点间的链路具有一定的冗余性和可扩展性。

本地平均算法（Local Mean Algorithm，LMA）和本地邻居平均算法（Local Mean of Neighbors Algorithm，LMNA）是两种周期性动态调整节点发射功率的算法。它们之间的区别在于计算节点度的策略不同。

（1）本地平均算法　本地平均算法（LMA）的具体步骤如下：

1）开始时所有节点都有相同的发射功率（TransPower），每个节点定期广播一个包含自己ID的LifeMsg消息。

2）如果节点接收到LifeMsg消息，发送一个LifeAckMsg应答消息。该消息中包含所应答的LifeMsg消息中的节点ID。

3）每个节点在下一次发送LifeMsg时，首先检查已经收到的LifeAckMsg消息，利用这些消息统计出自己的邻居数NodeResp。

4）如果NodeResp小于邻居数下限NodeMinThresh，那么节点在这轮发送中将增大发射功率，但发射功率不能超过初始发射功率的B_{max}倍，如式（3-9）所示；同理，如果NodeResp大于邻居节点数上限NodeMaxThresh，那么节点将减小发射功率，如式（3-10）所示，其中B_{max}、B_{min}、A_{inc}和A_{dec}是四个可调参数，它们会影响功率调节的精度和范围。

$$\text{TransPower}=\min\begin{Bmatrix} B_{max}\times\text{TransPower}, \\ A_{inc}\times(\text{NodeMinThresh}-\text{NodeResp})\times\text{TransPower}\end{Bmatrix} \tag{3-9}$$

$$\text{TransPower}=\max\begin{Bmatrix} B_{min}\times\text{TransPower}, \\ A_{dec}\times(1-(\text{NodeResp}-\text{NodeMaxThresh}))\times\text{TransPower}\end{Bmatrix} \tag{3-10}$$

（2）本地邻居平均算法　本地邻居平均算法（LMN）与本地平均算法（LMA）类似，唯一的区别是在邻居数NodeResp的计算方法上。在LMN中，每个节点发送LifeAckMsg消息时，将自己的邻居数放入消息中，发送LifeMsg消息的节点在收集完所有LifeAckMsg消息后，将所有邻居的邻居数求平均值并作为自己的邻居数。

这两种算法都缺少严格的理论推导。通过计算机仿真结果确定：这两种算法的收敛性和网络的连通性是可以保证的，它们通过少量的局部信息达到了一定程度的优化效果。这两种算法对无线传感器节点的要求不高，不需要严格的时钟同步。但是算法还存在一些明显不完善的地方，如需要进一步研究合理的邻居节点判断条件，对从邻居节点得到的信息是否根据信号的强弱给予不同的权重等。

2. LEACH算法

低能耗自适应聚类层次协议（Low Energy Adaptive Clustering Hierarchy，LEACH）

算法是一种自适应分簇拓扑算法，它的执行过程是周期性的，每轮循环分为簇的建立阶段和稳定的数据通信阶段。在簇的建立阶段，相邻节点动态地形成簇，随机产生簇头节点；在数据通信阶段，簇成员节点把数据发送给簇头节点，簇头节点进行数据融合并把结果发送给汇聚节点。由于簇头节点需要完成数据融合、与汇聚节点通信等工作，所以能量消耗大。LEACH 算法能够保证各节点等概率地担任簇头，使得网络中的节点相对均衡地消耗能量。

LEACH 算法选举簇头的过程如下：节点产生一个 0~1 之间的随机数，如果这个数小于阈值 $T(n)$，则发布自己是簇头的公告消息。在每轮循环中，如果节点已经当选过簇头，则把 $T(n)$ 设置为 0，这样该节点不会再次当选为簇头。对于未当选过簇头的节点，则将以 $T(n)$ 的概率当选；随着当选过簇头的节点数目增加，剩余节点当选簇头的阈值 $T(n)$ 随之增大，节点产生小于 $T(n)$ 的随机数的概率随之增大，所以节点当选簇头的概率增大。当只剩下一个节点未当选时，$T(n)=1$，表示这个节点一定当选。$T(n)$ 可表示为

$$T(n)=\begin{cases}\dfrac{P}{1-P\times[r\mathrm{mod}(1/P)]} & ,n\in G\\ 0, & \text{其他}\end{cases} \tag{3-11}$$

式中，P 是簇头在所有节点中所占的百分比；r 是选举轮数；$r\mathrm{mod}(1/P)$ 代表这一轮循环中当选过簇头的节点个数；G 是这一轮循环中未当选过簇头的节点集合。

节点当选簇头以后，发布通告消息告知其他节点自己是新簇头。非簇头节点根据自己与簇头之间的距离来选择加入哪个簇，并告知该簇头。当簇头接收到所有的加入信息后，就产生一个 TDMA 定时消息，并且通知该簇中所有节点。为了避免附近簇的信号干扰，簇头可以决定本簇中所有节点所用的 CDMA 编码。这个用于当前阶段的 CDMA 编码连同 TDMA 定时一起发送。当簇成员节点收到这个消息后，它们就会在各自的时间槽内发送数据。经过一段时间的数据传输，簇头节点收齐簇成员节点发送的数据后，运行数据融合算法来处理数据，并将结果直接发送给汇聚节点。

3.5 无线传感器网络的关键技术

无线传感器网络在基础理论和工程技术两个层面向科技工作者提出了大量的挑战性研究课题，涉及的关键技术主要包括以下几个：

1. QoS 保证技术

在无线传感器网络的研究和实际应用中，服务质量（Quality of Service，QoS）问题一直是研究的关键点，特别是基于无线传感器网络的图像、视频和流媒体等信息的传输。由于无线传感器网络是带宽和能量都受限制的网络，而多媒体信息的传输对延迟、网络吞吐率和带宽等都有较高的需求。

无线传感器网络 QoS 模型，实质就是网络和用户的 QoS 信息的交互模型，网络为用户提供 QoS 支持，而用户给网络提出 QoS 需求。由于网络体系结构中每个层次都有不同的 QoS 需求，如 MAC 层需要物理层提供信道的信噪比以确定选择哪个质量较佳的信道进行用户接入和传输，网络层需要 MAC 提供信道的使用情况以决定选择哪条业务最不拥塞的路径路由数据，传输层也需要网络和 MAC 层的状态信息以便满足用户的传

输差错率需求，因此，根据用户具体应用的不同，恰当地选择合适的 QoS 保证机制，是无线传感器网络 QoS 保证技术的主要研究方向。

在设计无线传感器网络 QoS 保证机制时，不但要考虑来自用户应用的需求，还要对系统网络的特点和结构做深入的分析，在处理传感器网络的 QoS 业务时，还应该注意以下几个方面：网络带宽的限制、消除冗余数据传输、能量和延迟的平衡、节点缓存大小的限制和多业务类型的支持。当前无线传感器网络 QoS 保证技术研究的目标和挑战主要体现在带宽的有效利用、能量使用的最小化以及 QoS 控制三个方面。

2. 数据融合技术

在无线传感器网络应用中，由于各节点采集到的数据有大量的冗余数据，同时受制于节点的能源和通信带宽的影响，各个节点单独传输数据到汇聚节点的方法是不合适的，因此“数据融合”（或称为“数据汇聚”）技术是非常必要的。所谓数据融合，就是对收集到的多份数据或信息进行处理，组合出更高效、更符合用户需求的数据的过程。对于无线传感器网络的应用，很多时候用户只关心监测结果，并不需要接收大量的原始数据，因此数据融合是处理该类问题的有效手段。

数据融合技术具有以下几个作用：

（1）节省能量　在部署无线传感器网络时，为了保证整个网络的可靠性和监测信息的准确性（即保证一定的精度），配置节点时考虑了一定的冗余度，因此监测区域周围的节点采集的数据会非常接近或相似，即数据的冗余程度较高。如果把这些数据全部传输，除了消耗更多的能源，并不会带来更多的收益。

（2）获取更准确的信息　由于受到环境变化的影响，来自传感器节点的数据存在着较高的不可靠性，通过对监测同一区域的传感器节点采集的数据进行综合，可以有效地提高获取信息的精度和可信度。

（3）提高数据收集效率　通过进行数据融合，可以减少网络数据的传输量，从而降低传输拥塞概率，降低数据传输延迟，减少传输数据冲突碰撞现象，可在一定程度上提高网络收集数据的效率。

3. 网络安全机制

同其他无线网络一样，安全问题是无线传感器网络必须重点考虑的问题。由于采用的是无线传输信道，传感器网络存在窃听、恶意路由、消息篡改等安全问题。同时，无线传感器网络的有限能量和有限处理、存储能力两个特点使安全问题的解决更加复杂。在无线传感器网络的某些应用当中，如居民小区的无线安防网络、军事上在敌控区监视对方军事部署的无线传感器网络等，安全问题的重要性非常突出。

无线传感器网络的安全和一般网络的安全出发点都是相同的，都面临一些共同的问题，如保密性问题、点对点消息认证问题、完整性鉴别问题、时效性问题、认证组播和广播问题以及安全管理问题。这些共性问题在各个协议层都应当充分考虑，只是每个层次研究和实现的侧重点不同。

在进行无线传感器网络的安全机制设计时，必须考虑到如下一些问题：

1）受制于有限的计算能力和存储空间，密钥过长、时间和空间复杂度较大的安全算法不适合无线传感器网络，而以定制的流加密和块加密的 RC 4/6 等一系列算法比较适合。

2）缺乏后期节点部署的预备知识，在网络部署前节点之间的连接性是未知的，因而无法使用公共密钥安全体系，这种网络要实现点对点的动态安全连接是非常困难的。

3）部署区域的物理安全无法保证，对于敌占区部署的无线传感器网络本身就存在物理上的不安全因素，如何及时撤出或销毁被俘获节点是一个必须考虑的问题。

4）无线传感器网络单个节点带宽有限，并且能量也非常有限，这两个特征对于整个网络的安全和完备的影响极大，制定安全机制时必须加以考虑。

5）对于某一个实用的无线传感器网络，在制定安全机制时，必须着眼于整个网络的安全问题，而不能只局限在某一个节点、某一些节点或者点到点之间传输的安全问题。

4. 定位技术

在无线传感器网络的应用中，绝大多数情况下需要有节点位置信息，否则采集到的数据将不具备任何意义，尤其是关于环境监测、桥梁结构变化监测、管道泄漏检测等，发生地点的地理位置信息非常重要。地理信息除了用来报告事件发生的地点外，还可用于目标跟踪、目标轨迹预测、协助路由以及网络拓扑管理等。

目前最常用的定位技术是我国的北斗卫星导航系统（BeiDou Navigation Satellite System，BDS）和美国的全球定位系统（Globe Position System，GPS）。两者都是目前最成熟的定位系统，通过卫星的授时和测距来对用户节点进行定位，具有较高的定位精度，实时性较好，抗干扰能力强。但是，这两者均只适合于视距通信的场合，即室外无遮挡的环境，用户节点通常能耗高、体积较大且成本较高，并不适合低成本自组织无线传感器网络。

无线传感器网络由于资源和能量受限，因此对定位技术和定位算法都提出了较高的要求。其定位技术或定位算法通常需要具备以下四个重要特征：

1）自组织特性：节点可能随机分布或人工部署。

2）能量高效特性：尽量采用低复杂度的定位算法，减少通信开销，延长网络寿命。

3）分布式计算特性：各个节点都计算自己的位置信息。

4）鲁棒性：监测数据可能有误差，要求定位算法具有良好的容错性。

5. 同步管理机制

同步管理主要是指时间的同步管理。而在分布式无线传感器网络应用中，每个传感器节点都有自己的本地时钟，不同节点的晶振频率存在偏差，而且温度和电磁波的干扰也会造成节点之间的运行时间偏差。而无线传感器网络本质上是一个分布式协同工作的网络系统，很多应用都要求网络节点之间相互协同配合，因此时间同步是同步管理机制的重要内容。

由于传感器网络本身的特点，节点体积和造价都不能太高，故设计时间同步机制必须关注以下几个主要性能参数：

1）能量效率：指达到同步所需要的时间以及消耗的能量。同步需要的时间越长，消耗的能量越多，同步的效率就越低。

2）可扩展性及健壮性：时间同步机制应该支持有效扩展网络中节点的数目或者密度，还能保证在某些节点被破坏的情况下，时间同步机制应继续保持有效并且功能健全。

3）精确度：它的需求因特殊的应用和时间同步的目的而有所不同，对于某些应用，知道时间和消息的先后顺序就足够了，然而某些应用则要求较高的同步精度。

4）有效同步范围：可以是物理上的地理范围，也可是逻辑范围，如网络路由的跳数。时间同步机制可以给网络内所有的节点提供时间，也可以给局部区域内的部分节点提供时间。

5）成本和尺寸：实现同步机制需要特定的硬件，必须保证成本较低且体积较小。

6. 无线通信网络技术

无线传感器网络的高度自组织和多跳通信特点促使适用于无线传感器网络的专用无线通信软硬件技术不断发展，尤其是无线通信软件技术。同时，由于无线通信网络的功能与性能成为决定无线传感器网络应用成败的关键，因此它也作为无线传感器网络应用研究的核心任务之一而广受重视。

7. 嵌入式实时系统软件技术

无线传感器网络节点是一个典型的嵌入式系统。同时，由于无线通信的异步特性和传感器节点本身的信息采集等功能又要求系统对各种外部事件实时反应，这就决定了无线传感器网络节点同时又是一个实时系统。因此，无线传感器网络节点的软硬件设计必须要满足嵌入式系统和实时系统的双重要求。

3.6 无线传感器网络的技术挑战

根据无线传感器网络的体系结构，每层所面临的主要技术挑战如下：

1. 物理层的主要技术挑战

无线传感器网络的低能耗、低成本、微型化等特点，以及具体应用的特殊需求给物理层的设计带来巨大的挑战。主要包括：

（1）调制机制　低能耗、低成本的特点要求调制机制尽量设计简单，能量消耗低。另一方面，无线通信本身的不可靠性、无线传感器网络与现有无线通信系统和无线设备之间的无线电干扰，以及具体应用的特殊要求使得调制机制必须具有较强的抗干扰能力。

（2）便于与上层协议结合的跨层优化设计　物理层处于最底层，是整个开放系统的基础。它的设计对以上各层的跨层优化设计具有重要影响，而跨层优化设计是无线传感器网络协议研究的主要内容。

（3）硬件设计　在整个协议栈中，物理层与硬件的关联最为密切。微型、低功耗、低成本的传感、处理和通信单元的设计是非常必要的。

2. 数据链路层的主要技术挑战

尽管无线传感器网络的数据链路协议研究取得了很大进展，但还有一些根本性的问题尚未完全解决。总的来说，无线传感器网络的 MAC 协议还面临以下若干技术挑战：

（1）复杂度和性能的折中　现有的 MAC 协议为了追求能耗的最小化，往往以提高节点复杂度为代价。例如，基于低功耗前导载波的协议以增加额外的接收信号检测电

路为代价。这在实际的计算和存储能力较低的传感器节点上往往难以实现，因此要根据实际应用需求，研究如何在复杂度和性能之间实现最优折中。

（2）各种性能指标间的折中　在MAC协议设计中，传感器网络的各种性能指标之间经常会发生冲突。例如，为了降低功耗，希望节点尽可能长时间处于休眠状态，但这势必会增大消息延迟；为了降低成本，希望使用低稳定度、低成本的时间基准，但这对基于时分复用类的MAC协议来说则非常不利。总之，现有的无线传感器网络MAC协议往往顾此失彼，仅是考虑了某些性能指标的优化，而忽略了其他方面的指标。

（3）跨层优化　无线传感器网络与传统分层网络的最大区别是各层间能够紧密协作与信息共享。因此，无线传感器网络的MAC协议设计不应死守传统分层设计的观念，而应该通过跨层设计来优化网络性能。例如，MAC协议中可以根据应用层传递的消息的重要性或紧迫程度，为不同节点动态分配不同的信道访问能力。

3. 网络层的主要技术挑战

路由协议不仅要考虑节能，更要从整个网络系统的角度，根据具体的应用背景，考虑网络能量的均衡使用，最终延长整个网络的寿命。尽管无线传感器网络的路由协议研究取得了很大进展，但还有一些根本性的问题尚未完全解决。总的来说，无线传感器网络的路由协议还面临以下若干技术挑战：

（1）减小通信量　由于无线传感器网络中的数据通信最为耗能，因此应在协议中尽量减少数据通信量。例如，可在数据查询或者数据上报中采用某种过滤机制，抑制节点上传不必要的数据；采用数据融合机制，在数据传输到汇聚节点前就完成可能的数据计算。

（2）构建能量有效的全局最优路由策略　由于能量的约束，无线传感器网络无法采用传统的全局中心控制式路由算法精确计算优化路由，而是依据本地拓扑信息实现路由的局部优化。如何将路由的局部优化拓展到实现全局最优是路由算法设计的一个重要挑战。

（3）保持通信量负载平衡　通过更加灵活地使用路由策略让各个节点分担数据传输，平衡节点的剩余能量，延长整个网络的生存时间。例如，可在层次路由中采用动态路由；在路由选择中采用随机路由而非稳定路由；在路径选择中考虑节点的剩余能量。

（4）应具有容错性　由于无线传感器网络节点容易发生故障，因此应尽量利用节点易获得的网络信息计算路由，以确保在路由出现故障时能够尽快恢复，并可采用多路径传输来提高数据传输的可靠性。

（5）应具有安全机制　由于无线传感器网络的固有特性，其路由协议极易受到安全威胁，尤其是在军事应用中。目前的路由协议很少考虑安全问题，因此在一些应用中必须考虑设计具有安全机制的路由协议。

4. 传输层的主要技术挑战

目前，无线传感器网络传输层技术虽然取得了一些进展，但仍然存在以下问题有待进一步研究：

1）需要设计具有较短时延的传输协议。现有的无线传感器网络传输协议都需要较长的时延才能保证可靠的传输，尤其当存在多个并发传输任务时，因此这些协议不适

用于对时延有较高要求的实时应用。

2）需要考虑如何保证传输的安全性。在受到恶意攻击的情况下，可靠的传输层技术应该能够安全、可靠地传输数据。在进一步研究时，可以考虑如何将数据加密技术结合到无线传感器网络传输层技术的设计中。

3）需要优化现有的传输协议，提高可扩展性和容错性，降低能量消耗并缩短响应时间。例如，可通过调整执行任务的传感器数量或位置，更好地控制无线传感器网络的可靠性和能耗。

3.7 无线传感器网络的应用

无线传感器网络的应用领域非常广阔，它能应用于军事、精准农业、环境监测和预报、健康护理、智能家居、建筑物状态监控、复杂机械监控、城市智能交通、空间探索、大型车间和仓库管理，以及机场、大型工业园区的安全监测等领域。随着传感器网络的深入研究和广泛应用，传感器网络将会逐渐深入人类生活的各个领域。

1. 在军事领域的应用

无线传感器网络由密集型、低成本、随机分布的节点组成，具有可快速部署、自组织、隐蔽性强和高容错性的特点，某个节点因受外界环境影响失效不会导致整个系统瘫痪，因此适合工作在恶劣的战场环境中，可完成对敌军地形和兵力布防及装备的侦察、实时监视战场、定位攻击目标、战场评估、监测和搜索核攻击和生物化学攻击等功能。

在战场中，无线传感器网络通过飞机播撒、特种炮弹发射等方法布置于军事要地，传感器节点收集该区域内武器装备、物资供给、地形地貌、敌军布防等有价值的信息，通过卫星直接发送至作战指挥部或通过汇聚节点将数据发送至指挥所，有利于指挥员迅速做出作战决策，也为火控和制导系统提供准确的目标定位信息，从而达到“知己知彼、百战不殆”。在战后，无线传感器网络可以部署在目标区域收集战场损害评估数据。

典型的军事方面应用是美国 BAE 公司开发的“狼群”地面无线传感器网络系统，该系统可以监听敌方雷达和通信，分析网络系统运动，还可以干扰敌方发射机或通过算法包渗透对方计算机，可以大大提高美军的电子作战能力。另外，还有美国科学应用国际公司采用磁力计传感器节点和声传感器节点构建的无线传感器网络电子周边防御系统，部署在恶劣环境下监视敌人，为美国军方提供情报信息。

2. 在环境监测和预报中的应用

无线传感器网络由于低成本和无须现场维护等优点为环境科学研究数据获取提供了方便，可以应用于自然灾害监控、研究环境变化对农作物的影响、土壤和空气成分、海洋环境监测、大面积地表监测、森林火灾监控等。

2002 年，英特尔公司与加利福尼亚大学伯克利分校以及大西洋学院联合在大鸭岛上部署了无线传感器网络，用来监测海鸟生活习性。该网络由温度、湿度、光、大气压力、红外等传感器以及摄像头在内的近 10 种类型传感器节点组成，通过自组织无线网络，将数据传输到 100m 外的基站内，再经由卫星将数据传输到加利福尼亚州的服务

器并进行分析研究。

除此之外，在美国的 ALERT 研究计划中，通过温度、湿度、光、风、降雨量等传感器节点组成无线传感器网络，用来监测降雨量、河水水位和土壤水分，并依此预测爆发山洪的可能性。类似地，可以利用无线传感器网络监测森林环境信息，预测森林火险；另外，也可以应用于精细农业中，监测葡萄园内气候变化，监测土壤和病虫害等。

3. 在医疗健康方面的应用

无线传感器网络是自组织的网络，可以完成对周围区域的感知，它在远程医疗、人体健康状况监测等医疗领域有着广泛的应用前景。医生可以利用安装在病人身上的传感器节点远程了解病人的身体指标变化、生理数据等情况，以此判断病人的病情并进行处理。英特尔公司利用运动、压力、红外等传感器节点组成无线传感器网络，实现了对独居老人的远程监测。无线传感器网络为未来的远程医疗提供了更加方便、快捷的技术实现手段。

此外，基于物联网的医疗设备状态监测也是一种重要的应用，该方案包含由终端传感器、路由器、协调器组成的无线传感网络，能够采集医疗设备的开关机状态、运行声音、环境温度、环境湿度等数据，能够定位设备位置，用户可通过 Web 页面查看和管理医疗设备的运行状态。

4. 在智能交通方面的应用

智能交通系统（Intelligent Transportation System，ITS）是交通进入智能化时代的标识，是当今公路交通发展的趋势，它是一种信息化、智能化、社会化的新型现代交通系统，集合了先进的信息技术、无线通信技术、电子传感技术、电子控制技术及计算机处理技术，实现了交通的网络化、信息化和智能化，使人-车-环境信息实时交互，便于车辆运行更加安全快捷。智能交通的一个重要应用是交通监测，近年来，无线传感器网络由于其应用灵活、成本低、部署方便等特点在交通监测中体现出了很大的优势。

微软公司建立了一个无线传感器网络的实验平台，传感器检测停车场内车库门口的物体大小、速度和磁性，然后对采集的视频图像和磁性读取器上获取的数据进行分析。其研究成果 SensorMap 是一个可实时观察交通系统的无线传感器网络监控系统，用户可在互联网上进行相关道路情况查询和分析当日的交通情况。

美国施乐公司利用无线传感器网络建立了一个模拟的战场车辆监测系统，该系统可以有效监测进入监控区域敌方战车，并进行跟踪。随后，清华大学研究人员也基于无线传感器网络技术建立了一个类似的车辆跟踪系统。中国科学院上海微系统与信息技术研究所研制了一系列道路状态信息检测无线传感器节点，如声震无线传感器网络车辆检测节点，车辆扰动检测节点，日夜自动转换视频车辆检测器，路面温湿度、积水、结冰、光照度、烟雾、噪声检测器等多种节点，实现了国道和高速管理信息之间的联网互通。

此外，无线传感器网络还可以有效监测桥梁等交通基础设施的物理状况，并能为交通系统提供进一步分析决策的实时信息，提高交通网络的流通效率。而对于严重老化急需维修的桥梁，无线传感器还可以帮助做出最高效的维修决策。

5. 其他应用

（1）工业应用方面　将无线传感器网络部署于煤矿、核电厂、大楼、桥梁、地铁等现场和大型机械、汽车等设备上，可以监测工作现场及设备的温度、湿度、位移、气体、压力、加速度、振动、转速等信息，用以指导安全保障工作。

（2）商业应用方面　无线传感器网络可用于物流和供应链管理，管理员可以通过系统实时监测仓库存货状态；将传感器节点嵌入家具和家电中，组成无线传感器网络，为人类提供便捷和人性化的智能家居环境。

（3）空间探索方面　可以借助航天器布撒传感器节点实现对星球表面大范围、长时期、近距离的监测和探索，美国国家航空和宇宙航行局喷气推进实验室研制的 Sensor Webs 就是为将来的火星探测、选定着陆场地等需求进行技术研制，该项目已在佛罗里达肯尼迪航天中心的环境监测项目中进行测试和完善。

总之，无线传感器网络在诸多领域都有着良好的应用前景，该项技术会对人类生产生活产生深远的影响，开展对无线传感器网络的研究，将对整个国家的社会和经济发展有重大的战略意义。

3.8 本章小结

本章对无线传感器网络的基本结构及发展历史、现状、前景进行了介绍。无线传感器网络经历了节点技术、网络协议设计和智能群体研究三个阶段，吸引了大量学者对其展开研究，并取得了包括有关节点平台和通信协议技术研究的一系列成果，目前已经广泛应用于军事、环境监测、医疗保健、家居、商业等领域，能够完成传统系统无法完成的任务。

丝路精神

习　题

1. 无线传感器网络的主要特点有哪些？主要应用领域有哪些？
2. 无线传感器网络的体系结构包括什么？
3. 无线传感器网络的路由过程主要包括哪几个步骤？
4. 在设计无线传感器网络的 MAC 协议时，需要考虑哪几个方面？
5. 简述无线传感器网络有哪些关键技术。

第4章

无线传感器网络通信协议规范与应用开发技术

通信协议是无线传感器网络实现通信的基础，其目的是使具体的无线传感器网络通信机制与上层应用分离，为传感器节点提供自组织的无线网络通信功能。随着互联网技术和通信技术的快速发展，无线个域网络（Wireless Personal Area Network，WPAN）伴随着短距离无线通信的需求而得到极大发展，它可以把周围几米范围内的设备通过无线的方式进行连接，使其可以相互通信甚至接入 LAN 或者互联网。IEEE 802.15.4 标准为这种低速率的无线个域网提供了必要的协议支持。本章主要介绍 IEEE 802.15.4 标准和 ZigBee 协议规范，同时也对无线传感器网络的仿真、软硬件设计等开发技术进行了论述。

4.1 IEEE 802.15.4 标准的特点

IEEE 802.15.4 标准是低速无线个域网（Low Rate Wireless Personal Area Network，LR-WPAN）进行短距离无线通信的 IEEE 标准。美国电气电子工程师学会（Institute of Electrical and Electronics Engineers，IEEE）于 2002 年开始研究制定该标准。该标准规定了在个域网中设备之间的无线通信协议和接口。该标准把低能量消耗、低速率传输、低成本作为重点目标。

IEEE 802.15.4 定义的低速无线个域网具有如下特点：

1）在不同的载波频率下实现了 20kbit/s、40kbit/s 和 250kbit/s 三种不同传输速率。

2）支持星形和点对点两种网络拓扑结构。

3）有 16 位和 64 位两种地址格式，其中 64 位地址是全球唯一的扩展地址。

4）支持冲突避免的载波多路侦听技术（CSMA/CA）。

5）支持确认（ACK）机制，保证传输可靠性。

4.2 IEEE 802.15.4 协议体系结构

IEEE 802.15.4 网络是指在一个个人操作空间内使用相同无线信道并通过 IEEE 802.15.4 标准相互通信的一组设备的集合。在这个网络中，根据设备所具有的通信能力，可以分为全功能设备（Full Function Device，FFD）和精简功能设备（Reduced Function Device，RFD）。FFD 之间以及 FFD 与 RFD 之间都可以通信。RFD 之间不能直接通信，只能与 FFD 通信，或者通过一个 FFD 向外发送数据。这个与 RFD 相关联的 FFD 称为该 RFD 的协调器（Coordinator）。RFD 主要用于简单的控制，其传输的数据量

少，对传输资源和通信资源占用有限。在费用有限的实现方案中可以使用RFD。

在IEEE 802.15.4网络中，称为PAN协调器（PAN Coordinator）的FFD是LR-WPAN中的主控制器。PAN协调器除了直接参与应用外，还要完成成员身份管理、链路状态信息管理以及分组转发等任务。图4-1所示为IEEE 802.15.4网络的一个示例，给出了网络中各种设备的类型以及它们在网络中所处的地位。

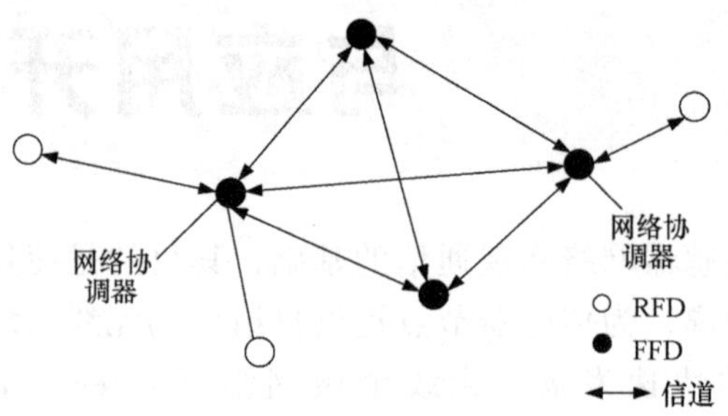

图4-1　IEEE 802.15.4网络组件及拓扑关系

无线通信信道的特性是动态变化的，如节点位置或天线方向的变化、物体移动等周围环境的变化都有可能引起通信链路信号强度和质量的剧烈变化，因此无线通信的覆盖范围是不确定的。这就造成IEEE 802.15.4网络设备的数量以及它们之间关系的动态变化。

IEEE 802.15.4通信协议主要是描述和定义物理层（PHY）和MAC层的标准。换言之，IEEE 802.15.4通信协议是无线传感器网络通信协议中物理层与MAC层的一个具体实现。IEEE 802.15.4规定了物理层和MAC层与固定、便携式及移动设备之间的低数据率无线连接的规范。

IEEE 802.15.4的物理层是实现无线传感器网络的通信架构的基础，IEEE 802.15.4的MAC层用来处理所有对物理层的访问，并负责完成信标的同步、支持个域网络关联和去关联、提供MAC实体间的可靠连接、执行信道接入的CSMA/CA机制等任务。

IEEE 802.15.4标准也采用了满足国际标准组织（ISO）开放系统互连（OSI）参考模型的分层结构，定义了单一的MAC层和多样的物理层，如图4-2所示。

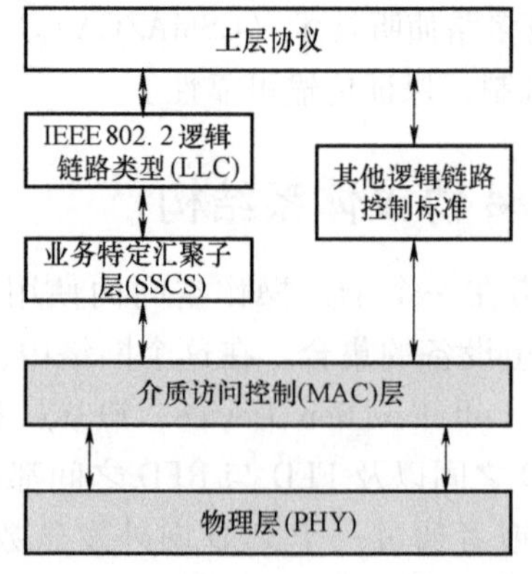

图4-2　IEEE 802.15.4标准体系层次图

4.2.1 物理层

物理层定义了无线信道和 MAC 子层之间的接口，提供物理层数据传输和物理层管理服务。物理层数据服务是从无线物理信道上收发数据，物理层管理服务包括信道能量监测（Energy Detect，ED）、链接质量指示（Link Quality Indication，LQI）和空闲信道评估（Clear Channel Assessment，CCA）等，其模型如图 4-3 所示。其中，射频服务接入点（RF-SAP）是由驱动程序提供的接口，物理层数据服务接入点（PD-SAP）是物理层提供的 MAC 层的数据服务接口，物理层管理实体服务接入点（PLME-SAP）是物理层给 MAC 层提供管理服务的接口。IEEE 802.15.4 标准规定物理层主要有以下功能：

1）激活或休眠无线收发器。

2）对当前信道进行能量检测。

3）发送链路质量指示。

4）CSMA/CA 介质访问控制方式的空闲信道评估。

5）信道频率的选择。

6）数据接收与发送。

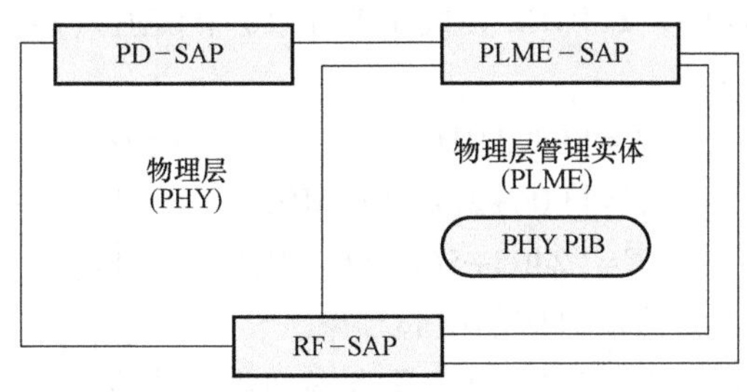

图 4-3 物理层模型

信道能量检测为上层提供信道选择的依据，主要是测量目标信道中接收信号的功率强度。该检测本身不进行解码操作，检测结果为有效信号功率和噪声信号功率之和。

链路质量指示为上层服务提供接收数据时无线信号的强度和质量信息，它要对检测信号进行解码，生成一个信噪比指标。

空闲信道评估判断信道是否空闲。IEEE 802.15.4 标准定义了三种空闲信道评估模式：第一，简单判断信道的信号能量，当信号能量低于某一门限值时就认为信道空闲；第二，判断无线信号特征，该特征包含两个方面，即扩频信号特征和载波频率；第三，前两种方法的综合，同时检测信号强度和特征，判断信道是否空闲。

1. IEEE 802.15.4 工作频段

IEEE 802.15.4 标准定义了三个工作频段来收发数据，这三个工作频段分别为 2400~2483.5MHz 频段、902~928MHz 频段、868~868.6MHz 频段。其中，2400MHz 频段是全球统一、无须申请的 ISM 频段，868MHz 频段是欧洲的 ISM 频段，915MHz 频段是美国的 ISM 频段。

2400MHz 频段的物理层通过采用高阶调制技术提供 250kbit/s 的传输速率，868MHz 频段的传输速率为 20kbit/s，915MHz 频段的传输速率为 40kbit/s。868MHz 频段和

915MHz 频段的引入避免了 2400MHz 频段附近各种无线通信设备的相互干扰。由于 868MHz 频段和 915MHz 频段上无线信号传播损耗较低，因此可以降低对接收机灵敏度的要求，获得较远的有效通信距离，从而可以用较少的设备覆盖被监测区域。

IEEE 802.15.4 标准的信道特性见表 4-1。

表 4-1 IEEE 802.15.4 标准的信道特性

物理层典型频率/MHz	频段/MHz	扩频参数		数据参数		
		码片速率/(kchip/s)	调制方式	比特率/(kbit/s)	符号速率/(ksymbol/s)	符号特征
868	868~868.6	300	BPSK	20	20	二进制
915	902~928	600	BPSK	40	40	二进制
2400	2400~2483.5	2000	Q-QPSK	250	62.5	十六进制

IEEE 802.15.4 标准定义了 27 个物理信道，信道编号为 0~26，每个具体的信道对应一个中心频率，这 27 个物理信道覆盖了表 4-1 中的三个不同频段。不同频段对应的宽度不同，标准规定 868MHz 频段定义了 1 个信道（0 号信道）；915MHz 频段定义了 10 个信道（1~10 号信道）；2.4GHz 频段定义了 16 个信道（11~26 号信道）。这些信道的中心频率定义如下：

$$F=868.3\text{MHz} \qquad k=0$$
$$F=[906+2(k-1)]\text{MHz} \qquad k=1,2,\cdots,10$$
$$F=[2405+5(k-11)]\text{MHz} \qquad k=11,12,\cdots,26$$

式中，k 为信道编号；F 为信道对应的中心频率。

在物理层的有关参数中，有以下几个重要参数需要注意：

1）传输能量（Power）：约 1mW。

2）传输中心频率的兼容性即频率稳定度（标识了无线解码器工作频率的稳定程度）：约$\pm40\times10^{-6}$。

3）接收器灵敏度：-85dBm（2450MHz），-92dBm（868/915MHz）。

4）分组差错率（当 PSDU=20B 时）：小于 1%。

5）接收信号强度指示（RSSI）：其测量值与无线信道的衰减情况有关，可以反映无线信道质量的好坏。

2. 物理层载波调制及扩频

物理层三个不同的频段上的数据传输速率、信号处理过程和调制方式等指标都是不同的。图 4-4 所示为 2.4GHz 频段物理层调制及扩频工作模块。

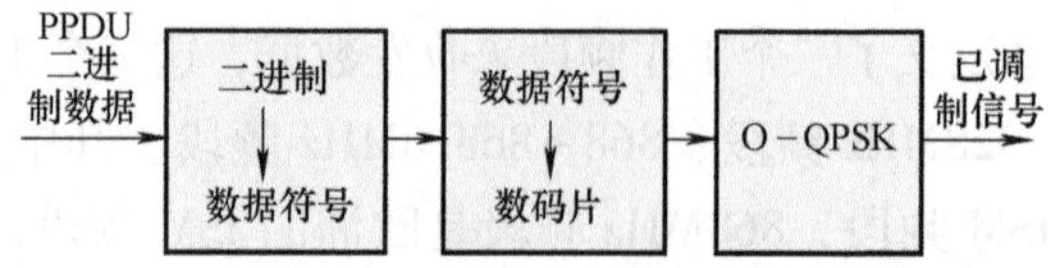

图 4-4 2.4GHz 频段物理层调制及扩频工作模块

2.4GHz 频段物理层将协议数据单元（PHY Protocol Data Unit，PPDU）每字节的高

四位和低四位分别映射组成数据符号（Symbol），不同数据符号又被映射成32位伪随机噪声数码片（Chip），具体内容见表4-2。数码片序列采用半正弦波形的偏移四相移相键控（O-QPSK）技术调制。对偶数序列码片进行同相调制，而对奇数序列码片进行正交调制。

表4-2　Symbol-Chip映射表

数据符号（Symbol）（十进制）	数据符号（二进制）	数码片（Chip）
0	0000	1 1 0 1 1 0 0 1 1 1 0 0 0 0 1 1 0 1 0 1 0 0 1 0 0 0 1 0 1 1 1 0
1	0001	1 1 1 0 1 1 0 1 1 0 0 1 1 1 0 0 0 0 1 1 0 1 0 1 0 0 1 0 0 0 1 0
2	0010	0 0 1 0 1 1 1 0 1 1 0 1 1 0 0 1 1 1 0 0 0 0 1 1 0 1 0 1 0 0 1 0
3	0011	0 0 1 0 0 0 1 0 1 1 1 0 1 1 0 1 1 0 0 1 1 1 0 0 0 0 1 1 0 1 0 1
4	0100	0 1 0 1 0 0 1 0 0 0 1 0 1 1 1 0 1 1 0 1 1 0 0 1 1 1 0 0 0 0 1 1
5	0101	0 0 1 1 0 1 0 1 0 0 1 0 0 0 1 0 1 1 1 0 1 1 0 1 1 0 0 1 1 1 0 0
6	0110	1 1 0 0 0 0 1 1 0 1 0 1 0 0 1 0 0 0 1 0 1 1 1 0 1 1 0 1 1 0 0 1
7	0111	1 0 0 1 1 1 0 0 0 0 1 1 0 1 0 1 0 0 1 0 0 0 1 0 1 1 1 0 1 1 0 1
8	1000	1 0 0 0 1 1 0 0 1 0 0 1 0 1 1 0 0 0 0 0 0 1 1 1 0 1 1 1 1 0 1 1
9	1001	1 0 1 1 1 0 0 0 1 1 0 0 1 0 0 1 0 1 1 0 0 0 0 0 0 1 1 1 0 1 1 1
10	1010	0 1 1 1 1 0 1 1 1 0 0 0 1 1 0 0 1 0 0 1 0 1 1 0 0 0 0 0 0 1 1 1
11	1011	0 1 1 1 0 1 1 1 1 0 1 1 1 0 0 0 1 1 0 0 1 0 0 1 0 1 1 0 0 0 0 0
12	1100	0 0 0 0 0 1 1 1 0 1 1 1 1 0 1 1 1 0 0 0 1 1 0 0 1 0 0 1 0 1 1 0
13	1101	0 1 1 0 0 0 0 0 0 1 1 1 0 1 1 1 1 0 1 1 1 0 0 0 1 1 0 0 1 0 0 1
14	1110	1 0 0 1 0 1 1 0 0 0 0 0 0 1 1 1 0 1 1 1 1 0 1 1 1 0 0 0 1 1 0 0
15	1111	1 1 0 0 1 0 0 1 0 1 1 0 0 0 0 0 0 1 1 1 0 1 1 1 1 0 1 1 1 0 0 0

图4-5所示为868/915MHz频段物理层调制和扩频工作模块。这两个频段上信号处理过程相同，只是数据速率不同。868/915MHz频段物理层先将PPDU二进制数据进行差分编码，差分编码是将当前数据位与前一编码位以模为2异或而成。其表达式如式（4-1）、式（4-2）所示。经编码的数据位又被映射成15位伪随机噪声数码片（Chip），见表4-3。数码片序列采用二相的移相键控（BPSK）技术调制。

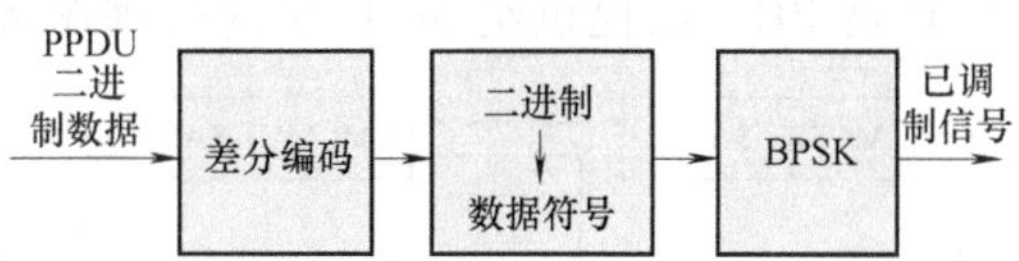

图4-5　868/915MHz频段物理层调制和扩频工作模块

发送：
$$E_n = R_n \oplus E_{n-1} \tag{4-1}$$

接收：
$$R_n = E_n \oplus E_{n-1} \tag{4-2}$$

式中，R_n为进行编码的原始数据；E_n为对应的编码位；E_{n-1}为前一编码位。

表 4-3 数据符号-数码片映射表

输入值	数码片
0	1111010110010000
1	0000101001101111

3. PPDU 结构

PPDU 数据由数据流同步的头文件（SHR）、含有帧长度信息的物理层报头（PHR）和承载有 MAC 帧数据的净荷组成。其具体结构见表 4-4。

表 4-4 PPDU 结构

4B	1B	1B		可变
前同步码 (Preamble)	帧定界符 (SFD)	帧长度 (7bit)	保留 (1bit)	物理层服务数据 (PSDU)
同步头 (SHR)		物理层报头 (PHR)		物理层净荷 (PHY payload)

PPDU 物理帧第一个字段是由 4B 组成的前导码，前导码由 32 个 0 组成，用于收发器进行码片或者符号的同步。物理帧起始分割符（Start of Frame Delimiter，SFD）占 1B，其值固定为 0xA7，作为物理帧开始的标识。收发器接收完毕前，前导码仅实现了数据的位同步，通过搜索物理帧起始分割符标识字段 0xA7 才能同步到字节上。帧长度（Frame Length）由一个字节的低 7 位表示，其值就是物理帧负载的长度，物理帧负载的长度不超过 127B，物理帧负载长度也叫物理服务数据单元（PHY Service Data Unit，PSDU），主要用来承载 MAC 帧。

4.2.2 MAC 层

MAC 层提供两种服务：MAC 层数据服务和 MAC 层管理服务。数据服务保障 MAC 协议数据单元在物理层数据服务中的正确收发，而管理服务从事 MAC 层的管理活动，并维护一个信息数据库。

IEEE 802.15.4 标准定义的 MAC 协议，提供数据传输服务（MCPS）和管理服务（MLME），其特征是：联合、分离、确认帧传递、通道访问机制、帧确认、保证时隙管理和信令管理，逻辑模型如图 4-6 所示。其中，PD-SAP 是 PHY 层提供给 MAC 层的数据服务接口；PLME-SAP 是 PHY 层提供给 MAC 层的管理服务接口；MLME-SAP 是

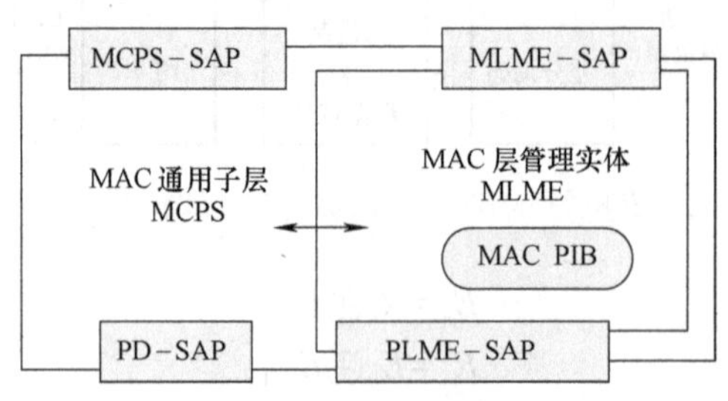

图 4-6 MAC 层逻辑模型

MAC 层提供给网络层的管理服务接口；MCPS-SAP 是 MAC 层提供给网络层的数据服务接口；MAC 层的数据传输服务主要是实现 MAC 数据帧的传输；MAC 层的管理服务主要有信道的访问、PAN 的开始和维护、节点加入和退出 PAN、设备间的同步实现、传输事务管理等。

MAC 层主要具备以下七个功能：

1）网络协调器产生并发送信标帧。

2）网络中普通设备与信标同步。

3）支持 PAN 网络的关联（Association）和取消关联（Disassociation）操作。

4）为设备的安全提供支持。

5）信道接入方式采用 CSMA-CA 机制。

6）处理和维护时隙保障（Guaranteed Time Slot，GTS）机制。

7）在两个对等的 MAC 实体间提供一个可靠的通信链路。

关联操作是指一个设备在加入一个特定网络时，向协调器注册以及身份认证的过程。LR-WPAN 网络中的设备有可能从一个网络切换到另外一个网络，这时就需要进行关联操作和取消关联操作。

时隙保障（GTS）机制和时分复用（Time Division Multiple Access，TDMA）机制相似，但它可以动态地为有收发请求的设备分配时隙。使用 GTS 需要设备之间的时间同步，IEEE 802.15.4 中的时间同步通过“超帧”（Super Frame）机制实现。

IEEE 802.15.4 网络可以分为无信标网络（Non Beacon-Enable Network）和有信标网络（Beacon-Enable Network）。无信标网络的协调器一直处在监听状态，在各设备要回传信息时先会彼此竞争，等通知协调器后，再传送信息给协调器。而有信标网络中，含有超帧的结构，其固定将包含信标及超帧分为 16 个时隙，超帧持续时间（Super Frame Duration）与信标间距（Beacon Interval）依照协调器使用信标级数（Beacon Order，BO）及超帧级数（Super Frame Order，SO）来控制，彼此关系是 $0 \leqslant SO \leqslant BO \leqslant 14$，如此可限制超帧持续时间会小于或等于信标间距。协调器发送信标，除了用作同步外，也包含网络相关信息；超帧以有无使用保证时隙来区别，有保证时隙的超帧可分为两部分，一是竞争存取周期（Contention Access Period，CAP），二是无竞争周期（Contention Free Period，CFP），而无保证时隙的超帧则全都是 CAP。

1. 超帧结构

在 IEEE 802.15.4 通信协议 LR-WPAN 中，超帧结构属于选择使用部分，可以用其组织网络中设备进行通信。超帧格式由网络中的协调器来定义，而超帧结构的大小边界是由网络中的信标所设定，一个超帧包括了 16 个相同大小的时隙。在网络中的任何设备要通信时，会在竞争存取周期（CAP）采用带时隙的载波侦听多路访问-冲突避免（Slotted CSMA-CA）机制去对频道做竞争。

有保证时隙超帧结构中包含了无竞争周期（CFP），采用预先请求的方式，使得在 CFP 中配置到 GTS 的设备可以不用竞争就可以直接传送。图 4-7 为无 GTS 的超帧结构。

2. 数据传送模式

在 IEEE 802.15.4 通信协议中，数据传送有三种方式：一是设备传送数据到协调器，二是协调器传送数据到设备，三是对等设备间传送数据。星形拓扑网络中只存在

前两种数据传送方式，因为数据只在协调器和设备间交换；而在对等网络结构中所有三种方式都存在。

（1）设备传送数据到协调器　在信标使能方式中，设备必须先取得信标来与协调器同步，之后使用 Slotted CSMA-CA 方式传送资料。

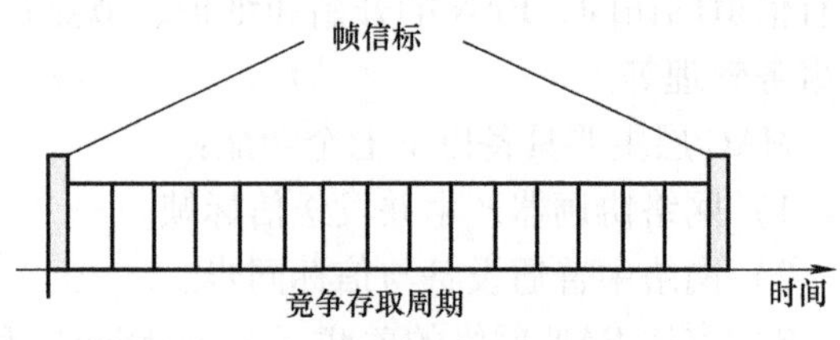

图 4-7　无 GTS 的超帧结构

在非信标使能方式中，器件简单地利用非时隙的载波侦听多路访问-冲突避免（Unslotted CSMA-CA）方式传送资料。图 4-8a 所示为信标使能方式中设备发送数据给协调器，图 4-8b 所示为非信标使能方式中设备发送数据给协调器。

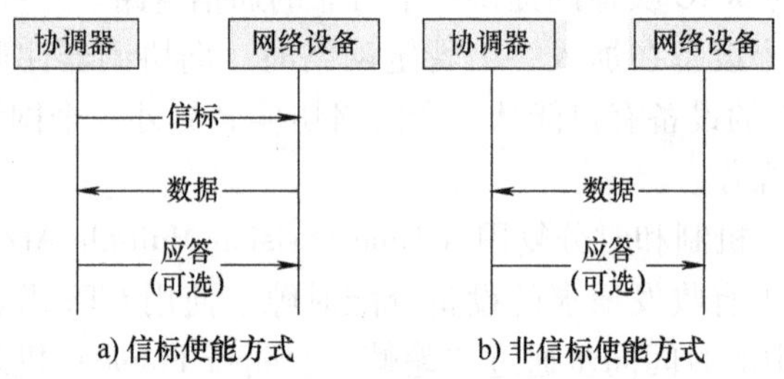

图 4-8　数据传送至协调器

（2）协调器传送数据到设备　在信标使能方式中，协调器会利用信标中的字段来告知设备有数据即将传送。设备则周期性地监听信标，如果判定自身就是协调器传送数据的对象，则该器件利用 Slotted CSMA-CA 方式将 MAC 命令请求控制信息传送给协调器。

在非信标使能方式中，设备利用 Unslotted CSMA-CA 方式将 MAC 命令请求控制信息传送给协调器，如果协调器有数据要传送，则利用 Unslotted CSMA-CA 方式将数据送出。图 4-9a 所示为信标使能方式中协调器发送数据给设备，图 4-9b 所示为非信标使能方式中协调器发送数据给设备。

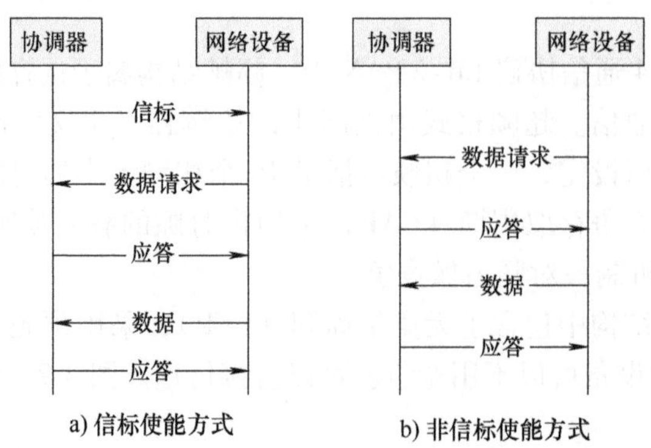

图 4-9　协调器传送数据至设备

（3）对等设备间数据传送　在点对点的 PAN 中，任一设备均可以与在其无线辐射范围内的设备进行通信。为了保障通信的有效性，这些设备需要保持持续接收状态或者通过某些机制实现彼此同步。如果采用持续接收方式，设备间只是简单地使用 CSMA-CA 收发数据；如果采用同步方式，需要采取其他措施达到同步目的。超帧在某种程度上可以用来实现点到点通信的目的。

3. MAC 层通用帧格式

MAC 层帧结构的设计目标是用最低复杂度实现在有噪声无线信道环境下的可靠数据传送。MAC 层帧结构主要包括 MAC 帧头（MAC HeadeR，MHR）、MAC 帧负载和 MAC 帧尾（MAC FooteR，MFR）三部分，其具体结构见表 4-5。

表 4-5　MAC 层通用帧格式

<table>
<tr><td>字节数：2</td><td>1</td><td>0/2</td><td>0/2/8</td><td>0/2</td><td>0/2/8</td><td>可变</td><td>2</td></tr>
<tr><td rowspan="2">帧控制信息</td><td rowspan="2">帧序列号</td><td>目的设备PAN 标识符</td><td>目标地址</td><td>源 PAN 标识符</td><td>源地址</td><td rowspan="2">数据</td><td rowspan="2">帧校验</td></tr>
<tr><td colspan="4">地址域</td></tr>
<tr><td colspan="6">MAC 帧头</td><td>MAC 帧负载</td><td>MAC 帧尾</td></tr>
</table>

帧头由帧控制信息（Frame Control）、帧序列号（Sequence Number）和地址域（Addressing Fields）组成。MAC 帧负载长度可变，具体内容由帧类型决定。帧尾是帧头和负载数据的 16 位循环冗余码校验（CRC）序列。

帧控制信息结构见表 4-6。其长度为 16bit，定义了帧类型、地址域和其他控制标志。其各位具体意义如下：

表 4-6　MAC 帧控制信息结构

<table>
<tr><td>位：0~2</td><td>3</td><td>4</td><td>5</td><td>6</td><td>7~9</td><td>10~11</td><td>12~13</td><td>14~15</td></tr>
<tr><td>帧类型</td><td>加密位</td><td>后续帧控制位</td><td>应答请求位</td><td>同一 PAN 提示</td><td>保留</td><td>目的地址模式</td><td>保留</td><td>源地址模式</td></tr>
<tr><td colspan="5">帧类型值（b2 b1 b0）</td><td colspan="4">含义</td></tr>
<tr><td colspan="5">000</td><td colspan="4">信标帧</td></tr>
<tr><td colspan="5">001</td><td colspan="4">数据帧</td></tr>
<tr><td colspan="5">010</td><td colspan="4">应答帧</td></tr>
<tr><td colspan="5">011</td><td colspan="4">MAC 命令帧</td></tr>
<tr><td colspan="5">100~111</td><td colspan="4">保留</td></tr>
</table>

1）帧类型子域长度为 3bit，占据帧控制域结构 0~2 位。应用中设置成表 4-6 中的某一非保留值。

2）加密控制子域。值为 0：当前帧不需要 MAC 子层加密；值为 1：当前帧用存储在 MAC PIB 中的密钥加密。

3）后续帧控制位。值为1：表明传输当前帧的器件有后续的数据要发送，因此接收器应发送额外的数据请求以获得后续数据；值为0：表明传输当前帧的器件没有后续的数据。

4）应答请求位。值为1：接收器在确认收到的帧数据有效后应该发送应答帧；值为0：接收器不需要发送应答帧。

5）同一PAN指示。值为1：表明当前帧是在同一PAN范围内，只需要目的地址与源地址，而不需要源PAN标识符；值为0：表明当前帧是不在同一PAN范围内，不仅需要目的地址与源地址，也需要源目标标识符和PAN标识符。

6）目的地址模式，长度为2bit，应设置为表4-6中某一值。如果此子域值为0且帧类型子域表明此帧不是应答帧或信标帧，则源地址模式子域应当为非零，从而指出此帧是直接送至源PAN标识符域所指定的PAN标识符所在的协调器。

7）源地址模式，长度为2bit，应设置为表4-6中某一值。如果此子域值为0且帧类型子域表明此帧不是应答帧或信标帧，则目的地址模式子域应当为非零，从而指出此帧是来自目的PAN标识符域所指定的PAN标识符所在的协调器。

8）序列号，长度为8bit，为帧指定唯一的序列标识号，仅当确认帧的序列号与上一次数据传输帧的序列号一致时，才能判断数据传输业务成功。

9）目的PAN标识符，长度为16bit，指出接收当前帧的器件唯一PAN标识符。如此值为0xFFFF，代表广播PAN标识符，所有当前频道的器件均可作为有效PAN标识符接收。

10）目的地址域，根据帧控制子域中目的地址模式，以16bit短地址或64bit扩展地址指出接收帧的器件地址。0xFFFF代表广播短地址，可以被当前频道上的所有器件接收。

11）源PAN标识符，长度为16bit，可以被当前频道上的所有器件接收。

12）净荷是MAC帧要承载的上层数据。

13）帧校验序列是16bit循环冗余校验码，通过帧的MHR及MAC净荷计算而得。

帧校验序列（FCS）使用16次标准多项式生成：

$$G_{16}=x^{16}+x^{12}+x^{5}+1$$

具体算法流程为：

① 用多项式 $M(x)=b_0x^{k-1}+b_1x^{k-2}+\cdots+b_{k-2}x+b_{k-1}$ 表示预求校验和的序列 $b_0b_1\cdots b_{k-2}b_{k-1}$；

② 得到表达式 $x^{16}M(x)$；

③ 用 $x^{16}M(x)$ 除以 G_{16}，获得余数多项式 $R(x)=r_0x^{15}+r_1x^{14}+\cdots+r_{14}x+r_{15}$；

④ FCS域由余数多项式的系数 $r_0r_1\cdots r_{14}r_{15}$ 组成。

4. MAC层帧分类

IEEE 802.15.4标准中共定义了四种类型的帧，分别为信标帧、数据帧、确认帧和命令帧。

（1）信标帧　信标帧的负载数据单元由超帧描述字段、GTS分配字段、待转发数据目标地址字段和信标负载数据四部分组成。信标帧结构见表4-7。

表 4-7 信标帧结构

字节：2	1	4/10	2	K	M	N	2
帧控制	序列号	地址域	超帧描述字段	GTS 分配字段	待转发数据目标地址字段	信标帧负载数据	帧校验
MAC 帧头			MAC 数据服务单元				MAC 帧尾

1）超帧描述字段规定了这个超帧的持续时间、活跃部分持续时间以及竞争访问时段持续时间等信息。

2）GTS 分配字段将无竞争时段划分为若干个 GTS，并把每个 GTS 具体分配给某个设备。

3）待转发数据目标地址字段列出了与协调器保存的数据相对应的设备地址。一个设备如果发现自己的地址出现在待转发数据目标地址字段里，则意味着协调器存有属于它的数据，所以它就会向协调器发出请求传送数据的 MAC 命令帧。

4）信标帧负载数据为上层协议提供数据传输接口。通常情况下，这个字段可以忽略。

在信标不使能网络里，协调器在其他设备的请求下也会发送信标帧。此时，信标帧的功能是辅助协调器向设备传输数据，整个帧只有待转发数据目标地址字段有意义。

（2）数据帧　数据帧用来传输上层发送到 MAC 层的数据，它的负载字段包含了上层需要传送的数据。数据负载传送至 MAC 层时，被称为 MAC 层数据服务单元（MAC Service Data Unit，MSDU）。它的首尾被分别附加了 MHR 信息和 MFR 信息后，就构成了 MAC 帧。MAC 帧的长度不会超过 127B。数据帧结构见表 4-8。

表 4-8 数据帧结构

字节：2	1	4~20	N	2
帧控制	序列号	地址域	数据帧负载	帧校验
MAC 帧头			MAC 数据服务单元	MAC 帧尾

MAC 帧传送至物理层后，就成为物理帧的负载 PSDU。PSDU 在物理层被“包装”，其头部增加了同步信息 SHR 和帧长度信息 PHR 字段。同步信息 SHR 包括用于同步的前导码和帧首界定符 SFD 字段，它们都是固定值。帧长度信息字段 PHR 标识了 MAC 帧的长度，为一个字节长而且只有其中的低 7 位才是有效位。

（3）确认帧　如果设备收到目的地址为其自身的数据帧或者 MAC 命令帧，并且帧的控制信息字段的确认请求位被置为 1，设备需要回应一个确认帧。确认帧的序列号应该与被确认帧的序列号相同并且负载长度应该为零。确认帧紧接着被确认帧发送，不需要使用 CSMA-CA 机制竞争信道，确认帧结构见表 4-9。

表 4-9 确认帧结构

字节：2	1	2
帧控制	序列号	帧校验
MAC 帧头		MAC 帧尾

（4）命令帧 MAC 命令帧主要用于组建 PAN 网络、传输同步数据等。目前定义好的命令帧有九种类型，主要完成三方面的功能：把设备关联到 PAN、与协调器交换数据、分频 GTS。命令帧在结构上和其他帧没有太多区别，只是帧控制字段的帧类型位有所不同。命令帧的具体功能由帧的负载数据表示。负载数据是一个变长结构，所有命令帧负载的第一个字节是命令类型字节，后面的数据针对不同的命令类型有不同的含义。命令帧结构见表 4-10。

表 4-10 命令帧结构

字节：2	1	4~20	1	N	2
帧控制	序列号	地址域	命令类型	数据帧负载	帧校验
MAC 帧头			MAC 数据服务单元		MAC 帧尾

4.2.3 IEEE 802.15.4 安全服务

IEEE 802.15.4 提供的安全服务是在应用层已经提供密钥的情况下的对称密钥服务。秘钥的管理和分频都由上层协议负责。这种机制提供的安全服务基于这样一个假设：即密钥的产生、分配和存储都在安全的方式下进行。在 IEEE 802.15.4 中，以 MAC 帧为单位提供了四种帧安全服务，同时，为了适用于各种不同的应用，设备可以在三种安全模式中进行选择。

1. 帧安全服务

MAC 层可以为输入/输出的 MAC 帧提供安全服务。提供的帧安全服务主要包括四种：访问控制、数据加密、帧完整性检查和顺序更新。

1）访问控制提供的安全服务是确保一个设备只和它愿意通信的设备通信。在这种方式下，设备需要维护一个列表，记录它希望与之通信的设备。

2）数据加密服务使用对称密钥来保护数据，防止第三方直接读取数据帧信息。在 LR-WPAN 中，信标帧、命令帧和数据帧的负载均可使用加密服务。

3）帧完整性检查通过一个不可逆的单向算法对整个 MAC 帧进行运算，生成一个消息完整性代码（Message Integrity Code，MIC），并将其附加在数据包的后面发送。接收方式用同样的过程对 MAC 帧进行运算，对比运算结果和发送端给出的结果是否一致，以此判断数据帧是否被第三方修改。信标帧、数据帧和命令帧均可使用帧完整性检查保护。

4）顺序更新使用一个有序编号避免帧重发攻击。接收到一个数据帧后，新编号要与最后一个编号比较。如果新编号比最后一个编号新，则校验通过，编号更新为最新的；反之，校验失败。这项服务可以保证收到的数据是最新的，但不提供严格的与上一帧数据之间的时间间隔信息。

2. 安全模式

在 LR-WPAN 中设备可以根据自身需要选择不同的安全模式：无安全模式、访问控制列表（Access Control List，ACL）模式和安全模式。

1）无安全模式是 MAC 子层默认的安全模式。处于这种模式下的设备不对接收到

的帧进行任何安全检查。当某个设备接收到一个帧时，只检查帧的目的地址。如果目的地址是本设备地址或广播地址，这个帧就会被转发给上层，否则丢弃。在设备被设置为混杂模式（Promiscuous）的情况下，它会向上层转发所有接收到的帧。

2）访问控制列表模式为通信提供了访问控制服务。高层可以通过设置 MAC 子层的 ACL 条目指示 MAC 子层根据源地址过滤接收到的帧。因此这种方式下，MAC 子层没有提供加密保护，高层有必要采取其他机制来保证通信的安全。

3）安全模式对接收或发送的帧提供全部的四种帧安全服务：访问控制、数据加密、帧完整性检查和顺序更新。

4.3 ZigBee 协议规范

“ZigBee”一词由“Zig”和“Bee”两部分组成，“Zig”取自英文单词“zigzag”，词义是“之字形的线条、道路”，“Bee”在英文中是蜜蜂，所以“ZigBee”的合成意义是沿着“之”字形路线起舞的蜜蜂。“ZigBee”较形象地描述了无线传感器网络中的传感器节点在传送数据时依循的路径形同蜜蜂起舞，实际上，“ZigBee”与蓝牙类似，是一种新兴的短距离无线通信技术。

ZigBee 技术是一种面向自动化和无线控制的低速率、低功耗、低价格的无线网络方案。在 ZigBee 方案被提出一段时间后，IEEE 802.15.4 工作组也开始了一种低速率无线通信标准的制定工作。最终 ZigBee 联盟和 IEEE 802.15.4 工作组决定合作共同制定一种通信协议标准，该协议标准被命名为“ZigBee”。

ZigBee 的通信速率要求低于蓝牙，由电池供电设备提供无线通信功能，并希望在不更换电池并且不充电的情况下能正常工作几个月甚至几年。ZigBee 支持网形网络拓扑结构，网络规模可以比蓝牙设备大得多。ZigBee 无线设备工作在公共频段上（全球 2.4GHz，美国 915MHz，欧洲 868MHz），传输距离为 10~75m，具体数值取决于射频环境以及特定应用条件下的输出功耗。ZigBee 的通信速率在 2.4GHz 时为 250kbit/s，在 915MHz 时为 40kbit/s，在 868MHz 时为 20kbit/s。

IEEE 802.15.4 主要制定协议中的物理层和 MAC 层；ZigBee 联盟则制定协议中的网络层和应用层，主要负责实现组网、安全服务等功能以及一系列无线家庭、建筑等解决方案，负责提供兼容性认证、市场运作以及协议的发展延伸。这样就保证了消费者从不同供应商处买到的 ZigBee 设备可以一起工作。

IEEE 802.15.4 关于物理层和 MAC 层的协议为不同的网络拓扑结构（如星形、网形以及树形等）提供了不同的模块。ZigBee 协议的网络路由策略通过时隙机制可以保证较低的能量消耗和时延。ZigBee 网络层的一个特点就是通信冗余，这样当网形网络中的某个节点失效时，整个网络仍能够正常工作。物理层的主要特点在于，具备能量和质量监测功能，采用空闲频道评估以实现多个网络的并存。图 4-10 显示了 ZigBee 技术在无线通信技术应用中的定位。

ZigBee 技术的优势表现在以下方面：

（1）省电　ZigBee 网络节点设备工作周期较短、收发信息功率低，并且采用了休眠模式（当不传送数据时处于休眠状态，当需要接收数据时由 ZigBee 网络中称作“协调器”的设备负责唤醒它们），所以 ZigBee 技术特别省电，避免了频繁更换电池或充

电，从而减轻了网络维护的负担。

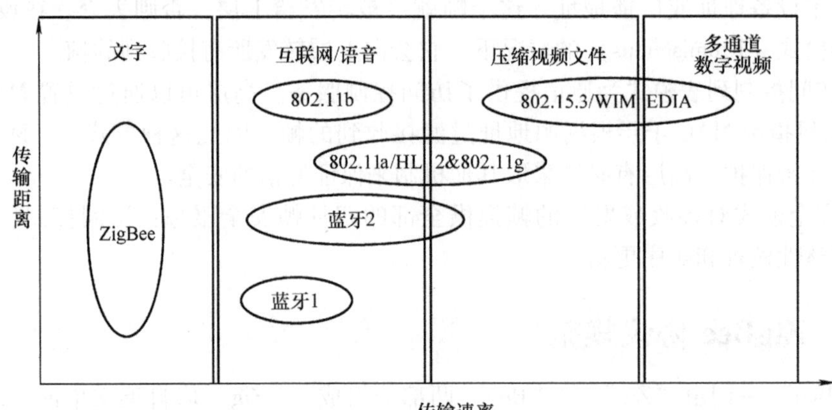

图 4-10 ZigBee 技术在无线通信技术应用中的定位

（2）可靠 由于采用了碰撞避免机制并为需要固定带宽的通信业务预留了专用时隙，避免了发送数据时的竞争和冲突，而且 MAC 层采用了完全确认的数据传输机制，每个发送的数据包都必须等待接收方的确认信息，因此从根本上保证了数据传输的可靠性。

（3）廉价 由于 ZigBee 协议栈设计简练，因此它的研发和生产成本相对较低。普通网络节点硬件上只需 8 位微处理器（如 80C51），最小 4KB、最大 32KB 的 ROM；软件实现上也较简单。随着产品产业化，ZigBee 通信模块价格预计能降到 1.5~2.5 美元。

（4）短时延 ZigBee 技术与蓝牙技术的时延对比可知，ZigBee 的各项时延指标都非常短。ZigBee 节点休眠和工作状态转换只需 15ms，入网时延约 30ms，而蓝牙时延为 3~10s。

（5）大网络容量 一个 ZigBee 网络最多可以容纳 254 个从设备和 1 个主设备，一个区域内最多可以同时存在 100 个 ZigBee 网络。

（6）安全 ZigBee 技术提供了数据完整性检查和鉴权功能，加密算法采用 AES-128，并且各应用可以灵活地确定其安全属性，使网络安全能够得到有效的保障。

4.3.1 ZigBee 协议框架

ZigBee 标准采用分层结构，每一层为上一层提供一系列特殊的服务。IEEE 802.15.4 标准定义了底层协议：物理层和 MAC 层。ZigBee 标准在此基础上定义了网络层（Network Layer，NWK）和应用层（Application Layer，APL）架构。在应用层内提供了应用支持子层（Application Support Sublayer，APS）和 ZigBee 设备对象（ZigBee Device Object，ZDO）。完整的 ZigBee 协议栈如图 4-11 所示。

1. 网络层

网络层负责拓扑结构的建立和维护网络连接，主要功能包括设备连接和断开网络时所采用的机制，以及在帧信息传递过程中所采用的安全机制。此外，还包括设备的路由发现与路由维护和转交。并且，网络层完成对一跳（One-Hop）邻居设备的发现和

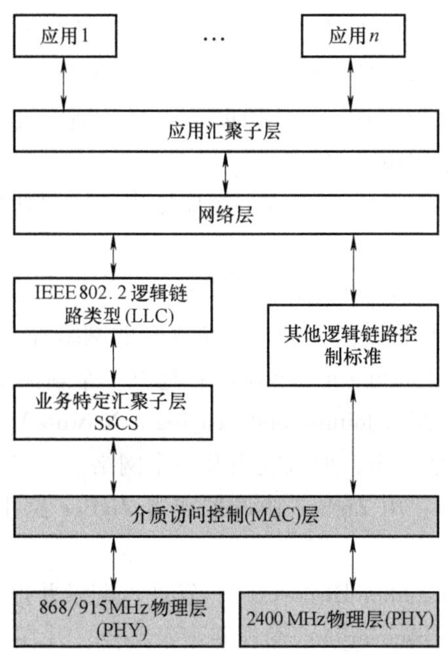

图 4-11　ZigBee 协议栈组成

相关节点信息的存储。一个 ZigBee 协调器创建一个新网络，为新加入的设备分配短地址等。并且，网络层还提供一些必要的函数，确保 ZigBee 的 MAC 层正常工作，并且为应用层提供合适的服务接口。

网络层要求能够很好地完成在 IEEE 802.15.4 标准中 MAC 子层所定义的功能，又要为应用层提供适当的服务接口。为了与应用层进行更好的通信，网络层中定义了两种服务实体来实现必要的功能。这两个服务实体分别为数据服务实体（NLDE）和管理服务实体（NLME）。NLDE 通过网络层数据实体服务接入点（NLDE-SAP）提供数据传输服务，NLME 通过网络层管理实体服务接入点（NLME-SAP）提供网络管理服务。NLME 可以利用 NLDE 来激活它的管理工作，它还具有对网络层信息数据库（NIB）进行维护的功能。网络层结构如图 4-12 所示，此图直观地给出了网络层所提供的实体和服务接口等。

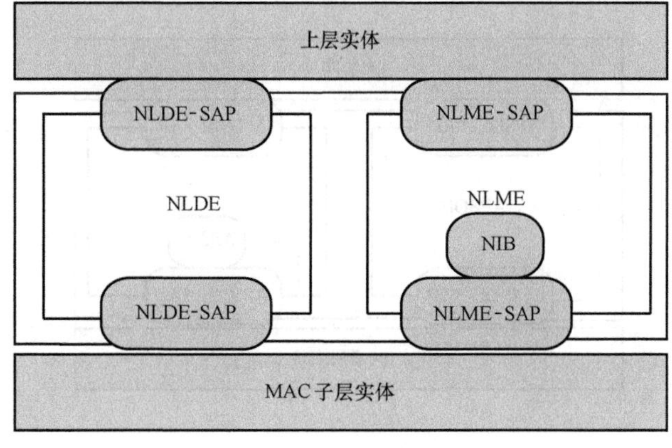

图 4-12　网络层结构

NLDE 提供的数据服务允许在处于同一应用网络中的两个或多个设备之间传输应用数据单元（APDU）。NLDE 提供的服务有：产生网络协议数据单元（NPDU）和选择通信路由。在通信中，NLDE 要发送一个 NPDU 到一个合适的设备，这个设备可能是通信的终点，也可能是通信链路中的一个点。

NLME 需要提供一个管理服务以允许一个应用来与协议栈操作进行交互。NLME 需要提供以下服务。

1）配置一个新的设备（Congfiguring a New Device）：充分配置所需操作栈。配置选项包括 ZigBee 协调器的开始操作、加入一个现有的网络等。

2）开始一个新网络（Starting a Network）：建立一个新网络。

3）加入和离开一个网络（Joining and Leaving a Network）：和由 ZigBee 协调器或者 ZigBee 路由器申请离开网络一样，加入或离开一个网络。

4）寻址（Addressing）：由 ZigBee 协调器或者 ZigBee 路由器来给新加入网络的设备分配地址。

5）邻近设备发现（Neighbor Discovery）：发现、记录并报告一跳范围内设备。

6）路由发现（Route Discovery）：发现并记录路径，并在这条路径上信息可能被有效发送。

7）接收控制（Reception Control）：控制接收器何时处于激活状态及其持续时间，使得 MAC 子层同步或直接接收。

2. 应用层

在 ZigBee 协议中应用层是由应用支持子层、ZigBee 设备配置层和用户程序来组成的。应用层提供高级协议管理栈管理功能，用户应用程序由各制造商自己来规定，它使用应用层来管理协议栈。

（1）应用支持子层（APS）　APS 结构如图 4-13 所示。APS 通过 ZDO 和制造商定义的应用对象所用到的一系列服务来为网络层和应用层提供接口。APS 所提供的服务由数据服务实体（APSDE）和管理服务实体（APSME）来实现。APSDE 通过数据服务实体访问点（APSDE-SAP）来提供数据传输服务。APSME 通过管理服务实体访问点（APSME-SAP）来提供管理服务，它还负责对 APS 信息数据库（AIB）的维护工作。

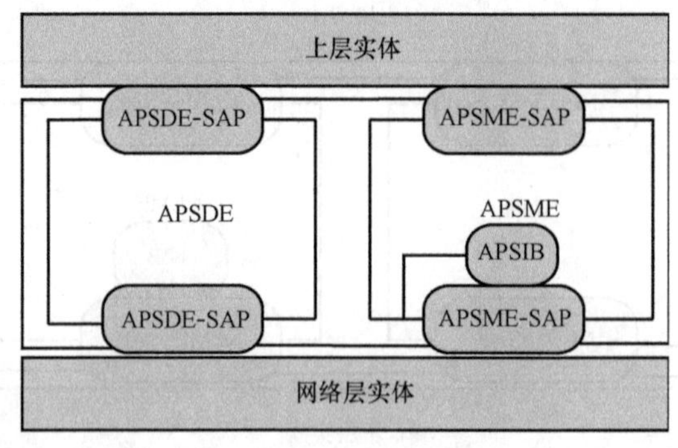

图 4-13　APS 结构

APSDE 为网络层提供数据服务，也为在同一网络中的两个或多个 ZDO 和其他应用对象设备之间提供传输应用数据单元的数据服务。APSDE 主要提供以下服务：

1）产生应用数据单元：APSDE 通过在捕获的应用数据单元上加一个适当的协议来产生应用支持子层数据单元（APS PDU）。

2）绑定：当两个设备的服务和需要相匹配的情况下才可以使用绑定。一旦两个设备绑定后，APSDE 具有把从一个绑定设备接收到的消息发送给另外一个设备的能力。

APSME 提供的管理服务允许一个应用连接到 ZigBee 系统。它提供把基于服务和需求相匹配的两个设备作为一个整体来进行管理的绑定服务，并未绑定服务构建和保留绑定表。除了这些以外，APSME 还提供以下服务：

1）AIB 管理：APSME 具有能从设备的 AIP 中获得属性或进行属性设置的能力。

2）安全管理：APSME 通过利用密钥能够与其他设备建立可靠的关联。

APS 主要提供 ZigBee 端点接口。应用程序将使用该层打开或关闭一个或多个端点并读取或发送数据，而且 APS 为键值对（Key Value Pair，KVP）和报文（MSG）数据传输提供了原语。APS 也有绑定表，绑定表提供了端点和网络中两个节点间的簇 ID 对之间的逻辑链路。当首次对主设备绑定时，绑定表为空，主应用必须调用正确的绑定 API 来创建新的绑定项。

APS 还有一个“间接发送缓冲器”RAM，用来存储间接帧，直到目标接收者请求这些数据帧为止。根据 ZigBee 规范，在星形网络中，从设备总会将这些数据帧转发到主设备中。从设备可能不知道该数据帧的目标接收者，而且数据帧的实际接收者由绑定表项决定，这样，如果主设备一旦接收到数据帧，它就会查找绑定表以确定目标接收者。如果该数据有接收者，就会将该数据帧存储在间接发送缓冲器里，直到目标接收者明确请求该数据帧为止。根据请求的频率，主设备必须将数据帧保存在间接发送缓冲器里。在此需要注意的是：节点请求数据时间越长，数据包需要保存在间接发送缓冲器里的时间也越长，因而所需要的间接发送缓冲器空间也将越大。间接发送缓冲器包含一个设计时分配的固定大小的 RAM 堆，可通过动态分配间接发送缓冲器的 RAM 来添加新的数据帧，动态存储管理可充分利用间接发送缓冲空间。

（2）应用层消息类型　在 ZigBee 应用中，应用框架（AF）提供了两种标准服务类型。一种是键值对（KVP）服务类型，一种是报文（MSG）服务类型。KVP 操作的命令有 Set、Get、Event。其中，Set 用于设置一个属性值，Get 用于获取一个属性值，Event 用于通知一个属性已经发生改变。KVP 消息主要用于传输一些较为简单的变量格式。由于 ZigBee 的很多应用领域中的消息较为复杂并不适用于 KVP 格式，因此 ZigBee 协议规范定义了 MSG 服务类型。MSG 服务对数据格式不做要求，适合任何格式的数据传输，因此可以用于传送数据量大的消息。

KVP 命令帧格式见表 4-11。

表 4-11　KVP 命令帧格式

位：4	4	16	0/8	可变
命令类型标识符	属性数据类型	属性标识符	错误代码	属性数据

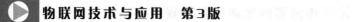

MSG 命令帧格式见表 4-12。

表 4-12 MSG 命令帧格式

位：8	可变
事务长度	事务数据

（3）ZigBee 寻址及寻址方式 ZigBee 网络协议的每一个节点都具有两个地址：64 位的 IEEE MAC 地址及 16 位网络地址。每一个使用 ZigBee 协议通信的设备都有一个全球唯一的 64 位 MAC 地址，该地址由 24 位组织唯一标识符（OUI）与 40 位厂家分配地址组成，OUI 可通过购买由 IEEE 分配得到，由于所有的 OUI 皆由 IEEE 指定，因此 64 位 IEEE MAC 地址具有唯一性。

当设备执行加入网络操作时，它们会使用自己的扩展地址进行通信。成功加入 ZigBee 网络后，网络会为设备分配一个 16 位网络地址。由此，设备便可使用该地址与网络中的其他设备进行通信。

ZigBee 的寻址方式有两种：第一种为单播，当单播一个消息时，数据包的 MAC 报头应该含有目的节点的地址，只有知道了接收设备的地址，消息才能通过单播的方式进行发送；第二种为广播，要通过广播来发送消息，应将信息包 MAC 报头中的地址域值设为 0xFF。此时，所有使能终端都能够接收该消息。该寻址方式可以用于加入一个网络、查找路由及执行 ZigBee 协议的其他查找功能。ZigBee 协议对广播信息包实现一种被动应答模式。即当一个设备产生或转发一个广播信息包时，它将侦听所有邻居的转发情况。如果所有的邻居没有在应答时限内复制数据包，设备将重复转发信息包，直到它侦听到该信息包已被所有邻居转发，或者广播传输时间被耗尽为止。

（4）ZigBee 设备配置层 ZigBee 设备配置层提供标准的 ZigBee 配置服务，它定义和处理描述符请求。在 ZigBee 设备配置层中定义了成为 ZigBee 设备对象（ZDO）的特殊软件对象，它在其他服务中提供绑定服务。远程设备可以通过 ZDO 接口请求任何标准的描述符信息。当接收到这些请求信息时，ZDO 会调用配置对象以获取相应的描述符值。在目前的 ZigBee 协议栈版本中，还没有完全实现设备配置层。ZDO 是特殊的应用对象，它在端点（End Point）0 上实现。

4.3.2 ZigBee 网络配置

ZigBee 网络的拓扑主要有星形、网形和树形，如图 4-14 所示。星形拓扑具有组网简单、成本低和电池寿命长的优点；但网络覆盖范围有限，可靠性不及网形拓扑结构，一旦中心节点发生故障，所有与之相连的网络节点的通信都将中断。网形拓扑具有可靠性高、覆盖范围大的优点；缺点是电池使用寿命短、管理复杂。树形结构拓扑有一个顶端节点，下面有枝有叶，如果需要从一个节点向另一个节点发送数据，那么信息将沿着树的路径向上传递到最近的祖先节点然后再向下传递到目标节点，这种拓扑方式的缺点是信息只有唯一的路由通道。

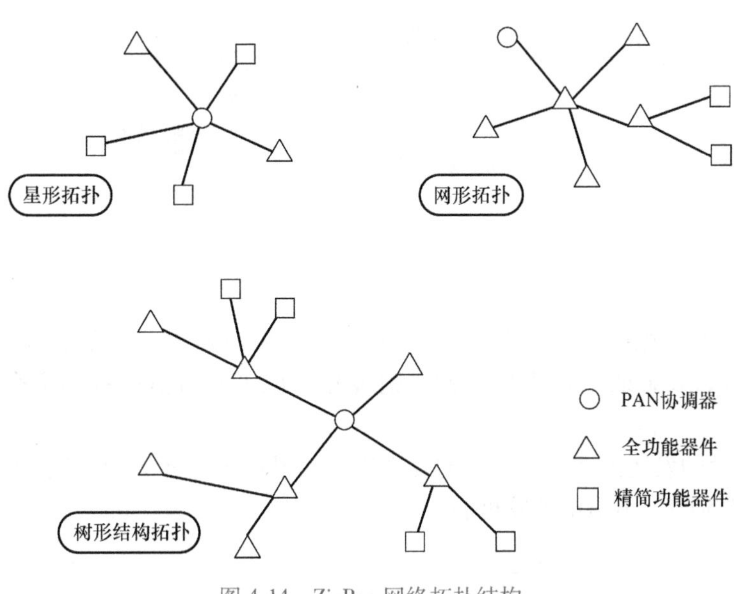

图 4-14　ZigBee 网络拓扑结构

4.4　无线传感器网络组网

4.4.1　基于 IEEE 802.15.4 标准的无线传感器网络

下面介绍一个基于 IEEE 802.15.4 标准的无线传感器网络实例。

1. 组网类型

本实例中，无线传感器网络采取星形拓扑结构，由一个与计算机相连的无线模块作为中心节点，可以跟任何一个普通节点通信。普通节点可以由一组传感器节点组成，如温度传感器、湿度传感器、烟雾传感器，它们对周围环境中的各个参数进行测量和采样，并将采集到的数据发往中心节点，由中心节点对发来的数据和命令进行分析处理，完成相应操作。普通节点只能接收从中心节点传来的数据，与中心节点进行数据交换。

2. 数据传输机制

在整个无线传感器网络中，采取的是主机轮询查问和突发事件报告的机制。主机每隔一定时间向每个传感器节点发送查询命令；节点收到查询命令后，向主机回发数据。如果发生紧急事件，节点可以主动向中心节点发送报告。中心节点通过对普通节点的阈值参数进行设置，还可以满足不同用户的需求。

网内的数据传输是根据无线模块的网络号、网内 IP 地址进行的。在初始设置的时候，先设定每个无线模块所属网络的网络号，再设定每个无线模块的 IP 地址，通过这种方法能够确定网络中无线模块地址的唯一性。若要加入一个新的节点，只需给它分配一个不同的 IP 地址，并在中心计算机上更改全网的节点数，记录新节点的 IP 地址。

（1）传输流程

1）命令帧的发送流程。命令帧的发送流程如图 4-15 所示。

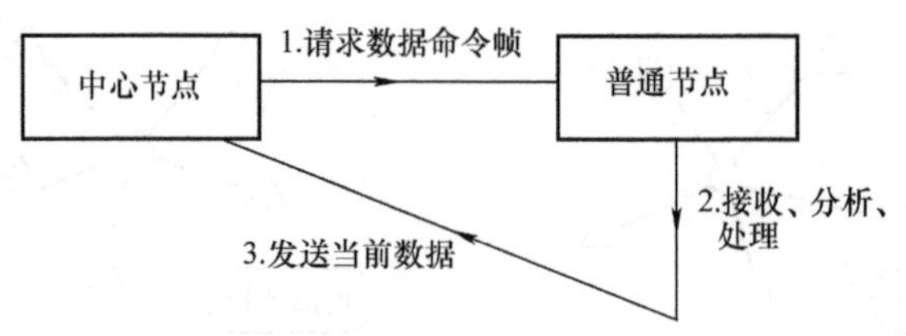

图 4-15 命令帧的发送流程

因为查询命令帧采取轮询发送机制，所以，丢失一两个查询命令帧对数据的采集影响不大；而如果采取出错重发机制，则容易造成不同节点的查寻命令之间的互相干扰。

2）关键帧的发送流程。关键帧的发送流程如图 4-16 所示，包括阈值帧、关键重启命令帧等，关键帧采用出错重发机制。

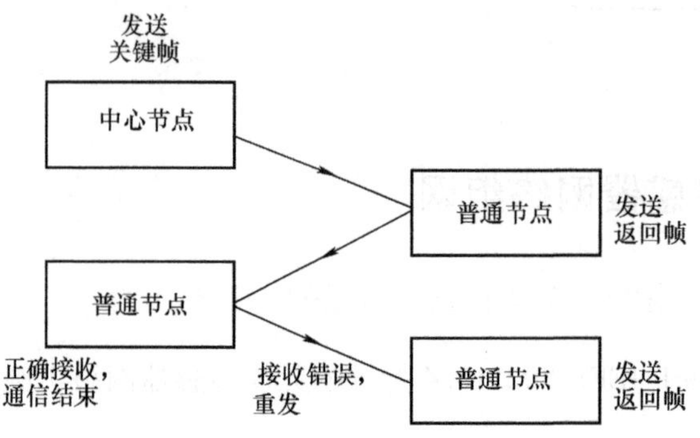

图 4-16 关键帧的发送流程

（2）传输的帧格式及其作用 IEEE 802. 15. 4 标准定义了一套新的安全协议和数据传输协议。本方案采用的无线模块根据 IEEE 802. 15. 4 标准，定义了一套帧格式来传输各种数据。

1）数据帧：数据型数据帧结构的作用是把指定的数据传送到网络中指定节点上的外设中，具体的接收目标也由这两种帧结构中的“目标地址”给定，其结构如下：

数据类型 44h	目的地址	数据域长度	数据域	校验位

2）返回帧：返回型数据帧结构的作用是无线模块将网络情况反馈给自身 UART0 上的外设，其结构如下：

数据类型 52h	目的地址	数据域长度	数据域	校验位

这两种帧格式定义了适用于传感器网络的数据帧，针对这些数据帧，可以采取不同的应对措施来保证数据传输的有效性。

传感器网络的数据帧格式是在无线模块数据帧的基础上进行修改的，主要包括传

感数据帧、中心节点的阈值设定帧、查询命令帧及重启命令帧。其中，传感数据帧和阈值设定帧帧长都为8B，包括无线模块的数据类型1B、目的地址1B、“异或”校验段1B以及数据长度5B。5B的数据长度包括传感数据类型1B、数据3B、源地址1B。其中，当传感数据类型位为0xBB时，代表将要传输的是A/D转换器当前采集到的数据，源地址是当前无线模块的IP地址；当数据类型位为0xCC时，表示当前数据是系统设置的阈值，源地址是中心节点的IP地址。查询命令帧和重启命令帧都为5B，包括无线模块的数据类型1B、目的地址1B、数据长度1B（只传递传感器网络的数据类型位），并用0xAA表示当前的数据是查询命令，用0xDD表示让看门狗重启的命令。

温度传感器节点给中心节点计算机的返回帧在无线模块的数据帧基础上加以修改，帧长为6B，包括无线模块的数据类型1B、目的地址1B、数据长度2B、源地址1B、“异或”校验1B。在数据类型中，用0x00表示当前接收到的数据是正确的，用0x01表示当前接收到的数据是错误的。中心节点若收到代表接收错误的返回帧，则重发数据，直到温度传感器节点正确接收为止。若计算机收到10个没有正确接收的返回帧，则从计算机发送命令让看门狗重启。

对于无线模块给外设的返回帧，当无线模块之间完成一次传输后，会将此次传输的结果反馈给与其相连接的外设。若成功传输，则类型为0x00；若两个无线模块之间通信失败，则类型为0xFF。当接收到通信失败的帧时，传感器节点重新发送当前的传感数据。若连续接收到10次发送失败的返回帧，则停发数据，等待下一次的查询命令。若传感器节点此时发送的是报警信号，则在连续重发10次后，开始采取延迟发送，即每次隔一定的时间后，向中心节点发送报警报告，直到其发出。如果在此期间收到中心节点的任何命令，则先将警报命令立即发出。因为IEEE 802.15.4标准已经在底层定义了CSMA/CD的冲突监测机制，所以在收到发送不成功的错误帧后，中心计算机将随机延迟一段时间（1~10个轮回）后再发送新一轮的命令帧，采取这种机制可避免重发的数据帧加剧网络拥塞。如此10次以后，表示网络暂时不可用，并且以后每隔10个轮回的时间发送一个命令帧，以测试网络。如果收到正确的返回帧，则表示网络恢复正常，重新开始新的轮回。

4.4.2　基于ZigBee协议规范的传感器网络

下面介绍一种基于ZigBee的无线传感器网络的实现方案。该系统是一种燃气表数据无线传输系统，其无线通信部分使用ZigBee规范。

1. 无线传感器的构建

利用ZigBee技术和IEEE 1451.2协议来构建的无线传感器，其基本结构如图4-17所示。

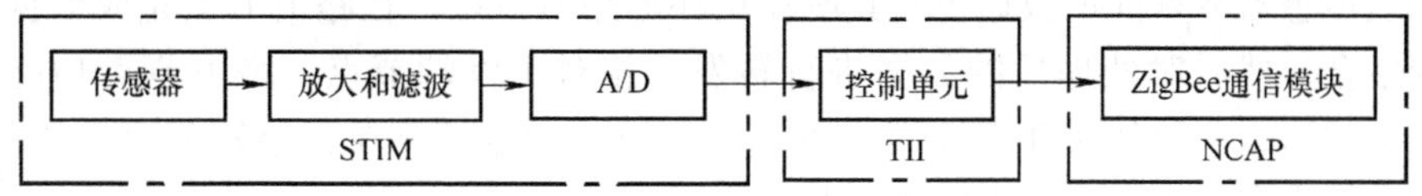

图4-17　无线传感器基本结构

智能传感器接口模块（STIM）部分包括传感器、放大和滤波电路、A/D 转换；传感器独立接口（TII）部分主要由控制单元组成；网络适配处理器（NCAP）负责通信。“燃气表数据无线传输系统”项目中实现了无线燃气表传感器的设计：STIM 选用 CG-L-J2. 5/4D 型号的燃气表；TII 选用 Atmel 公司的 80C51，8 位 CPU；NCAP 选用赫立讯公司 IP · Link 1000-B 无线模块。在此方案中，燃气表的数据为已经处理好的数据。由于燃气表数据为一个月抄一次，所以在设计的过程中不用考虑数据的实时性问题。IP · Link 1000-B 模块为赫立讯公司为 ZigBee 技术而开发的一款无线通信模块。其主要特点如下：支持多达 40 个网络节点的链接方式；300~1000MHz 的无线收发器；高效率发射、高灵敏度接收；高达 76. 8kbit/s 的无线数据速率；IEEE 802. 15. 4 标准兼容产品；内置高性能微处理器；具有两个 UART 接口；10 位、23kHz 采样率 ADC 接口；微功耗待机模式。这样为无线传感器网络中降低功率损耗提供了一种灵活的电源管理方案。

存储芯片选用有 64KB 的存储空间的 Ateml 公司 24C512 EEPROM 芯片；按一户需要 8B 的信息量计算，可以存储 8000 多个用户的海量信息，对一个小区完全够用。

所有芯片选用 3. 3V 的低压芯片，可以降低设备的能源消耗。

在无线传输中，数据结构的表示是一个关键的部分，它往往可以决定设备的主要使用性能。这里把它设计成如下格式：

数据头	命令字	数据长度	数据	CRC

数据头：3B，固定为“AAAAAA”。

命令字：1B，具体的命令。01 为发送数据，02 为接收数据，03 为进入休眠，04 为唤醒休眠。

数据长度：1B，为后面“数据”长度的字节数。

数据：0~20B，为具体的有效数据。

CRC：2B，对从命令字到数据的所有数据进行校检。

在完整接收到以上格式的数据后，通过 CRC 来完成对数据是否正确进行判读，这在无线通信中是十分必要的。

2. 无线传感器网络的构建

IEEE 802. 15. 4 提供了三种有效的网络结构（星形、网形、树形）和三种器件工作模式（简化功能模式、全功能模式、协调器）。简化功能模式只能作为终端无线传感器节点；全功能模式既可以作为终端传感器节点，也可以作为路由节点；协调器只能作为路由节点。

这样无线传感器网络可以大致组成以下三种基本的拓扑结构。

（1）基于星形的拓扑结构　它具有天然的分布式处理能力，星形结构中的路由节点就是分布式处理中心，即它具有路由功能，也有一定的数据处理和融合能力，每个终端无线传感器节点都把数据传给其所在拓扑的路由节点，在路由节点完成数据简单、有效的融合，然后对处理后的数据进行转发。相对于终端节点，路由节点功能更多，通信也更频繁，一般其功耗也较高，所以其电源容量也较终端传感器节点电源的容量大，可考虑为大容量电池或太阳能电源。

（2）基于网形的拓扑结构　这种结构的无线传感器网络连成一张网，网络非常健壮，伸缩性好，在个别链路和传感器节点失效时不会引起网络分立，可以同时通过多条路由通道传输数据，传输可靠性非常高。

（3）基于树形的拓扑结构　在这种结构下传感器节点被串联在一条或多条链上，链尾与终端传感器节点相连。这种方案在中间节点失效的情况下，会使其某些终端节点失去连接。

“燃气表数据无线传输系统”项目中采用的是星形拓扑结构，主要因为其结构简单，实现方便，不需要大量的协调器节点，且可降低成本。每个终端无线传感器节点为每家的燃气表（平时无线通信模块为掉电方式，通过路由节点来激活），手持式接收机为移动的路由节点。

整个网络的建立是随机的、临时的；当手持接收机在小区里移动时，通过发出激活命令来激活所有能激活的节点，临时建立一个星形网络；其网络建立及数据流的传输过程如下：

1）路由节点发出激活命令。

2）终端无线传感器节点被激活。

3）在每个终端无线传感器节点分别延长某固定时间段的随机倍数后，节点通知路由节点自己被激活。

4）路由节点建立激活终端无线传感器节点表。

5）路由节点通过此表对激活节点进行点名通信，直到表中的节点数据全部下载完成。

6）重复1)~5)，直到小区中所有终端节点数据下载完毕。

这样当一个移动接收机在小区里移动时，可以通过动态组网把小区里用户燃气信息下载到接收机中，再把接收机中的数据拿到处理中心去集中处理。

4.5　无线传感器网络的仿真与软硬件开发

4.5.1　无线传感器网络仿真技术

传统的网络仿真利用数学建模和统计分析的方法模拟网络行为，从而获取特定的网络性能参数。数学建模包括网络建模（网络设备、通信链路等）和流量建模两个部分。模拟网络行为是指模拟网络数据流在实际网络中传输、交换和复用的过程。网络仿真获取的网络性能参数包括网络全局性能统计量、个体节点和链路的可能性能统计量等，由此既可以获取某些业务层的统计数据，也可以得到协议内部某些参数的统计结果。

网络仿真技术有两个显著特点。首先，网络仿真能够为网络的规划设计提供可靠的依据。网络仿真技术能够根据网络特点迅速地建立起网络模型，并能够很方便地修改模型，进行仿真，这使得仿真非常适用于预测网络的性能。其次，网络仿真模型进行模拟，获取定量的网络性能预测数据，网络仿真可以为方案的验证和比较提供可靠的依据。

1. 无线传感器网络仿真需要解决的问题

数学分析、计算机仿真与物理测试是研究与分析传统无线或有线网络的三种主要

技术手段。由于无线传感器网络新的特点与约束，无线传感网络的算法非常复杂，使得数学分析的实现十分困难。另外，由于无线传感器网络超大规模的特点，目前真正的无线传感器网络系统少之又少，物理测试几乎无法实现。而计算机仿真解决了大规模物理系统构建的困难，节约了研究成本。所以，计算机仿真已经成为超大规模无线传感器网络系统研究与开发的主要手段。

无线传感器网络的特点使得无线传感器网络仿真需要解决以下问题：

1）可扩展性与仿真效率。无线传感器网络超大规模和拓扑结构动态变化的特点要求仿真系统在支持网络规模动态变化的同时，保持高仿真效率。

2）分布与异步特性。由于无线传感器网络是以数据为中心的全分布式网络系统，单个传感器节点一般只能拥有局部信息，并且不具备全局唯一标志，与传统无线节点有较明显的差别；同时，节点间通信的异步特性增加了仿真系统设计与实现的难度。

3）动态性。在实际应用环境中，由于无线传感器网络中的节点可能移动或者失效，网络拓扑会经常变化；在能量管理机制的作用下，节点的状态也会不断变化。因此，准确建立无线传感器网络系统的动态性模型，对于提高仿真实验结果的可信度至关重要。

4）综合仿真平台。作为一种测控网络，无线传感器网络系统集传感、通信和协同信息处理于一身。另外，由于节能是无线传感器网络的主要目标，无线传感器网络引入了与能耗相关的性能评价指标。所以，无线传感器网络需要一个完整、综合的仿真平台。

2. 无线传感器网络仿真的研究

目前，国内外对无线传感器网络仿真的研究主要集中在体系结构、系统建模和平台开发三个方面。

（1）体系结构　无线传感器网络仿真平台可分为软件平台和硬件平台两部分。传统的仿真硬件平台主要是指支撑软件平台运行的工作站或服务器等设备，但是随着混合仿真（Hybrid Simulation）技术在无线传感器网络仿真研究中的深入应用，一些仿真系统开始在平台中加入真实的传感器节点和网络应用，以求可以有效模拟更加复杂的实时系统，缩短开发周期并提高程序的实用性，这使得仿真系统的硬件平台功能更加丰富和强大，软硬件平台的结合也更加紧密。如无说明，下文提到的仿真平台指仿真的软件平台。

开发仿真平台，首先需要建立仿真体系结构。无线传感器网络系统的仿真体系结构，由真实的目标对象及其物理环境初步抽象所得，它反映了无线传感器网络系统内外各因素的本质联系。在设计体系结构的过程中，可以根据需要忽略次要因素，或者舍去不可观测的变量，以提高无线传感网络仿真的效率。

下面介绍加利福尼亚大学洛杉矶分校提出的一种典型的无线传感器网络系统的仿真体系结构——SensorSim。如图 4-18 所示，SensorSim 主要由以下五个部分组成。

1）传感器节点。传感器节点负责监视周围一定范围内的环境，接收信号，并进行数据处理和通信。如图 4-19 所示，传感器节点由功能模块和能耗模块两个模块组成。

① 功能模块由以下三个部分组成：

应用：负责对传感器节点的信号采集功能、通信行为等进行初始化，并根据实验

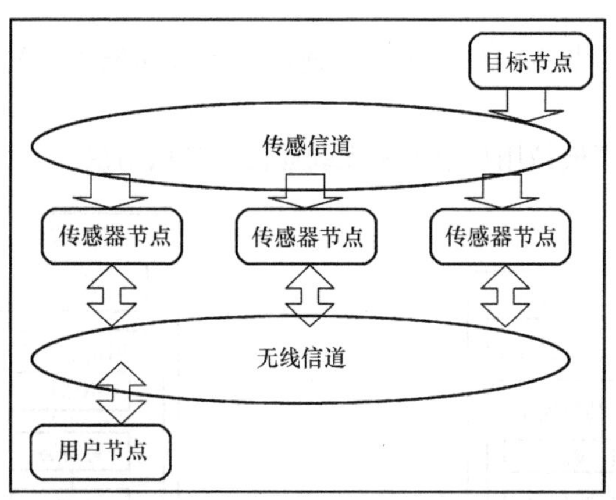

图 4-18 SensorSim 体系结构

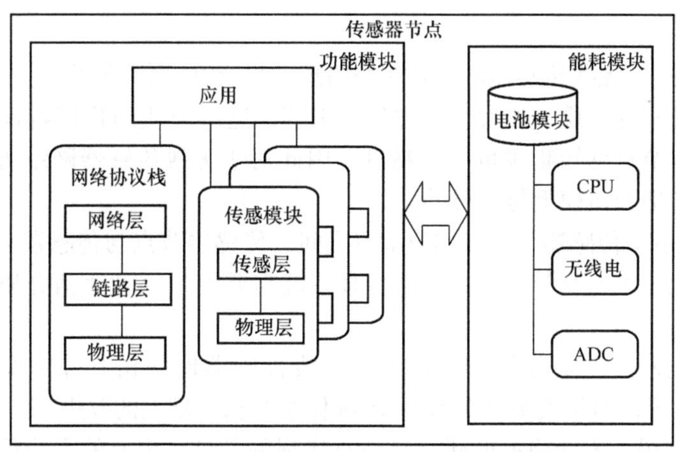

图 4-19 传感器节点模型的体系结构

需要建立统计指标。

网络协议栈：负责模拟传感器节点中无线通信的各层协议。

传感模块：也称为传感协议栈，负责检测和处理来自传感信道的信号，将其送往上层应用。

② 能耗模块：模拟节点的能量产生和能量消耗的过程，主要根据电池、无线收发设备、模数转换器、信号采集设备等硬件的能量模型进行模拟。

2）目标节点。目标节点产生可以被传感器节点感知的信号，通过特定介质将信号传播出去。如图 4-20 所示，目标节点包括以下模块：

应用：根据具体仿真应用，对目标节点的各种属性进行初始化。

传感模块：传感模块分为传感层和物理层，其主要功能是根据仿真的实际物理环境，生成标志目标特征的信号，通过物理层发送给传感器节点。

3）用户节点。用户节点是无线传感器网络的使用者和管理者，主要功能是发出查询及控制命令，并收集数据，通常不具备传感功能。如图 4-21 所示，用户节点模型包

括以下模块：

应用：负责对用户节点的信息采集、通信行为等功能进行初始化，并根据实验需要建立统计指标。

网络协议栈：负责模拟用户节点中无线通信的各层防议。

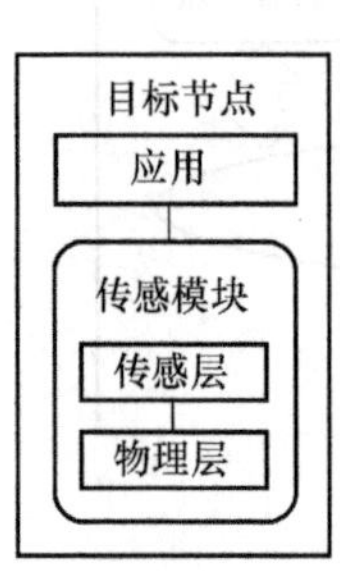

图 4-20　目标节点模型的体系结构

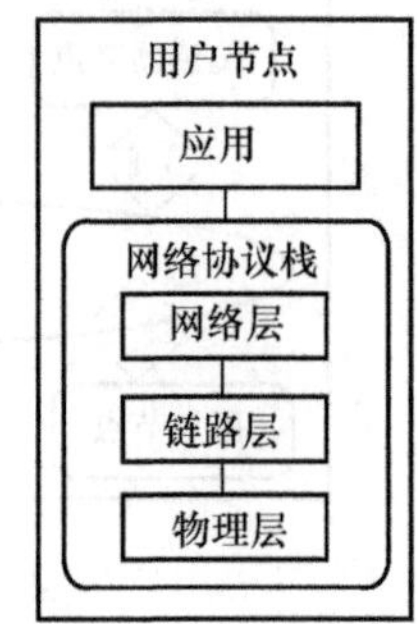

图 4-21　用户节点模型的体系结构

4）传感信道。无线传感器网络直接与物理世界交互，信号由目标信号源传到传感器节点需要通过某种介质，如大地、空气、水等，这些介质的物理特性将会在很大程度上影响传感器节点感知物理世界的精度，因此对于无线传感器网络仿真系统，建立与传感相关的传播介质模型是必要的。

5）无线信道。传感器节点和用户节点之间、传感器节点与传感器节点之间的无线通信需要无线电、声、光等介质，因此仿真系统需要模拟这种通信介质的模型，即建立无线信道模型。

目前，研究人员还提出了一些其他的无线传感器网络仿真体系结构，如 SENS、EmStar、SWAN 等，但是大多是在 SensorSim 体系结构基础上的改进。

（2）系统建模　系统模型的建立是仿真实现的基础。现有的无线传感器网络仿真模型主要包括节点能耗模型、网络流量模型、无线信道模型等。

1）节点能耗模型。目前人们对能耗模型的研究主要集中于对电池、无线电、中央处理器等硬件设备的能耗分析。

① 电池能耗模型：无线传感器节点主要由电池供电。一般情况下，理想的电池容量是由电池中剩余的活性物质数量决定的，而在实际应用中，电池容量还受电池放电速度、放电曲线以及操作电压等因素的影响。电池能耗模型主要处理三种事件：电池能耗变化、电池能量耗尽和电池能量达到阈值。电池能耗变化事件是指耗费能量的设备改变其耗能速率，电池模块需要重新计算节点的总体能耗和电池耗尽时间。电池能量耗尽事件指示电池能量被完全耗尽的时间，每当发生电池能耗变化事件，耗尽时间将被重新设置。电池能量达到阈值事件则表示电池能量级别达到了某一阈值的情况。

② 无线电能耗模型：在传感器节点的耗能设备中，无线电模块是主要耗能模块，无线电模块主要由无线电收发器和信号放大器组成。假设两个节点之间的距离为 d，其通信能耗模型如图 4-22 所示，通常取 $E_{elec}=50\text{nJ/bit}$，$\varepsilon_{amp}=100\text{nJ/(bit}\cdot\text{m}^2)$。

③ 中央处理器能耗模型：中央处理器能耗模型表示 CPU 的能量消耗，模型建立通常是基于传感器节点完成动作或函数运算所占用的时钟周期。

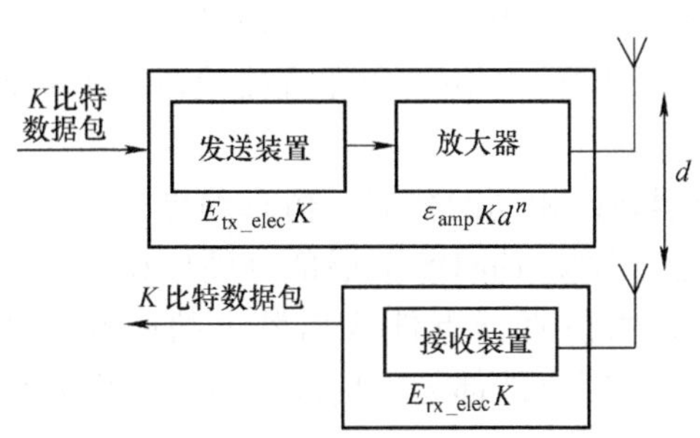

图 4-22　无线通信能耗模型

除了上述模型，无线传感器网络的整体能耗还跟其他许多因素有关，如节点分布密度、网络覆盖面积、网络流量的产生和分布等，因此仿真平台设计仅仅建立硬件能耗模型是不够的。加州理工学院喷气动力实验室的 J. L. Gao 集成各方面模型，提出一种新的能耗统计体系，利用新的能耗标准——比特·米/焦耳（bit·m/J），对无线传感器网络的整体能耗进行分析，并取得了比较理想的结果。

2）网络流量模型。由于无线传感器网络是面向应用的测控系统，在不同的应用背景和物理环境下，网络流量模型是不同的。当被监测目标出现在传感器节点的感知范围内，如果附近传感器节点分布较密集，网络将会产生瞬时的流量爆发；而在某些野外环境的监测任务中，传感器节点定期采集数据，并且位置基本固定，这种情况会产生稳定的数据流量。同时，不同的网络协议和信息处理技术，也会影响网络整体流量。

在无线传感器网络的通信模型中，传感器节点应用模块采用的数据源可分为固定比特率（CBR）和可变比特率（VBR）两种，分别对应稳定流量和爆发流量。在网络流量的模型分析中，大都将网络中数据包的到达假设为泊松过程，在理论分析上，泊松过程具有对于网络传输的性能评价简单、有效等显著特点。但根据实践经验，泊松过程并不适合无线自组网、互联网和无线传感器网络等具有大范围相关、自相似特性的网络。

3）无线信道模型。传感器节点之间、用户节点与传感器节点之间需要通过无线信道进行通信。由于无线传感器网络大规模和高密度等特点引发的高噪声，使得其无线信道的模型更加复杂，所以无线信道的建模也是无线传感器网络仿真研究的主要内容之一。

（3）平台开发　仿真平台开发是无线传感器网络仿真研究的又一主要内容。目前研究人员针对无线传感器网络开发的仿真平台有 TOSSIM、PROWLER、TOSSF、SensorSim、EmStar 以及 SENS 等，但这些仿真平台大多侧重无线传感器网络通信、传感或协同信息处理中的一个方面。

3. 无线传感器网络常用仿真软件

除了上文提到的无线传感器网络仿真专用仿真平台外，目前还有一些用于无线传感器网络仿真的通用网络仿真软件，如 OPNET、NS（Network Simulator）等，并已成为无线传感器网络仿真的主要平台。下面介绍几种无线传感器网络仿真的常用软件。

（1）TOSSIM　TOSSIM（TinyOS Simulator）是 TinyOS 自带的一个仿真工具，可以支持大规模网络仿真。由于 TOSSIM 仿真程序直接编译自实际运行于硬件环境的代码，所以还可以用来调试程序。

TOSSIM 运行和传感器硬件相同的代码，仿真编译器能直接从 TinyOS 应用的组件表编译生成仿真程序。通过替换 TinyOS 下层部分硬件相关的组件，TOSSIM 把硬件中断转换成离散仿真事件，由仿真器事件队列抛出的中断来驱动上层应用，其他的 TinyOS 组件尤其是上层的应用组件都无须更改，因此用户无须为仿真另外编写代码。TOSSIM 具有以下几个方面的特点：

1）编译器支持。TOSSIM 改进了 nesC 编译器，通过使用不同的选项，用户可以把在硬件节点上运行的代码编译成仿真程序。编译器支持可同时提供可扩展性和仿真的真实性。

2）执行模型。TOSSIM 的核心是一个仿真事件队列。与 TinyOS 不同的是，硬件中断被模拟成仿真事件插入队列，仿真事件调用中断处理程序，中断处理程序又可以调用 TinyOS 的命令或触发 TinyOS 的事件，这些 TinyOS 的事件和命令处理程序又可以生成新任务，并将新的仿真事件插入队列，重复此过程直到仿真结束。

3）硬件模拟。TinyOS 把节点的硬件资源抽象为一个个组件。通过将硬件中断转换成离散仿真事件，替换硬件资源组件，TOSSIM 模仿了硬件资源组件的行为，为上层提供了与硬件相同的标准接口。硬件模拟为仿真物理环境提供了接入点，通过修改硬件模拟组件，可以为用户提供各种性能的硬件环境，满足不同用户的需求。

4）无线模型。TOSSIM 允许开发者选择具有不同精确性和复杂度的无线模型，该模型独立于仿真器之外，保证了仿真器的简单和高效。用户可以通过一个有向图指定不同节点对之间通信的误码率，表示在该链路上发送 1bit 数据时可能出错的概率。对同一个节点对来说，双向误码率是独立的，从而使模拟不对称链路成为可能。

5）仿真监控。用户可以自行开发应用软件来监控 TOSSIM 仿真的执行过程，两者通过 TCP/IP 通信。TOSSIM 为监控软件提供实时仿真数据，包括在 TinyOS 源代码中加入的 Debug 信息、各种数据包和传感器的采样值等，监控程序可以根据这些数据显示仿真执行情况。同时允许监控程序以命令调用的方式更改仿真程序的内部状态，达到控制仿真进程的功能。TinyViz（TinyOS Visualizer）就是 TinyOS 提供的一个仿真监控程序。

（2）OPNET　OPNET 是在 MIT 研究成果的基础上由 MIL3 公司开发的网络仿真软件产品。OPNET 网络仿真软件系列主要包括以下四个产品：

1）Planner：亦称 IT DecisionGuru，是一个独立的网络规划设计工具，不具有网络节点和协议建模功能，仅限于基于基本模型库的网络建模和模拟。

2）Modeler：是 MIL3 公司的拳头产品，是一个功能十分强大的网络仿真环境，支持网络中各层设备、链路和协议的精确建模，并提供丰富的外部开发接口，同时还内含 P1anner 的全部功能。

3）Modeler/Radio：在 Modeler 的基础上增加对无线和移动网络仿真的支持，目前可支持移动通信、卫星通信和无线局域网等。

4）OXD：利用“co-simulation”技术，在网络环境模拟中验证硬件的设计。

OPNET 具有丰富的统计量收集和分析功能。它可以直接收集各个网络层次的常用性能统计参数，并有多种统计参数的采集和处理方法，还可以通过底层网络模型编程，收集特殊的网络参数。OPNET 还有丰富的图表显示和编辑功能、模拟错误提示和告警功能，能够方便地编制和输出仿真报告。

1）关键技术。OPNET 采用离散事件驱动的模拟机理，其中“事件”指网络状态的变化，也就是说，只有网络状态发生变化时，模拟机才工作，网络状态不发生变化的时间段不执行任何模拟计算，即被跳过，并且在一个仿真时间点上，可以发生多个事件。仿真中的各个模块之间通过事件中断方式传递事件信息。每当出现一个事件中断时，都会触发一个描述通信网络系统行为或者系统处理的进程模型。OPNET 通过离散事件驱动的仿真机制实现了在进程级描述通信的并发性和顺序性，再加上事件发生时刻的任意性，决定了可以仿真计算机和通信网络中的任何情况下的网络状态和行为。因此，与时间驱动相比，离散事件驱动的模拟机计算效率得到很大提高。

在 OPNET 中使用基于事件列表的调度机制，合理安排调度事件，以便执行合理的进程来仿真网络系统的行为。调度的完成通过仿真软件的仿真核和仿真工具模块以及模型模块来实现。每个 OPNET 仿真都维持一个单独的全局时间表，其中的每个项目和执行都受到全局仿真时钟的控制，仿真中以时间顺序调度事件列表中的事件，需要先执行的事件位于表的头部。当一个事件执行后将从事件列表中删除该事件。仿真核作为仿真的核心管理机构，采用高效的办法管理维护事件列表，并且按顺序通过中断将在队列头的事件交给指定模块，同时接收各个模块送来的中断，并把相应事件插入事件列表中。仿真控制权伴随中断不断地在仿真核与模块之间转移。

OPNET 采用基于包的通信机制。通过仿真包在仿真模型中的传递来模拟实际物理网络中数据包的流动和节点设备内部的处理过程。仿真包还可以用作模型中各个模块之间接口控制信息的描述方法。在建模时，可以根据需要生成、编辑各种格式的包。

2）仿真建模方法。计算机和通信网络模型一般分为三个层面：网络拓扑、节点内部结构和通信行为。OPNET 分别采用网络模型、节点模型、进程模型来实现这三个模型。

① 网络模型完成网络拓扑和配置模型的设计。网络模型是最高层次的模型，由网络节点和连接网络节点的通信链路组成，由该层模型可直接建立仿真网络的拓扑结构。网络模型可支持无限多重的子网模型。

② 节点模型完成网元节点结构和数据流模型的设计。节点模型由协议模块和连接协议模块的各种链接组成。每个协议模块对应一个或多个进程模型。

③ 进程模型完成网元节点模型中每个模块的进程模型的设计。进程模型通过语言实现。Proto-C 是一种基于有限状态机（FSM）的 C 语言。进程状态机处在不同状态，就执行对应的 C 语言描述的通信行为。进程模型是对通信协议功能的模拟，以及与仿真有关的控制流行为的实现。

OPNET 是商业软件，图形化的人机界面非常友好，并且有着丰富的模型库。但是，由于 OPNET 采用基于包的通信机制，物理层的编码调制等方面的仿真实现不够灵活。另外，由于 OPNET 并不是专门为传感器网络仿真而设计，一方面需要对其模型库进行扩展，另一方面还要面对大规模系统仿真的挑战。

(3) NS　NS 是美国劳伦斯伯克利国家实验室于 1989 年开始开发的软件。NS 是一种可扩展、以配置和可编程的事件驱动的仿真工具，它是由 REAL 仿真器发展而来。

作为事件驱动的网络仿真软件，NS 可以提供有线网络、无线网络中数据链路层及其上层，精确到数据包的一系列行为的仿真。最值得一提的是，NS 中的许多协议代码都和真实网络中的应用代码十分接近，其真实性和可靠性高居世界仿真软件的前列。NS 底层的仿真引擎主要由 C++编写，同时利用麻省理工学院的面向对象工具命令语言（OTCL）作为仿真命令和配置的接口语言。网络仿真的过程由一段 OTCL 的脚本来描述，这段脚本通过调用引擎中各类属性、方法，定义网络的拓扑，配置源节点、目的节点，建立链接，产生所有事件的时间表，运行并跟踪仿真结果，还可以对结果进行相应的统计处理或制图。

1）NS 的层次结构。基于不同的分工，NS 软件平台主要采用两种开发语言。一方面，具体协议的模拟和实现，需要一种程序设计语言，用于高效率的信息处理和算法执行。为了实现这个任务，程序内部模块的运行速度是非常重要的，而仿真设置时间、寻找和修复程序漏洞的时间及重新编译和运行的时间就显得不是很重要了。另一方面，许多网络中的研究工作都围绕着网络组件和环境的具体参数的设置和改变而进行的，需要在短时间内快速开发和模拟网络场景，发现和修复程序中的漏洞。在这种任务中，仿真设置与修改时间就显得非常重要。

因此，为了满足以上两种不同任务的需要，NS 的设计实现使用了两种程序设计语言：C++和 OTCL。C++语言被用来实现网络协议，OTCL 被用来配置仿真中的各种参数，建立仿真的整体结构。因为 C++语言的特点是具有更快的运行速度，但较为复杂，每次修改代码均需要重新编译，比较适合处理烦琐但比较固定的工作，即上文描述的第一类问题；而 OTCL 虽然在运行速度上无法和 C++语言比拟，但 OTCL 是无强制类型的脚本程序编写语言，容易实现和修改，容易发现和修正程序漏洞，相对来说更加灵活，可以很好地解决上文描述的第二类问题。同时，在 NS 中 C++和 OTCL 之间可以通过 TCLCL 工具包自由地实现相互调用。NS 体系结构如图 4-23 所示。

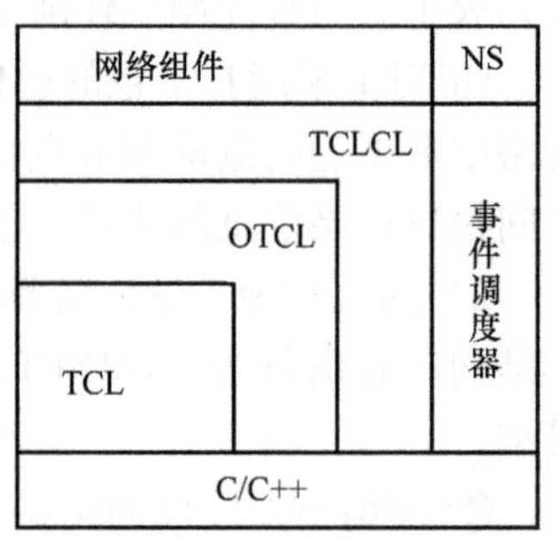

图 4-23　NS 体系结构

2）NS 的功能模块。从用户角度看，NS 是一个仿真事件驱动的，具有网络组件对象库和网络配置模块库的 OTCL 脚本解释器。NS 中编译类对象通过 OTCL 连接建立了与之对应的解释类对象，这样用户在 OTCL 空间能够方便地对 C++对象的函数和变量进行修改与配置。

通常情况下，NS 仿真器的工作从创建仿真器类（Simulator）的实例开始。仿真器类可以看成是对整个仿真器的封装，仿真器调用各种方法生成节点，进而构造拓扑图，对仿真的各个对象进行配置，定义事件，然后根据定义的事件，模拟整个网络活动的过程。在创建仿真器对象时，构造函数同时也创建了一个该仿真器的事件调度器（Event Scheduler）。仿真器封装了以下功能模块：

① 事件调度器：由于 NS 是基于事件驱动的，调度器也成为 NS 的调度中心，可以

跟踪仿真时间，调度当前事件链中的仿真事件并交由产生该事件的对象处理。目前 NS 主要提供了四种具有不同数据结构的调度器，分别是链表、堆、日历表和实时调度器。

② 节点：是一个复合组件，在 NS 中可以表示端节点和路由器。每个节点具有唯一的地址，节点有单播节点和组播节点两种类型，通过节点内部的节点类型变量来区分。节点为每个连接到它的节点分配不同的端口，用于模拟实际网络中的端口；另外，节点包含路由表以及路由算法，由地址分类器根据目的地址转发数据包。

③ 链路：由多个组件复合而成，用来连接网络节点。所有链路都以队列的形式管理数据包的到达、离开和丢弃，可以跟踪每个数据包到达、进入、离开队列以及被丢弃的时间；还可以用队列监视器（Queue Monitor）来监测队列长度和平均队长的变化情况。

④ 代理：负责网络层数据包的产生和接收，也可以用在各个层次的协议实现中。代理类包含源及目的节点地址，数据包类型、大小、优先级等状态变量，并利用这些状态变量来给所产生数据包的各个字段赋值。每个代理链接到一个网络节点上，通常连接到端节点，由该节点给它分配端口号。

⑤ 包：由头部和数据两部分组成。头部包括 cmn header、ip header、tcp header、rtp header 及 trace header 等，其中最常用的是通用头结构 cmn header，该头结构中包含唯一标志符、包类型、包的大小以及时间戳等。头结构的格式是在仿真器创建时初始化的，各头部的偏移量被记录下来。在代理产生一个包时，所有的头部都被生成，用户能够根据偏移量来存取头部所包含的信息。

由于源代码开放，NS 的使用较为灵活，用户完全可以依照实际的需求建立自己的仿真平台。然而，NS 的复杂性一直以来都是 NS 广泛应用的最大障碍。这一仿真软件对用户的编程能力、实际网络协议的理解能力要求较高。而且，NS 的图形化程度较低，使用时往往需要大量地修改底层程序代码，对统计数据的操作也比较困难。

（4）RADSIM　RADSIM 是一个离散事件驱动的仿真工具，主要是针对雷达传感器节点构成的网络而设计的。RADSIM 的仿真对象包括移动目标、传感器节点和通信信道等。

RADSIM 利用全局唯一的时钟对所有仿真对象进行调度。每当时钟“跳动”，RADSIM 仿真内核都将依次给每个仿真对象发送一个时钟信息，收到信息的仿真对象将按照当前时间的调度安排执行各自的任务，并且直到所有仿真对象完成当前任务，时钟才会开始下一次“跳动”。

RADSIM 仿真内核支持不同的时间粒度，默认情况下的时钟跳动间隔是真实时间的 10ms。RADSIM 还支持所谓“真实时间域”，用户可以根据需要设定每一次时钟跳动花费的最小真实时间。如果一次时钟跳动没有达到设置的最小真实时间，系统会在剩余时间进行休眠。

RADSIM 提供了图形化的用户接口，可以对仿真运行进行实时观测，甚至控制某些对象行为。用户接口显示了当前仿真时间、目标位置以及传感器节点的信息。每个传感器节点的“360°视野”都被分成若干扇面，以模拟传感器的感知范围。当前工作扇面通过颜色的变化来表示，黄色代表仅测量信号振幅，红色代表仅测量信号频率，蓝色代表振幅和频率都被测量，灰色代表雷达未工作。通过图形接口，用户可以启动或

停止仿真、开始或停止目标的移动以及方便调试过程。

4.5.2　无线传感器网络的软件开发

1. 无线传感器网络软件开发的特点与设计要求

无线传感器网络的软件系统用于控制底层硬件的工作行为，为各种算法、协议的设计提供一个可控的操作环境；同时便于用户有效管理网络，实现网络的自组织、协作、安全和能量优化等功能，从而降低无线传感器网络的使用复杂度。无线传感器网络软件运行的分层结构如图4-24所示。

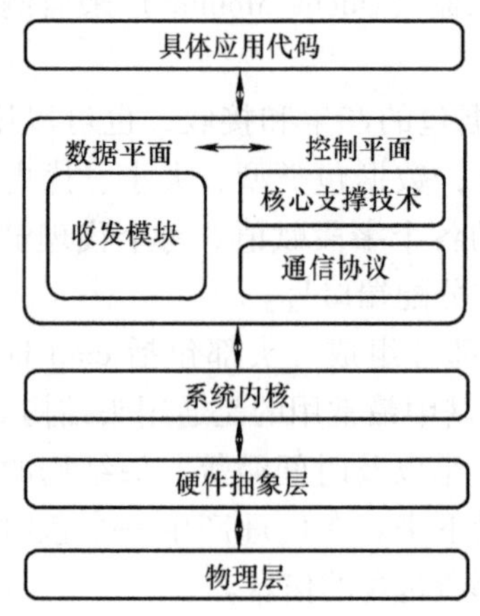

图4-24　无线传感器网络软件运行的分层结构

图中，硬件抽象层在物理层之上，用来隔离具体硬件，为系统提供统一的硬件接口，诸如初始化指令、中断控制、数据收发等。系统内核负责进程调度，为数据平面和控制平面提供接口。数据平面协调数据收发、校验数据，并确定数据是否需要转发。控制平面实现网络的核心支撑技术和通信协议。具体应用代码要根据数据平面和控制平面提供的接口以及一些全局变量来编写。

无线传感器网络因其资源受限，并有动态性强、数据中心等特点，对其软件系统的开发设计提出了如下一些要求：

（1）软件的实时性　由于网络变化不可预知，软件系统应当能够及时调整节点的工作状态，自适应于动态多变的网络状况和外界环境，其设计层次不能过于复杂，且具有良好的事件驱动与响应机制。

（2）能量优化　由于传感器节点电池能量有限，设计软件系统时应尽可能考虑节能，这需要用比较精简的代码或指令来实现网络的协议和算法，并采用轻量级的交互机制。

（3）模块化　为使软件可重用，便于用户根据不同的应用需求快速进行开发，应当将软件系统的设计模块化，让每个模块完成一个抽象功能，并制定模块之间的接口标准。

（4）面向具体应用　软件系统应该面向具体的应用需求进行设计开发，使其运行性能满足应用系统的QoS要求。

(5) 可管理 为维护和管理网络，软件系统应采用分布式的管理办法，通过软件更新和重配置机制来提高系统运行的效率。

2. 无线传感器网络软件开发的内容

无线传感器网络软件开发的本质是从软件工程的思想出发，在软件体系结构设计的基础上开发应用软件。通常，需要使用基于框架的组件来支持无线传感器网络的软件开发。框架中运用自适应的中间件系统，通过动态地交换和运行组件，支撑起高层的应用服务架构，从而加速和简化应用的开发。无线传感器网络软件设计的主要内容就是开发这些基于框架的组件，以支持下面三个层次的应用：

(1) 传感器应用（Sensor Application） 传感器应用提供传感器节点必要的本地基本功能，包括数据采集、本地存储、硬件访问、直接存取操作系统等。

(2) 节点应用（Node Application） 节点应用包含针对专门应用的任务和用于建立和维护网络的中间件功能。其设计分成三个部分：操作系统、传感驱动、中间件管理。节点应用层次的框架组件结构如图 4-25 所示。

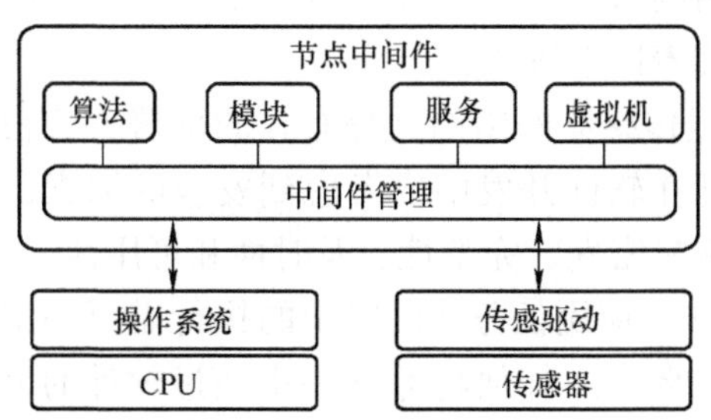

图 4-25 节点应用层次的框架组件结构

1）操作系统：操作系统由裁剪过的只针对特定应用的软件组成，它专门处理与节点硬件设备相关的任务，包括启动载入程序、硬件的初始化、时序安排、内存管理和过程管理等。

2）传感驱动：初始化传感器节点，驱动节点上的传感单元执行数据采集和测量工作。它封装了传感器应用，为中间件提供了良好的 API。

3）中间件管理：该管理机制是一个上层软件，用来组织分布式节点间的协同工作。

① 算法：用来描述模块的具体实现算法。

② 模块：封装网络应用所需的通信协议和核心支撑技术。

③ 服务：包含了用来与其他节点协作完成任务的本地协同功能。

④ 虚拟机：能够执行与平台无关的程序。

(3) 网络应用（Network Application） 描述整个网络应用的任务和所需要的服务，为用户提供操作界面来管理网络并评估运行效果。网络应用层次的框架组件结构如图 4-26 所示。

网络中的节点通过中间件的服务连接起来，协作地执行任务。中间件逻辑上是在网络层，但物理上仍存在于节点内，它在网络内协调服务间的互操作，灵活便捷地支撑起无线传感器网络的应用开发。

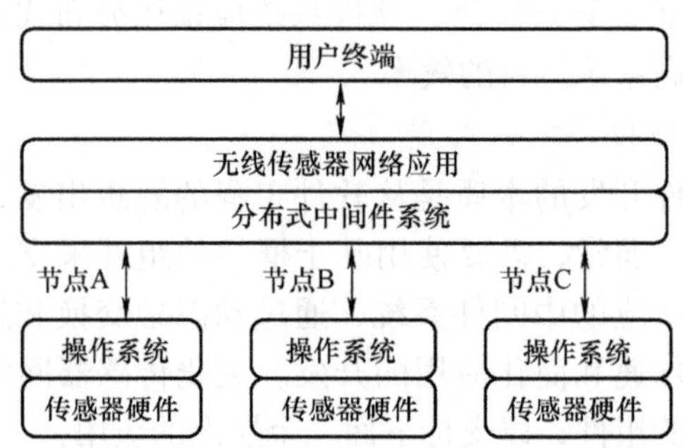

图 4-26　网络应用层次的框架组件结构

为此，需要依据上述三个层次的应用，通过程序设计来开发实现框架中的各类组件，这也就构成了无线传感器网络软件设计的主要内容。

3. 无线传感器网络软件开发的主要技术挑战

尽管无线传感器网络的软件开发研究取得了很大进展，但还有一些问题尚未完全解决。总的说来，还面临着以下挑战：

（1）安全问题　无线传感器网络因其分布式的部署方式很容易受到恶意侵入和拒绝服务之类的攻击，因此在软件开发中要考虑到安全的因素，需要将安全集成在软件设计的初级阶段，以实现机密性、完整性、及时性和可用性。

（2）可控的 QoS 操作　应用任务在网络中的执行需要一定的 QoS 保证，用户通常需要调整或设置这些 QoS 要求。如何将 QoS 要求通过软件的方式抽象出来，为用户提供可控的 QoS 操作接口，是无线传感器网络软件开发所面临的又一技术挑战。

（3）中间件系统　中间件封装了协议处理、内存管理、数据流管理等复杂的底层操作，用来协调网络内部服务、配置和管理整个网络。设计具有可扩展、通用性强和自适应特点的中间件系统也是无线传感器网络软件开发所面临的技术挑战。

4.5.3　无线传感器网络的硬件开发

1. 硬件系统的设计特点与要求

传感器节点是为无线传感器网络特别设计的微型计算机系统。无线传感器网络的特点，决定了传感器节点的硬件设计应该重点考虑三个方面的问题。

（1）低功耗　无线传感器网络对低功耗的需求一般都远远高于目前已有的蓝牙、WLAN 等网络。传感器节点的硬件设计直接决定了节点的能耗水平，还决定了各种软件通过优化（如网络各层通信协议的优化设计、功率管理策略的设计）可能达到的最低能耗水平。通过合理地设计硬件系统，可以有效降低节点能耗。

（2）低成本　在无线传感器网络的应用中，成本通常是一个需要考虑的重要因素。在传感器节点的开发阶段，成本主要体现在软件协议的开发上。一旦产品定型，在产品生产和使用过程中，主要的成本都集中在硬件开发和节点维护两个方面。因此，传感器节点的硬件设计应该根据具体应用的特点来合理选择器件，并使节点易于维护和管理，从而降低开发与维护成本。

（3）稳定性和安全性　传感器节点的稳定性和安全性需要结合软硬件设计来实现。

稳定性设计要求节点的各个部件能够在给定的应用背景下（可能具有较强的干扰或不良的温、湿度条件）正常工作，避免由于外界干扰产生过多的错误数据。但是过于苛刻的硬件要求又会导致节点成本的提高，应在分析具体应用需求的条件下进行权衡。此外，关于节点的电磁兼容设计也十分重要。安全性设计主要包括代码安全和通信安全两个方面。在代码安全方面，某些应用场合可能希望保证节点的运行代码不被第三方了解。例如，某些军事应用中，在节点被敌方俘获的情况下，节点的代码应该能够自我保护并锁死，避免被敌方所获取。很多微处理器和存储器芯片都具有代码保护的能力。在通信安全方面，有些芯片能够提供一定的硬件支持，如具有支持基于 AES-128 的数据加密和数据鉴权能力。

除上述几项要求之外，硬件设计中还应该考虑节点体积、可扩展性等方面的需要。

2. 硬件系统的设计内容

传感器节点的基本硬件功能模块组成如图 4-27 所示，主要由数据处理模块、换能器模块、无线通信模块、电源模块和其他外围模块组成。数据处理模块是节点的核心模块，用于完成数据处理、数据存储、执行通信协议和节点调度管理等工作；换能器模块包括各种传感器和执行器，用于感知数据和执行各种控制动作；无线通信模块用于完成无线通信任务；电源模块是所有电子系统的基础，电源模块的设计直接关系到节点的寿命；其他外围模块包括看门狗电路、电池电量检测模块等，也是传感器节点不可缺少的组成部分。

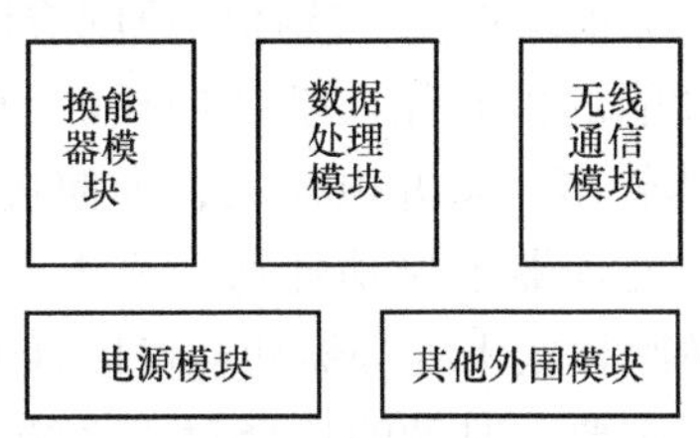

图 4-27 传感器节点的基本硬件功能模块

尽管无线传感器网络的硬件开发技术取得了很大进展，但还有一些问题尚未完全解决。总的说来，还面临着三个方面的挑战。

（1）多种应用需求之间的矛盾和权衡　如上所述，低成本、低功耗、稳定性、安全性、小体积和可扩展性是对传感器节点设计提出的要求。然而由于工艺水平等方面的限制，在节点硬件设计中经常会遇到相互矛盾的情况，比如为了减小节点体积，必须使用集成度更高的器件，最佳的方案是使用 SoC 设计，但这可能会降低节点的可扩展性；另外，为了增加节点的稳定性，应该采用高稳定度的时间基准，但这会加大节点的成本。因此，针对具体应用，权衡多方面因素的影响进行合理设计，是节点硬件开发所面临的主要挑战。

（2）高能量密度电池和能量收集技术　电池体积通常决定了传感器节点的体积。提高电池能量密度能够在不改变电池体积的前提下提高电池电量，从而延长电池寿命。目前已经研究了多种高能量密度的电池，但其成本往往过高，不适合传感器节点的低成本需求。

能量收集技术是一种有望在传感器节点中应用的低成本电源技术。通过吸收外界的光能、机械能、电磁能、热能、生物能等不同形式的能量，节点可以长时间工作而无须担心能量耗尽。目前，光能和机械能的能量收集技术已经得到应用。通过能量收集获得的能量往往具有功率低、分布不均衡等特点，要想实用化，还必须合理设计能量收集和功率调节电路。

（3）硬件的可扩展性设计　传感器节点的设计往往要根据具体应用的需求进行优化，这就意味着很难实现节点设计的标准化，以至于限制无线传感器网络的发展。如果能够在不显著提高成本的前提下实现硬件的可扩展性，包括处理能力、存储能力、通信能力的可扩展，就能将节点设计标准化，从而加速无线传感器网络产业的发展。

3. 传感器节点的开发

（1）数据处理模块设计　分布式信息采集和数据处理是无线传感器网络的重要特征之一。每个传感器节点都具有一定的智能性，能够对数据进行预处理，并能够根据感知到的不同情况做出不同处理。这种智能性主要依赖于数据处理模块实现。可见数据处理模块是传感器节点的核心模块之一。对于数据处理模块的设计，应主要考虑五个方面的问题。

1）节能设计。从能耗的角度来看，对于传感器节点，除其通信模块以外，微处理器、存储器等用于计算和存储数据的模块也是主要的耗能部件。它们都直接关系到节点的寿命，因此应该尽量使用低功耗的微处理器和存储器芯片。

在选择微处理器时切忌一味追求性能，选择的原则应该是“够用就好”。现在微处理器运行速度越来越快，但性能的提升往往带来功耗的增加。一个复杂的微处理器集成度高、功能强，但片内晶体管多，总漏电流大，即使进入休眠或空闲状态，漏电流也变得不可忽视；而低速的微处理器不仅功耗低，成本也低。另外，应优先选用具有休眠模式的微处理器，因为休眠模式下处理器功耗可以降低3~5个数量级。

选择合适的时钟方案也很重要。时钟的选择对于系统功耗相当敏感，系统总线频率应当尽量降低。处理器芯片内部的总电流消耗可分为两部分：运行电流和漏电流。理想的CMOS开关电路，在保持输出状态不变时是不消耗功率的；但在微处理器运行时，开关电路不断由“1”变“0”、由“0”变“1”，消耗的功率由微处理器运行所引起，称之为“运行电流”。如图4-28所示的CMOS开关电路，在两个MOS晶体管互相变换导通、截止状态时，由于两个管子的开关延迟时间不可能完全一致，在某一瞬间会有两个管子同时导通的情况，此时电源到地之间会有一个瞬间较大的电流，这是微处理器运行电流的主要来源。由此可见，运行电流几乎与微处理器的时钟频率成正比，尽量降低系统时钟的运行频率能够有效地降低系统功耗。

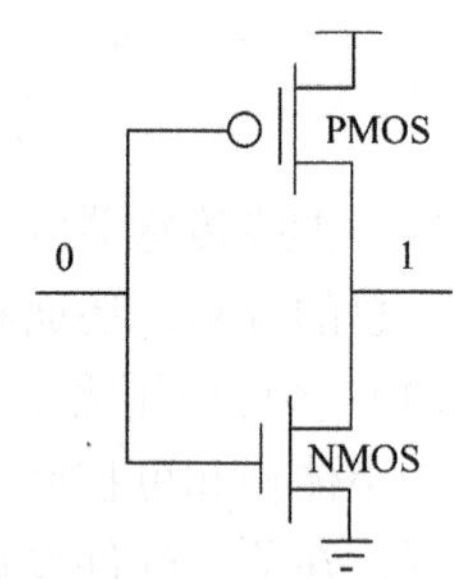

图4-28　CMOS开关电路

现代微处理器普遍采用锁相环技术，使其时钟频率可由程序控制。锁相环允许用户在片外使用频率较低的晶振，可以减小板级噪声；而且，由于时钟频率由程序控制，系统时钟可在一个很宽的范围内调整，总线频率往往能升得很高。但是，使用锁相环也会带来额外的功耗。单就时钟方案来讲，使用外部晶振且不使用锁相环是功耗最低

的一种方案选择。

2）处理速度的选择。如前所述，过快的处理速度可能会增加系统的功耗；但是，如果处理器承担的处理任务较重，那么若能尽快完成任务，则可以尽快转入休眠状态，从而降低能耗。另外，由于需要支持网络协议栈的实时运行，所以处理模块的速度也不能太低。

3）低成本。低成本是无线传感器网络实用化的前提条件。在某些情况下，如在温度传感器节点中，数据处理模块的成本可能占到总成本的90%以上。片上系统（SoC）需要的器件数量最少，系统设计最简单，成本最低，一般来说对于独立系统应用（如电灯开关等），它是最合适的选择。但是基于SoC的设计通常仅对某些特殊的市场需求而言是最优的，由于MCU内核速度和内部存储器容量等不能随应用需求调整，必须有足够大的市场需求量才能使产品设计的巨大投资得到回报。另外，在高速SoC设计中目前还很难集成大容量非易失性存储器。

4）小体积。由于节点的微型化，应尽量减小数据处理模块的体积。

5）安全性。很多微处理器和存储器芯片中提供内部代码安全保密机制，这在某些强调安全性的应用场合尤其必要。

目前处理器模块中使用较多的是Atmel公司的AVR系列单片机。它采用精简指令集计算机（RISC）结构，吸取了PIC及8051单片机的优点，具有丰富的内部资源和外部接口。在集成度方面，其内部集成了几乎所有关键部件；在指令执行方面，微控制单元采用哈佛（Harvard）结构，因此指令大多为单周期；在能源管理方面，AVR单片机提供了多种电源管理方式，尽量节省节点能量；在可扩展性方面，提供了多个I/O口并且和通用单片机兼容；此外，AVR系列单片机提供的USART（通用同步异步收发器）控制器、SPI（串行外设接口）控制器等与无线收发模块相结合，能够实现大吞吐量、高速率的数据收发。

TI公司的MSP430超低功耗系列处理器，不仅功能完善、集成度高，而且根据存储容量的多少提供多种引脚兼容的系列处理器，使开发者可以根据应用对象灵活选择。

此外，作为32位嵌入式处理器的ARM单片机，也已经在无线传感器网络方面得到了应用。但由于受到成本方面的限制，目前应用还不是很广泛。

（2）换能器模块设计　换能器模块包含传感器和执行器两种部件。其中，传感器的种类繁多，主要有各种类型的传感器，如传声器、光传感器、温度传感器、湿度传感器、振动传感器和加速度传感器等。同时，作为一种监控网络，传感器节点中还可能包含各种执行器，如电子开关、声光报警设备、微型电动机等执行器。

大部分传感器的输出是模拟信号，但通常无线传感器网络传输的是数字化的数据，因此必须进行模/数（A/D）转换。类似地，许多执行器的输出也是模拟的，因此还必须进行数/模（D/A）转换。在网络节点中配置模/数转换器和数/模转换器（ADC和DAC）能够降低系统的整体成本，尤其是在节点有多个传感器且可共享一个转换器的时候。作为一种降低产品成本的方法，传感器节点生产厂商可以选择不在节点中包含ADC或DAC，而是使用数字换能器接口。

为了解决换能器模块与数据处理模块之间的数据接口问题，目前已制定了IEEE 1451.5智能无线传感器接口标准。IEEE 1451系列标准（如1451.1—1999标准和

1451.2—1997 标准）是由 IEEE 仪器和测量协会的传感器技术委员会发起的。1993 年，IEEE 和国家标准与技术协会（美国商务部的下属部门）共同举办了有关会议，探讨传感器兼容的问题，随后产生了 IEEE 1451 标准。由于网络通信协议的数量增长太快，以至于无法生产出与众多协议兼容的传感器。解决的方法是开发智能传感器接口，将其用作所有传感器的通信协议，这便是 IEEE 1451。在 IEEE 1451.2 中，建立了标准换能器电子数据表（Transducer Electronic Data Sheet，TEDS）。该标准实现了传感器和网络适配处理器（NCAP），即传感器和网络间的协议处理器之间接口的标准化，从而使智能传感器的应用更加方便。作为这个标准的一部分，TEDS 给传感器提供了向网络中其他各种设备（如测量系统、控制系统和网络上的任何设备）描述自身属性的一种方法。TEDS 含有几乎所有可能的与传感器有关的参数，包括制造商信息、校准和性能参数等，这就增强了传感器和执行器之间的互操作性，使得通信网络和传感器密不可分。传感器可以平等地与温度计、湿度计以及机器人执行器通信。由于传感器和 NCAP 的接口是标准化的，因而网络仅需为其使用的通信协议提供单一的 NCAP 设计即可，每个传感器可以复用该 NCAP。

（3）无线通信模块设计　无线通信模块由无线射频电路和天线组成，目前采用的传输介质主要包括无线电、红外线和光波等，它是传感器节点中最主要的耗能模块，是传感器节点的设计重点。下面主要讨论无线通信模块所采用的传输介质、选择的频段、调制机制及目前相关的协议标准。

1）无线电传输。无线电波易于产生，传播距离较远，容易穿透建筑物，在通信方面没有特殊的限制，比较适合在未知环境中的自主通信需求，是目前传感器网络的主流传输方式。

在频段选择方面，一般选用 ISM 频段。选用 ISM 频段的主要原因在于 ISM 频段是无须注册的公用频段，具有大范围的可选频段，没有特定标准，可灵活使用。

在调制机制选择方面，传统的无线通信系统需要考虑的重要指标包括频谱效率、误码率、环境适应性以及实现的难度和成本。在无线传感器网络中，由于节点能量受限，需要设计以节能和低成本为主要指标的调制机制。为最小化符号率和最大化数据传输率的指标，研究人员将多级（M-ary）调制机制应用于传感器网络；然而，简单的多相位 M-ary 信号会降低检测的敏感度，而为了恢复连接则需要增加发射功率，因此导致额外的能量浪费。为了避免该问题，准正交的差分编码位置调制方案采用四位二进制符号，每个符号被扩展为 32 位伪噪声码片序列，构成半正弦脉冲波形的交错正交相移键控（O-QPSK）调制机制，仿真实验表明该方案的节能性较好。M-ary 调制机制通过单个符号发送多位数据的方法虽然减少了发射时间，降低了发射功耗，但是所采用的电路很复杂，无线收发器的功耗也比较大。如果以无线收发器的启动时间为主要条件，则二进制（Binary）调制机制在启动时间较长的系统中更加节能有效，而 M-ary 调制机制适用于启动时间较短的系统。学者 Liu Ch 和 Asada H 给出了一种基于直序扩频-码分多址访问（DS-CDMA）的数据编码与调制方法，该方法通过使用最小能量编码算法来降低多路访问冲突，减少能量消耗。

另外，加利福尼亚大学伯克利分校研发的 PicoRadio 项目采用了无线电唤醒装置。该装置支持睡眠模式，在满占空比情况下消耗的功率也小于 1μW。DARPA 资助的

WINS 项目研究如何采用 CMOS 电路技术实现硬件的低成本制作。麻省理工学院研发的 uAMPS 项目在设计物理层时考虑了无线收发器启动能量方面的问题。启动能量指无线收发信机在休眠模式和工作模式之间转换时消耗的能量。研究表明，启动能量可能大于工作时消耗的能量。这是因为发送时间可能很短，而无线收发器的启动时间却可能相对较长，它受制于具体的物理层。

2）红外线传输。红外线作为传感器网络的可选传输方式，其最大的优点是这种传输不受无线电干扰，且红外线的使用不受国家无线电管理委员会的限制。然而，红外线对非透明物体的穿透性极差，只能进行视距传输，只在一些特殊的应用场合下使用。

3）光波传输。与无线电传输相比，光波传输不需要复杂的调制、解调机制，接收器的电路简单，单位数据传输功耗较小。在加利福尼亚大学伯克利分校的 SmartDust 项目中，研究人员开发了基于光波传输，具有传感、计算能力的自治系统，提出了两种光波传输机制，即使用三面直角反光镜（CCR）的被动传输方式和使用激光二极管、易控镜的主动传输方式。前者，传感器节点不需要安装光源，通过配置 CCR 来完成通信；后者，传感器节点使用激光二极管和主控激光通信系统发送数据。光波与红外线相似，通信双方不能被非透明物体阻挡，只能进行视距传输，应用场合受限。

4）传感器网络无线通信模块协议标准。在协议标准方面，目前传感器网络的无线通信模块设计有两个可用标准：IEEE 802.15.4 和 IEEE 802.15.3a。IEEE 802.15.3a 标准的提交者把超宽带（UWB）作为一个可行的高速率 WPAN 的物理层选择方案，传感器网络正是其潜在的应用对象之一。

（4）电源模块设计　电源模块是任何电子系统的必备基础模块。对传感器节点来说，电源模块直接关系到传感器节点的寿命、成本、体积和设计复杂度。如果能够采用大容量电源，那么网络各层通信协议的设计、网络功率管理等方面的指标都可以降低，从而降低设计难度。容量的扩大通常意味着体积和成本的增加，因此电源模块设计中必须首先合理选择电源种类。

市电是最便宜的电源，不需要更换电池，而且不必担心电源耗尽。但在具体应用中，市电的应用一方面因受到供电电缆的限制而削弱了无线节点的移动性和使用范围；另一方面，用于电源电压转换电路需要额外增加成本，不利于降低节点造价。但是对于一些市电使用方便的场合，比如电灯控制系统等，仍可以考虑使用市电供电。

电池供电是目前最常见的传感器节点供电方式。原电池（如 AAA 电池）以其成本低廉、能量密度高、标准化程度高、易于购买等特点而备受青睐。虽然使用可充电的蓄电池似乎比使用原电池好，但与原电池相比蓄电池也有很多缺点，如它的能量密度有限。蓄电池的重量能量密度和体积能量密度远低于原电池，这就意味着要想达到同样的容量要求，蓄电池的尺寸和重量都要大一些。此外与原电池相比，蓄电池自放电更严重，这就限制了它的存放时间和在低负载条件下的服务寿命。另外，考虑到传感器网络规模庞大，蓄电池的维护成本也不可忽略。尽管有这些缺点，蓄电池仍然有很多可取之处。蓄电池的内阻通常比原电池要低，这在要求峰值电流较高的应用中是很有好处的。

在某些情况下，传感器节点可以直接从外界的环境中获取足够的能量，包括通过光电效应、机械振动等不同方式获取能量。如果设计合理，采用能量收集技术的节点

尺寸可以做得很小，因为它们不需要随身携带电池。最常见的能量收集技术包括太阳能、风能、热能、电磁能、机械能的收集等。比如，利用袖珍化的压电发生器收集机械能，利用光敏器件收集太阳能，利用微型热电发电机收集热能等。另外，Bond 等人还研究了采用微生物电池作为电源的方法，这种方法安全、环保，而且可以无限期利用。

节点所需的电压通常不止一种。这是因为：模拟电路与数字电路所要求的最优供电电压不同，非易失性存储器和压电换能器及其他的用户界面需要使用较高的电源电压。任何电压转换电路都会有固定开销（消耗在转换电路本身而不是在负载上），对于占空比非常低的传感器节点，这种开销占总功耗的比例可能是非常大的。

（5）外围模块设计　传感器节点的主要外围模块包括看门狗电路模块、I/O 电路模块、低电量检测电路模块等。

1）看门狗（Watch Dog）电路模块。看门狗是一种增强系统鲁棒性的重要措施，它能够有效地防止系统进入死循环或者程序跑飞。传感器节点工作环境复杂多变，可能由于干扰造成系统软件运行混乱。例如，在因干扰造成程序计数器计数值出错时，系统会访问非法区域而跑飞。看门狗的工作原理是：在系统运行以后启动看门狗的计数器，看门狗开始自动计数。到了指定的时间后，看门狗如果仍没有被置位，那么看门狗计数器就会溢出从而引起看门狗中断，造成系统复位，恢复正常程序流程。为了保证看门狗的正常动作，需要程序中在每个指定的时间段内都必须至少置位看门狗计数器一次（俗称“喂狗”）。对于传感器节点，可用软件设定看门狗功能允许或禁止，还可以设定看门狗的反应时间。

2）I/O 电路模块。休眠模式下微处理器的系统时钟将停止，然后由外部事件中断重新启动系统时钟，从而唤醒 CPU 继续工作。在休眠模式下，微处理器本身实际上已经不消耗什么电流，要想进一步减小系统功耗，就要尽量将传感器节点的各个 I/O 模块关掉。随着 I/O 模块的逐个关闭，节点的功耗越来越低，最后进入深度休眠模式。需要注意的是，在让节点进入深度休眠状态前，需要将重要系统参数保存在非易失性存储器中。

3）低电量检测电路模块。由于电池的寿命是有限的，为了避免节点工作中发生突然断电的情况，当电池电量将要耗尽时必须要有某种指示，以便及时更换电池或提醒邻居节点。此外，噪声的干扰和负载的波动会造成电源端电压的波动，在设计低电量检测电路时应该注意到这一点。

4.6 无线传感器网络应用实例——环境监测

1. 场景描述

环境监测是环境保护的基础，其目的是为环境保护提供科学的依据。目前，无线传感器网络在环境监测中发挥着越来越重要的作用。由于环境测量的特殊性，要求传感器节点必须足够小，能够隐藏在环境中的某些角落里，避免遭到破坏。因此在实际应用中更多的是使用一些微型传感器节点，它们分布在被监测环境之中，实时测量环境的某些物理参数（比如温度、湿度、压力等），并利用无线通信方式将测量的数据传

回监控中心，由监控中心根据这些参数做出相应的决策。由于单个传感器节点能力有限，难以完成环境测量的任务，通常是将大量的微型传感器节点互连组成无线传感器网络，以对感兴趣的环境进行智能化的不间断的高精度数据采集。与传统的环境监测手段相比，使用传感器网络进行环境监测有三个显著优势：

1）由于传感器节点的体积很小且整个网络只需要部署一次，因此传感器网络对被监测环境的人为影响要小得多。这尤其适用于那些对环境非常敏感的生物场所监测。

2）传感器节点数最大，分布密度高，每个节点可以采集到某个局部环境的详细信息，这些信息经汇总融合后传到基站，因此传感器网络具有数据采集量大、探测精度高的特点。

3）传感器节点本身具有一定的计算能力和存储能力，可以根据物理环境的变化进行较为复杂的监测。传感器节点还具有无线通信能力，能够实现节点间的协同监测。通过采用低功耗的无线通信模块和无线通信协议可以使传感器网络的生命期延续很长时间，从而保证了传感器网络的实用性。此外，节点的计算能力和无线通信能力还使得传感器网络能够重新编程和重新部署，并对环境变化、传感器网络自身变化以及网络控制指令做出及时反应，因而能够适应复杂多变的环境监测应用。

本节给出的基于环境监测的无线传感器网络的体系构架，主要由低功耗的微小传感器节点通过自组织方式构成。这些节点具有功耗低、工作时间长、成本低的特点，可以实现危险区域内的低成本无人连续在线监测；同时，无线传感器网络节点布置密集，在每个监测点都有多个节点进行测量，可以通过数据融合提高数据精度，而单节点失效对测量效果并没有太大的影响，因而增强了网络的容错性。另外，除了能够对环境进行监测外，无线传感器网络还可以对指定区域进行查询。这些特点都是传统监测系统所不具备的。

2. 环境监测应用中采用的体系架构

在实际的环境监测应用中，将传感器节点部署在被监测区内，由这些传感器节点自主形成一个多跳网络。由于节点分布密度较大，使得监测数据能够满足一定的精度要求。在某些复杂的环境监测应用中，传感器网络根据实际需要变换监测目标和监测内容，工作人员只需要通过网络发布命令以及修改监测的内容就能达到监测目的。

图 4-29 是一种典型的适用于环境监测的传感器网络系统结构。它是一个层次型网络结构，最底层为部署在实际监测环境中的传感器节点，向上层依次为网关、传输网络、基站，最终连接到互联网。为获得准确的数据，传感器节点的分布密度往往很大，并且可能部署在若干个不相邻的监控区域内，由此形成多个传感器网络。体系结构中各要素的功能是：传感器节点将测量的数据传送到一个网关节点，网关节点负责将传感器节点传来的数据经由一个传输网络发送到基站上。需要说明的是，处于传感器网络边缘的节点必须通过其他节点向网关发送数据。由于传感器节点具有计算能力和通信能力，可以在传感器网络中对采集的数据进行一定的处理，如数据融合。这样可以大大减少数据通信量，减轻靠近网关的传感器节点的转发负担，这对节省节点的能量是很有好处的。由于节点的处理能力有限，它所采集的数据在传感器网络内只进行了粗粒度的处理，用户需要作进一步的分析处理才能得到有用的数据。传输网络负责协同各个传感器网络网关节点，它是一个综合网关节点信息的局部网络。基站是一台和

互联网相连的计算机，它将传感数据通过互联网发送到数据处理中心，同时它还具有一个本地数据库副本以缓存最新的传感数据。用户可以通过任意一台计算机接入到互联网的终端访问数据中心，或者向基站发出命令。

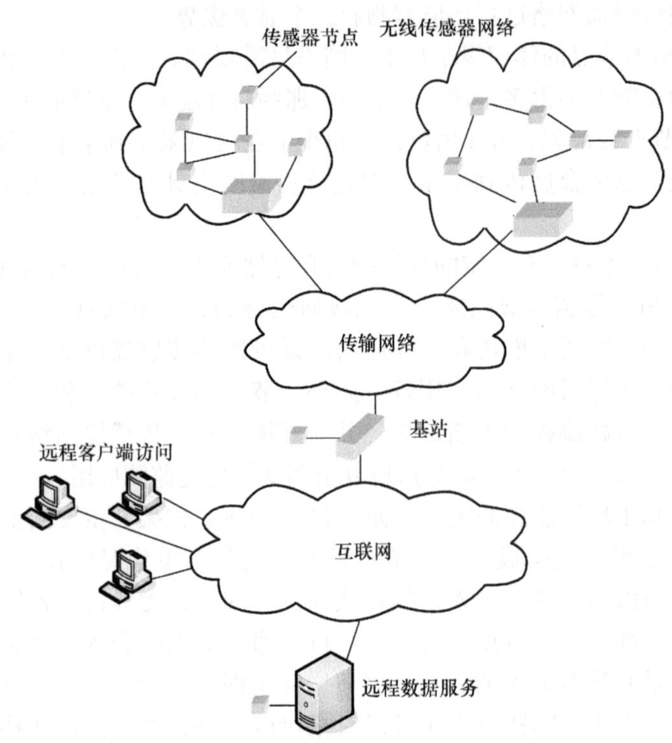

图 4-29　典型的传感器网络系统结构

图中，每个传感区域都有一个网关负责搜集传感器节点发送来的数据，所有的网关都连接到上层传输网络。传输网络包括具有较强计算能力和存储能力，并具有不间断电源供应的多个无线通信节点，用于提供网关节点和基站之间的通信带宽和通信可靠性。传感器网络通过基站与互联网相连。基站负责搜集传输网络送来的所有数据，发送到互联网，并将传感数据的日志保存到本地数据库中。基站到互联网的连接必须有足够的带宽并保证链路的可靠性，以避免监测数据丢失。如果环境监测应用在非常偏远的地区，基站需要以无线的方式连入互联网，使用卫星链路是一种比较可靠的方法，这时可以将监控区域附近的卫星通信站作为传感器网络的基站。传感器节点搜集的数据最后都通过互联网传送到一个中心数据库存储。中心数据库提供远程数据服务，用户通过接入互联网的终端使用远程数据服务。

4.7　本章小结

本章就无线通信协议规范与通信技术进行系统介绍，详细介绍了IEEE 802. 15. 4 协议结构和 ZigBee 网络架构，并就两种协议的组网方式进行了实例探讨和深入介绍。最后介绍了无线传感器网络的仿真方法和软硬件开发的基本内容，使读者能够对无线传感器网络最基本的

“两路”精神

两种协议有了具体而直观的认识。

习　题

1. IEEE 802.15.4 标准的主要特点有哪些？它和 ZigBee 协议结构上有哪些不同？

2. 无线传感器网络组网方式有哪几种？主要特点有哪些？

3. 无线传感器网络仿真需要解决哪些问题？

4. 无线传感器网络软件开发面临的挑战有哪些？硬件设计分哪些部分及其挑战是什么？

第5章

无线传感器网络片上系统及其应用

物联网技术的迅猛发展对无线传感器网络技术的进步起到了很大的推动作用。ZigBee 协议由于其省电、安全、可靠等优点在无线传感器网络技术中得到了广泛的应用。本章首先以 TI（德州仪器）公司的 CC2530 芯片为例，论述了其结构和特点，并结合 CC2530 芯片介绍了所研发的基于物联网的交通流仿真系统以及智能家庭实景系统实例。实例中介绍了如何在实验室实现多车自组网、循迹运行、超车、货物信息识别等功能，对更好掌握无线传感器网络相关知识起到助推作用。

5.1 无线片上系统 CC2530 概述

CC2530 是 TI 公司推出的用于 2.4GHz IEEE 802.15.4、ZigBee 和 RF4CE 应用的一个真正的片上系统（SoC）解决方案。它能够以非常低的成本建立强大的网络节点。CC2530 是在 CC2430 的基础上，根据 CC2430 在实际应用中存在的问题进行了改进。增大了缓存，存储容量最大支持 256KB，不用再为存储容量小而删减代码。CC2530 结合了先进的射频（RF）收发器的优良性能，其通信距离可达 400m，不用像 CC2430 一样外加功放来扩展距离。另外，CC2530 支持最新的 ZigBee 协议栈。

CC2530 有四种不同的闪存版本：CC2530F32/64/128/256，分别具有 32/64/128/256KB 的闪存。CC2530 具有不同的运行模式，使得它尤其适应超低功耗要求的系统，运行模式之间的转换时间短，则进一步确保了低能源消耗。CC2530F256 结合了 TI 在业界领先的单元 ZigBee 协议栈（Z-Stack™），提供了一个强大和完整的 ZigBee 解决方案。CC2530F64 结合了 TI 的黄金单元 RemoTI，更好地提供了一个强大和完整的 ZigBee RF4CE 远程控制解决方案。表 5-1 给出了 CC2430 和 CC2530 的具体参数对比结果。

表 5-1 CC2430 和 CC2530 参数比较

项目	CC2430	CC2530
特性		
微控制器	增强型 8051	增强型 8051
Flash 容量/KB	32/64/128	32/64/128/256
时钟损失检测	无	有
T1 信道数	3	5

（续）

项目	CC2430	CC2530
特性		
封装	QLP48	QFN40
大小	7mm×7mm	6mm×6mm
引脚数	48	40
运行温度范围/℃	-40~85	-40~125
无线电特性		
敏感性/dBm	-92	-97
最大发射功率/dBm	0（1mW）	4.5（2.82mW）
最小发射功率/dBm	-3（0.50mW）	-8（0.16mW）
链路预算/dB	92	101.5
最大发射功率时的误差向量幅度	11%	2%
低功耗		
工作电压/V	2.0~3.6	2.0~3.6
RX 工作电流/mA	27	24
TX 工作电流/mA（0dBm）	27	29
TX 工作电流/mA（4.5dBm）	无	34
CPU 工作电流/mA（32MHz）	10.5	6.5
PM1/μs　活动	4	4
PM2/3/ms　活动	0.1	0.1
外部时钟输入启动时间/ms	0.5	0.3

5.2　CC2530 芯片主要特点

CC2530 采用增强型 8051MCU，具有 32/64/128/256KB 内存和 8KB SRAM 等高性能模块，并内置了 ZigBee 协议栈。加上超低功耗，使得它可以用很低的费用构成 ZigBee 节点，具有很强的市场竞争力。CC2530 能够提高系统性能并满足以 ZigBee 为基础的 2.4GHz ISM 波段应用对低成本、低功耗的要求。它结合了一个高性能 2.4GHz 直接序列扩频（DSSS）核心射频收发器和工业级的 8051 控制器。

CC2530 芯片结构图如图 5-1 所示，芯片上整合了 ZigBee 射频（RF）前端、内存和微控制器。它使用一个 8 位增强型 8051MCU，具有 32/64/128/256KB 可编程闪存和 8KB 的 SRAM，还包含了模数转换器（ADC）、4 个定时器（Timer）、高级加密标准（AES）加密解密内核、看门狗定时器（WatchDog Timer）、32kHz 晶振的休眠模式定时器、上电复位电路（Power On Reset）以及 21 个可编程 I/O 引脚。

CC2530 芯片采用 0.18μm CMOS 工艺生产，6mm×6mm 的 QFN40 封装模式。工作时电流损耗为 24mA。CC2530 由休眠模式转换到主动模式只需要 4μs（供电模式一），电流损耗只有 0.2mA，这种转换的快速性及低功耗特性特别适合某些要求电池寿命非常长的场合。

CC2530 芯片的主要特点如下：

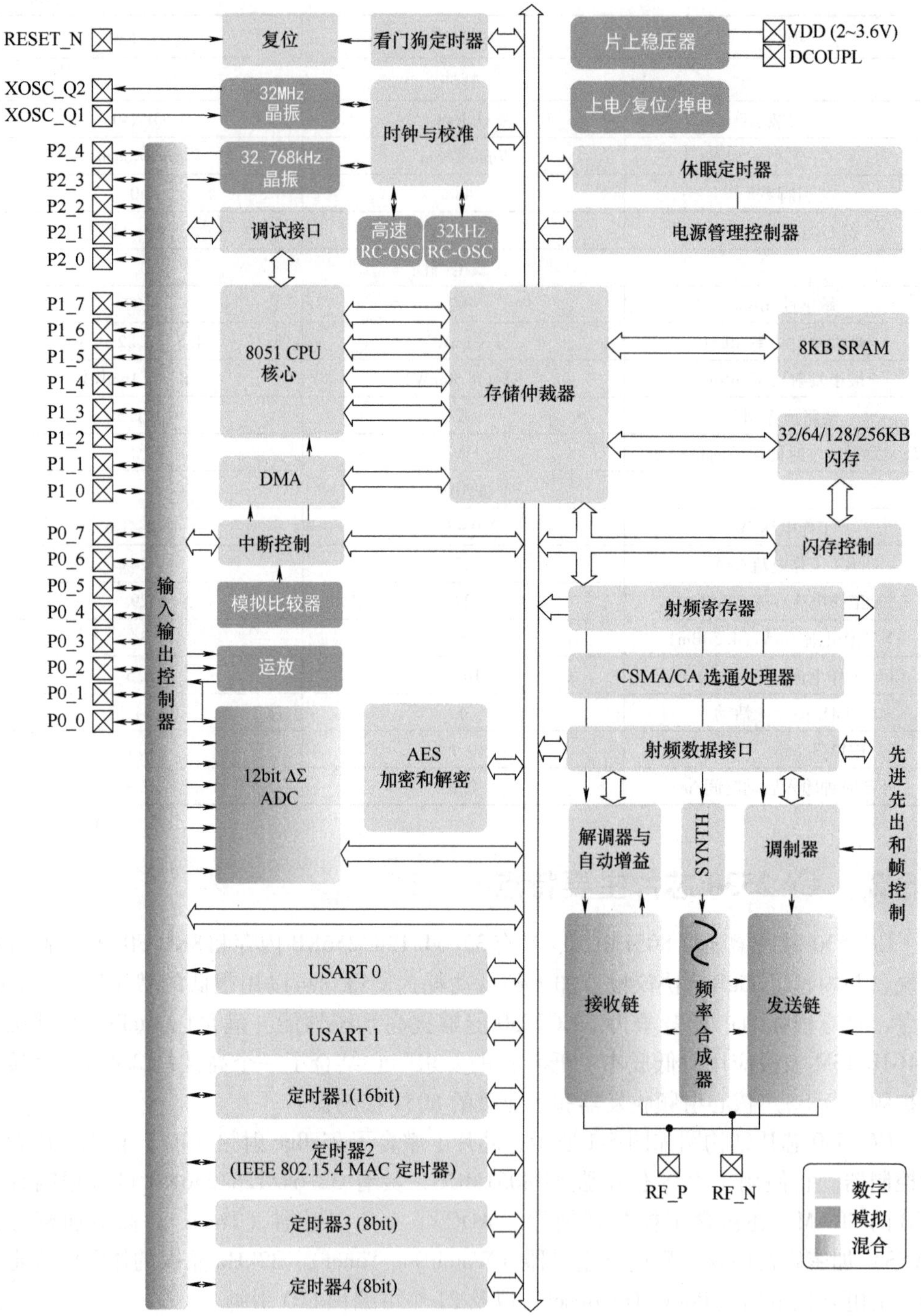

图 5-1 CC2530 芯片结构图

(1) RF/布局

1) 适应 2.4GHz IEEE 802.15.4 的 RF 收发器。

2) 极高的接收灵敏度和抗干扰性能。

3）可编程的输出功率高达4.5dBm。

4）只需极少的外接元器件。

5）只需一个晶体振荡器，即可满足网形网络系统需要。

6）6mm×6mm的QFN40封装。

7）适合系统配置符合世界范围的无线电频率法规：ETSI EN 300 328和EN 300440（欧洲），FCC CFR47第15部分（美国）和ARIB STD-T-66。

（2）低功耗

1）主动模式RX（CPU空闲）：24mA。

2）主动模式TX在1dBm（CPU空闲）：29mA。

3）供电模式1（4μs唤醒）：0.2mA。

4）供电模式2（睡眠定时器运行）：1μA。

5）供电模式3（外部中断）：0.4μA。

6）宽电源电压范围（2~3.6V）。

（3）微控制器

1）优良的性能和具有代码预取功能的低功耗8051微控制器内核。

2）32/64/128/256KB的系统内可编程闪存。

3）8KB RAM，具备在各种供电方式下的数据保持能力。

4）支持硬件调试。

（4）外设

1）强大的5通道DMA。

2）IEEE 802.5.4 MAC定时器，通用定时器（一个16bit定时器，一个8bit定时器）。

3）IR发生电路。

4）具有捕获功能的32kHz睡眠定时器。

5）硬件支持CSMA/CA。

6）支持精确的数字化RSSI/LQI。

7）电池监视器和温度传感器。

8）具有8路输入和可配置分辨率的12位ADC。

9）AES安全协处理器。

10）2个支持多种串行通信协议的强大USART。

11）21个通用I/O引脚（19×4mA，2×20mA）。

12）看门狗定时器。

5.3 CC2530芯片功能结构

CC2530芯片采用6mm×6mm的QFN40封装模式，共有40个引脚，图5-2为其引脚示意图。其中，暴露的接地衬垫必须连接到一个坚固的接地面，保证芯片接地性能良好。CC2530芯片的40个引脚可分为I/O端口线引脚、电源线引脚和控制线引脚三类。

CC2530片上系统集成了CC2520 RF收发器、增强型工业标准8位8051 MCU，另外还具备直接存储器访问（DMA）功能，可以用来减轻8051CPU内核传送数据操作的

负担，从而实现在高效利用电源的条件下的高性能。只需要 CPU 极少的干预，DMA 控制器就可以将数据从诸如 ADC 或 RF 收发器的外设单元传送到存储器。

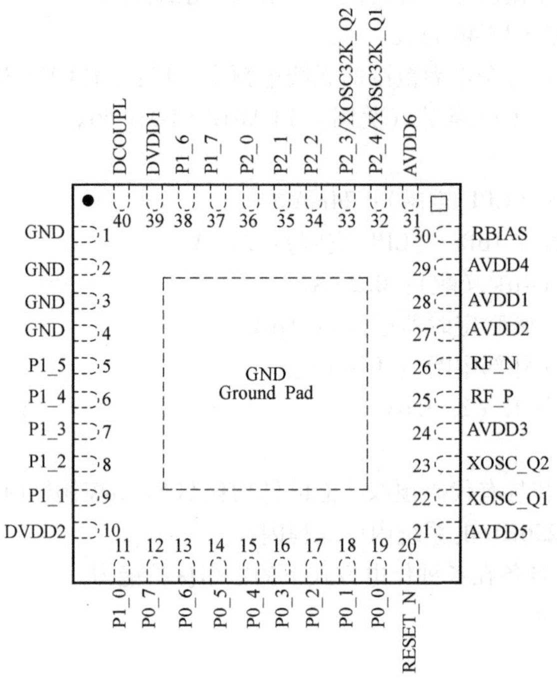

图 5-2 CC2530 引脚示意图

1. I/O 端口线引脚功能

CC2530 芯片有 21 个数字输入/输出引脚，可以配置为通用数字 I/O 或外设 I/O 信号线，配置为连接到 ADC、定时器或 USART 外设。这些 I/O 口的用途可以通过一系列寄存器配置，由用户软件加以实现。用作通用 I/O 时，引脚可以组成 3 个 8 位端口，即端口 0、端口 1 和端口 2，分别表示为 P0、P1 和 P2。其中，P0 和 P1 是完全的 8 位端口，而 P2 仅有 5 位可用。所有的端口均可以通过 SFR 寄存器 P0、P1 和 P2 位寻址和字节寻址。每个端口引脚都可以单独设置为通用 I/O 或外设 I/O。

I/O 端口具备如下重要特性：

1）21 个数字 I/O 引脚可以配置为通用 I/O 或外设 I/O。

2）输入口具备上拉或下拉能力。

3）具有外部中断能力。21 个 I/O 引脚都可以用作于外部中断源输入口。因此，如果需要，外设可以产生中断。外部中断功能也可以从睡眠模式唤醒设备。

4）除了两个高驱动输出口 P1.0（11 脚）和 P1.1（9 脚）各具备 20mA 的输出驱动能力之外，所有的输出均具备 4mA 的驱动能力。

2. 电源线引脚功能

1）AVDD1 28 脚：电源（模拟）2~3.6V 模拟电源连接。

2）AVDD2 27 脚：电源（模拟）2~3.6V 模拟电源连接。

3）AVDD3 24 脚：电源（模拟）2~3.6V 模拟电源连接。

4）AVDD4 29 脚：电源（模拟）2~3.6V 模拟电源连接。

5）AVDD5 21 脚：电源（模拟）2~3.6V 模拟电源连接。

6）AVDD6 31 脚：电源（模拟）2~3.6V 模拟电源连接。

7）DCOUPL 40 脚：电源（数字）1.8V 数字电源去耦。不使用外部电路供应。

8）DVDD1 39 脚：电源（数字）2~3.6V 数字电源连接。

9）DVDD2 10 脚：电源（数字）2~3.6V 数字电源连接。

10）GND 1、2、3、4 脚：未使用的引脚连接到 GND。GND 接地：接地衬垫必须连接到一个坚固的接地面。

3. 控制线引脚功能

1）RBIAS 30 脚：模拟 I/O 参考电流的外部精密偏置电阻。

2）RESET_N 20 脚：数字输入复位，活动到低电平。

3）RF_N 26 脚：RF I/O RX 期间负 RF 输入信号到 LNA。

4）RF_P 25 脚：RF I/O RX 期间正 RF 输入信号到 LNA。

5）XOSC_Q1 22 脚：模拟 I/O 32MHz 晶振引脚 1 或外部时钟输入。

6）XOSC_Q2 23 脚：模拟 I/O 32MHz 晶振引脚 2。

5.4　8051 CPU 介绍

针对协议栈、网络和应用软件对 MCU 处理能力的要求，CC2530 包含一个增强型工业标准的 8 位 8051 微控制器内核，时钟频率为 32MHz。由于更快的执行时间和通过使用除去被浪费掉的总线状态的方式，使得使用标准 8051 指令集的 CC2530 增强型 8051 内核，具有 8 倍于标准 8051 内核的性能。

CC2530 包含一个 DMA 控制器。8KB SRAM，其中的 4KB 是超低功耗 SRAM。32/64/128/256KB 的片内 Flash 块提供了在电路可编程非易失性存储器。

CC2530 集成了四个振荡器用于系统时钟和定时操作：一个 32MHz 晶体振荡器、一个 16MHz RC 振荡器、一个可选的 32.768kHz 晶体振荡器和一个可选的 32.768kHz RC 振荡器。

CC2530 也集成了可用于用户自定义应用的外设。一个 AES 协处理器被集成在芯片中，以支持 IEEE 802.15.4 MAC 安全所需要的（128 位关键字）AES 的运行，并且尽可能少地占用微控制器。

中断控制器为总共 18 个中断源提供服务，它们中的每个中断都被赋予四个中断优先级中的一个。调试接口采用两线串行接口，该接口被用于在电路调试和外部 Flash 编程。I/O 控制器的职责是对 21 个通用 I/O 端口进行灵活分配和可靠控制。

CC2530 增强型 8051 内核使用标准 8051 指令集，具有 8 倍于标准 8051 内核的性能。这是因为：①每个时钟周期为一个机器周期，而标准 8051 中是 12 个时钟周期为一个机器周期；②具有除去被浪费掉的总线状态的方式。

大部分单指令的执行时间为一个系统时钟周期。除了速度的提高，CC2530 增强型 8051 内核还增加了两个部分：一个数据指针和扩展的 18 个中断源。

CC2530 的 8051 内核的目标代码兼容标准 8051 微处理器。换句话说，CC2530 的 8051 目标代码与标准 8051 完全兼容，可以使用标准 8051 的汇编器和编译器进行软件开发，所有 CC2530 的 8051 指令在目标码和功能上与同类的标准 8051 产品完全等价。由于 CC2530 的 8051 内核使用不同于标准 8051 的指令时钟，在编程时与标准 8051 代码略有不同。

5.4.1 存储器

8051 CPU 有四个不同的存储空间，分别如下：

1）代码（CODE）：16 位只读存储空间，用于程序存储，如图 5-3 所示。

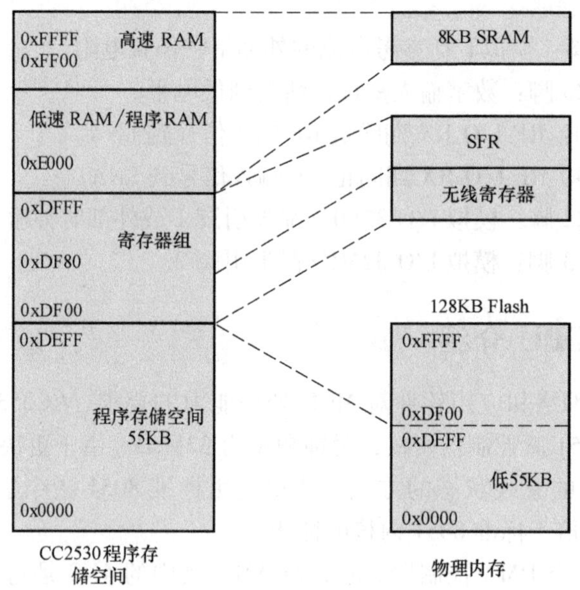

图 5-3　程序存储空间及其映射

2）数据（DATA）：8 位可存取存储空间，可以直接或间接被单个的 CPU 指令访问。该空间的低 128B 可以直接或间接访问，而高 128B 只能够间接访问。

3）外部数据（XDATA）：16 位可存取存储空间，通常需要 4~5 个 CPU 指令周期来访问，如图 5-4 所示。

4）特殊功能寄存器（SFR）：7 位可存取寄存器存储空间，可以被单个的 CPU 指令访问。

1. 存储器映射图

与标准的 8051 存储器映射图比较，不同之处有以下两个方面：

1）为了使得 DMA 控制器能够访问全部物理存储空间，全部物理存储器都映射到 XDATA 存储空间。

2）代码存储器空间可以选择，因此全部物理存储器可以通过使用代码存储器空间统一映射到代码空间。

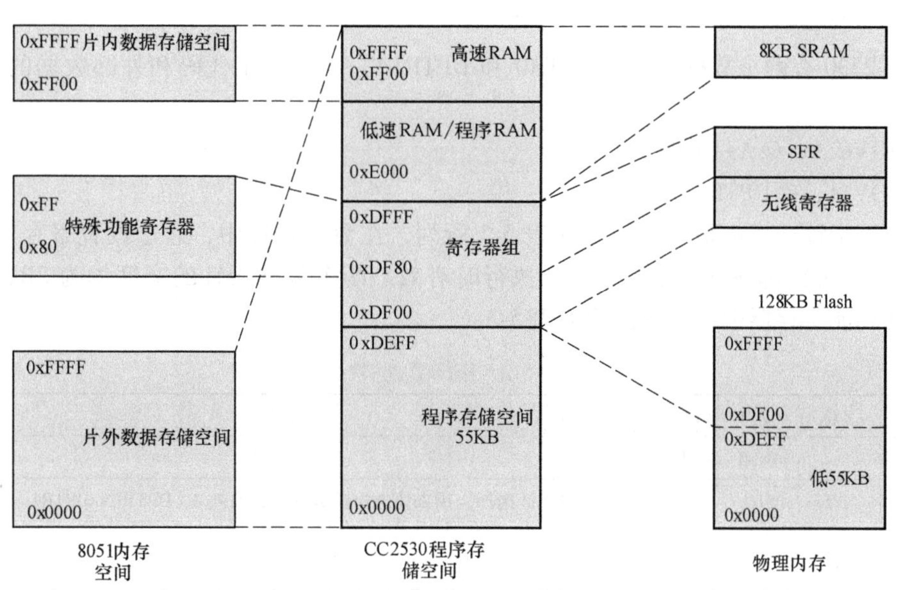

图 5-4　片内数据存储空间及其映射

2. 存储器空间

（1）外部数据存储器空间　对于大于 32KB 闪存的芯片，最低的 55KB 闪存程序存储器被映射到地址 0x0000～0xDEFF；而对于 32KB 闪存的芯片，32KB 闪存被映射到地址 0x0000～0x7FFF。所有的芯片，其 8KB SRAM 都映射到地址 0xE000～0xFFFF，而特殊功能寄存器的地址范围是 0xDF00～0xDFFF。这样就允许 DMA 控制器和 CPU 在一个统一的地址空间中对所有物理存储器进行存取操作。

（2）代码存储器空间　对于物理存储器空间，代码存储器空间既可以使用统一映射，又可以使用非统一映射。代码存储器空间的统一映射类似外部存储器空间的统一映射。对于大于 32KB 的闪存存储器，在采用统一映射时，其最低端的 55KB 闪存被映射到代码存储器空间。这与外部存储器空间的映射类似。8KB SRAM 包括在代码地址空间之内，从而允许程序的运行可以超出 SRAM 的范围。

为了在代码空间内使用统一存储器映射，特殊功能寄存器的指定位 MEMCTR、MUNIF 必须置 1。闪存为 128KB 的芯片，对于代码存储器，就要使用分区的办法。由于物理存储器是 128KB，大于 32KB 的代码存储器空间需要通过闪存区的选择位映射到四个 32KB 物理闪存区中的一个。闪存区的选择，由设置特殊功能寄存器的对应位（MEMCTR、FMAP）完成。注意，闪存区的选择仅当使用非统一映射代码存储器空间时才能够进行。当使用统一映射代码存储器空间映射时，代码存储器映射到位于 0x0000～0xDEFF 的 55KB 闪存空间。

（3）数据存储器空间　数据存储器（DATA）的 8 位地址，映射到 8KB SRAM 的高 256B。在这个范围中，也可以对地址范围 0xFF00～0xFFFF 的代码空间和外部数据空间进行存取。

（4）特殊功能寄存器空间　特殊功能寄存器可以对具有 128 个入口的硬件寄存器进行存取，也可以对地址范围 0xDF80～0xDFFF 的 XDATA/DMA 进行存取。

3. 数据指针

CC2530 有两个数据指针（DPTR0 和 DPTR1），主要用于代码和外部数据的存取。例如：

MOVC A，@ A+DPTR

MOV A，@ DPTR

数据指针选择位是第 0 位。如表 5-2 所列，在数据指针中，通过设置寄存器 DPS（0x92）就可以选择哪个指针在指令执行时有效。两个数据指针的宽度均为 2B，存储于特殊功能寄存器中，详细描述见表 5-3。

表 5-2 选择数据指针

位	名称	复位	读/写	描述
7：1	—	0x00	R0	不使用
0	DPS	0	R/W	数据指针选择，用来使选中的数据指针有效 0：DPTR0：DPTR1

表 5-3 两个数据指针的高低位字节

位	名称	复位	读/写	描述
DPH0（0x83）-DPTR0 的高位字节				
7：0	DPH0［7：0］	0	R/W	数据指针 0，高位字节
DPH0（0x82）-DPTR0 的低位字节				
7：0	DPH0［7：0］	0	R/W	数据指针 0，低位字节
DPH0（0x85）-DPTR1 的高位字节				
7：0	DPH0［7：0］	0	R/W	数据指针 1，高位字节
DPH0（0x84）-DPTR1 的低位字节				
7：0	DPH0［7：0］	0	R/W	数据指针 1，低位字节

4. 外部数据存储器存取

CC2530 提供一个附加的特殊功能寄存器 MPAGE（0x93），详细描述见表 5-4。该寄存器在执行指令“MOVX A，@ Ri”和“MOVX @ R，A”时使用。MPAGE 给出高 8 位的地址，而寄存器 Ri 给出低 8 位的地址。

表 5-4 MPAGE 选择存储器页

位	名称	复位	读/写	描述
7：1	MPAGE［7：0］	0x00	R/W	存储器页，执行 MOVX 指令时地址的高位字节

5.4.2 特殊功能寄存器

特殊功能寄存器（SFR）用于控制 8051 CPU 核心和外设。一部分 8051 CPU 核心寄存器与标准 8051 特殊功能寄存器的功能相同；另一部分寄存器不同于标准 8051 的特殊功能寄存器。它们用作外设单元接口，以及控制 RF 收发器。

特殊功能寄存器控制 CC2530 的 8051 内核以及外设的各种重要的功能。大部分 CC2530 特殊功能寄存器与标准 8051 特殊功能寄存器功能相同，只有少部分与标准的

8051 的不同。不同的特殊功能寄存器主要是用于控制外设以及射频发射。

表 5-5 给出了设有特殊功能寄存器的地址。表中，大写字母为 CC2530 的特殊功能寄存器，小写字母为标准 8051 的特殊功能寄存器。

表 5-5 特殊功能寄存器地址一览表

80	p0	sp	dpl0	dph0	dpl1	dph1	U0CSR	pcon	87
88	tcon	P0IFG	P1IFG	P2IFG	PICTL	P1IEN	—	P0INP	8F
90	p1	RFIM	dps	MPAGE	T2CMP	ST0	ST1	ST2	97
98	s0con	HSRC	ien2	s1con	T2PEROF0	T2PEROF1	T2PEROF2	—	9F
A0	p2	T2OF0	T2OF1	T2OF2	T2CAPLPL	T2CAPHPH	T2TLD	T2THD	A7
A8	ien0	ip0	—	FWT	FADDRL	FADDRH	FCTL	FWDATA	AF
B0	—	ENCDI	ENCDO	ENCCS	ADCCON1	ADCCON2	ADCCON3	RCCTL	B7
B8	ien1	ip1	ADCL	ADCH	RNDL	RNDH	SLEEP	—	BF
C0	ircon	U0BUF	U0BAUD	T2CNF	U0UCR	U0GCR	CLKCON	MEMCTR	C7
C8	12con	WDCTL	T3CNT	T3CTL	T3CCTL0	T3CC0	T3CCTL1	T3CC1	CF
D0	psw	DMAIRQ	DMA1CFGL	DMA1CFGH	DMA0CFGL	DMA0CFGH	DMAARM	DMAREQ	D7
D8	TIMIF	RFD	T1CC0L	T1CC0H	T1CC1L	T1CC1H	T1CC2L	T1CC2H	DF
E0	acc	RFST	T1CNTL	T1CNTH	T1CTL	T1CCTL0	T1CCTL1	T1CCTL2	E7
E8	ircon2	RFIF	T1CNT	T4CTL	T4CCTL0	T4CC0	T4CCTL1	T4CC1	EF
F0	b	PERCFG	ADCCFG	P0SEL	P1SEL	P2EL	P1INP	P2INP	F7
F8	U1CSR	U1BUF	U1BAUD	U1UCR	U1GCR	P0DIR	P1DIR	P2DIR	FF

下面，分别介绍 CC2530 的 8051 内核内在寄存器。

1. R0～R7

CC2530 提供了四组工作寄存器，每组包括八个功能寄存器。这四组寄存器分别映射到数据寄存空间的 0x00～0x07、0x08～0x0F、0x10～0x17、0x18～0x1F。每个寄存器组包括八个 8 位寄存器 R0～R7。可以通过程序状态字（PSW）来选择这些寄存器组。

2. 程序状态字（PSW）

程序状态字见表 5-6，显示 CPU 的运行状态，可以理解成一个可位寻址的功能寄存器。程序状态字包括进位标志、辅助进位标志、寄存器组选择、溢出标志、奇偶标志等。其余两位留给用户定义。

表 5-6 程序状态字

7	6	5	4	3	2	1	0
CY	AC	F0	RS		OV	F1	P

注：CY—进位标志；AC—辅助进位标志；F0—用户定义；RS—寄存器组选择；OV—溢出标志；F1—用户定义；P—奇偶标志。

3. ACC 累加器

ACC 是一个累加器，又称为 A 寄存器。它主要用于数据累加和数据移动。

4. B 寄存器

B 寄存器主要功能是配合 A 寄存器进行乘法或除法运算。进行乘法运算时，乘数

放在B寄存器，而运算结果高8位放在B寄存器；进行除法运算时，除数放在B寄存器，而运算的结果余数放在B寄存器。如不进行乘除法运算，B寄存器也可以当作一般寄存器使用。

5. 堆栈指针SP

在RAM中开辟出某个区域用于重要数据的存储。但这个区域中数据的存取方式却和RAM中其他区域有着不同的规则：它必须遵从“先进后出”，或者称为“后进先出”的原则，不能无顺序随意存取。这块存储区称为堆栈。在需要把这些数据从堆栈中取出时，必须先取出最后进堆栈的数据，而最先进入堆栈的数据却要到最后才能取出。取出数据的过程称为出栈。

为了对堆栈中的数据进行操作，还必须有一个堆栈指针SP，它是一个8位寄存器，其作用是指示出堆栈中允许进行存取操作的单元，即栈顶地址。堆栈指针SP在出栈操作时具有自动减1的功能，而在进行进栈操作时具有自动加1的功能，以保证SP永远指向栈顶。进栈使用PUSH命令。

SP的初始地址是0x07，在进栈一个数据后变为0x08，这是第二组寄存器R0的地址。为了更好地利用存储空间，SP可以初始化一块未使用的存储空间。

6. CPU寄存器和指令集

CC2530的CPU寄存器与标准的8051的CPU寄存器相同，包括寄存器R0~R7、程序状态字（PSW）、累加器ACC、B寄存器和堆栈指针SP等，CC2530的CPU指令集与标准的指令集相同。

5.5 CC2530芯片主要外部设备

5.5.1 I/O端口

CC2530包括三个8位输入/输出端口，分别为P0、P1、P2。P0和P1端口有8个引脚，P2端口有5个引脚，总共有21个I/O引脚。这些引脚都可以用作通用的I/O端口，同时，通过独立编程还可以作为特殊功能的输入/输出，通过软件设置还可以改变引脚的输入/输出硬件状态配置。因此，CC2530的21个I/O引脚具有以下功能：①数字量输入/输出；②通用I/O或外设I/O；③弱上拉输入或者推拉输出；④外部中断源输入口。

21个I/O引脚都可以用作于外部中断源输入口，因此，如果需要，外设还可以产生中断。外部中断功能也可以唤醒睡眠模式。

值得注意的是：不同单片机的I/O端口配置寄存器和配置方法不完全相同，在使用某种单片机后，一定要查看它的使用手册。CC2530的I/O寄存器有：P0、P1、P2、PERCFG、P0SEL、P1SEL、P2SEL、P0DIR、P1DIR、P2DIR、P0INP、P1INP、P2INP、P0IFG、P1IFG、P2IFG、PICTL、P1IEN。PERCFG为外设控制寄存器，PXSEL（X为0、1、2）为端口功能选择寄存器，PXDIR（X为0、1、2）为端口用法寄存器，PXINP（X为0、1、2）为端口模式寄存器，PXIFG（X为0、1、2）为端口中断状态标志寄存器，PICTL为端口中断控制，P1IEN端口1为中断使能寄存器。

CC2530 有 21 个数字 I/O 引脚，可以配置为通用数字 I/O，也可以作为外部 I/O 信号，配置为连接 ADC、计数器或者 USART 等外设。这些 I/O 端口的用途大多可以通过一系列寄存器配置，由用户软件加以实现。

I/O 具有以下重要特性：21 个数字 I/O 引脚；可以配置为通用数字 I/O，也可以作为外设 I/O；输入端口具备上拉或者下拉能力；具有外部中断能力。

1. 通用 I/O

当用作通用 I/O 时，引脚可以组成三个 8 位端口（0~2），定义为 P0、P1、P2。其中，P0、P1 为完全的 8 位端口，而 P2 仅有 5 位可以用。所有的端口均可以位寻址，或通过特殊功能寄存器由 P0、P1 和 P2 字节寻址。每个端口都可以单独设置为通用I/O 或外设 I/O。除了两个高端输出口 P1_0 和 P1_1 之外，所有的端口用作输出均具备 4mA 的驱动能力；而 P1_0 和 P1_1 具备 20mA 的驱动能力。

寄存器 PXSEL（X 为 0、1、2）为端口功能选择寄存器，用来设置 I/O 端口为 8 位通用 I/O 或者是外设 I/O。任何一个 I/O 端口在使用之前，必须首先对寄存器 PXSEL 赋值。作为默认的状况，每当复位之后，所有的 I/O 引脚都设置为通用 8 位 I/O；而且，所有的通用 I/O 都设置为输入。在任何时候，要改变一个引脚端口的方向，使用寄存器 PXDIR 即可。只要设置 PXDIR 中的指定位为 1，其对应的引脚端口就被设置为输出。用作输入时，每个通用 I/O 端口的引脚都可以设置为上拉、下拉或三态模式。默认状态下，复位之后，所有的端口均设置为上拉输入。要将输入口的某一位取消上拉或下拉，就要将 PXINP 中的对应位置 1。

2. 通用 I/O 中断

通用 I/O 引脚设置为输入后，可以用于产生中断。中断可以设置在外部信号的上升或下降沿触发。每个 P0、P1 和 P2 口的各位都可以中断使能，整个端口中所有的位也可以中断使能。

P0、P1 和 P2 口对应的寄存器为 IEN1 和 IEN2。

1）IEN1 P0 IE：P0 中断使能。

2）IEN2 P1 IE：P1 中断使能。

3）IEN2 P2 IE：P2 中断使能。

除了所有的位中断使能之外，每个端口的各位都可以通过位于 I/O 端口的特殊功能寄存器实现中断使能。P1 中的每一位都可以单独使能，P0 中的低 4 位可以各自使能，P2_0~P2_4 可以共同使能。

用于中断的 I/O 端口特殊功能寄存器，其中断功能如下：

1）P1IEN：P1 中断使能。

2）P1CTL：P0/P2 中断使能，P0~P2 中断触发沿设置。

3）P0IFG：P0 中断标志。

4）P1IFG：P1 中断标志。

5）P2IFG：P2 中断标志。

3. 通用 I/O DMA

当用作通用 I/O 引脚时，每个 P0 和 P2 口都关联一个 DMA 触发。对于 P0 中的任何一个引脚，当输入传送发生时，DMA 的触发为 IOC_0。同样，对于 P1 中的任何一个

引脚，当输入传送发生时，DMA 的触发为 IOC_1。

4. 外设 I/O

数字 I/O 引脚可以配置为外设 I/O。通常选择数字 I/O 引脚上的外设 I/O 功能，需要将对应的寄存器位 PXSEL 置 1。注意，该外设具有两个可以选择的位置对应它们的 I/O 引脚。

U0CGF 选择计数器上 I/O 的位置，确定是位置 1 或者位置 2 的端口将设置为模拟模式。

5. 未使用的引脚

未使用的引脚应当定义电平，而不能悬空。一种可行的方法是：该引脚不连接任何元器件，将其配置为具有上拉电阻的通用输入端口。这也是所有的引脚在复位期间的状态。这些引脚也可以配置为通用输出端口。为了避免额外的能耗，无论引脚配置为输入接口还是输出接口，都不可以直接与 VDD 或者 GND 连接。

6. I/O 寄存器

I/O 寄存器有 19 个，分别是：P0（端口 0）、P1（端口 1）、P2（端口 2）、PERCFG（外设控制寄存器）、ADCCFG（ADC 输入配置寄存器）、P0SEI（端口 0 功能选择寄存器）、P1SEI（端口 1 功能选择寄存器）、P2SEI（端口 2 功能选择寄存器）、P0DIR（端口 0 方向寄存器）、P1DIR（端口 1 方向寄存器）、P2DIR（端口 2 方向寄存器）、P0INP（端口 0 输入模式寄存器）、P1INP（端口 1 输入模式寄存器）、P2INP（端口 2 输入模式寄存器）、P0IFG（端口 0 中断状态标志寄存器）、P1IFG（端口 1 中断状态标志寄存器）、P2IFG（端口 2 中断状态标志寄存器）、P1CTL（端口 1 中断控制寄存器）、P1IEN（端口 1 中断屏蔽寄存器）。

5.5.2 DMA 控制器

CC2530 内置一个存储器直接存取（DMA）控制器。该控制器可以用来减轻 8051 CPU 内核传送数据时的负担，实现 CC2530 能够高效利用电源。只需要 CPU 极少的干预，DMA 控制器就可以将数据从 ADC 或 RF 收发器传送到存储器。DMA 控制器控制所有的 DMA 传送，确保 DMA 请求和 CPU 存取之间按照优先等级协调、合理的运行。DMA 控制器含有若干可编程设置的 DMA 信道，用来实现存储器到存储器的数据传送。

DMA 控制器控制数据传送可以超过整个外部数据存储器空间。由于 SFR 寄存器映射到 DMA 存储器空间，使得 DMA 信道的操作能够减轻 CPU 的负担。例如，从存储器传送数据到 USART，按照规定的周期在 ADC 和存储器之间传送数据；通过从存储器中传送一组参数到 I/O 端口的输出寄存器，产生需要的 I/O 波形。使用 DMA 可以保持 CPU 在休眠状态（即低能耗模式下）与外设之间传送数据，这就降低了整个系统的能耗。

DMA 控制器的主要性能如下：

1）5 个独立的 DMA 信道。

2）3 个可以配置的 DMA 信道优先级。

3）31 个可以配置的传送触发事件。

4）对源地址和目标地址独立控制。

5）3 种传送模式：单独传送、数据块传送和重复传送。

6）支持数据从可变长度域传送到固定长度域。

7）既可工作在字模式（Word Size），又可以工作在字节模式（Byte Size）。

1. DMA 操作

DMA 控制器有五个信道，即 DMA 信道 0~4。每个 DMA 信道能够从 DMA 存储器空间传送数据到外部数据（XDATA）空间。DMA 操作流程如图 5-5 所示。

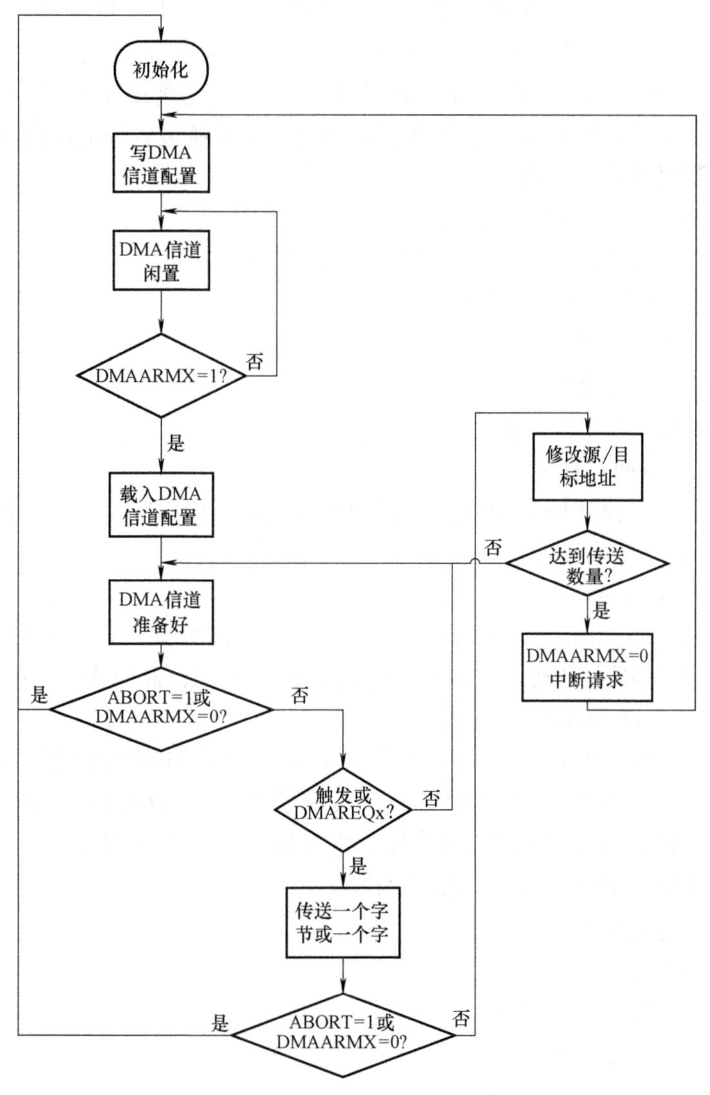

图 5-5　DMA 操作流程

当 DMA 信道配置完毕，在允许任何传送初始化之前，必须进入工作状态。DMA 信道通过将 DMA 信道工作状态寄存器中指定位（即 DMAARMX）置 1，就可以进入工作状态。

一旦 DMA 信道进入工作状态，当设定的 DMA 触发事件时，传送就开始了。可能的 DMA 触发事件有 31 个，如 UARS、传送、计数器溢出等。为了通过 DMA 触发事件

开始 DMA 传送，用户软件可以设置对应的 DMAREQ 位，使 DMA 传送开始。

2. MAC 定时器

CC2530 包括四个定时器：一个通用的 16 位定时器（Timer1）、一个 16 位 MAC 定时器（Timer2）和两个通用的 8 位定时器（Timer3、Timer4）。通用定时器支持典型的定时/计数功能，如测量时间间隔、对外部事件计数、产生周期性中断请求、输入捕捉、比较输出和 PWM 等。

由于三个通用定时器与普通的 8051 定时器相差不大，下面重点讨论 MAC 定时器。MAC 定时器可以为 IEEE 802.15.4 的 CSMA-CA 算法提供定时/计数功能和 IEEE 802.15.4 的 MAC 层的普通定时功能。如果 MAC 定时器与睡眠定时器一起使用，当系统进入低功耗模式时，MAC 定时器将提供定时功能。系统进入和退出低功耗模式之间，可以使用睡眠定时器设置周期。

以下是 MAC 定时器的主要特征：

1）16 位定时器提供的符码/帧周期为 16μs/320μs。

2）可变周期可精确到 31.25ns。

3）8 位计时比较功能。

4）20 位溢出计数功能。

5）20 位溢出计数比较功能。

6）帧首定界符捕捉功能。

7）定时器启动/停止同步于外部 32.768MHz 时钟，由睡眠定时器提供定时。

8）比较和溢出产生中断。

9）具有 DMA 功能。

当 MAC 定时器停止时，它将自动复位并进入空闲模式。当 T2CNF.RUN 设置为“1”时，MAC 定时器将启动，它将进入定时器运行模式，此时 MAC 定时器要么立即工作，要么同步于 32.768MHz 时钟。

可通过向 T2CNF.RUN 写入“0”来停止正在运行的 MAC 定时器。此时定时器将进入空闲模式，定时器要么立即停止工作，要么同步于 32.768MHz 时钟。MAC 定时器不仅只用于定时器，与普通的定时器一样，它也是一个 16 位的计数器。

MAC 定时器使用的寄存器包括如下内容：

T2CNF——定时器 2 配置。

T2HD——定时器 2 计数高位。

T2LD——定时器 2 计数低位。

T2CMP——定时器 2 比较值。

T2OF2——定时器 2 溢出计数 2。

T2OF1——定时器 2 溢出计数 1。

T2OF0——定时器 2 溢出计数 0。

T2CAPHPH——定时器 2 捕捉高位。

T2CAPLPL——定时器 2 捕捉低位。

T2PEROF2——定时器 2 溢出/比较计数 2。

T2PEROF1——定时器 2 溢出/比较计数 1。

T2PEROF0——定时器 2 溢出/比较计数 0。

5.5.3　AES 协处理器

CC2530 数据加密是由支持高级加密标准的协处理器完成的。正是由于有了 AES 协处理器的加密/解密操作，极大地减轻了 CC2530 内置 CPU 的负担。

AES 协处理器具有下列特性：

1）支持 IEEE 802.15.4 的全部安全机制。

2）具有 ECB（电子编码加密）、CBC（密码防护链）、CFB（密码反馈）、OFB（输出反馈加密）、CTR（计数模式加密）和 CBC-MAC（密码防护链消息验证代码）模式。

3）硬件支持 CCM（CTR+CBC-MAC）模式。

4）128 位密钥和初始化向量（IV）/当前时间（Nonce）。

5）DMA 传送触发能力。

1. AES 操作

加密一条消息的步骤如下：①装入密码；②装入初始化向量（IV）；③为加密/解密而下载/上传数据。

AES 协处理器中，运行 128 位的数据块。数据块一旦装入 AES 协处理器，就开始加密。在处理下一个数据块之前，必须将加密好的数据块读出。每个数据块装入之前，必须将专用的开始命令送入协处理器。

2. 密钥和初始化向量

密钥或初始化向量（IV）/当前时间装入之前，应当发送装入密钥或初始化向量/当前时间的命令给协处理器。装入密钥或初始化向量，将取消任何协处理器正在运行的程序。密钥一旦装入，除非重新装入，否则一直有效。在每条消息之前，必须下载初始化向量。通过 CC2530 复位，可以清除密钥和初始化向量值。

3. 填充输入数据

AES 协处理器运行 128 位数据块。由于最后一个数据块少于 128 位，因此必须在写入协处理器时，填充 0 到该数据块中。

4. CPU 接口

CPU 与协处理器之间，利用三个特殊功能寄存器进行通信：ENCCS（加密控制和状态寄存器）、ENCDI（加密输入寄存器）以及 ENCDO（加密输出寄存器）。

状态寄存器通过 CPU 直接读/写，而输入/输出寄存器则必须使用存储器直接存取（DMA）。有两个 DMA 信道必须使用，其中一个用于数据输入，另一个用于数据输出。在开始命令写入寄存器 ENCCS 之前，DMA 信道必须初始化。写入一条开始命令会产生一个 DMA 触发信号，传送开始。当每个数据块处理完毕时，产生一个中断。该中断用于发送一个新的开始命令到寄存器 ENCCS。

5. 操作模式

当使用 CFB、OFB 和 CTR 模式时，128 位数据块分为 4 个 32 位的数据块。每 32 位装入 AES 协处理器，加密后再读出，直到 128 位加密完毕。注意，数据是直接通过

CPU 装入和读出的。当使用 DMA 时，就由 AES 协处理器产生的 DMA 触发自动进行。实现加密和解密的操作类似。

CBC-MAC 模式与 CBC 模式不同。运行 CBC-MAC 模式时，除了最后一个数据块，每次以 128 位的数据块下载到协处理器。最后一个数据块装入之前，运行的模式必须改变为 CBC。当最后一个数据块下载完毕后，上传的数据块就是 MAC 值了。CCM 是 CBC-MAC 和 CTR 的结合模式。因此有部分 CCM 必须由软件完成。

(1) CBC-MAC　当运行 CBC-MAC 加密时，除了最后一个数据块改为运行于 CBC 模式之外，其余都是由协处理器按照 CBC-MAC 模式，每次下载一个数据块。当最后一个数据块下载完毕后，上传的数据块就是 MAC 消息（Message）了。CBC-MAC 解密与加密类似。上传的 MAC 消息必须通过与 MAC 比较加以验证。

(2) CCM 模式　CCM 模式下的消息加密，应该按照下列顺序进行（密码已经装入）。

1) 数据验证阶段。

① 软件将 0 装入初始化向量。

② 软件装入数据块 B0。数据块 B0 是 CCM 模式中第一个验证的数据块，其结构见表 5-7。

表 5-7　CCM 模式中第一个验证的数据块结构图

字节	0	1	2	3	4	5	6	7	8	9	10	11	12	13	14	15
	标志	Nonce									L_M					

其中，Nonce（当前时间）值没有限制，L_M 是以字节为单位的消息长度。对于 IEEE 802.15.4，Nonce 有 13B，而 L_M 有 2B。FLAG/B0 为 CCM 模式的验证标志域。验证的内容和标志字节见表 5-8。在本实例中，L 设置为 6。因此，L_1 为 5。M 和 A_Data可以设置为任意值。

表 5-8　验证的内容和标志字节

7	6	5	4	3	2	1	0
保留	A_Data	(M_2)/2			L_1		
0	×	×	×	×	1	0	1

③ 如果需要某些添加的验证数据（即 A_Data = 1），软件就会创建 A_Data 的长度域，称为 L(a)。设 l(a) 为字符串长度。

如果 l(a)= 0，即 A_Data=0，那么 L(a) 是一个空字符串。注意 l(a)是用字节表示的。如果 0<L(a)<2M−28，则 L(a) 是 2 个 l(a)编码的 8 位字节。

添加的验证数据附加到 A_Data 长度域 L(a)。附加的验证数据块用 0 来填充，直到最后一个附加的验证数据块填满。该字符串的长度没有限制。AUTH_DATA = L(a) +验证数据+(0 填充)。

④ 最后一个消息数据块用 0 填满（当该消息的长度不是 128 的整数倍时）。

⑤ 软件将 B0 数据块、附加的验证数据块（如果有）和消息连接起来。输入消息= B0+AUTH_DATA+消息+(消息的 0 填充)。

⑥ 一旦 CBC-MAC 输入消息验证结束，软件将脱离上传的缓冲器。该缓冲器的内

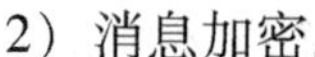

容保持不变（M=16），或者保持缓冲器的高位 M 字节不变。与此同时，设置低位为 0（M≠16），结果成为 T。

2）消息加密。

① 软件创建密钥数据块 A0。数据块 A0 是用于 CCM 模式的第一个 CTR 值（在当前有 CTR 产生的例子中，L=6），其结构见表 5-9。

表 5-9　CCM 模式消息加密结构图

字节	0	1	2	3	4	5	6	7	8	9	10	11	12	13	14	15
	标志	Nonce											CTR			

除了 0 之外，所有的数值都可以用 CTR 值。

FLAG/A0 为用于 CCM 模式的加密标志域。加密标志字节的内容见表 5-10。

表 5-10　加密标志字节的内容

7	6	5	4	3	2	1	0
保留		—			L_1		
0	0	0	0	0	1	0	1

② 软件通过选择 IV/Nonce 命令装载 A0。只有在选择装入 IV/Nonce 命令时，设置模式为 CFB 或者 OFB 才能完成这个操作。

③ 软件在验证数据 T 中，调用 CFB 或 OFB 加密。上传缓冲内容保持不变（M=16），至少 M 的首字节不变，其余字节设置为 0（M-16）。这时的结果为 U，后面将会用到。

④ 软件立刻调用 CTR 模式，为刚填充完毕的消息块加密，不必重新装载 IV/CTR。

⑤ 加密验证数据 U 附加到加密消息中。这样给出最后结果为：结果 e=加密消息+U。

3）消息解密。采用 CCM 模式解密。在协处理器中，CTR 的自动生成需要 32 位空间。因此最大的消息长度为 128×2^{32}bit，即 2^{36}B。其幂指数可以写入一个 6 位的字中，因而数值 L 设置为 6，要解密一个 CCM 模式已处理好的消息，必须按照以下顺序进行（密码已经装入）：

① 消息分解阶段。软件通过分开 M 的最右面的 8 位组（命名为 U，剩余的其他 8 位组，称为“字符串 C”）来分解消息。

C 用 0 来填充，直到能够充满一个整数数值的 128 位数据块。

U 用 0 来填充，直到能够充满一个 128 位的数据块。

软件创建密钥数据块 A0。所用的方法和 CCM 加密一样。

软件通过选择 IV/Nonce 命令装入 A0，只有在选择装入 IV/Nonce 命令时，设置模式为 CFB 或 OFB 才能完成这个操作。

软件调用 CFB 或 OFB 加密验证数据 U。上传的缓冲器的内容保持不变（M=16），至少这些内容的前 M 个字节保持不变。其余的内容设置为 0（M≠16），结果成为 T。

软件立刻调用 CTR 模式解密已经加密的消息数据块 C，而不必重新装入 IV/CTR。

② 基准验证标签生成阶段。这个阶段与 CCM 加密的验证阶段相同。唯一不同的

是，此时的结果名称是 MACTag，而不是 T。

③ 消息验证校核阶段。该阶段中，利用软件来比较 T 和 MACTag。

4）在各个通信层次之间共享 AES 协处理器。AES 协处理器是各个层次共享的通用源。AES 协处理器每次只能用来处理一个实例。因此需要在软件中设置某些标签来安排这个通用源。

5）AES 中断。当一个数据块的加密或解密完成时，就产生 AES 中断（ENC）。该中断的使能位是 IENOENCIE，中断标志位是 SOCONENCIF。

6）AES DMA 触发。与 AES 协处理器有关的 DMA 触发有两个，分别是 ENC_DW 和 ENC_UP。当输入数据需要下载到寄存器 ENCDI 时，ENC_DW 有效；当输出数据需要从寄存器 ENCDO 上传时，ENC_UP 有效。要使 DMA 信道传送数据到 AES 协处理器，寄存器 ENCDI 就需要设置为目的寄存器；而要使 DMA 信道从 AES 协处理器接收数据，寄存器 ENCDO 就需要设置为源寄存器。

5.6 应用案例——基于物联网的交通流仿真平台

5.6.1 系统总体介绍

本节将具体介绍 CHD1807 型基于物联网的交通流仿真系统。整个 CHD1807 型交通流监控系统由速度、车距、循迹等传感器群、车车通信节点和 RFID 货物信息管理芯片以及监控终端上位机组成，系统结构框图如图 5-6 所示。在整个交通流仿真系统中，由多个货物装载小车在规定跑道范围内完成自组网，各小车搭载的循迹、速度等传感器

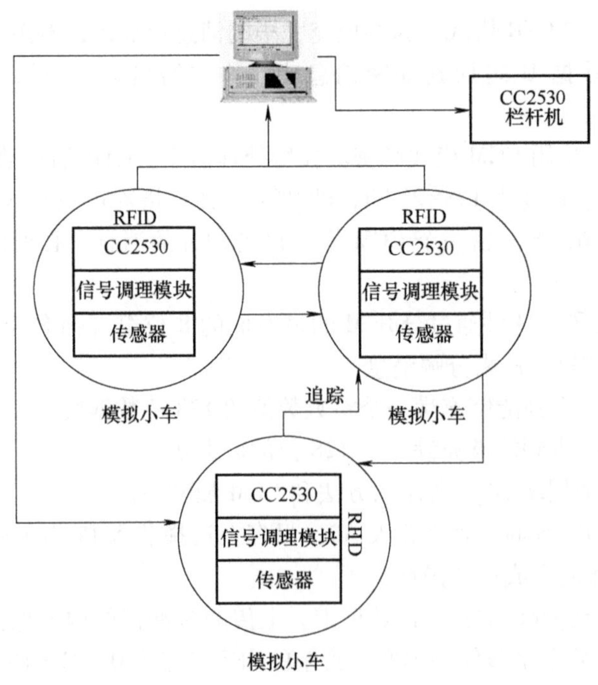

图 5-6　交通流仿真系统结构框图

能够实时准确地检测到各辆车的状态，并且能够相互通信交换数据。在自组网的基础上，各车可以将采集到的数据进行实时处理，然后通过单跳或者多跳的方式发送到协调器节点，经过该节点将数据传送给监控上位机，上位机对数据进行处理后决定是否抬起栏杆给相关小车放行。

CHD1807 型交通流仿真系统中，集合了速度、循迹、车距检测传感器和 RFID 货物信息芯片的模拟货运小车是整个物联网模拟系统的基本单元，构成了整个无线传感器交通流监测系统的基础支撑平台，整个系统包括两大模块：

1）RFID 货物信息管理系统：实现货物信息的管理。

2）物流定位系统：实现货运车辆定位及跟踪功能。

RFID 货物信息管理系统主要功能包括：管理员账户管理、货物信息管理和栏杆机控制三部分。该系统能够根据模拟小车实时传回的数据进行分析，并能够以图文形式显示相应指标。物流定位系统主要实现货运车辆的实时位置跟踪，以便随时掌握车辆信息进行实时控制。

另外，各模拟小车节点可以自组网，具有无线收发功能。传感器节点要求功耗低，具有开启、睡眠、休眠等多种工作方式，并且能够支持 ZigBee 协议。

5.6.2 交通流仿真系统布设

CHD1807 型交通流监控系统布设主要用于模拟实际道路行驶环境。监控系统布设如图 5-7 所示，尺寸为长 5.5m，宽 3m，包含四个环形车道和一个服务区区域，每个车道宽 18cm；车道中央为一环形区域，宽 80cm，主要用于放置相关设备及用于备用车辆停车；环形跑道作为整个平台的基础，智能小车可以沿着跑道上的循迹引导线自动行驶。每条车道中心有一条黑色引导线，作为小车循迹引导线。

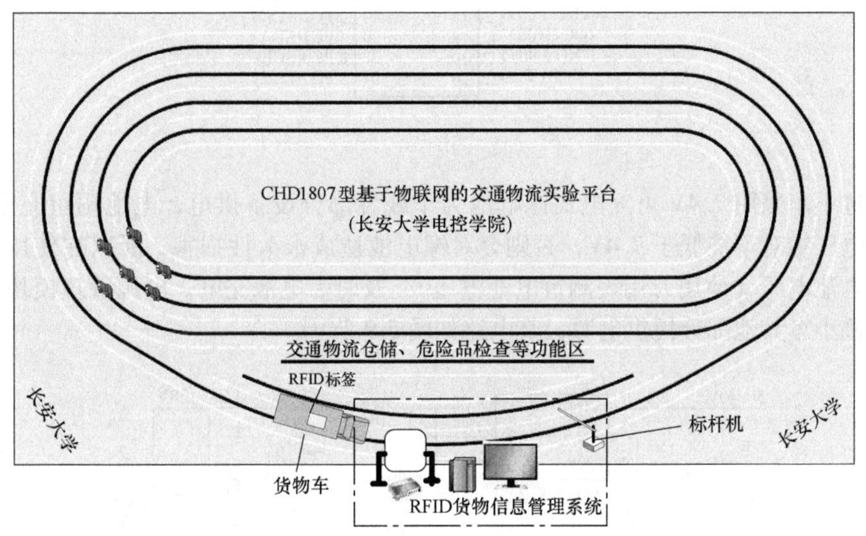

图 5-7 CHD1807 型交通流监控系统布设

在最内侧跑道边布设有相应的路侧设备及相关传感器，用来实现车路协同及通信；在跑道上还布置有龙门显示屏，用以实现相关道路信息发布及紧急情况预警。这两部

分设备属于 CHD1807 型基于物联网的交通流仿真平台的扩展部分，在基本的仿真系统中没有这两部分设备。

5.6.3 系统硬件研制

CHD1807 型基于物联网的交通流仿真平台的硬件部分主要由两部分组成，分别是循迹小车和 RFID 货物管理信息管理系统。其中，循迹小车是本系统的重要组成部分。

1. 循迹小车研制

循迹小车是 CHD1807 型基于物联网的交通流仿真平台中模拟交通流的主要工具。循迹小车共包括控制模块、电源管理模块、通信模块、循迹模块、避障模块和导航模块六部分。

循迹小车控制部分采用 Atmel 公司的 8 位 ATmega16 单片机为控制核心，图 5-8 为 ATmega16 单片机的引脚图。循迹小车的速度、姿态检测、障碍信息的检测等信号处理都是通过该控制部分完成的，可以说该部分是整个循迹小车的“大脑”。

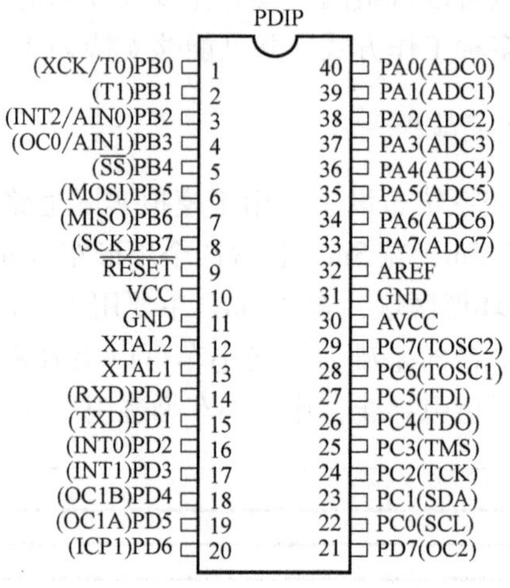

图 5-8 ATmega16 单片机的引脚图

循迹小车采用 7.4V 可充电式锂电池为车载各部分设备供电，电池预留充电接口。锂电池电压绝对不能低于 7.4V，否则会对锂电池造成永久性损害，所以在使用小车前应检查电池电压（使用万用表测量电池电压），及时为电池充电。电源管理模块主要功能为循迹小车其他部分提供电源，其电路如图 5-9 所示。

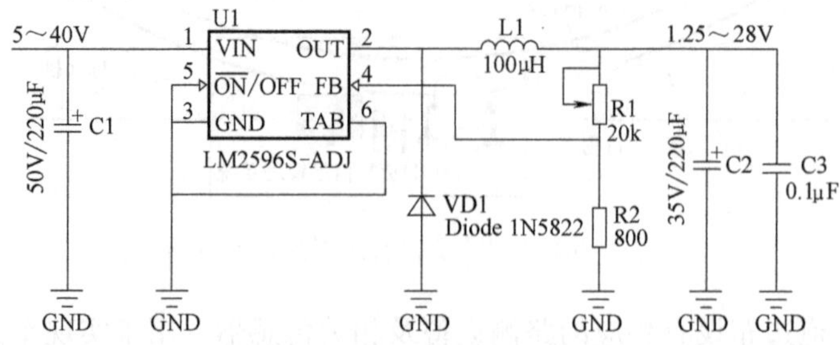

图 5-9 循迹小车电源管理模块电路图

循迹小车上所加载的通信模块采用CC2530基于ZigBee协议的无线通信模块，这里就不再赘述。图5-10为本系统采用的实际CC2530通信模块。

图5-10　CC2530通信模块

循迹小车的循迹模块的主要功能是控制小车按照规定轨道行进。图5-11给出了CHD1807型系统循迹示意图，在该系统中地面背景为灰色，虚线框表示机器人底盘，Q为事先随意规划的黑色路径引导线，L和R为循迹小车行走的左、右电动机，A、B、C为三个相同的巡线反馈模块，给系统提供反馈信号表明对应模块下方是否有黑色轨迹线。在机器人前进过程中，系统不断扫描A、B、C这三个巡线模块，得到引导线Q和A、B、C的相对位置，循迹小车的控制模块程序结合场地其他信息及预定行走路径，向左右电动机发出相应的姿态调整指令，分别改变左右电动机转速，使循迹小车能够按照规定的线路行进。

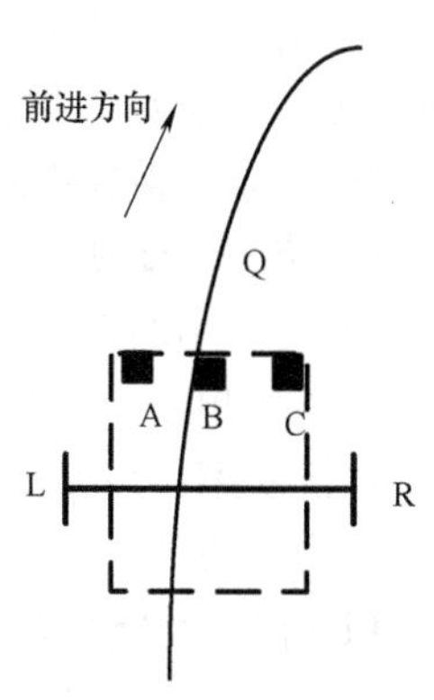

图5-11　循迹小车前进示意图

循迹小车的避障模块主要有两个功能，一是保持前后车之间的距离，防止追尾；二是在车辆左右侧传感器的协助下完成超车动作，超车完成后回归车道。避障模块的传感器配置如图5-12所示。

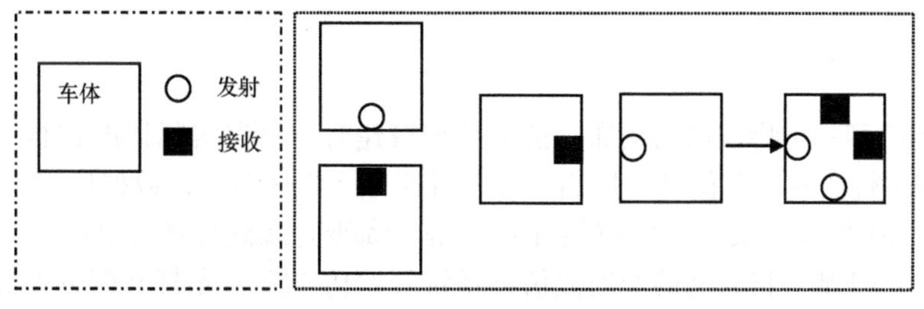

图5-12　避障模块的传感器配置

循迹小车的导航模块为北斗导航系统。视用户需求，也可以采用全球定位系统（GPS）。

循迹小车的研制是整个系统的重中之重，CHD1807 型基于物联网的交通流仿真系统研制的循迹小车如图 5-13 所示。

图 5-13 循迹小车

2. 货物信息管理系统硬件研制

货物信息管理系统主要通过对 RFID 产品进行开发，定制一套专用的运输货物信息管理系统，实现对货物信息的日常管理。基本功能包括货物信息采集、存储、查询、车辆放行控制、报警提示等功能。

该系统的主要硬件包括 RFID 标签、RFID 一体机、栏杆机控制器、栏杆机等。

本系统采用的 RFID 一体机主要性能指标如下：

1）工作频段：902~928MHz。

2）读距离：5~6m（与标签有关系）。

3）支持协议：ISO 18000-6B、ISO 18000-6C（EPC GEN2）。

RFID 标签性能指标如下：

1）工作频率：902~928MHz。

2）工作温度：-15~55℃。

3）识别距离：1~10m（与读写器及天线有关系）。

4）存储容量：96bit。

5）支持协议：ISO 18000-6C、ISO 18000-6B。

6）适应车速：60km/h。

5.6.4 系统调试

CHD1807 型基于物联网的交通流仿真系统搭建时，根据实际情况进行了四辆循迹小车的组网运行实验。上位机的控制系统软件采用 VC++编写，数据库采用 SQL Server2005。系统中栏杆机及 RFID 读写装置的数据线都要连接到计算机串口。

CHD1807 型基于物联网的交通流仿真系统开始仿真实验先打开四辆循迹小车，使得小车两个一组在特定轨道上运行，每个小车都载有 RFID 标签。四辆小车运行开始后首先完成自动组网并向系统控制计算机发回车辆状态信息，完成和控制中心的信息交互。当循迹小车载着 RFID 标签通过 RFID 一体机天线下方时，系统自动读取并判断标签信息是否合法。如果合法，则自动控制栏杆机抬起，放行车辆。如果不是合法车辆

则自动拦停车辆。

CHD1807 型基于物联网的交通流仿真系统控制软件主要功能有以下几个方面：

1）货物信息采集：每张 RFID 标签与指定运输货物进行绑定，标签内存储货物的唯一 ID 信息，通过此 ID 绑定货物的相关属性信息，在数据库中进行存储。RFID 电子标签贴在货物表面，当货物跟随车辆进入 RFID 系统天线的磁场感应范围内时，系统软件对电子标签上的信息进行自动读取采集。

2）信息存储：对采集到的货物信息进行存储，自动录入到数据库中。

3）信息查询：对已经入库的货物进行查询。

4）车辆放行控制：系统对读取到的标签信息进行判断，若运输货物信息合法，则控制栏杆机抬起，让车辆通过。若运输货物信息不合法，将给出报警提示软件界面。

5）其他功能：账户信息管理、系统参数设置、统计结果显示、列表显示等。

6）系统包含模块：登录模块、菜单模块、货物信息管理模块、RFID 参数配置模块等。

系统调试主要步骤如下：

（1）系统控制软件登录　系统控制软件登录界面如图 5-14 所示。

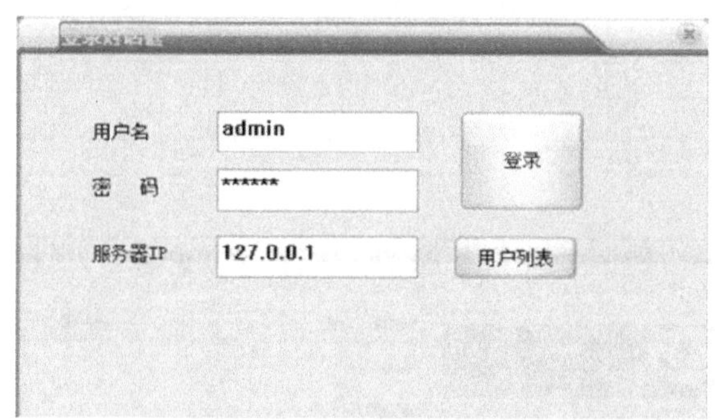

图 5-14　系统控制软件登录界面

系统超级用户名：admin；密码：888888；服务器 IP：127. 0. 0. 1 或本机局域网 IP。本机局域网 IP 可通过命令行 ipconfig 指令查询，如图 5-15 所示。

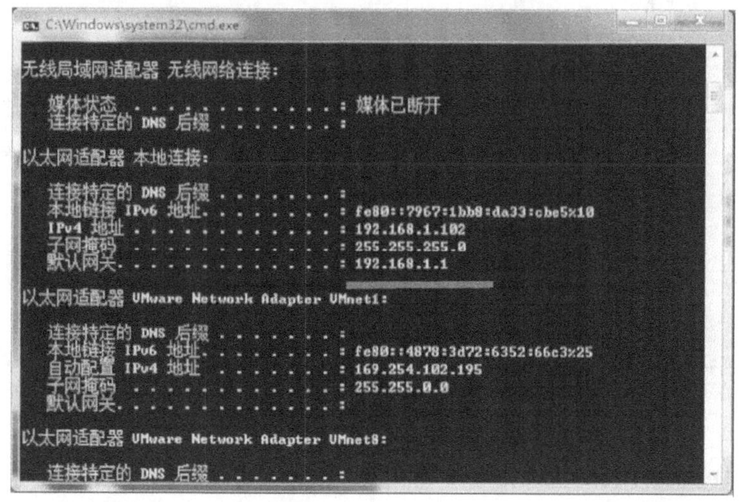

图 5-15　IP 地址查询

将查到的本机 IP 填入登录界面中的“服务器 IP”一栏，单击“登录”按钮即可登入控制系统。如果需要查询当前用户，可单击“用户列表”按钮，会弹出当前系统存在的账户列表，如图 5-16 所示，双击自己账户进行登录。

登录成功后会弹出登录成功窗口。如果在登录系统前没有连接好设备的串口线，会出现如图 5-17 所示的登录错误提示。使用时，将栏杆机和 RFID 读写器的串口线与计算机进行连接即可。登录成功后系统主界面如图 5-18 所示。

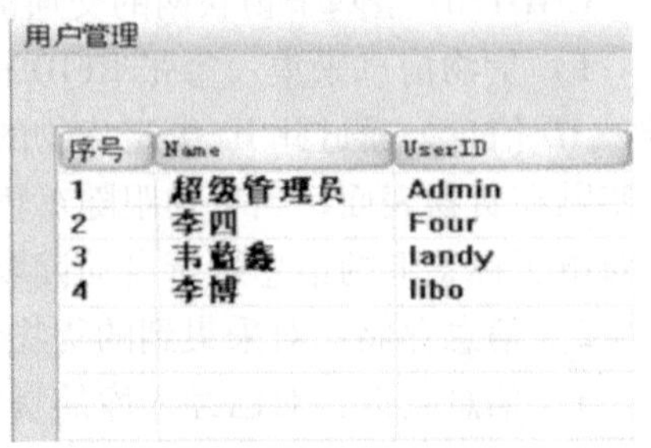
用户管理

序号	Name	UserID
1	超级管理员	Admin
2	李四	Four
3	韦蓝鑫	landy
4	李博	libo

图 5-16 系统管理员列表

图 5-17 登录错误提示

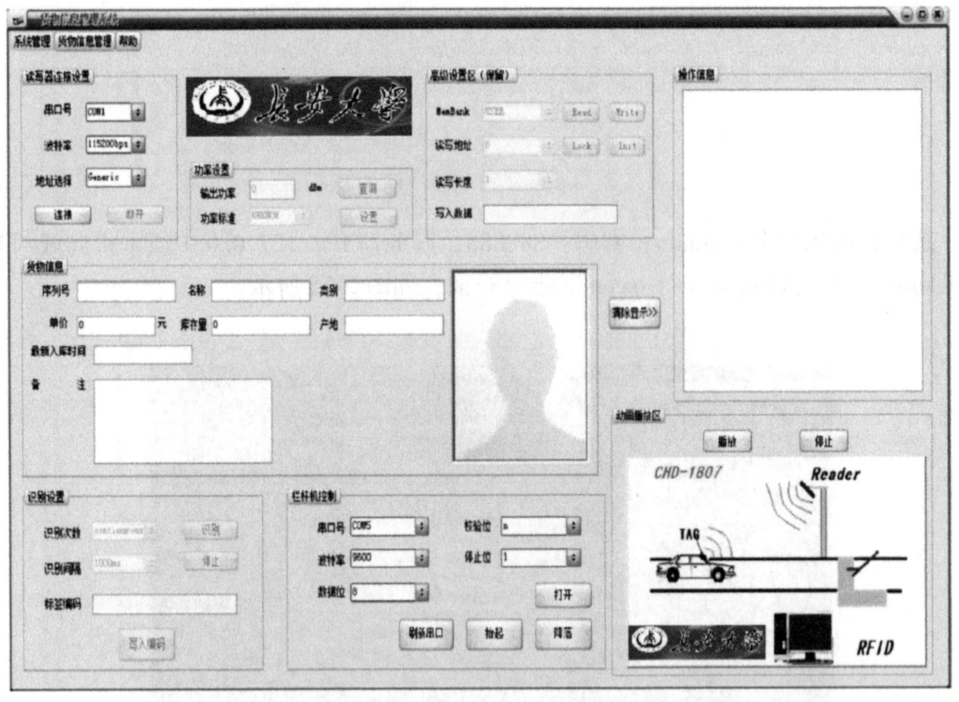

图 5-18 控制系统主界面

（2）RFID 及栏杆机配置 由于 CHD1807 型基于物联网的交通流仿真系统的 RFID 读写装置及栏杆机控制都需要连接到计算机的 RS-232 串口上进行工作，所以在进入控

制系统后首先要对系统串口进行配置使得控制系统能够正常工作。

进入主界面后，首先单击“栏杆机控制”区域的按钮，如果设备连接正常，可以看到串口号列表出现两个可用串口，如图 5-19、图 5-20 所示。其中一个为 RFID 读写器串口，一个为栏杆机控制器串口。

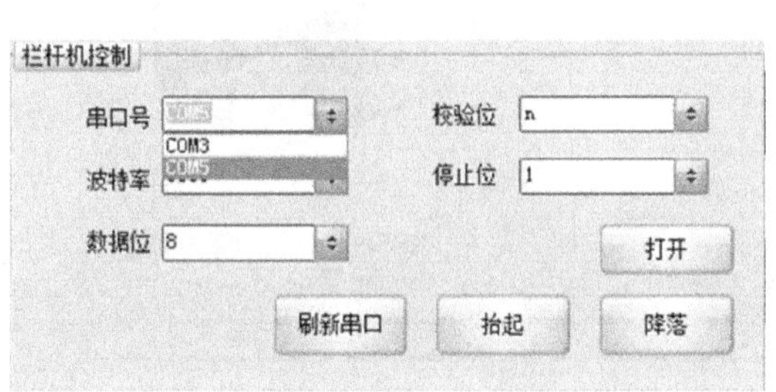

图 5-19 串口配置

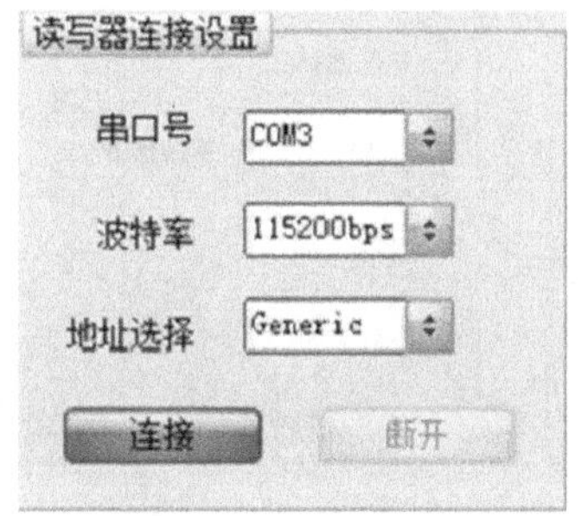

图 5-20 串口参数

对 RFID 所用设备的串口 COM3、波特率等参数进行设定后，单击如图 5-20 所示的“连接”按钮。如果连接成功，则会出现如图 5-21 所示的信息。

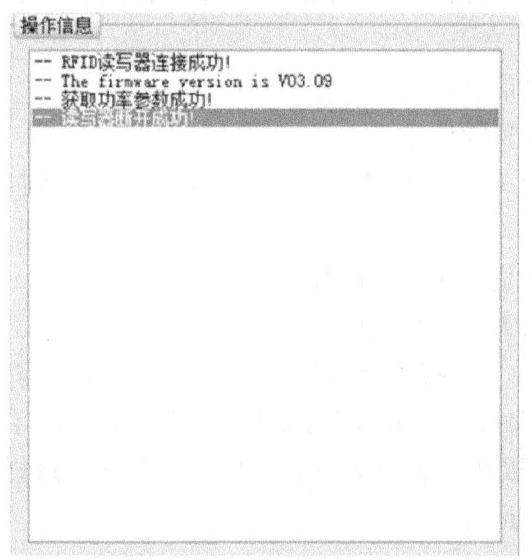

图 5-21 串口配置成功提示信息

如果不能正常进行读写器连接，原因可能有两个：

1）串口未选择正确。可通过改变正确的串口号重新连接。

2）软件系统未正常关闭。此时可先关闭 RFID 读写器，重启，重新连接，便可正常连接。

（3）货物信息管理 货物信息管理菜单项包含货物信息设置、货物信息查询、货物信息列表、货物通过记录四项子菜单。

货物信息设置子菜单包含货物信息的增加、修改、删除、查询、更换图片、预览大图等功能。其界面如图 5-22 所示。

图 5-22　货物信息设置界面

具体各按钮对应功能如下：

1）增加：增加货品信息。注意，序列号必须为 12 位长度的数字。在使用新标签时，需先增加标签中 12 位数字 ID 信息，如 100000000009，绑定指定的货物，并可添加图片等。这样系统在读写信息时，才能在主界面自动更新显示该标签对应的货物信息，否则会提示货物不存在。

2）修改：修改货物信息。

3）删除：删除指定货物信息。

4）查询：查询时要先输入要查询货物的序列号，否则会出现查询内容为空的提示。

5）更换图片：更换货品对应的图片。

6）预览大图：显示大尺寸预览图片。

货物信息查询子菜单主要提供已有货物信息查询功能。需要输入 12 位序列号来查询具体货物，而模糊查询只需要输入关键词查询货物就可以了。货物信息查询列表如图 5-23 所示。用户也可以在列表中选中某一行然后双击，这样也可以查看相关货物的具体信息，如图 5-24 所示。

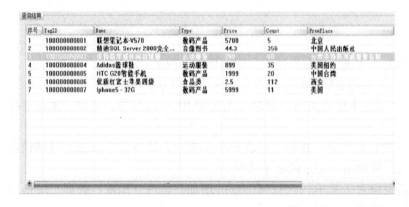

查询结果

序号	TagID	Name	Type	Price	Count	FromPlace
1	100000000001	联想笔记本-V570	数码产品	5700	5	北京
2	100000000002	精通SQL Server 2000完全…	音像图书	44.3	356	中国人民出版社
3	[illegible]	[illegible]	[illegible]	[illegible]	50	[illegible]
4	100000000004	Adidas篮球鞋	运动服装	899	35	美国纽约
5	100000000005	HTC G20智能手机	数码产品	1999	20	中国台湾
6	100000000006	优质红富士苹果四袋	食品类	2.5	112	西安
7	100000000007	Iphone5 - 32G	数码产品	5999	11	美国

图 5-23　货物信息查询列表

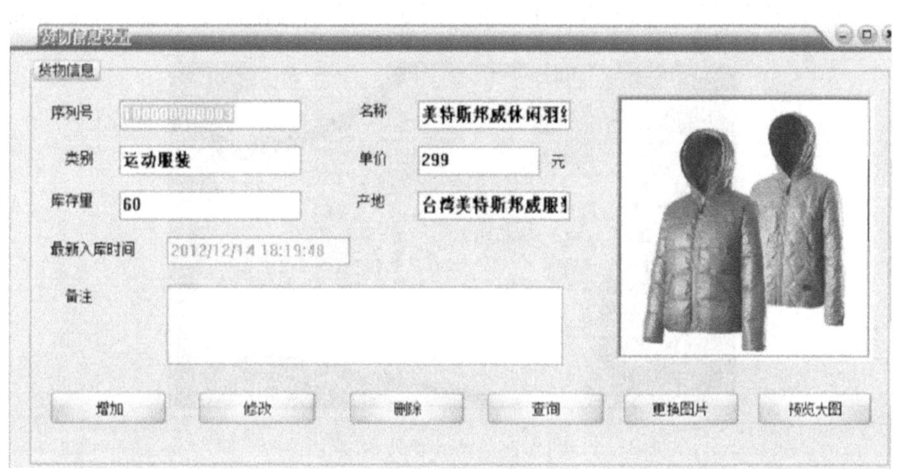

图 5-24　相关货物信息

图 5-25 所示为货物通过记录子菜单，该菜单可以随时记录各种货物通过栏杆机的时间和次数，方便对货物运输进行控制。

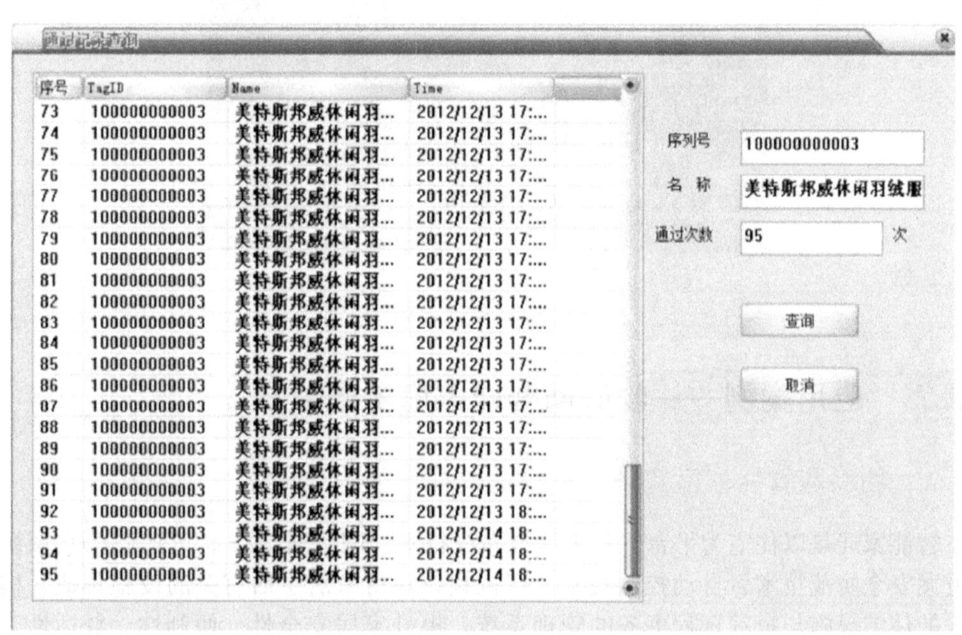

序号	TagID	Name	Time
73	100000000003	美特斯邦威休闲羽...	2012/12/13 17:...
74	100000000003	美特斯邦威休闲羽...	2012/12/13 17:...
75	100000000003	美特斯邦威休闲羽...	2012/12/13 17:...
76	100000000003	美特斯邦威休闲羽...	2012/12/13 17:...
77	100000000003	美特斯邦威休闲羽...	2012/12/13 17:...
78	100000000003	美特斯邦威休闲羽...	2012/12/13 17:...
79	100000000003	美特斯邦威休闲羽...	2012/12/13 17:...
80	100000000003	美特斯邦威休闲羽...	2012/12/13 17:...
81	100000000003	美特斯邦威休闲羽...	2012/12/13 17:...
82	100000000003	美特斯邦威休闲羽...	2012/12/13 17:...
83	100000000003	美特斯邦威休闲羽...	2012/12/13 17:...
84	100000000003	美特斯邦威休闲羽...	2012/12/13 17:...
85	100000000003	美特斯邦威休闲羽...	2012/12/13 17:...
86	100000000003	美特斯邦威休闲羽...	2012/12/13 17:...
07	100000000003	美特斯邦威休闲羽...	2012/12/13 17:...
88	100000000003	美特斯邦威休闲羽...	2012/12/13 17:...
89	100000000003	美特斯邦威休闲羽...	2012/12/13 17:...
90	100000000003	美特斯邦威休闲羽...	2012/12/13 17:...
91	100000000003	美特斯邦威休闲羽...	2012/12/13 17:...
92	100000000003	美特斯邦威休闲羽...	2012/12/13 18:...
93	100000000003	美特斯邦威休闲羽...	2012/12/14 18:...
94	100000000003	美特斯邦威休闲羽...	2012/12/14 18:...
95	100000000003	美特斯邦威休闲羽...	2012/12/14 18:...

图 5-25　货物通过记录

（4）导航模块　导航系统分为导航终端和 PC 端两部分，终端通过 GPS 或者北斗定位模块获得目前所处的位置，然后通过四辆小车的组网传递至 PC 接收端，继而将定位信息接入 GoogleEarth 完成定位显示功能。

CHD1807 型基于物联网的交通流仿真系统中的导航终端采用北斗系统收集循迹小车位置信息，该芯片直接安装在循迹小车上。收集到的信息经过 CC2530 传输至接收端控制 PC，PC 根据接收到的信息调用地图以显示循迹小车的实时位置。图 5-26 所示为

PC 接收循迹小车位置信息的 CC2530 设备，图 5-27 所示为循迹小车实时位置显示。

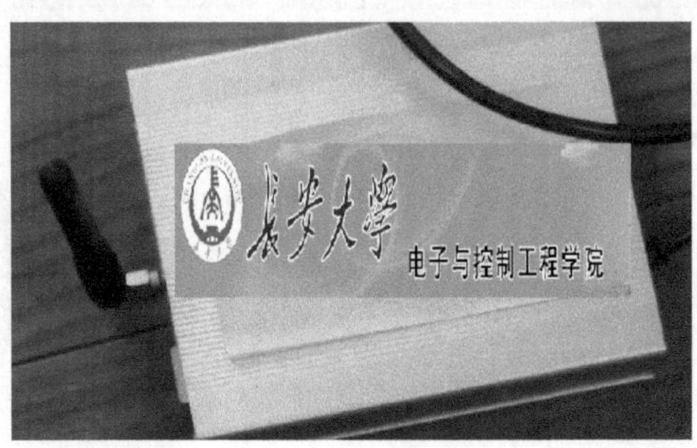

图 5-26 位置接收设备

图 5-27 循迹小车实时位置

5.7 应用案例——物联网智能家庭实景系统

5.7.1 物联网智能家庭实景实训系统

智能家居是以住宅为平台，利用综合布线技术、网络通信技术、智能家居-系统设计方案安全防范技术、自动控制技术、音视频技术将家居生活有关的设施集成，构建高效的住宅设施与家庭日程事务的管理系统，提升家居安全性、便利性、舒适性、艺术性，并实现环保节能的居住环境。

通过在实验室搭建一个包括基于 2.4GHz 无线传感器网络的各类监测以及家庭电器自动控制在内的智能家庭实景，了解物联网技术在现实生活中的实际应用。了解各类传感器及家庭电器智能化的使用及改造方法，使学生掌握物联网技术在智能家庭、智能电器控制、智能楼宇等领域的工程改造方法以及技术开发方法。

5.7.2 家庭室内监控部分

智能家庭实景系统及现场调试如图 5-28 所示。

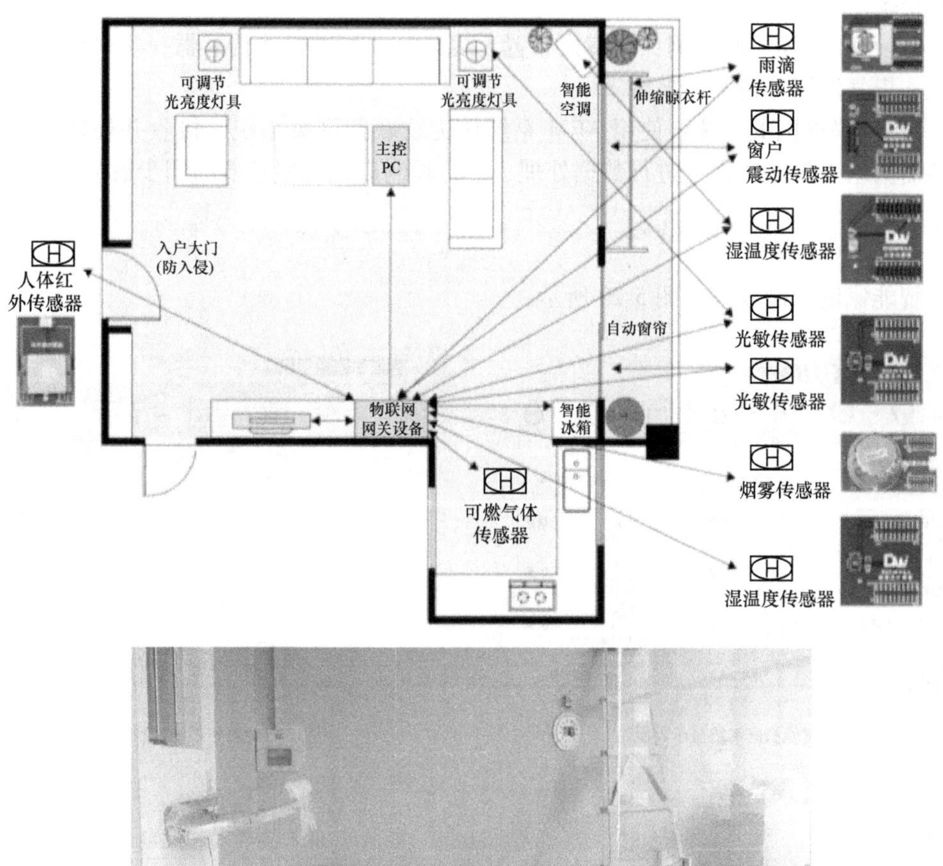

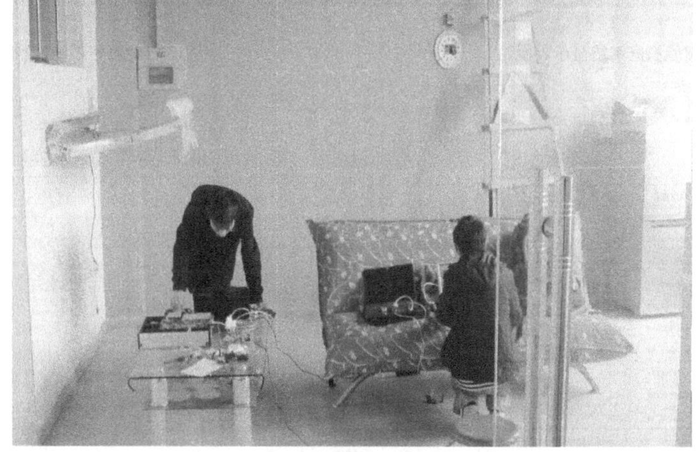

图 5-28 智能家庭实景系统及现场调试

1）室内防盗监测：在室内布置无线节点及人体红外传感器，对于非法入侵行为进行有效监测。

2）室内温湿度监测。在室内布置无线节点及温湿度传感器，实时显示室内温度、湿度数据及温湿度场。

3）室内光照度监测：在室内布置无线节点及光敏传感器，实时监测光照强度并可根据预设程序控制窗帘开关及灯光强度。

4）雨滴监测：在室内布置无线节点及雨滴传感器，实时监测降雨信息并可控制自动晾衣杆伸缩。

5）火灾监测：在室内布置无线节点及烟雾传感器，实时监测家庭中可能出现的火

灾并报警。

6）可燃气体泄漏监测：在室内布置无线节点及可燃气体传感器，实时监测室内天然气、煤气泄漏等情况并报警。

7）物联网网关系统：使用 ARM 系统作为物联网网关系统，接收并处理所有无线传感器网络采集的数据并进行数据处理、下行控制以及与服务器的同步数据更新。

5.7.3 智能家庭控制软件

智能家庭控制软件如图 5-29 所示。

a) 智能家庭系统显示界面

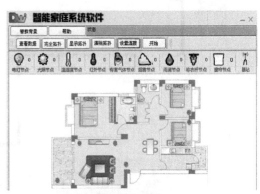

b) 智能家庭系统控制软件

节点ID	节点名	节点描述	节点类型	短地址	父地址
3	3	noDescribe	TempHumi	-1	-1
5	5	noDescribe	Light	-1	-1
13	13	noDescribe	PoleDryer	-1	-1
12	12	noDescribe	Curtain	-1	-1
6	6	noDescribe	Infra	-1	-1
4	4	noDescribe	Light	-1	-1
16	16	noDescribe	Rain	-1	-1
7	7	noDescribe	Smoke	-1	-1
14	14	noDescribe	Lamp	-1	-1
2	2	noDescribe	Hoare	-1	-1

c) 智能家庭系统服务器端节点管理

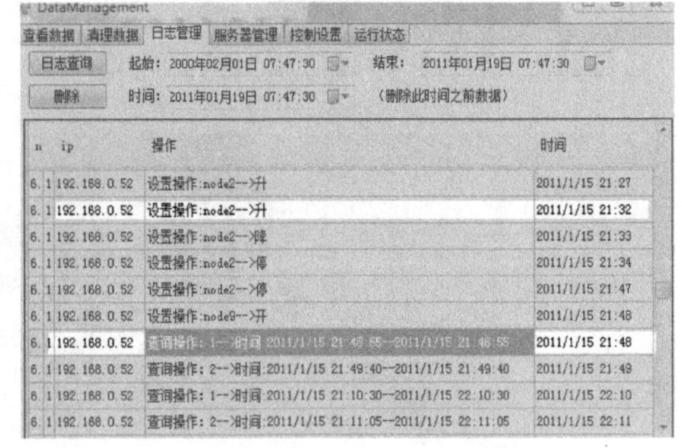

n	ip	操作	时间
6. 1	192.168.0.52	设置操作:node2-->升	2011/1/15 21:27
6. 1	192.168.0.52	设置操作:node2-->升	2011/1/15 21:32
6. 1	192.168.0.52	设置操作:node2-->降	2011/1/15 21:33
6. 1	192.168.0.52	设置操作:node2-->停	2011/1/15 21:34
6. 1	192.168.0.52	设置操作:node2-->停	2011/1/15 21:47
6. 1	192.168.0.52	设置操作:node9-->开	2011/1/15 21:48
6. 1	192.168.0.52	查询操作：1-->时间 2011/1/15 21:48:55--2011/1/15 21:48:55	2011/1/15 21:48
6. 1	192.168.0.52	查询操作：2-->时间 2011/1/15 21:49:40--2011/1/15 21:49:40	2011/1/15 21:49
6. 1	192.168.0.52	查询操作：1-->时间 2011/1/15 21:10:30--2011/1/15 22:10:30	2011/1/15 22:10
6. 1	192.168.0.52	查询操作：2-->时间 2011/1/15 21:11:05--2011/1/15 22:11:05	2011/1/15 22:11

d) 智能家庭系统服务器端操作日志管理

图 5-29 智能家庭控制软件

1）智能家庭监测及控制软件（PC 端）：运行在网关系统的 WinCE 平台上，带有 WinCE 版本的 SQL 数据库，用来对智能家庭系统进行控制、数据监测以及数据处理。

2）智能家庭监测及控制软件（ARM 端）：运行在移动终端上，可使用移动设备接收智能家庭系统中的报警短信，阅览家庭监测数据以及远程控制智能家庭中电器运行。

3）智能家庭系统服务器端：运行在 PC 上，带有 SQL 数据库，可与网关系统进行数据同步，并可进行数据管理、数据查询、节点管理、日志查询等。

4）网页服务器（Web Server）：用于支持各类移动设备远程阅览智能家庭系统监测数据，实时查询家庭中环境以及电器运行状态。

5.7.4　家庭内电器智能化控制

家庭内电器智能化控制如图 5-30 所示。

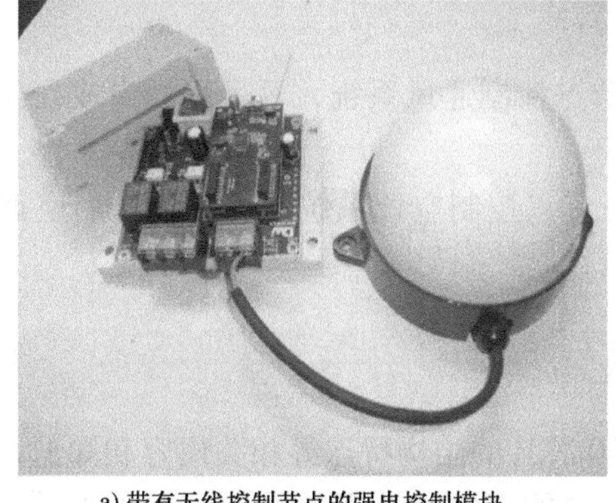

a) 带有无线控制节点的强电控制模块

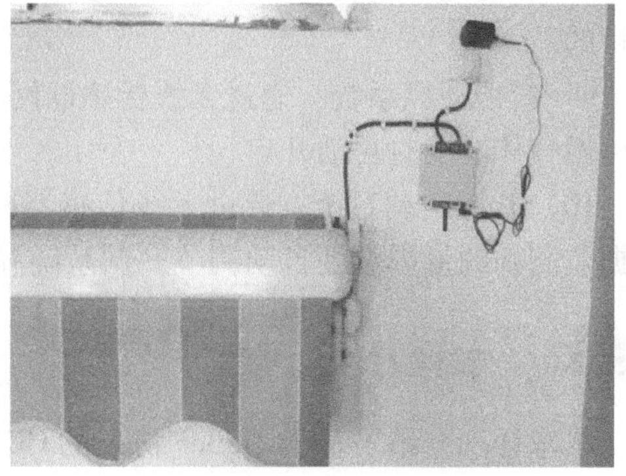

b) 带有无线节点控制的电动雨篷

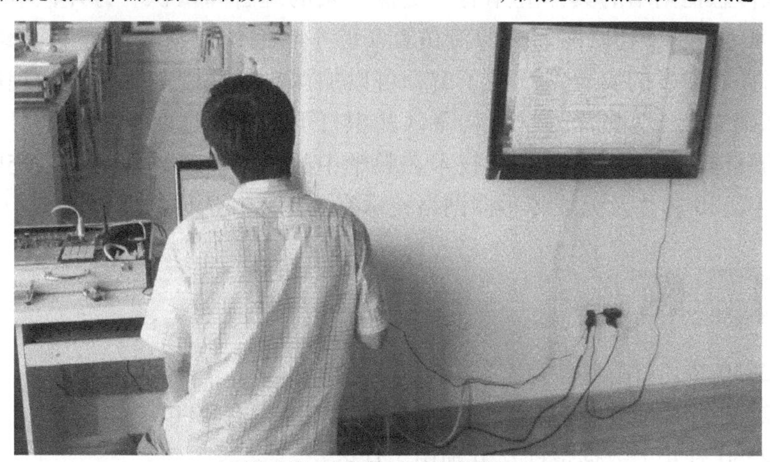

c) 网关系统及在家庭电视上的数据显示

图 5-30　家庭内电器智能化控制

1）智能冰箱：在冰箱内设置带有无线节点控制的 RFID 模块，可在食品放入时读取食品上的射频标签，将食品的种类、保质期等信息保存至冰箱内部数据库中，并可实时上传至家庭控制中心供本地访问或远程读取。

2）监控屏幕：使用家用液晶电视作为家庭监控显示终端，液晶电视与物联网网关以及家庭计算机相连，可实时显示室内各种监测数据并控制家庭中家电。

3）电动雨篷控制系统：通过雨滴传感器监测到降雨信息后，通过无线传感器网络的下行反馈控制，控制电动雨篷的伸展及收缩，保护晾晒的衣物。

4）智能灯光调节系统：通过光敏传感器采集室内光照强度信息后，根据预设程序通过无线传感器网络的下行反馈控制自动调节室内灯光系统的开关。

5）自动报警系统：在红外传感器监测到家庭中出现非法入侵、有害气体泄漏以及火灾信息后，自动报警。

6）远程报警系统：在监测到家庭中出现非法入侵、有害气体泄漏以及火灾信息

后，通过物联网网关设备自动发送报警短信给户主。

7）自动窗帘：通过光敏传感器监测到的室内光亮度，设置不同亮度下的调节程序，通过无线传感器网络的下行反馈控制，控制窗帘自动闭合。

8）智能电源系统：通过无线传感器网络节点控制电源插座，可达到远程开关电器的目的。

9）智能通风系统：通过无线传感器网络节点控制通风系统，可远程开启或在监测到可燃气体泄漏时自动开启。

10）智能空调系统：通过无线传感器网络节点控制空调系统，可远程开启空调或根据监测到的室内温度自动调节空调系统温度。

5.8 本章小结

本章详细介绍了基于 ZigBee 协议的 CC2530 芯片的结构特点等相关内容和知识，使读者对无线传感器网络的具体应用有了更深一层的理解和认识。另外，本章还详细介绍了 CHD1807 型基于物联网的交通流仿真实验平台系统及物联网智能家庭实景系统，通过对本书作者研发的实验系统的了解，可以加深对物联网基础理论的理解，初步掌握物联网基础知识，为更深入学习物联网知识打下基础。这两个系统是对无线传感器网络技术的具体应用，也是物联网技术在教学中的体现。通过这两个系统的学习，读者能够对 CC2530 芯片及无线传感器网络技术有更深入和透彻的理解。

习 题

1. CC2530 芯片有哪些特点？
2. CC2530 芯片硬件结构分为哪几部分？主要外设有哪些？
3. CC2530 有几个数据指针？分别用于什么？

第6章 蓝牙技术

蓝牙（Bluetooth）技术是一种短距离无线通信技术，可实现固定设备、移动设备和楼宇个人域网之间的短距离数据交换（使用2.4~2.485GHz ISM频段的UHF无线电波）。“蓝牙”这个称谓来自于10世纪的丹麦国王哈拉尔德（Harald Gormsson）的外号。蓝牙技术最初由爱立信（Ericsson）公司于1994年创制，当时是作为RS-232数据线的替代方案。本章主要介绍蓝牙技术的体系结构和相关的SoC系统。

6.1 蓝牙技术概述

6.1.1 蓝牙的基本概念和特点

蓝牙是一种短距离无线通信的技术规范，它最初的目标是取代现有的掌上电脑、移动电话等各种数字设备上的有线电缆连接。在制定蓝牙规范之初，就建立了统一全球的目标，向全球公开发布，工作频段为全球统一开放的2.4GHz，ISM频段。从目前的应用来看，由于蓝牙体积小、功耗低，其应用已不局限于计算机外设，几乎可以被集成到任何数字设备之中，特别是那些对数据传输速率要求不高的移动设备和便携设备。蓝牙技术的特点可以归纳为如下几点：

1）全球范围适用。蓝牙工作在2.4GHz ISM频段，全球大多数国家ISM频段的范围是2.4~2.4835GHz，使用该频段无须向各国的无线电资源管理部门申请许可证。

2）同时传输语音和数据。蓝牙采用电路交换和分组交换技术，支持异步数据通道、三路语音信道以及异步数据与同步语音同时传输的信道。每个语音信道数据速率为64kbit/s，语音信号编码采用脉冲编码调制（Pulse Code Modulation，PCM）或连续可变斜率增量调制（Continuous Variable Slope Delta，CVSD）方法。当采用非对称信道传输数据时，单向最大传输速率为721kbit/s，反向为57.6kbit/s；当采用对称信道传输数据时，速率最高为342.6kbit/s。蓝牙有两种链路类型：异步无连接（Asynchronous Connectionless，ACL）链路和面向同步连接（Synchronous Connection-Oriented，SCO）链路。ACL链路支持对称或非对称、分组交换和多点连接，适用于传输数据；SCO链路支持对称、电路交换和点到点连接，适用于传输语音。

3）可以建立临时性的对等连接（Ad-Hoc Connection）。根据蓝牙设备在网络中的角色，可分为主设备（Master）与从设备（Slave）。主设备是组网连接主动发起连接请求的蓝牙设备，而连接响应方则为从设备。几个蓝牙设备连接成一个微微网（Piconet）时，其中只有一个主设备，其他的均为从设备。微微网是蓝牙最基本的一种网络形式，最简单的微微网是一个主设备和一个从设备组成点对点的通信连接。蓝牙微微网的结构如图6-1所示。

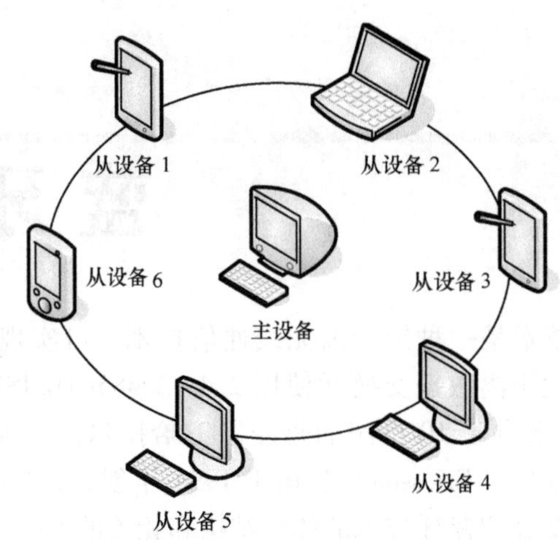

图 6-1　蓝牙微微网的结构

多个微微网在时间和空间上相互重叠而构成的更加复杂的网络拓扑结构被称为散射网（Scatternet）。散射网中的蓝牙设备既可以是某个微微网的从设备，也可以是另一个微微网的主设备，如图 6-2 所示。每个微微网的跳频（Frequency Hopping）序列各自独立、互不相关，统一微微网的所有设备跳频序列同步。通过时分复用技术，一个蓝牙设备便可以同时与几个不同的微微网保持同步，具体来说，就是该设备按照一定的时间顺序参与不同的微微网，即某一时刻参与某一个微微网，而下一个时刻参与另一个微微网。

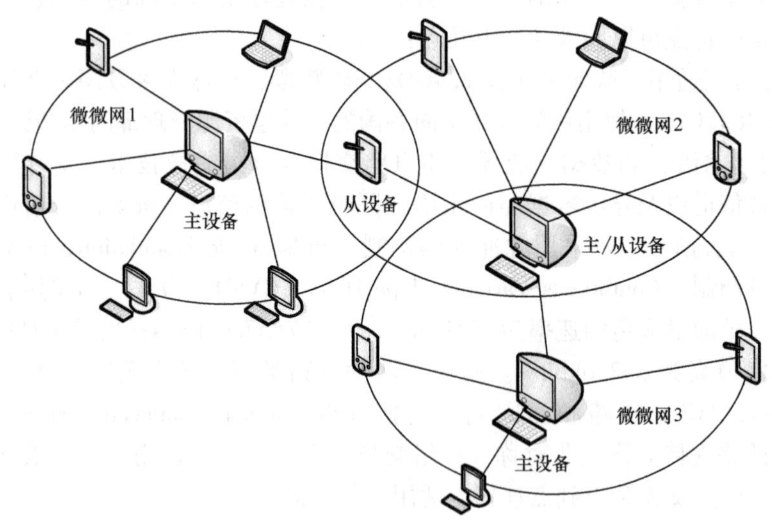

图 6-2　蓝牙散射网结构

4）具有很好的抗干扰能力。工作在 ISM 频段的无线电设备有很多种，如家用微波炉、无线局域网（WLAN）和 HomeRF 等产品，为了很好地抵抗来自这些设备的干扰，蓝牙采取了跳频方式来扩展频谱（Spread Spectrum），将 2.402~2.48GHz 频段分成了 79 个频点，相邻频点间隔 1MHz。蓝牙设备在某个频点发送数据之后，再跳到另一个频

点发送，而频点的排列顺序则是伪随机的，每秒钟频率改变 1600 次，每个频率持续 625μs。

5）蓝牙模块体积很小，可以方便地继承到各种设备中。由于个人移动设备的体积较小，嵌入其内部的蓝牙模块体积就应更小。如爱立信公司的蓝牙模块 ROK14001 的外形尺寸仅为 15. 5mm×10. 5mm×2. 1mm。

6）低功耗。蓝牙设备在通信连接状态下有四种工作模式，即激活（Active）模式、呼吸（Sniff）模式、保持（Hold）模式和休眠（Park）模式。Active 模式是正常的工作状态，另外三种模式是为了节能所规定的低功耗模式。Sniff 模式下的从设备周期性地被激活；Hold 模式下的从设备停止监听来自主设备的数据分组，但保持其激活成员地址；Park 模式下的主从设备间仍保持同步，但从设备不需要保留其激活成员地址。这三种节能模式中，Sniff 模式的功耗最高，对于主设备的响应最快，Park 模式的功耗最低，对主设备的响应最慢。

7）开放的接口标准。蓝牙技术联盟（Bluetooth SIG）为了推广蓝牙技术的应用，将蓝牙的技术标准全部公开，全世界方位内的任何单位和个人都可以进行蓝牙产品的开发，只要最终通过 SIG 的蓝牙产品兼容性测试，就可以推向市场。这样一来，SIG 就可以通过提供技术服务和出售芯片等业务获利，同时大量的蓝牙应用程序也可以得到大规模推广。

8）成本低，集成蓝牙技术的产品成本增加很少。蓝牙产品刚刚面世的时候，价格昂贵，一副蓝牙耳机的售价就为 4000 元人民币左右。随着市场需求的扩大，各个供应商纷纷推出自己的蓝牙芯片和模块，蓝牙产品的价格也飞速下降。

6. 1. 2 蓝牙技术的发展

截至 2014 年，蓝牙共有 12 个版本 V1. 1/1. 2/2. 0/2. 1/3. 0/4. 0/4. 1/4. 2/5. 0/5. 1/5. 2/5. 3。以通信距离来区分的话，可分为 Class A 和 Class B 两类。其中，Class A 是用在大功率/远距离的蓝牙产品上，但因成本高和耗电量大，它不适合作个人通信产品之用，比如手机、蓝牙耳机等，而是多用在部分商业特殊用途上，通信距离在 80~100m 之间；Class B 是目前最流行的制式，通信距离在 8~30m 之间，视产品的设计而定，多用于个人通信产品上，耗电量和体积均较小，方便携带。

蓝牙 V1. 1 为最早期版本，其规定的传输率在 748~810kbit/s，因是早期设计，容易受到同频率产品的干扰而影响通信质量。蓝牙 V1. 2 同样只有 748~810kbit/s 的传输率，但在以前的基础上增加了抗干扰的跳频功能。蓝牙 V2. 0 是对蓝牙 V1. 2 的改良提升版，传输率在 1. 8~2. 1Mbit/s，有双工的工作方式，即可以一面语音通信，一面传输档案或高质量图片。由于蓝牙 V2. 0 标准是蓝牙 V1. X 的延续，所以其配置流程复杂和设备功耗较大的问题依然存在。

为了改善蓝牙技术存在的问题，SIG 推出了蓝牙 V2. 1+EDR 版本的蓝牙技术，该技术改善了装置的配对流程。由于有许多使用者在进行硬件之间的蓝牙配对时，会遭遇到许多问题，不管是单次配对，或者是永久配对，在配对过程中的必要操作过于繁杂，以往在连接过程中，需要利用个人识别码来确保连接的安全性，而改进后的连接方式则会自动使用数字密码来进行配对与连接。举例来说，只要在手机选项中选择连接特

定装置，在确定之后，手机会自动列出目前环境中可使用的设备，并且自动进行连接。此外，蓝牙 V2.1 还加入了减速呼吸（Sniff Subrating）功能，即通过设定在两个装置之间互相确认信号的发送间隔来达到节省功耗的目的。

2009 年 4 月 21 日，蓝牙技术联盟正式颁布了新一代标准规范“Bluetooth Core Specification Version 3.0 High Speed”（蓝牙核心规范 3.0 版 高速）。蓝牙 V3.0 根据 IEEE 802.11 适配层协议应用了 Wi-Fi 技术，传输速度提高到了大约 24Mbit/s。这样，蓝牙 3.0 设备将能通过 Wi-Fi 连接到其他设备进行数据传输。功耗方面，通过蓝牙 3.0 高速传送大量数据自然会消耗更多能量。

2010 年 7 月 7 日，蓝牙技术联盟正式采纳蓝牙 V4.0 核心规范，它包括经典蓝牙、高速蓝牙和蓝牙低功耗协议。高速蓝牙基于 Wi-Fi，经典蓝牙则包括旧有蓝牙协议。表 6-1 给出了经典蓝牙和低功耗蓝牙之间的差异。蓝牙 V4.0 是 V3.0 的升级版本，其改进之处主要体现在三个方面：电池续航时间、节能和设备种类。蓝牙 V4.0 较 V3.0 更省电、成本更低、更低延迟（3ms 延迟）、更长的有效连接距离，同时加入了 AES-128 位加密机制。蓝牙技术联盟于 2013 年 12 月正式宣布采用蓝牙核心规格 V4.1。这一规格是对蓝牙 V4.0 的一次软件更新，而非硬件更新。当蓝牙信号与 LTE 无线电信号之间如果同时传输数据，那么蓝牙 V4.1 可以自动协调两者的传输信息，理论上可以减少其他信号对蓝牙 V4.1 的干扰。蓝牙 V4.1 还提升了连接速度并且更加智能化，比如减少了设备之间重新连接的时间，这意味着用户如果走出了蓝牙 V4.1 的信号范围并且断开连接的时间不算很长，当用户再次回到信号范围内之后设备将自动连接，反应时间要比蓝牙 V4.0 更短；蓝牙 V4.1 还提高了传输效率，如果用户连接的设备非常多，比如连

表 6-1 经典蓝牙和低功耗蓝牙的性能对比

技术规范	经典蓝牙	低功耗蓝牙
无线电频率/GHz	2.4	2.4
距离/m	10	10
空中数据速率/(Mbit/s)	1~3	1
应用吞吐量/(Mbit/s)	0.7~2.1	0.2
安全	64/128bit 及用户自定义的应用层	128bit 高级加密标准（AES）及用户自定义的应用层
鲁棒性	自动适应快速跳频，FEC	快速 ACK 自动适应快速跳频
发送数据的总时间/ms	100	<6
认证机构	蓝牙技术联盟	蓝牙技术联盟
语音能力	有	没有
网络拓扑	分散网	星形
主要用途	手机、游戏机、耳机、立体声音频数据流、汽车和 PC 等	手机、游戏机、PC、表、体育和健身、医疗保健、汽车、家用电子、自动化等工业

接了多部可穿戴设备，彼此之间的信息都能即时发送到接收设备上。除此之外，蓝牙V4.1也为开发人员增加了更多的灵活性，这个改变对普通用户没有很大影响，但是对于软件开发者来说是很重要的，因为为了应对逐渐兴起的可穿戴设备，蓝牙必须能够支持同时连接多部设备。2014年12月2日蓝牙V4.2发布，它是一次硬件更新。该版本的蓝牙改善了数据传输速度和隐私保护程度：两部蓝牙设备之间的数据传输速度提高了2.5倍；在新的标准下蓝牙信号想要连接或者追踪用户设备必须经过用户许可，否则蓝牙信号将无法连接和追踪用户设备。一些旧有蓝牙硬件也能够获得蓝牙V4.2的一些功能，如通过固件实现隐私保护更新。该版本的核心优势之一就是支持灵活的互联网连接选项（IPv6/6LoWPAN或低功耗蓝牙网关），实现物联网。

蓝牙V5.0标准是由蓝牙技术联盟于2016年制定，低功耗模式传输速度上限为2Mbit/s，是之前V4.2LE的2倍；它针对低功耗设备的数据传输速度有相应提升和优化，它结合Wi-Fi对室内位置进行辅助定位，可以实现精度小于1m的室内定位，有效工作距离可达300m，是之前V4.2LE的4倍。相比蓝牙V5.0标准，于2019年制定的蓝牙V5.1标准加入了测向功能和厘米级的定位服务。

蓝牙V5.2标准于2020年制定，主要的特性是增强属性协议、功耗控制和信号同步，连接更快，更稳定，抗干扰性更好。最新的蓝牙V5.3标准对低功耗蓝牙中的周期性广播、连接更新、频道分级进行了完善，通过这些功能的完善，进一步提高了低功耗蓝牙的通信效率、降低了功耗并提高了蓝牙设备的无线共存性。该版本也通过引入新功能进一步完善了经典蓝牙基础速率/增强数据速率（BR/EDR）的安全性。

6.2 蓝牙技术的体系结构

蓝牙体系结构本质上非常简单，它分成三个基本部分：控制器、主机和应用层，如图6-3所示。控制器通常是一个物理设备，它能够发送和接收无线电信号，并懂得如何将这些信号翻译成携带信息的数据包；主机通常是一个软件栈，管理两台或多台设备间如何通信以及如何利用无线电同时提供几种不同的服务；应用层则使用软件栈，进而使控制器来实现用户的功能。

在控制器内既有物理层和链路层，又有直接测试模式和主机控制器接口（HCI）层的下半部分。在主机内包含三个协议：逻辑链路控制和适配协议（L2CAP）、属性协议（Attribute Protocol）和安全管理器协议（Security Manager Protocol），此外还包括通用属性规范（GATT）、通用访问规范（GAP）。

6.2.1 控制器

控制器被很多人视为区分蓝牙芯片或无线电的特征之一。然而，把控制器叫作无线电就有些简单化了。蓝牙控制器由同时包含了数字和模拟部分射频器件和负责收发数据包的硬件组成。控制器与外界通过天线相连，与主机通过主机控制器接口（HCI）相连。

图 6-3 蓝牙体系结构

1. 物理层

物理层是采用 2.4GHz 无线电，完成艰巨的传输和接收工作的部分。对很多人而言，该层仿佛笼罩着一层神秘色彩。但本质上讲，物理层其实并没有什么特别，只不过是简单的传输和接收电磁辐射而已。无线电波通常可以在给定的某个频段内通过改变幅度、频率和相位携带信息。在低功耗蓝牙中，采用一种称为高斯频移键控（GFSK）的调制方式改变无线电的频率，传输 0 或 1 的信息。

频移键控部分是把 0 和 1 通过轻微升高或者降低信号频率进行编码。如果频率在改变的一瞬间突然从一端移向另一端，将会在更宽的频段上出现一个能量脉冲，因此用一个滤波器来阻止能量扩散到更高或更低的频率处。在 GFSK 的情况下，采用的滤波器的波形与高斯曲线一致。用于低功耗蓝牙的滤波器不像用于经典蓝牙的滤波器那样严格，这意味着低功耗无线电信号比经典蓝牙无线电信号要稍微分散一点。

适当扩展无线信号的好处在于无线电将遵循扩频的约束，而经典蓝牙无线电则受跳频的约束。传输时，扩频无线电要比跳频无线电使用的频率更少。如果没有更宽松的滤波器波形，低功耗蓝牙将不能只在三个信道上广播，而不得不使用更多的信道，从而导致系统的能耗升高。

无线电信号的适度拓宽称为调制指数。调制指数表示围绕信号的中心频率的上下频率之间的宽度。传输无线电信号时，从中心频率出发超过 185kHz 的正向偏移代表值为 1 的比特；超过 185kHz 的负向偏移代表值为 0 的比特。

为使物理层能够工作，尤其是应对同一区域有大量无线电同时传输的情形，2.4GHz 频段被划分为 40 个 RF 信道，各个信道宽度为 2MHz。物理层每微秒传输 1bit 应用数据。例如，要发送 80bit 的以 UTF-8 格式编码的字符串“low energy”将花费 80μs，当然这里没有考虑数据报头的开销。

2. 直接测试模式

直接测试模式是一种测试物理层的新方法。绝大部分的无线标准并未提供对物理层执行标准测试的统一方法。这就导致不同的公司采用专门的办法来测试物理层。这样一来，整个产业的成本增加，对终端产品制造商来说，从一家芯片供应商快速换到另一家的门槛也很高。

直接测试模式允许测试者让控制器的物理层发送一系列测试数据包或接收一系列数据包。测试者随后可以分析收到的数据包，或者根据接收的数据包数量判断物理层是否遵循 RF 规范。直接测试模式不仅能量化测试，还能用于执行线性测试和校准无线电。比如，通过快速命令物理层在指定的无线电频率发送信号，并测量实际收到的信号频率，可以调节无线电直至正常工作。由于这类校准通常需要为每个单元执行，因而拥有一台能够高效地完成测试的设备将为产品制造商节约大量成本。

3. 链路层

链路层是低功耗蓝牙体系里最复杂的部分，它负责广播、扫描、建立和维护链路，以及确保数据包按照正确的方式组织、计算校验值以及加密序列等。为了实现上述功能，定义下列三个基本概念：信道、报文和过程。

链路层信道分为两种：广播信道和数据信道。建立连接的设备使用广播信道发送数据。广播信道共有三个——再次说明，这一数字是在低功耗和鲁棒性之间折中的产物。设备里要更改信道进行广播，需通告自身为可连接或可发现的，并且执行扫描或发起连接。在连接建立后，设备利用数据信道来传输数据。数据信道共有 37 个，有一个自适应跳频引擎控制以实现鲁棒性。在数据信道中，允许一端向另一端发送数据、确认，并在需要时重传，此外还能为每个数据包进行加密和认证。

在任意信道上发送的数据（包括广播信号和数据信道）均为小数据包。数据包封装了发送者给接收者的少量数据，以及用来保障数据正确的校验和。无论在广播信道还是数据信道，基本的数据包格式均相同。每个数据包含有最少 80bit 的地址、报头和校验信息。表 6-2 显示了链路层数据包的大致结构。

表 6-2 链路层数据包的大致结构

前导	接入地址	报头	长度	数据	循环冗余校验（CRC）
8bit	32bit	8bit	8bit	0～296bit	24bit

其中，8bit 前导优化数据包的鲁棒性，这一长度足够接收者同步比特计时和设置自动增益控制；32bit 接入码在广播信道数据包中是固定值，而在数据信道数据包中是完全随机的私有值；8bit 报头字段描述数据包的内容；另一个 8bit 长度的字段描述载荷的长度，由于不允许发送有效载荷长度超过 37B 的数据包，不是所有的比特都用来记录长度；紧接着是变长有效载荷字段，携带来自应用或主机设备的有用信息；最后是 24bit 的循环冗余校验（CRC）值，确保接收的报文没有错误比特。

可以发送的最短报文是空报文，时长为 80μs；而满载时的最长报文时长为 376μs。大部分广播报文只有 128μs，而大部分数据报文时长为 144μs。

4. 主机控制器接口

对于许多设备，主机控制器接口（HCI）的出现为主机提供了一个与控制器通信的标准接口。这种结构上的分割在经典蓝牙十分盛行。有60%以上的蓝牙控制器都使用主机控制器接口。它允许主机将命令和数据发送到控制器，并且允许控制器将事件和数据发送到主机。主机控制器接口实际上由两个独立的部分组成：逻辑接口和物理接口。

逻辑接口定义了命令和事件及其相关的行为。逻辑接口可以交给任何物理传输，或者通过位于控制器上的本地应用程序编程接口交付给控制器，后者可以包含嵌入式主机协议栈。

物理接口定义了命令、事件和数据如何通过不同的连接技术来传输。已定义的物理接口包括通用串口总线（USB）、安全数字输入输出（SDIO）和两个通用异步收发传输器（UART）的变种。对大部分控制器而言，它们只支持一个或两个接口。考虑到实现一个USB接口需要大量的硬件，而且不属于低功耗的接口，所以它通常不会出现在低功耗的单模控制器上。

因为主机控制器接口存在于控制器和主机之内，位于控制器中的部分通常称为主机控制器接口的下层部分，位于主机中的部分通常称为主机控制器接口的上层部分。

6.2.2 主机

主机是蓝牙世界的无名英雄。主机包含复用层、协议，它可以用来实现许多有用而且有趣的功能。主机构建于主机控制器接口的上层部分，其上为逻辑链路控制和适配协议（L2CAP），还有一个复用层。在L2CAP上面是系统的两个基本构建块：安全管理器（用于处理所有认证和安全连接等事物）以及属性协议（用于公开设备上的状态数据）。属性协议之上为通用属性规范，定义属性协议是如何实现可重用的服务的，而这些服务公开了设备的标准特性。最后，通用访问规范定义了设备如何以一种可交互方式找到对方并与之连接。

主机并未对其上层接口做明确规定。每个操作系统或环境都会有不同的方式公开主机的应用程序接口，不管是通过一个功能接口还是一个面向对象的接口。

1. 逻辑链路控制和适配协议

逻辑链路控制和适配协议（L2CAP）是低功耗蓝牙的复用层。该层定义了两个基本概念：L2CAP信道和L2CAP信令。L2CAP信道是一个双向数据通道，通向对端设备上的某一特定的协议或规范。每个通道都是独立的，可以有自己的流量控制和与其关联的配置信息。经典蓝牙使用了L2CAP的大部分功能，包括动态信道标识符、协议服务多路复用器、增强的重传、流模式等。相比而言，低功耗蓝牙只用到了最少的L2CAP功能。L2CAP报文结构见表6-3。

表6-3 L2CAP报文结构

长度	信道ID	信息净荷
2B	2B	0~65535B

低功耗蓝牙中只使用固定信道：一个用于信令信道，一个用于安全管理器，还有一个用于属性协议。低功耗蓝牙只有一种帧格式，即B帧，包含2B的长度字段和2B

的信道识别符（ID）字段。B 帧的格式和传统的 L2CAP 在每个通道使用的基本帧格式一致，在协商使用一些更复杂的帧格式之前，传统 L2CAP 会一直使用该帧格式。关于复杂帧格式的一个例子是经典蓝牙包括了额外帧序列和校验值的帧。这些帧没有必要用在低功耗蓝牙中，因为链路层已有足够的校验强度，不必使用额外的校验值，而且简单的属性协议不会用多个信道乱序发送报文。通过保持协议的简单性和执行恰到好处的校验，只用一种帧格式也就足够了。

2. 安全管理器协议

安全管理器定义了一个简单的配对和密钥分发协议。配对是一个获取对方设备信任的过程，通常采取认证的方式实现。配对之后，接着是链路加密和密钥分发过程。在密钥分发过程中从设备把密钥共享给主设备，当这两台设备在未来的某个时候重连时，它们可以使用先前分发的共享密钥进行加密，从而迅速认证彼此的身份。安全管理器还提供了一个安全工具箱，负责生成数据的哈希值、确认值以及配对过程中使用的短期密钥。

3. 属性协议

属性协议定义了访问对端设备上的数据的一组规则。数据存储在属性服务器的"属性"里，供属性客户端执行读写操作。客户端将请求发送至服务器，后者回复响应消息。客户端可以使用这些请求在服务器上找到所有的属性并且读写这些属性。属性协议定义了六种类型的信息：

1）从客户端发送至服务器的请求。

2）从服务器发送至客户端的回复请求的响应。

3）从客户端发送至服务器的无须响应的命令。

4）从服务器发送至客户端的无须确认的通知。

5）从服务器发送至客户端的指示。

6）从客户端发送至服务器的回复指示的确认。

所以，客户端和服务器都可以发起通信，发送需要对方回复的消息或者无须回复的消息。

属性是被编址并打上标签的一小块数据。每个属性均包含一个用来标识该属性的唯一的句柄、一个用于标识存储数据的类型以及一个值。例如，一个类型是"温度"、值为 20.5℃的属性可能放在句柄里为 0x01CE 的属性里。属性协议没有定义任何属性类型，但规定某些属性可以分组，并且可以通过属性协议发现分组的语义。

属性协议还定义了一些属性的权限：如果客户端验证了自身身份或得到了服务器的授权，客户端将获得读写属性值的权限或是只允许方位属性值的权限。客户端无法显示地获得属性的权限，只能隐式地通过发送请求并且接收错误的响应来尝试获得，该错误响应会说明不能完成请求的原因。

属性协议本身大多是无状态的。每一次事物处理（比如读取请求和读取响应等）并不会让服务器保持其状态，这时的协议本身只需要很少的内存即可工作。不过仍然有个例外：准备和执行写入请求会将一组数据首先存储在服务器上，然后在一次事物处理中顺序执行所有的操作。

4. 通用属性规范

通用属性规范位于属性协议之上，定义了属性的类型及其使用方法。通用属性规

范引入了一些概念，包括“特性”“服务”、服务之间的“包含”关系、特性“描述符”等。它还定义了一些规程，用来发现服务、特性、服务之间的关系，以及用来读取和写入特性值。

服务是设备上若干原子行为的不可变封装。不可变意味着一旦服务发布就不能再改变。这一点是必要的，因为若要服务能够被反复使用，最好永远不去动它。一旦服务的行为发生变化，版本号等许多棘手的设置过程和相应配置将耗费大量的时间，这与低功耗蓝牙背后的“无连接模式”的基本概念完全背道而驰。

封装是指简洁地表达事物的功能。一项服务的所有的相关信息都置于属性服务器的一组属性中，并通过其来表达。一旦知道了某个属性服务器上的服务范围，就知道了服务将封装哪些信息。原子意味着一个更大的系统中单个的不可逆转的单元或部件。原子服务十分重要，这是因为越小巧的服务，越有可能在其他地方获得重用。

行为是指事物响应特定情况或刺激的方式。就服务而言，行为意味着当用户读取或写入某属性时都发生了些什么，或是什么原因导致了向客户端发送属性通知。明确定义的行为对互操作性尤为重要。如果服务规定的行为含混不清，每个客户端在与服务器交互时有可能各行其是，服务器的行为表现将取决于哪个客户端正在连接。更糟糕的是，同样的服务在不同设备上的表现也可能大相径庭。一旦设备间出现这种局面，互操作性将被彻底破坏。因此，明确定义的、可测试的行为，哪怕交互起来存在错误，仍能提升互操作性。

服务间的关系是实现设备公开的复杂行为的关键。服务本质上是原子的；复杂的行为不应该仅仅通过某一个服务来公开。举个例子，一台测量室温的设备可以公开温度服务。设备可能由电池供电，所以它会公开电池服务。然而，如果电池还有一个温度传感器，应该在该设备上公开另一个温度服务的实例。第二个温度服务必须和电池相互联系，以便客户端确定其关系。

为了适应复杂的行为和服务之间的关系，服务分为两种类型：首要服务和次要服务。服务的类型通常不取决于服务本身，而取决于设备如何使用该项服务。首要服务从用户角度公开设备的用途；次要服务被首要服务或另一个次要服务使用，使其能够提供完整的行为。在前面的例子中，第一个温度服务是首要服务，电池服务也是一个首要服务，而第二个温度服务则为次要服务，被电池服务所引用。

5. 通用访问规范

通用访问规范定义了设备如何发现、连接，以及为用户提供有用的信息。它还定义了设备之间如何建立长久的关系，称为绑定（Bonding）。要启用此功能，规范定义了设备如何实现可发现、可连接和可绑定。通用访问规范还介绍了设备如何使用规程以发现其他设备、连接到其他设备、读取它们的设备名称并和它们进行绑定。

通过使用可解析的私有地址，这当中还引入了隐私权的概念。隐私对于那些不断通告其存在以便其他设备能够发现并与之连接的设备而言是非常重要的。然而，希望保留隐私的设备必须采用不断变化的随机地址来广播。这样，其他设备一来不能确定它们侦听的是哪个设备，二来也无法通过跟踪其当前的随机地址判断哪个设备正在周围移动。但是，让收信人的设备能够判断对端是否就在附近并允许其连接，这就要求私有地址必须是可解析的。因此，通用访问规范不仅定义了如何解析私有地址，而且

定义了如何与私有设备进行连接。

6.2.3　应用层

控制器和主机之上是应用层。应用层规约（Specification）定义了三种类型：特性（Characteristic）、服务（Service）和规范（Profile）。这些规约均构建在通用属性规范上。通用属性规范为特性和服务定义了属性分组，应用为使用这些属性组定义了规约。

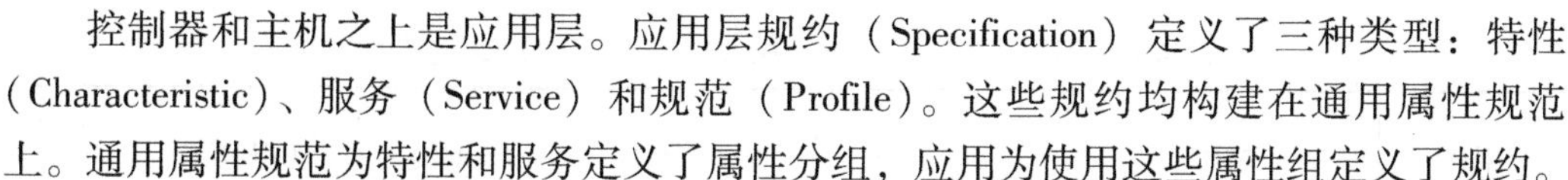

1. 特性

特性是采用已知格式、以通用唯一识别码（UUID）作为标记的一小块数据。由于特性要求能够重复使用，因而设计时没有涉及行为。只要是添加了行为的东西，它的重用性就会大打折扣。特性一个很有意思的地方在于它们被定义为计算机的可读格式，而非人类的可读文字。这赋予了计算机相应的能力：当遇到某一素未谋面的特性时，可以下载计算机的相关读取规则，用来向用户显示该特性。

2. 服务

服务是人类可读的一组特征及其相关的行为规范。服务定义了位于服务器上的相关特性的行为，而不是客户端的行为。对于许多服务而言，客户端的行为可以隐式地由服务的服务器的行为所决定。然而，还有些服务可能需要在客户端上定义的复杂行为，它们由规范而非服务定义。

一个服务可以包括其他服务。服务只能定义自身包含的服务，它不能改变包含服务的特性或者行为。但是，包含服务时应描述多个被包含服务之间如何彼此互动。

服务有两种类型：首要服务和次要服务。一个服务本质上是首要服务还是次要服务取决于服务的定义，或者可以由规范文件和规范文件的实现来决定。首要服务表征了一个给定的设备主要做些什么。正是通过这些服务，用户才了解了该设备的作用。次要服务是那些协助主要业务或其他次要服务的服务。

服务本身并未规定设备之间如何连接，以及如何发现和使用服务。服务只描述在读写特性或通知和指示特性时究竟做了些什么。服务没有描述通用属性规范采用什么规程来寻找服务和服务的特性，也没有描述客户端如何使用特性。

3. 规范

规范是用例或应用的最终体现。规范是描述两个或多个设备的说明，每个设备提供一个或多个服务。规范描述了如何发现并连接设备，从而为每台设备确定所需的拓扑结构。规范还描述了客户端行为，用于发现服务和服务特性，以及使用该服务实现用例或应用所要求的功能。

规范和服务之间是一种多对多的映射关系。一个服务可以用于许多规范，以便在设备上实现需要的行为。此时，服务的行为与使用该服务的规范是相互独立的。在应用商店里，可以提交某个设备支持的所有服务的列表，从而找到使用这些服务的所有应用。这种灵活性有助于实现即插即用模型，比如通用串行总线。

6.3　蓝牙片上系统

以 TI 公司为例，目前已有 23 款性能优异的无线蓝牙片上系统（SoC）产品，可根

据应用需求选择不同的蓝牙标准、不同的芯片类型（带和不带 MCU 的蓝牙收发器）、不同性能的 CPU 内核、不同 Flash 大小、不同的发射功耗电流等。表 6-4 列出了部分基于不同 CPU 核心的蓝牙芯片的关键特性，并进行了对比。

表 6-4 部分基于不同 CPU 核心的蓝牙芯片的关键特性

型号	描述	蓝牙标准	技术指标	Flash 容量	CPU 核心	RAM 容量
CC2640R2L	蓝牙 V5.1 低功耗无线 MCU	蓝牙 V5.0，蓝牙 V5.1	蓝牙低功耗，无线 2.4GHz	128KB	ARM Cortex-M3	28KB
CC2642R-Q1	符合汽车标准的蓝牙低功耗无线 MCU	蓝牙 V5.1	蓝牙低功耗，无线 2.4GHz	352KB	ARM Cortex-M4F	80KB
CC2652RB	32bit 多协议 2.4GHz 基于无晶振 BAW（体声波）谐振器的 MCU	蓝牙 V5.1	蓝牙低功耗，多标准，无线 2.4GHz，支持 Thread 协议、ZigBee 协议	352KB	ARM Cortex-M4F	80KB
CC1352P	具有集成式功率放大器的多频带无线 MCU	蓝牙 V5.1	蓝牙低功耗，多标准，无线 2.4GHz，Sub-1GHz，支持 Thread 协议、ZigBee 协议	352KB	ARM Cortex-M4F	80KB
CC1352R	多频带无线 MCU	蓝牙 V5.1	蓝牙低功耗，多标准，无线 2.4GHz，Sub-1GHz，支持 Thread 协议、ZigBee 协议	352KB	ARM Cortex-M4F	80KB
CC2652R	多标准无线 MCU	蓝牙 V5.1	蓝牙低功耗，多标准，无线 2.4GHz，支持 Thread 协议、ZigBee 协议	352KB	ARM Cortex-M4F	80KB
CC2642R	低功耗蓝牙无线 MCU	蓝牙 V5.1	蓝牙低功耗，无线 2.4GHz	352KB	ARM Cortex-M4F	80KB
CC2640R2F	低功耗蓝牙无线 MCU	蓝牙 V5.0，蓝牙 V5.1	蓝牙低功耗，无线 2.4GHz	128KB	ARM Cortex-M3	28KB

其他蓝牙 SoC 产品可以通过描述产品基本技术特征的数据手册来获知具体信息，如内置 Flash 和 RAM 的容量、外设的数量、引脚的数量和分配、电气特性、封装等。

下面以 CC2640 SoC 系统为例详细介绍。

CC2640 器件是一款无线微控制器（MCU），主要适用于蓝牙低功耗应用。它属于 SimpleLink™ CC26××系列中的经济高效型超低功耗 2.4GHz RF 器件，具有极低的有源 RF 和 MCU 电流以及低功耗模式流耗，可确保卓越的电池使用寿命，适合小型纽扣电池供电以及在能源采集型应用中使用。

低功耗 CC2640 器件含有一个 32 位 ARM® Cortex®-M3 内核（与主处理器工作频率

同为 48MHz)，并且具有丰富的外设功能集，其中包括一个独特的超低功耗传感器控制器。此传感器控制器非常适合连接外部传感器，还适合用于在系统其余部分处于睡眠模式的情况下自主收集模拟和数字数据。其功能如图 6-4 所示。

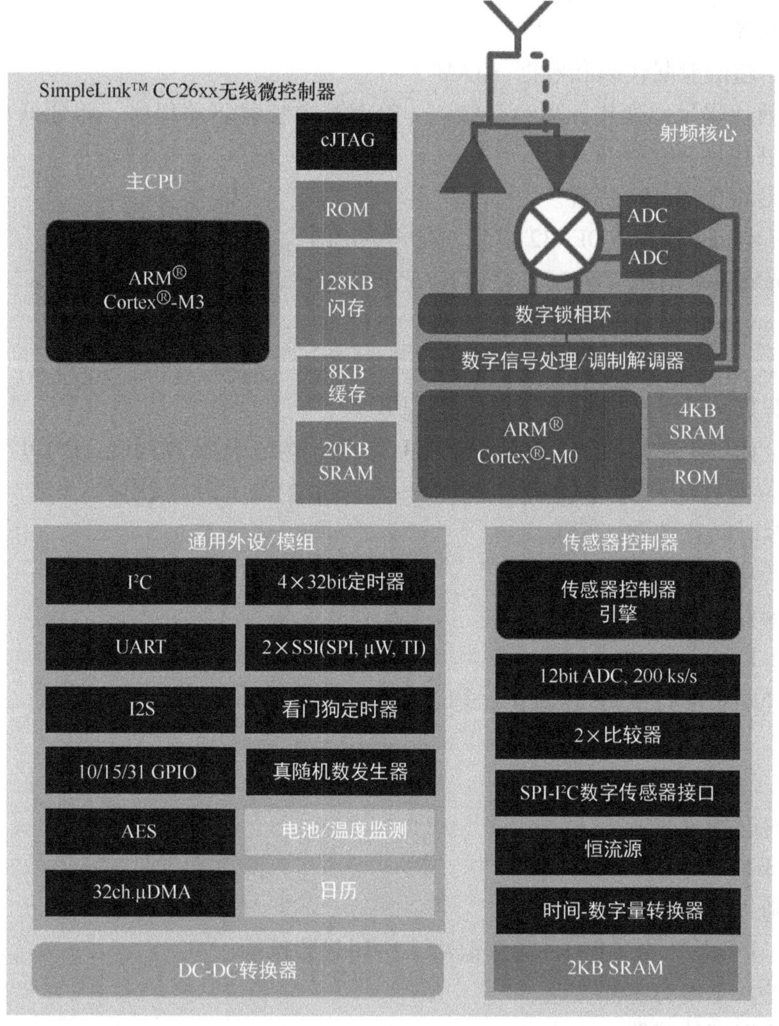

图 6-4　CC2640 的功能框图

CC2640 SoC 的基本特性主要有：

1）微控制器。

① 强大的 ARM Cortex-M3。

② EEMBC CoreMark 评分：142。

③ 高达 48MHz 的时钟速度。

④ 128KB 系统内可编程闪存。

⑤ ROM 中的 TI-RTOS 和蓝牙软件。

⑥ 高达 28KB 系统 SRAM，其中 20KB 为超低泄漏静态随机存取存储器（SRAM）。

⑦ 8KB SRAM，适用于缓存或系统 RAM 使用。

⑧ 2 引脚 cJTAG 和 JTAG 调试。

⑨ 支持无线升级（OTA）。

2）超低功耗传感器控制器。

① 可独立于系统其余部分自主运行。

② 16 位架构。

③ 2KB 超低泄漏代码和数据 SRAM。

3）高效代码尺寸架构，只读存储器（ROM）中装载驱动程序、蓝牙低功耗控制器和引导加载程序。

4）封装符合 RoHS 标准。

① 4mm×4mm RSM VQFN32 封装（10 个 GPIO）。

② 5mm×5mm RHB VQFN32 封装（15 个 GPIO）。

③ 7mm×7mm RGZ VQFN48 封装（31 个 GPIO）。

5）外设。

① 所有数字外设引脚均可连接任意 GPIO。

② 四个通用定时器模块（8×16 位或 4×32 位，均采用脉宽调制（PWM））。

③ 12 位模数转换器（ADC）、200MS/s、八通道模拟多路复用器。

④ 持续时间比较器。

⑤ 超低功耗模拟比较器。

⑥ 可编程电流源。

⑦ UART。

⑧ 两个同步串行接口（SSI）（SPI、MICROWIRE 和 TI）。

⑨ I^2C。

⑩ I^2S。

⑪ 实时时钟（RTC）。

⑫ AES-128 安全模块。

⑬ 真随机数发生器（TRNG）。

⑭ 10、15 或 31 个 GPIO，具体取决于所用封装选项。

⑮ 支持八个电容感测按钮。

⑯ 集成温度传感器。

6）外部系统。

① 片上内部 DC-DC 转换器。

② 极少的外部组件。

③ 无缝集成 SimpleLink CC2590 和 CC2592 范围扩展器。

④ 与采用 4mm×4mm 和 5mm×5mm VQFN 封装的 SimpleLink CC13xx 引脚兼容。

7）低功耗。

① 宽电源电压范围，正常工作电压：1.8~3.8V；外部稳压器模式：1.7~1.95V。

② 有源模式 RX：5.9mA。

③ 有源模式 TX（0dBm）：6.1mA。

④ 有源模式 TX（+5dBm）：9.1mA。

⑤ 有源模式 MCU：61μA/MHz。

⑥ 有源模式 MCU：48.5 CoreMark/mA。

⑦ 有源模式传感器控制器：0.4mA+8.2μA/MHz。

⑧ 待机电流：1.1μA（RTC 运行，RAM/CPU 保持）。

⑨ 关断电流：100nA（发生外部事件时唤醒）。

8）射频（RF）部分。

① 2.4GHz RF 收发器，符合蓝牙低功耗（BLE）4.2 规范。

② 出色的接收器灵敏度（BLE 对应-97dBm）、可选择性和阻断性能。

③ 102dB（BLE）的链路预算。

④ 最高达+5dBm 的可编程输出功率。

⑤ 单端或差分 RF 接口。

⑥ 适用于符合各项全球射频规范的系统。

CC2640 芯片有三种不同的尺寸，见表 6-5。

表 6-5　CC2640 芯片的尺寸

产品型号	封装	封装尺寸（标称值）
CC2640F128RGZ	VQFN（48）	7mm×7mm
CC2640F128RHB	VQFN（32）	5mm×5mm
CC2640F128RSM	VQFN（32）	4mm×4mm

以片上系统 CC2640F128RGZ 为例，其引脚示意图如图 6-5 所示，其中芯片各个引脚的功能描述见表 6-6。

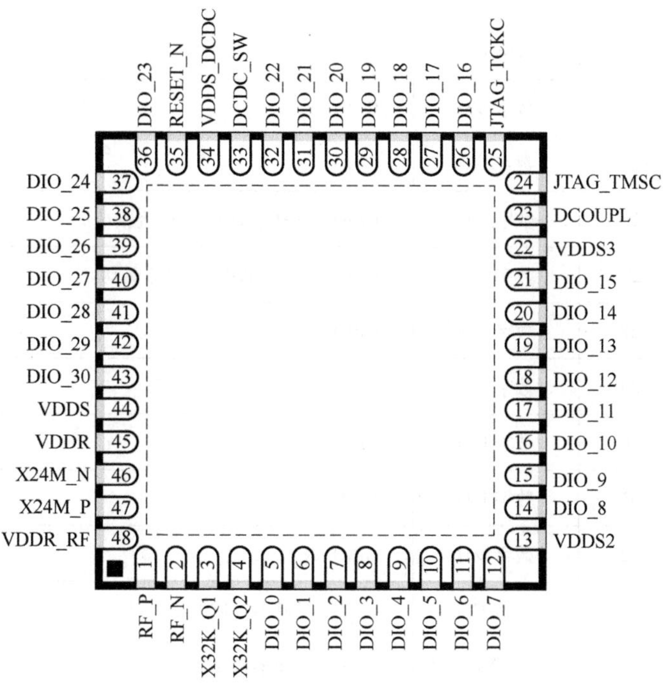

图 6-5　CC2640F128RGZ 引脚示意图

表 6-6 片上系统 CC2640F128RGZ 的引脚功能描述

引脚名称	序号	引脚类型	功能描述
DCDC_SW	33	电源	内部 DC-DC 输出
DCOUPL	23	电源	去耦电容 1.27V 控制数字供电
DIO_0	5	数字 I/O	GPIO，传感器控制器
DIO_1	6	数字 I/O	GPIO，传感器控制器
DIO_2	7	数字 I/O	GPIO，传感器控制器
DIO_3	8	数字 I/O	GPIO，传感器控制器
DIO_4	9	数字 I/O	GPIO，传感器控制器
DIO_5	10	数字 I/O	GPIO，传感器控制器，高电流驱动
DIO_6	11	数字 I/O	GPIO，传感器控制器，高电流驱动
DIO_7	12	数字 I/O	GPIO，传感器控制器，高电流驱动
DIO_8	14	数字 I/O	GPIO
DIO_9	15	数字 I/O	GPIO
DIO_10	16	数字 I/O	GPIO
DIO_11	17	数字 I/O	GPIO
DIO_12	18	数字 I/O	GPIO
DIO_13	19	数字 I/O	GPIO
DIO_14	20	数字 I/O	GPIO
DIO_15	21	数字 I/O	GPIO
DIO_16	26	数字 I/O	GPIO，JTAG_TDO，高电流驱动
DIO_17	27	数字 I/O	GPIO，JTAG_TDI，高电流驱动
DIO_18	28	数字 I/O	GPIO
DIO_19	29	数字 I/O	GPIO
DIO_20	30	数字 I/O	GPIO
DIO_21	31	数字 I/O	GPIO
DIO_22	32	数字 I/O	GPIO
DIO_23	36	数字/模拟 I/O	GPIO，传感器控制器，模拟
DIO_24	37	数字/模拟 I/O	GPIO，传感器控制器，模拟

（续）

引脚名称	序号	引脚类型	功能描述
DIO_25	38	数字/模拟 I/O	GPIO，传感器控制器，模拟
DIO_26	39	数字/模拟 I/O	GPIO，传感器控制器，模拟
DIO_27	40	数字/模拟 I/O	GPIO，传感器控制器，模拟
DIO_28	41	数字/模拟 I/O	GPIO，传感器控制器，模拟
DIO_29	42	数字/模拟 I/O	GPIO，传感器控制器，模拟
DIO_30	43	数字/模拟 I/O	GPIO，传感器控制器，模拟
JTAG_TMSC	24	数字 I/O	JTAG TMSC，高电流驱动
JTAG_TCKC	25	数字 I/O	JTAG TCKC
RESET_N	35	数字输入	复位，低电平有效，无内部上拉
RF_P	1	射频 I/O	在接收（发射）模式，正射频输入（输出）信号到 LNA
RF_N	2	射频 I/O	在接收（发射）模式，负射频输入（输出）信号到 LNA
VDDR	45	电源	1.7~1.95V 供电，与内部 DC-DC 输出相连接，如果内部 DC-DC 供电未使用，该引脚通过内部主 LDO（低压差线性稳压器）供电
VDDR_RF	48	电源	1.7~1.95V 供电，与内部 DC-DC 输出相连接，如果内部 DC-DC 供电未使用，该引脚必须通过连接引脚 VDDR 来获得内部主 LDO 供电
VDDS	44	电源	1.8~3.8V 主芯片供电
VDDS2	13	电源	1.8~3.8V 数字 I/O 供电
VDDS3	22	电源	1.8~3.8V 数字 I/O 供电
VDDS_DCDC	34	电源	1.8~3.8V DC-DC 供电
X32K_Q1	3	模拟 I/O	32kHz 晶体振荡器 pin 1
X32K_Q2	4	模拟 I/O	32kHz 晶体振荡器 pin 2
X24M_N	46	模拟 I/O	24MHz 晶体振荡器 pin 1
X24M_P	47	模拟 I/O	24MHz 晶体振荡器 pin 2
EGP		电源	接地

6.4 本章小结

本章主要介绍了蓝牙技术的概念和特点，并在其发展历程的基础上，重点介绍其

体系结构，涉及控制器、主机和应用层三个部分，最后介绍了蓝牙片上系统的部分产品，并以 CC2640 片上系统为例，介绍了其基本特性、芯片引脚说明。

习　题

1. 蓝牙的特点有哪些？
2. 蓝牙体系结构包括哪几部分？各个部分又是如何定义的？
3. CC2640 芯片所携带的独特超低功耗传感器控制器的作用是什么？

第7章 大数据与云计算

随着移动互联网、物联网、5G 等技术的高速发展及其在各行各业中的广泛应用，数以亿计的设备接入网络，导致对处理能力、存储空间、数据资源的需求迅速膨胀，呈现出爆炸式增长的态势。以大数据和云计算为代表的数字基础设施建设是支撑社会高速发展的科技新动力，也成为满足各类用户信息服务需求的基础。本章简要介绍大数据与云计算的基本概念、关键技术和相关机制。

7.1 大数据与云计算概述

云计算基于数据中心为单一用户或多租客提供高性能的、规模可扩展的服务平台，成为满足全球对海量计算资源迫切需求的首选。世界多个国家和具有显著影响力的企业机构纷纷构建了大规模的云数据中心。与云计算密切相关的是大数据，大数据技术的本质是从海量的数据中挖掘人们感兴趣的、隐含的、尚未被发现的有价值的信息。云计算与大数据的有机结合，为电子商务、电子政务、在线金融、智能制造、智慧城市等各个领域提供了强有力的支持，推动着新经济时代的发展。

7.1.1 大数据的定义及发展

1. 大数据的定义

高速发展的信息时代，正在加速推进新一轮科技革命和变革，技术创新日益成为重塑经济发展模式和促进经济增长的重要驱动力量，而大数据无疑是核心推动力。人们之所以重视大数据，要归结于近年来互联网、云计算、移动互联网和物联网的迅猛发展。通过无所不在的移动设备和射频识别技术，无线传感器每分每秒都在产生大量的数据，数以亿计的互联网用户之间的交互也在不断生成新的数据。要处理这样规模大、增长快且实时性、有效性具有更高要求的大数据，传统的技术和手段已经无法应付了。

大数据一词经常被用以描述和指代信息爆炸时代产生的海量信息。研究大数据的意义在于发现和理解信息内容及信息与信息之间的联系。研究大数据首先要了解和厘清大数据的特点及基本概念，进而理解和认识大数据。目前，不同的机构对大数据给出了有一定差异的定义。

互联网数据中心（Internet Data Center，IDC）将大数据定义为：大数据是为了更经济地从高频率、大容量、不同结构和类型的数据中获取价值，而设计的新一代架构和技术。

亚马逊（Amazon）的科学家将大数据定义为：大数据就是任何超过了一台计算机处理能力的庞大数据量。

高德纳（Gartner）将大数据定义为：大数据是需要新处理模式才能具有更强的决策力、洞察发现力和流程优化能力的海量、高增长率和多样化的信息资产。

百度百科将大数据定义为：大数据是指无法在一定时间范围内用常规软件工具进行捕捉、管理和处理的数据集合，是指需要新处理模式才能具有更强的决策力、洞察发现力和流程优化能力的海量、高增长率和多样化的信息资产。

综上，本书将大数据定义为：数据规模庞大，类型复杂，信息全面，维度高，难以基于传统软、硬件工具在有效的时间范围内进行采集、存储、分析、处理和展示的数据集合，对该数据集合进行处理有可能获得高价值处理结果，有助于机构或个人洞察事物真相，预测发展趋势，进行合理的判断和决策。

2. 大数据的发展

大数据从计算领域发端，之后逐渐延伸到了科学和商业领域。大数据这一概念最早公开出现于1998年，美国硅图（Silicon Graphics）公司的首席科学家约翰·马西在一份国际会议报告中指出，随着数据量的快速增长，必将出现数据难理解、难获取、难处理和难组织四个难题，并用“Big Data”来描述这一挑战，在计算领域引发思考。2007年，数据库领域的先驱人物吉姆·格雷指出，大数据将成为人类触摸、理解和逼近现实复杂系统的有效途径，并认为在实验观测、理论推导和计算仿真三种科学研究范式后，将迎来第四种科学研究范式——数据探索。后来同行学者将其总结为“数据密集型科学发现”，开启了从科研视角审视大数据的热潮。2012年，牛津大学教授维克托·迈尔·舍恩伯格在其畅销著作 *BIG DATA*：*A Revolution That Will Transform How We Live*，*Work and Think*（《大数据时代：生活、工作与思维的大变革》）中指出，数据分析将从“随机采样”“精确求解”“强调因果”的传统模式演变为大数据时代的“全体数据”“近似求解”“只看关联”的新模式，从而引发商业领域对大数据方法的广泛思考与探讨。

大数据的概念于2014年后逐渐成形，人们对其认知亦趋于理性。大数据相关技术、产品、应用和标准不断发展，逐渐形成了由数据资源与API、开源平台与工具、数据基础设施、数据分析、数据应用等构成的大数据生态系统，并持续发展和不断完善，其发展热点从技术向应用、再向治理的逐渐迁移。经过多年的发展，人们对大数据已经形成了基本共识：大数据现象源于互联网及其延伸所带来的无处不在的信息技术应用，以及信息技术的不断低成本化。

大数据的发展可大致分为三个阶段：

（1）萌芽阶段（20世纪90年代至21世纪初）　1997年，美国国家航空航天局（NASA）武器研究中心的大卫·埃尔斯沃思和迈克尔·考克斯在数据可视化研究中首次使用了大数据的概念。1998年，*Science* 杂志发表了一篇题为《大数据科学的可视化》的文章，大数据作为一个专用名词正式出现在期刊上。随着数据挖掘理论和数据库技术的逐步成熟，一批商业智能工具和知识管理技术开始被应用，如数据仓库、专家系统、知识管理系统等。

（2）成熟阶段（21世纪初至2010年）　在21世纪的前十年，互联网行业迎来了一个快速发展的时期。2001年，全球权威的IT研究与顾问咨询公司Gartner率先开发了大型数据模型。2006年，Hadoop应运而生，成为数据分析的重要技术。2007年，数据密集型科学的出现，不仅为科学界提供了一种新的研究范式，还为大数据的发展提供了科学依据。2008年，*Science*杂志推出了一系列大数据专刊，详细讨论了一系列大数据的问题。2010年，美国信息技术顾问委员会发布了一份题为《规划数字化未来》的报告，详细描述了在政府工作中大数据的收集和使用。此时，随着Web 2.0的应用发展，产生了大量非结构化的数据，传统的处理方法难以应对，带动了大数据技术的快速突破，大数据解决方案逐渐走向成熟，形成了并行计算与分布式系统两大核心技术，谷歌（Google）公司的GFS和MapReduce等大数据技术受到追捧，Hadoop平台开始大行其道。在这一阶段，大数据作为一个新名词，开始受到理论界的关注，其概念和特点得到进一步丰富，相关的数据处理技术层出不穷，大数据开始显现出活力。

（3）大规模应用阶段（2011年至今）　2011年，IBM公司开发了沃森（Watson）超级计算机，每秒能够扫描和分析4TB的数据，大数据计算技术达到了一个新的高度。随后，麦肯锡全球研究院（McKinsey Global Institute，MGI）发布了报告*Big data：The next frontier for innovation，competition，and productivity*（《大数据：创新、竞争和生产力的下一个前沿》），详细介绍了大数据在各个领域的应用以及大数据的技术框架。2012年在瑞士举行的世界经济论坛讨论了一系列与大数据有关的问题，发表了题为*Big Data，Big Impact*（《大数据，大影响》）的报告，并正式宣布了大数据时代的到来。之后越来越多的学者对大数据的研究从基本的概念、特性转到了数据资产、思维变革等多个角度。大数据也渗透到各行各业之中，不断变革原有行业的技术并创造出新的技术，数据驱动决策，信息社会智能化程度大幅度提高，大数据的发展呈现出一片蓬勃之势。

当前，数据规模呈几何级数高速增长。根据国际权威机构Statista的统计和预测结果，2020年全球数据存储量达到47ZB，而到2035年，这一数字将达到2142ZB，全球数据量即将迎来更大规模的爆发。

关于ZB等计算机中的数据存储单位的换算见表7-1。

表7-1　数据存储单位换算表

单位换算	单位换算
1 Byte（B）= 8bit	1 Zetta Byte（ZB）= 1024EB
1 Kilo Byte（KB）= 1024B	1 Yotta Byte（YB）= 1024ZB
1 Mega Byte（MB）= 1024KB	1 Bronto Byte（BB）= 1024YB
1 Giga Byte（GB）= 1024MB	1 Nona Byte（NB）= 1024BB
1 Tera Byte（TB）= 1024GB	1 Dogga Byte（DB）= 1024NB
1 Peta Byte（PB）= 1024TB	1 Corydon Byte（CB）= 1024DB
1 Exa Byte（EB）= 1024PB	1 Xero Byte（XB）= 1024CB

7.1.2　云计算的定义及发展

1. 云计算的定义

随着信息技术的迅速发展，互联网进一步普及，各行业对信息化的依赖越来越大，

传统的单机运算已不能满足日益增长的数据与应用处理需求。于是，分布式计算（Distributed Computing）、网格计算（Grid Computing）、集群计算（Cluster Computing）等新型计算模式相继被提出。同时，虚拟化技术（Virtualization Technology）不断发展并且日趋成熟，与网格计算、效用计算（Utility Computing）等技术混合孕育出了云计算（Cloud Computing）。

云计算是当前计算机领域的研究热点。从狭义上讲，云计算是一种IT基础设施的交付和使用模式，即用户可以借助网络以按需使用（On-demand）、按量计费（Pay-as-you-go）的方式获得各种硬件和软件资源；从广义上讲，云计算是服务的交付和使用模型，即用户可以借助网络获得所需的服务，云计算的服务能力由大规模集群和相关软件共同决定。

云计算目前还没有统一的定义，下面给出的是两个有代表性的定义：

1）美国国家标准与技术研究院（National Institute of Standards and Technology，NIST）的定义。云计算是一种资源利用率高、便于部署的计算模式，提供了一种便捷的、可通过网络接入的、可管理的共享资源池，该资源池提供了存储、计算、网络等硬件和软件资源。云计算具有自我管理的能力，用户以最小的代价就能获得快速的服务。

2）美国加利福尼亚大学伯克利分校（University of California-Berkeley，UCB）的定义。云计算既指以服务形式通过互联网交付的应用程序，也指这些服务所依托的数据中心的系统软硬件。这些服务包括基础设施即服务（Infrastructure as a Service，IaaS）、平台即服务（Platform as a Service，PaaS）和软件即服务（Software as a Service，SaaS）。数据中心的硬件和软件设施就是我们所说的云。

综上所述，云计算是一种将硬件基础设施、软件系统平台等资源通过互联网以按需使用、按量计费的方式为用户提供动态的、高性价比的、规模可扩展的计算、存储和网络等服务的信息技术。图7-1展示了云计算的基本特性、服务模型和部署模型。

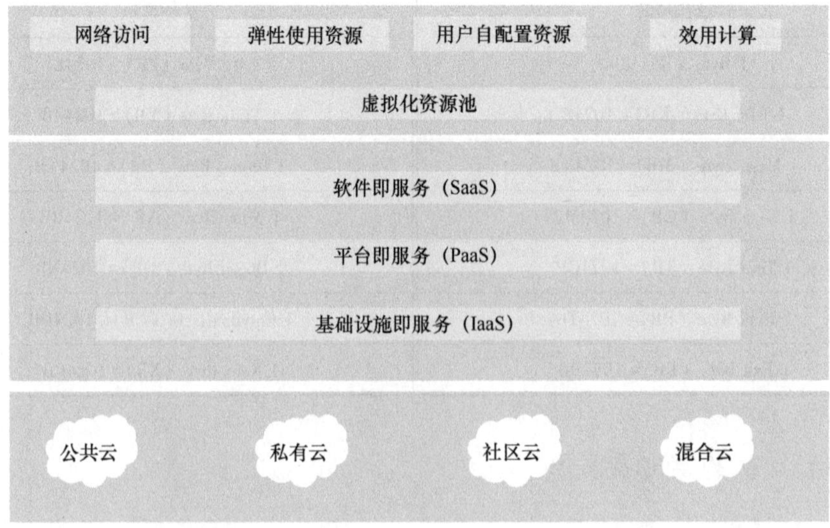

图7-1 云计算的基本特性、服务模型和部署模型

2. 云计算的发展

云计算是在互联网高速发展、资源利用率需求日益增长的背景下产生的计算模式。云计算综合了虚拟化技术、分布式计算、网格计算、效用计算、并行计算（Parallel Computing）等技术，并在这些技术的基础上进行发展、混合、演变、跃进，是由需求驱动的。

分布式计算和网格计算可通过互联网把分散各处的硬件、软件、信息资源连接成一个巨大的整体，利用地理上分散于各处的资源，完成大规模、复杂的计算和数据处理任务。多核技术、高性能存储技术等的广泛应用为云计算的发展提供了必要的技术条件。

如今已进入“泛在互联时代”，在人们工作、生产、学习和日常生活的过程中，所用到的很多设备都已经接入网络，享受网络提供的信息服务，人们正处于“无处不网、无时不网”的时代。更进一步来说，目前已进入“泛在智能时代”。近年来，人工智能得到了非常快速的发展和推广应用，以深度学习、强化学习、迁移学习为代表的深度神经网络、对抗神经网络等人工智能技术在日常生活中也得到了非常广泛的应用。常见的基于深度学习的人脸识别、图像识别、语音识别和各种信息推荐都用到了人工智能技术。2016 年，AlphaGo 在围棋领域打败了世界冠军，也要归功于人工智能技术。但是，人工智能想要拥有“智能”，除了要有算法的支持，还要有大量计算能力的支持。以 AlphaGo 为例，打败李世石的 AlphaGo 系统使用了 1920 个 CPU 和 280 个 GPU，运算速率大概是 3000 万亿次/s。因此，在泛在智能时代，如果需要一个能够提供这样庞大的计算能力、存储能力和信息服务的平台，那么云计算就是一个很好的选择。

早在 20 世纪 60 年代，麻省理工学院的 John McCarthy 就说：“计算迟早有一天会变成一种公用基础设施。”计算能力可以像煤气、水、电一样，取用方便、费用低廉。与此同时，他也首次提出了分时（Time-Sharing）的技术理念，希望借此可以满足多人同时使用一台计算机的需求。随着虚拟化、公共计算服务等概念的提出，麻省理工学院和美国国防部高级研究计划局（Defense Advanced Research Projects Agency，DARPA）下属的信息处理技术办公室共同启动了多路存取计算（Multiple Access Computing，MAC）项目。这就是云计算的雏形。

之后，网格计算进入了人们的视野。网格计算的目的和公共计算服务相同，都是把大量机器整合成一个虚拟的超级机器，供分布在世界各地的人们使用。直到 1996 年，康柏（COMPAQ）公司首次使用了“云计算”一词。他们认为商业计算未来会向云计算方向转移。自此，云计算的发展掀起了一个小高潮：1998 年 VMware 公司成立；1999 年世界上第一个商业化 IaaS 平台响云（LoudCloud）成立。

2002 年，亚马逊公司启用了 AWS 平台，旨在帮助其他公司在 Amazon 上构建自己的在线购物网站系统；2006 年，亚马逊分别推出了 S3 和 EC2，奠定了自己在云计算领域的地位。在 2006 年的搜索引擎大会（SES San Jose 2006）上，谷歌公司首席执行官 Eric Schmidt 描述了谷歌公司的云计算概念。谷歌公司的分布式文件系统 GFS、分布式并行计算编程模型 MapReduce、数据管理系统 BigTable 和分布式资源管理模块 Chubby 等研究成果不仅成为谷歌公司云计算系统的核心技术，也为云计算的

发展提供重要参考，吸引了更多人的关注，让云计算迅速成为产业界和学术界研究的热点。

根据 IDC 发布的《全球及中国公共云服务市场（2020 年）跟踪》报告显示，2020 年全球公共云服务（IaaS、PaaS、SaaS）整体市场规模达到 3124. 2 亿美元，同比增长 24. 1%。其中，中国公共云服务整体市场规模达到 193. 8 亿美元，同比增长 49. 7%，云计算已经成为全社会、全行业应用的普遍技术，成为全行业的基础设施，各行业都在大力探索云计算与各产业之间的深度融合。2021 年工业和信息化部印发《新型数据中心发展三年行动计划（2021—2023 年)》，明确了中国将逐步形成布局合理、技术先进、绿色低碳、算力规模与数字经济增长相适应的新型数据中心发展格局。随着云计算产业规模的扩大，云计算技术本身也在不断发展。

7. 1. 3　大数据与云计算的关系

中国创造：天河三号

大数据与云计算是相辅相成的。大数据着眼于“数据”，关注实际业务，提供数据采集和分析挖掘，看重的是信息的积淀，即数据存储能力。云计算着眼于“计算”，关注对资源的灵活管理，看重的是计算能力，即数据处理能力。没有大数据的信息积淀，云计算的计算能力再强大，也难以找到用武之地；大数据的信息积淀再丰富，也需要云计算强大的处理能力。

目前已经进入大数据时代。1998 年，图灵奖获得者 James Gray 在他的获奖演说中预言：“未来每 18 个月产生的数据量等于有史以来的数据量之和。”也就是说，每 18 个月全球的数据量就会翻一番。IDC 发布的研究报告也证实了这一点，研究报告显示全球的数据正以每年超过 50%的速度爆发式增长。

快手大数据研究院发布的《2019 快手内容报告》显示，快手的日活跃用户已经突破 3 亿个，快手 App 内有近 200 亿条视频，数据处理需求正以每天超过 10PB 的数量增长，快手也将在全国范围内布局超大规模数据中心，规模将达到 30 万台服务器、60EB 存储容量。一个国内的大型城市可以部署近 25 万个高清摄像头，摄像头每天采集的数据可达到 3~5PB。

可见，当前数据的产生数量非常惊人，要存储这些数量庞大的数据，就需要云数据中心的支撑；而数据的采集、存储、处理等，都需要云计算的基础架构作为支撑。因此，云计算支撑着大数据，大数据的获取、清洗、转换、存储、分析和统计都需要依靠云计算。反过来，大数据对云计算也有支撑作用，云计算系统的建设、云计算任务优化调度、根因溯源都是通过大数据分析得到的。所以，云计算和大数据相互支撑，相辅相成。

以阿里云为例，阿里巴巴几乎所有的数据都在阿里云平台上进行存储和处理，每年双十一购物节产生的大量交易数据都依靠阿里云进行支撑和处理。阿里云还支撑了气候大数据，对气候领域的天气、天文、地理等数据进行分析。游戏数据也可以使用云计算平台进行存储、处理和分析，尤其是当前的 3D 游戏、网络游戏等需要大量的计算能力，同时也产生了大量的数据，阿里云同样提供了对游戏大数据的支撑。

7.2 云计算架构与技术

7.2.1 云计算总体架构

随着云计算技术的不断发展和成熟，各大 IT 厂商根据自身业务的需求和发展，分别提出了各自的云计算解决方案。这些方案各有特色，但也有共同之处，如技术架构大都相似，都使用了类似甚至相同的技术和开发平台来构建云计算系统。

云计算的体系架构包括物理资源层、虚拟化资源池层、管理中间件层和面向服务的体系结构（Service-Oriented Architecture，SOA）构建层，如图 7-2 所示。

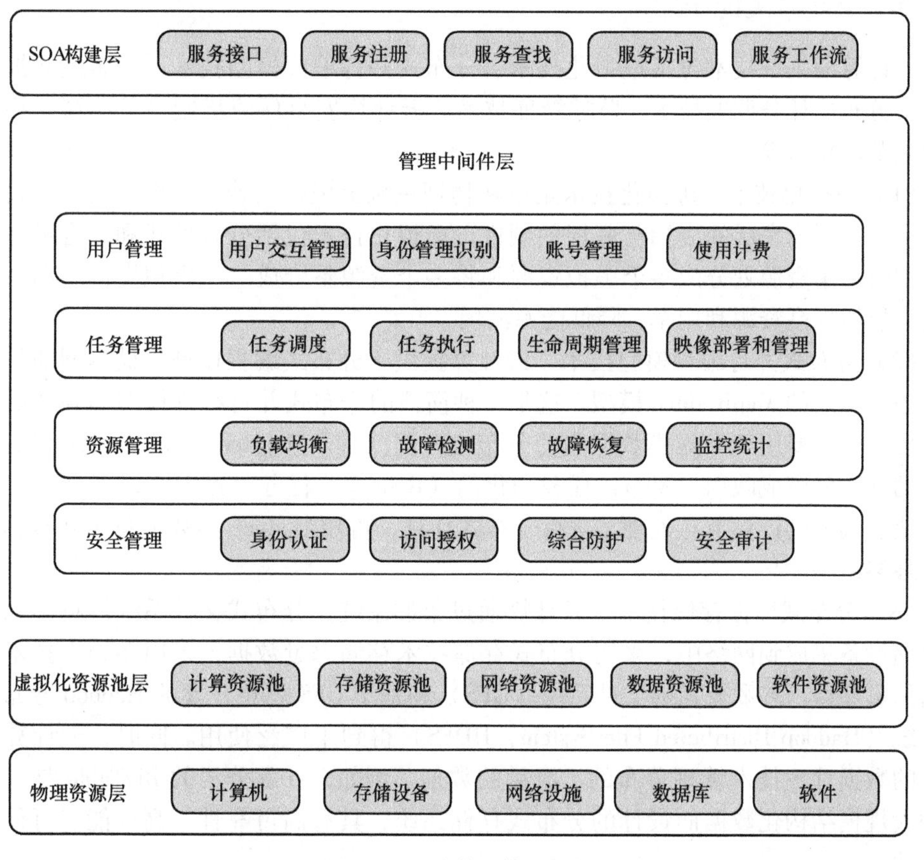

图 7-2　云计算的体系架构

（1）物理资源层　最底层的物理资源层由各种软、硬件资源构成，包括计算、网络、存储等各种资源，具体包括服务器集群（计算机）、存储设备、网络设施、数据库和软件等。

（2）虚拟化资源池层　云计算普遍利用虚拟化或容器等技术对物理资源进行封装，构建可以共享使用的资源池，从而为上层应用和服务提供支撑。虚拟化资源池层作为实际物理资源的集成，可以更加有效地对资源进行管理和分配。

（3）管理中间件层　为了让整个云计算可以有序地运行，还需要管理云计算的中

间件，负责对云计算的用户、任务、资源和安全等进行管理。

(4) SOA 构建层　SOA 构建层是一个面向应用和服务的构建层，为各种应用提供各种服务，并且有效地管理各种应用，提供诸如服务注册、服务工作流等一系列用户可选择的操作。SOA 构建层将云服务进行封装并提供服务接口，用户只需要调用接口就可以方便地使用云服务。

公开云和私有云都可以按照类似的体系架构来构建，但也会有一些侧重点。例如，相对于私有云，公开云是不同的单位、机构和个人共享使用的平台，容易存在安全隐患，所以公开云不仅强调对用户应用的隔离，如使用虚拟化、虚拟机或容器等技术对各个用户进行有效的隔离，做到互不干扰，还特别关注使用计费等模块。

7.2.2　云计算关键技术

云计算的关键技术包括虚拟化技术、分布式并行编程模型技术、分布式数据存储技术、分布式任务调度技术、监控管理技术、云计算安全保障机制、云计算网络技术和绿色节能技术等。

(1) 虚拟化技术　虚拟化技术是指在物理主机上虚拟出若干台虚拟机，通过虚拟化技术可以隔离高层的应用与底层的硬件。虚拟化技术包括分解模式和聚合模式，可以分别将单个资源划分成多个虚拟资源和将多个资源整合成一个虚拟资源。利用虚拟化技术能够提高资源利用率，降低能源消耗。

(2) 分布式并行编程模型技术　云计算提供了分布式编程模型，最典型的代表是谷歌公司提出的 MapReduce 模型。这是一种简洁的分布式并行编程模型和高效的任务调度模型，主要用于大规模数据集的分布式并行处理。MapReduce 的主要思想是将待处理的任务分解成映射（Map）任务和化简（Reduce）任务，先用 Map 函数将大数据集分块后调度到计算节点处理，进行分布式计算，再用 Reduce 函数汇总中间数据，并输出最终结果。

(3) 分布式数据存储技术　云计算通过集群系统、分布式文件系统等将不同类型的存储设备集成到网络中，采用分布式存储技术存储海量数据，采用多副本技术保证数据的可靠性。谷歌公司的文件系统（GFS）和基于 GFS 思想开发的 Hadoop 分布式文件系统（Hadoop Distributed File System，HDFS）得到了广泛使用。同时，云计算采用高效的数据管理技术管理分布的、海量的数据。例如，谷歌公司的 BigTable 是一个为管理大规模结构化数据而设计的分布式存储系统，具有高可靠性、高性能、可伸缩性等特性。

(4) 分布式任务调度技术　云计算在为用户提供服务的过程中，存在着任务与资源之间的调度问题，即云计算需要同时处理大量的计算任务，并对用户提交的各种任务快速分配所需的计算资源。高效的任务调度策略可以提高云计算的工作效率，保证云计算的服务质量。而分布式任务调度就是一种高效的调度策略，由于云计算中的任务调度是一个 NP-hard 问题，启发式算法（Heuristic Algorithm），如遗传算法（Genetic Algorithm，GA）和蚁群算法（Ant Colony Algorithm，ACA）等经常被应用在任务调度策略中。

(5) 监控管理技术　资源监控是云平台资源管理必不可少的部分。云监控不仅包

括对计算、存储、网络等物理资源的监控，还包括对虚拟化资源的监控，它对云服务提供商和云消费者来说都是非常重要的部分，是云平台诸多活动的前提。目前，大规模监控系统主要采用集中式监控和分布式监控这两种监控架构。这两种监控架构既可独立应用，也可相互融合，以满足不同规模、不同性能的云平台监控需要。

（6）云计算安全保障机制　与其他网络信息系统相比，云计算对安全的需求既有相似的地方，也有其特殊要求，安全风险来源和安全目标不尽相同。云计算安全保障技术主要包括身份认证机制、访问控制机制、隔离技术、云数据加密技术、数据完整性验证技术和审计与安全溯源技术。云计算安全服务体系由一系列云安全服务构成，根据所属层次不同，可以进一步分为云基础设施服务、云安全基础服务和云安全应用服务。不同的云服务提供商可以采用不同的安全保障机制。

（7）云计算网络技术　云计算数据中心的网络结构、协议、管理、优化对于整个云计算的性能有重要的影响。目前云计算普遍应用软件定义网络（Software Defined Network，SDN）和网络功能虚拟化（Network Function Virtulization，NFV）技术。其中，SDN是一种新型网络技术，通过将网络设备控制平面与数据平面相互分离实现了网络流量的灵活控制，让网络成为一种可以灵活调配的资源。

（8）绿色节能技术　随着云计算应用规模的不断扩大，云计算的能耗也越来越高。绿色计算顺应低碳社会建设的需求，是推动社会可持续发展和科技进步的一个重要方面。云计算也正在向绿色云计算的方向发展。在云计算中，不仅可以采用关闭/休眠技术，通过关闭或休眠空闲节点的方式来降低能耗；还可以采用低功耗硬件和功耗调节技术，如低功耗CPU或固态硬盘，以及动态电压调节（Dynamic Voltage Scaling，DVS）技术。DVS技术可以根据系统实时负载的大小来调节功率的大小，在保证系统性能的同时降低系统的能耗。

7.2.3 三种服务模式

云平台服务可以分为不同的类型。本节介绍三种不同类型的云平台服务，主要包括基础设施即服务（IaaS）、平台即服务（PaaS）、软件即服务（SaaS）。

（1）基础设施即服务（IaaS）　IaaS可以提供存储、网络和防火墙等虚拟化的硬件资源，用户可在虚拟化资源的基础上部署自身所需的数据库、应用程序。IaaS可让用户动态申请、释放资源，并且根据使用量来收费。IaaS对硬件设备等基础资源进行了封装，为用户提供了基础性的计算、存储等资源。比较典型的IaaS有亚马逊公司的云计算平台AWS（Amazon Web Services）的弹性计算云（Elastic Compute Cloud，EC2）和简单存储服务（Simple Storage Service，S3），用户可以根据需求动态申请或释放资源。

（2）平台即服务（PaaS）　PaaS强调平台的概念，提供操作系统、编程环境、数据库、中间件和Web服务器等作为应用开发和运行的环境，用户可在此环境下开发、部署和运行各种应用。比较典型的PaaS有微软公司的Microsoft Azure。与IaaS不同的是，PaaS自身负责资源的动态扩展和容错管理，用户无须管理底层的服务器、网络和其他基础设施。PaaS将用户与底层设施等隔离，使得用户可以专注于应用的开发。

（3）软件即服务（SaaS）　SaaS提供立即可用的软件或功能服务模块，如企业资

源规划（Enterprise Resource Planning，ERP）、客户关系管理（Customer Relationship Management，CRM）等。SaaS将某些特定应用软件功能封装起来，由客户服务平台（CSP）负责管理并为客户提供服务，用户只需要通过Web浏览器、移动应用或轻量级客户端应用就可以访问这些服务，如Salesforce公司提供客户关系管理服务。

云计算的三种服务模型之间的关系是：IaaS提供虚拟化的硬件资源，支撑PaaS对平台的虚拟化，而PaaS又支撑了SaaS对软件的虚拟化。

7.2.4 四种部署模型

云计算的部署模型包括公共云、私有云、社区云和混合云。

（1）公共云　公共云指云端资源开放给社会公众使用。云端的所有权、日常管理和操作的主体可以是一个商业组织、学术机构、政府部门或者它们其中的几个联合。云端可能部署在本地，也可能部署于其他地方，比如郑州市民公共云的云端可能就建在郑州，也可能建在洛阳。公共云主要为外部客户提供服务的云，它所有的服务是供别人使用，而不是自己用。目前，典型的公共云有微软公司的Microsoft Azure、亚马逊公司的AWS、Salesforce.com，以及国内的阿里云等。

对于使用者而言，公共云的最大优点是，其所应用的程序、服务及相关数据都存放在公共云的提供者处，自己无须做相应的投资和建设。目前最大的问题是，由于数据不存储在自己的数据中心，其安全性存在一定风险；同时，公共云的可用性不受使用者控制，这方面也存在一定的不确定性。

（2）私有云　私有云指云端资源所有的服务不是供别人使用，而是供自己内部人员或分支机构使用。这是私有云的核心特征。而云端的所有权、日常管理和操作的主体到底属于谁并没有严格的规定，可能是本单位，也可能是第三方机构，还有可能是两者的联合。云端位于本单位内部，也可能托管在其他地方。一般企业自己采购基础设施，搭建云平台，在此之上开发应用的云服务。私有云可充分保障虚拟化私有网络的安全，私有云的部署比较适合于有众多分支机构的大型企业或政府部门。随着这些大型企业数据中心的集中化，私有云将会成为部署IT系统的主流模式。私有云部署在企业自身内部，因此其数据安全性、系统可用性都可由自己控制。但其缺点是投资较大，尤其是一次性的建设投资较大。

（3）社区云　社区云指云端资源专门给固定的几个单位内的用户使用，而这些单位对云端具有相同诉求（如安全要求、云端使命、规章制度、合规性要求等）。云端的所有权、日常管理和操作的主体可能是本社区内的一个或多个单位，也可能是社区外的第三方机构，还可能是两者的联合。云端可能部署在本地，也可能部署于他处。

（4）混合云　混合云由两个或两个以上不同类型的云（公共云、私有云、社区云）组成，它们各自独立，但用标准的或专有的技术将它们组合起来，而这些技术能实现云之间的数据和应用程序的平滑流转。由多个相同类型的云组合在一起属于多云的范畴，比如两个私有云组合在一起，混合云属于多云的一种。由私有云和公共云构成的混合云是目前最流行的，当私有云资源短暂性需求过大时，自动租赁公共云资源来平抑私有云资源的需求峰值。例如，网站在节假日期间点击量巨大，这时就会临时使用公共云资源来应急。混合云是供自己和客户共同使用的云，它所提供的服务既可以供

别人使用，也可以供自己使用。相比较而言，混合云的部署方式对提供者的要求较高。

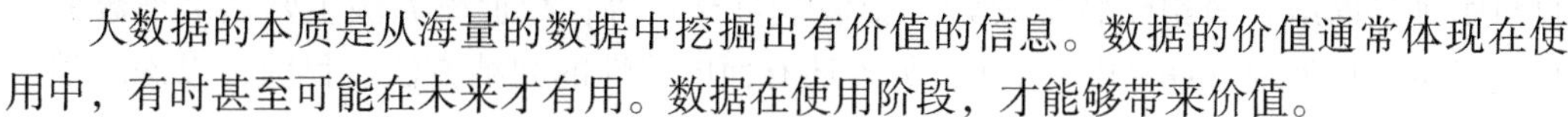

7.3 大数据关键技术

大数据的本质是从海量的数据中挖掘出有价值的信息。数据的价值通常体现在使用中，有时甚至可能在未来才有用。数据在使用阶段，才能够带来价值。

大数据技术主要由数据采集、数据预处理、数据存储、数据处理和结果可视化五个环节贯穿整个生命周期。

1. 数据采集

数据采集是指从传感器、智能设备、企业信息化系统、社交网络和互联网平台等获取数据的过程。在大数据系统中，不但数据源的种类多，数据的类型繁杂，数据量大，而且数据产生的速度快，传统的数据采集方法难以胜任。要对来自物联网和互联网等各类信息系统的异源，甚至异构的数据尽可能全面收集。

例如，大数据分布式定向抓取技术可利用主题抓取算法分布式、并行地抓取异构数据源中的所需数据，成为后续联机分析处理、数据挖掘的基础。此外，还可将实时采集的数据作为流计算系统的输入，进行实时处理分析。

2. 数据预处理

数据预处理指的是在数据挖掘分析前对数据进行的一些必要的清洗、去噪、去重，以达到去伪存真的目的。

通过数据采集环节获取到的数据通常包含很多脏数据。脏数据指的是对于实际业务毫无意义、格式非法、数值错误、超出给定范围或存在逻辑混乱的数据。通过数据预处理可以补全数据的缺失值，纠正错误的数据，去除多余、重复的数据，使数据更加规范；通过与历史数据对照，还可以从多个角度验证数据全面性和可信性。数据预处理的常见方法有数据清洗、数据集成、数据转换、数据归约。

3. 数据存储

大数据的一个显著特征就是数据量巨大，并且种类和来源多样化，存储管理复杂。因此在大数据时代，必须解决海量数据的高效存储问题，达到低成本、低能耗、高可靠性目标，常常需要综合利用分布式文件系统、数据仓库、关系数据库、NoSQL 数据库等，对结构化、半结构化和非结构化海量数据进行存储和管理。

4. 数据处理

对于大数据的处理，除了选择分布式处理与计算系统，还需要高效的大数据分析与挖掘算法，以提升大数据的价值性、可用性、时效性和准确性。在进行大数据处理时，要根据大数据类型、需求选择合适的数据处理方法。数据挖掘涉及的技术方法很多，有多种分类方法。根据挖掘任务，可分为分类或预测模型发现、数据总结、聚类、关联规则发现、序列模式发现、依赖关系或依赖模型发现、异常和趋势发现等。根据挖掘对象，可分为关系数据库、面向对象数据库、空间数据库、时态数据库、文本数据源、多媒体数据库、异质数据库、遗产数据库以及环球网（Web）等。根据挖掘方法，可粗分为机器学习方法、统计方法、神经网络方法和数据库方法：机器学习方法中，可细分为归纳学习方法（决策树、规则归纳等）、基于范例学习、遗传算法等；统

计方法中，可细分为回归分析（多元回归、自回归等）、判别分析（贝叶斯判别、费歇尔判别、非参数判别等）、聚类分析（系统聚类、动态聚类等）、探索性分析（主元分析法、相关分析法等）等；神经网络方法中，可细分为前向神经网络（BP算法等）、自组织神经网络（自组织特征映射、竞争学习等）等；数据库方法主要是多维数据分析或联机分析处理（OLAP）方法，另外还有面向属性的归纳方法。目前，以深度学习（Deep Learning，DL）为代表的AI算法在大数据处理中广泛被采用。

5. 结果可视化

可视化是指通过图形化的方式，以一种直观、便于理解的形式展示数据及分析结果的方法。大数据结果可视化是指利用图形处理、计算机视觉等对大数据进行可视化展示。在大数据结果可视化的过程中，不仅可以将数据集中的每个数据项看成单个图元素，用数据集构成数据图像，还可以将数据的各个数据属性值以多维形式表示。通过大数据结果可视化技术，人们可以从不同的维度观察数据，从而更深入地观察和分析数据，获取对海量数据的宏观感知。

大数据结果可视化技术有着极为重要的作用，它不仅有助于人们跟踪数据，还有助于人们分析数据，让人们从宏观、整体的视角来分析和理解数据。大数据结果可视化技术的应用使信息的呈现方式更加形象、具体和清晰，为人们提供了理解数据的全新视角。

7.3.1 大数据预处理

通常直接采集到的数据中存在数据属性命名不一致、数据重复、数据缺失、数据无效等问题，使得数据质量无法满足实际的需要。数据预处理的目的是为数据挖掘模块提供准确、有效、具有针对性的数据，剔除与数据挖掘不相关的数据，甚至错误的数据或者属性信息，通过统一数据集中的数据格式，为数据挖掘提供高质量的数据，从而提高数据挖掘与知识发现的效率。数据预处理是在进行数据挖掘前不可或缺的一个步骤，主要包括数据清洗、数据集成、数据转换、数据规约等。

1. 数据清洗

数据清洗是对数据进行重新审查和校验的过程，目的是删除重复数据、纠正数据中存在的错误，并使数据保持一致性。

在现实生活中，由于各种原因，数据集中的数据通常是不一致和不完整的，为了提高数据的质量，针对残缺数据、错误数据、重复数据，必须通过数据清洗来清除数据集中不一致的数据对象，改善数据集中的数据的不完整性。数据清洗的常用方法包括缺失值处理、离群点检测、不一致数据处理、冗余数据处理等，其中缺失值处理、离群点检测是两种典型的数据清洗方法。

2. 数据集成

由于大数据的快速发展，各行各业的数据量急剧增加，每个行业都会对自己的数据进行管理，各个行业之间的数据信息系统存在差异。如果对不同行业、不同来源所产生的数据进行挖掘，那么就需要通过数据集成统一不同数据源。所谓数据集成，就是将存储在不同的存储介质中的数据合并到一致的存储介质中。数据集成主要面临字段意义问题、字段结构问题、字段冗余问题、数据重复问题及数据冲突问题等。

3. 数据转换

为了使所有数据的格式统一化，在进行数据挖掘前需要对数据格式不一样的数据进行数据转换。所谓数据转换，就是将数据从一种表示形式转换为另一种表现形式。常用的数据转换策略有平滑处理、合计处理、泛化处理、属性构造、规格化处理及数据离散化处理等。

4. 数据规约

数据规约的目的是识别数据中存在的重复和冗余属性，在尽量保留原有数据集完整信息的前提下，缩小数据集规模。常用的数据规约策略有属性子集选择、属性值的规约及实例规约。

7.3.2 大数据存储

随着计算机技术的发展以及互联网技术，尤其是移动互联网技术的普及，每个人都成为大数据的生产者，全球数据量呈现爆炸式的增长。传统的网络存储已不能满足目前庞大数据存储的需求。大数据存储以其容量大、易扩展、低价格的优势成为大型云计算平台提供的重要服务之一，下面简述大数据存储技术的几项关键技术。

1. 分布式存储

分布式存储将数据分散存储在经过虚拟化形成的统一存储资源池中，数据服务的提供也呈现分布式状态。分布式存储相关的技术主要有网络存储（Network Storage）和分布式文件系统。

网络存储主要包含网络连接存储（Network Attached Storage，NAS）和存储区域网络（Storage Area Network，SAN）。NAS 集成了操作系统和存储设备，提供跨平台的文件共享服务。NAS 将存储设备与主机分离，集中管理数据，提高了系统的整体性能。SAN 可以满足数据的高可用性、高扩展性、高性能、远程维护和交换等要求，成为重要的高端存储解决方案。

分布式文件系统将固定于某个节点的某个文件系统，扩展到任意多个节点，众多的节点组成一个文件系统网络。目前应用于云存储领域的典型分布式文件系统有 HDFS、GFS 等。

谷歌公司提出的 GFS（分布式文件系统）是一种可扩展的分布式文件系统，用于管理大量数据的存储和使用，可运行在廉价的硬件平台上，具有较强的容错能力。

GFS 与其他分布式文件系统在访问性能、可扩展性、可靠性和可用性方面有着类似的要求。基于 GFS 的服务器集群中通常包含一个主服务器和多个数据块服务器，支持多客户端的并行访问。文件被划分为固定大小的数据块进行存储，在创建数据块时，主服务器会为每个数据块分配一个固定的、唯一的句柄，数据块服务器将数据块以 Linux 文件方式存储在本地硬盘上，并根据指定的块句柄和字节范围读写块数据。为确保可靠性，每个数据块被复制为多个副本，主服务器管理文件系统所有的元数据，包括命名空间、访问控制信息、文件到数据块的映射信息和数据块的当前位置。

2. 数据副本技术

数据副本技术是一种将同样数据复制成多份，通过网络分布到另外一个或者多个

地理位置不同的系统中，从而防止数据被损坏而永久性丢失，同时支撑负载均衡以减轻服务器的压力，避免单点故障或瓶颈造成服务中断的技术，为大规模并行数据稳定访问提供了可能，提升了数据访问速度。

3. 数据备份技术

数据备份的目的是恢复数据，即在数据丢失、毁坏或受到威胁时，使用备份的数据来恢复数据。在源数据被破坏或丢失时，备份的数据必须由备份软件恢复成可用数据，才可让数据处理系统访问。

数据备份在一定程度上可以保证数据的安全，但应用于容灾系统时却有众多问题需要考虑，主要包括备份窗口、恢复时间、备份间隔、数据的可恢复性及数据备份的成本。数据备份的本质是用数据冗余来提升系统的稳定性；高频率、高稳定性的数据备份的成本一般也较高。对于高等级的容灾系统，需要采用基于多数据中心的异地数据备份技术来保证数据的安全。

4. 数据一致性技术

数据一致性是指关联数据之间的逻辑关系是否正确和完整，可以理解为应用程序自己认为的数据状态与最终写入磁盘的数据状态是否一致。例如，一个事务操作，实际发出了五个写操作，当系统把前面三个写操作的数据成功写入磁盘后，系统突然故障，导致后面两个写操作没有将数据写入磁盘中。此时，应用程序和磁盘对数据状态的理解就不一致。当系统恢复后，数据库程序重新从磁盘中读出数据时，就会发现数据在逻辑上存在问题，数据不可用。

7.3.3　大数据分析

随着互联网的发展，大数据的应用更加广泛，数据相应地变得更加复杂。若要有效利用大数据，大数据分析处理技术是不可或缺的环节。随着大数据的广泛应用，大数据处理技术也不断发展，即通过行之有效的处理方法去完成数据处理任务。数据处理的任务主要包含分类、聚类、关联分析等。

（1）分类　分类是一种重要的数据处理任务，是指根据数据的属性或特征将同一属性或特征的数据归并在一起，同时构造分类函数或分类模型（分类器）。构造分类函数或分类模型的目的是根据数据集的特点把未知类别的样本数据映射到给定类别中。

（2）聚类　聚类是一种探索性的数据分析任务，是指将数据归类到不同的类或簇中的一个过程。分类是按照已确定的程序模式和标准进行判断划分，在进行分类之前，已经有了一套数据划分标准，只需要严格按照标准进行数据分组就可以了。与分类不同，聚类事先不知道数据划分的标准，主要是通过算法判断数据之间的相似性，简单来说就是物以类聚，把相似的数据存放在一起。聚类的目的是探索和挖掘数据中的潜在差异和联系。

（3）关联分析　关联分析是一种在大规模的数据中寻找有价值关系的任务。关系有两种形式，即频繁项集（Frequent Item Set）和关联规则（Association Rule）。这两种形式是递进的，并且前者是后者的抽象基础。频繁项集是经常出现在一起的物品的集合，暗示了某些事物之间总是结伴或成对出现的。从本质上来说，不管因果关系还是相关关系，都是共现关系，所以从这点上来讲，频繁项集是覆盖量（Coverage）指标上

的一种度量关系。关联规则暗示两种事物之间可能存在强关系，关注的是事物之间的互相依赖和条件先验关系。关联规则是一种更强的共现关系，暗示了组内某些属性间不仅共现，而且还存在明显的相关关系和因果关系。因此可以看出，关联规则是准确率（Accuracy）指标上的一种度量关系。

为了方便数据处理，已经诞生了一系列开源或商用的数据分析工具，下面介绍具有代表性的数据分析工具。

1. 开源数据分析工具

（1）Weka　Weka（Waikato Environment for Knowledge Analysis）是一款基于 Java 的开源机器学习以及数据挖掘软件，该软件的源代码可在其官方网站下载。Weka 集成了大量能承担数据挖掘任务的机器学习算法，可以实现数据预处理、分类、回归、聚类、关联规则以及数据可视化等功能。

（2）SPSS　SPSS 采用表格的方式输入与管理数据，数据接口较为通用，能方便地从其他数据库中读入数据，操作界面友好。

（3）Hive　Hive 是一种数据仓库工具，它将 HDFS 上的数据组织成关系数据库的形式，可提供 SQL 查询功能。Hive 基于 MapReduce，可对存储在 HDFS 中的大规模数据进行分布式并行数据提取、转化、加载、查询和分析，适合对大型数据仓库进行统计分析。

2. 商用数据分析工具

（1）RapidMiner　RapidMiner 具有丰富的数据挖掘分析算法，常用于解决各种商业关键问题，如营销响应率分析、客户细分、资产维护、资源规划、预测性维修、质量管理、社交媒体监测和情感分析等。

（2）Tableau　Tableau 在商用智能领域较有名气，可以进行分类、聚类等数据分析操作。另外，Tableau 还集合了多个数据视图，可进行更深入的分析。

7.4　云计算及大数据开源软件

7.4.1　OpenStack 概述

云操作系统是以云计算、云存储技术作为支撑的操作系统，是云计算后台数据中心的整体管理运营系统，是指构架于服务器、存储、网络等基础硬件资源，以及单机操作系统、中间件、数据库等基础软件之上的，用于管理海量的基础软硬件资源的云平台综合管理系统。

OpenStack 是目前最为流行的开源云操作系统框架。自 2010 年 6 月首次发布以来，经过数以千计的开发者和数以万计的使用者的共同努力，OpenStack 不断成长，日渐成熟。目前，OpenStack 的功能强大而丰富，已经在私有云、公有云、NFV 等多个领域得到了日益广泛的生产应用。与此同时，OpenStack 已经受到了 IT 业界几乎所有主流厂商的关注与支持，并催生出大量提供相关产品和服务的创业企业，在事实上成了开源云计算领域的主流标准。时至今日，围绕 OpenStack 已经形成了一个繁荣而影响深远的生态系统，OpenStack 已经是云计算时代一个无法回避的关键话题。可以说，不了解

OpenStack，就无法理解当今云计算技术的发展，也无法把握云计算产业的脉搏。

OpenStack 是由美国国家航空航天局（NASA）和 Rackspace 合作研发的，是 Apache 许可证授权的自由软件和开源的云计算项目。

OpenStack 几乎支持所有类型的云环境，其目标是提供实施简单、可大规模扩展、标准统一的云计算管理平台，因此被认为是一种云操作系统。OpenStack 通过各种互补的服务提供 IaaS 解决方案，每个服务均提供 API 以便进行集成。

OpenStack 旨在为公开云及私有云的建设与运营提供管理软件，其首要任务是简化云计算系统的部署过程并为云计算系统带来良好的可扩展性，帮助云服务提供商和企业内部实现类似于 Amazon EC2 和 S3 的云基础架构服务。OpenStack 除了得到了 Rackspace 和 NASA 的支持，还得到了包括戴尔（Dell）、思杰（Citrix）、思科（Cisco）、Canonical 等公司的贡献和支持，发展迅猛。

OpenStack 本质上是一套开源的软件项目的综合。OpenStack 中最主要的两个项目是 Nova 和 Swift：Nova 是 NASA 开发的虚拟服务器部署和业务计算模块；Swift 是 Rackspace 开发的分布式云存储模块，两者可以一起使用，也可以分开单独用。

7.4.2 容器开源软件：Docker

1. 容器技术

虚拟化技术是云计算的核心技术之一，通过虚拟化技术，云计算中每一个部署于虚拟环境的应用和物理平台解耦合，通过虚拟平台实现对应用的管理、扩展、迁移和备份等操作。虚拟化技术将计算机（物理主机）的各种物理资源（如 CPU、内存、磁盘空间、网络适配器等）予以抽象，经过虚拟化转换后呈现为可供分割和组合的资源支撑与任务执行环境。虚拟化资源不受现有物理资源的硬件差异、地域或配置的限制。

随着应用场景的日益复杂，虚拟化技术也暴露出了一些缺陷：首先，每个虚拟机都是一个完整的系统，当虚拟机数量增多时，虚拟机本身消耗的资源势必显著增多；其次，开发环境和线上环境通常存在区别，所以开发环境与线上环境之间无法形成很好的桥接，在部署线上应用时，依旧需要花时间去处理环境不兼容的问题。

容器技术可以把开发环境及应用程序整个打包，打包后容器可以在众多环境中运行，解决了开发环境与运行环境不一致的问题。

如果把操作系统比作一艘船，把应用程序看成各种货物，那么可以将容器类比为运输过程中使用的集装箱。如果把每件货物都放到集装箱里面，那么船就可以用同样的方式安放和堆叠集装箱，省时省力。容器中运行的是一个或者多个应用程序，以及应用程序所需要的运行环境，可直接运行在操作系统内核之上的用户空间。容器技术是对进程（操作系统内核）的虚拟，从而可提供更轻量级的虚拟化，实现进程和资源的隔离，使得多个独立的用户空间可以运行在同一台宿主机上。Docker、Kubernetes 及 Mesos 是三种典型开源容器技术，这三种技术都可以使用容器来部署、管理和扩展应用程序，区别在于它们每个都侧重于解决不同的问题。Docker 技术的出现和迅猛发展，已成为云计算产业的新的热点。下面以 Docker 为例，简要介绍其特性。

2. Docker

Docker 是容器虚拟化技术的代表。它是一个开源的应用容器引擎，采用 Go 语言开

发，开发者可将其应用程序以及支撑软件打包放到一个可移植的容器中，将应用程序变成一种标准化的、可移植的、自管理的组件。

与虚拟机相比，Docker 的优势显而易见。Docker 取消了虚拟机监视器（Hypervisor）层和客机操作系统（Guest OS）层，使用 Docker 引擎进行调度和隔离，所有的应用程序共用主机操作系统，因此 Docker 较虚拟机更轻量，在性能上优于虚拟机，更接近于裸机性能。传统的虚拟机运行在 Hypervisor 层，性能稍逊于宿主机，启动时间很慢；而 Docker 则直接运行在宿主机的内核上，不同 Docker 共享一个 Linux 内核，接近于宿主机的本地进程，它的启动时间相较于传统的虚拟机非常迅速；Docker 占用的存储空间较小，一台主机可以启动成千上万个 Docker，而传统的虚拟机占用存储空间较大。

以 Docker 为代表的容器的主要优势如下：

1）持续集成。在开发与发布应用程序的生命周期中，不同的环境有细微的不同，这些差异可能是由于不同安装包的版本和依赖关系引起的，Docker 可以通过确保应用程序从开发到发布整个过程环境的一致性来解决这个问题。

2）版本控制。Docker 可以回滚到当前镜像的前一个版本，可以避免因为完成部分组件的升级而导致对整个环境的破坏。

3）可移植性。Docker 最大的优势之一是其具有良好的可移植性，Docker 可以移动到任意一台宿主机上，几乎不受底层系统的限制。目前所有主流的云计算系统，包括亚马逊公司的 AWS 和谷歌公司的谷歌云平台（GCP），都将 Docker 融入平台并提供了相应的支持。

4）安全性。Docker 实现了不同容器（Container）中应用程序的隔离，能确保每个应用程序只能使用分配给它的 CPU、内存和磁盘空间等资源。

3. Docker 的核心组件

Docker 的核心组件（见图 7-3）主要包括容器（Container）、镜像（Images）和仓库（Repositories）。其中，Docker 容器是独立运行的一个或一组应用；Docker 镜像是用于创建 Docker 容器的模板；Docker 仓库用来保存镜像，可以理解为代码控制中的代码仓库。这三者协作完成了构建、分发以及执行的任务。Docker Hub 提供了庞大的镜像集合供使用。

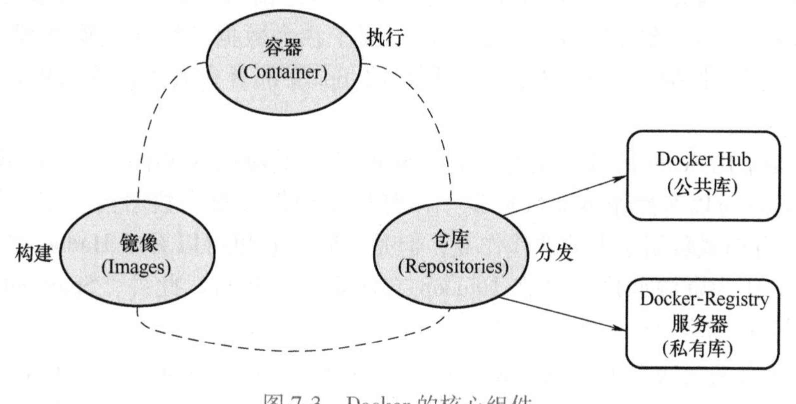

图 7-3　Docker 的核心组件

7.4.3 大数据开源软件：Hadoop 和 Spark

分布式系统是建立在网络之上的一种软件系统。在分布式系统中，多台独立的计算机展现给用户的是一个统一的整体。面向云计算的分布式系统的重点是分布式存储以及分布式计算。

一方面，海量的大数据中隐藏着许多信息，在进行分析之前，首先要做的就是存储海量的大数据。传统的集中式存储方式因其容量小、可靠性低、成本高等特点已经无法满足海量大数据的存储需求，分布式存储应运而生。

另一方面，随着数据规模的不断扩大，单机的计算能力已经无法满足大规模数据的计算需求。分布式计算是一种与集中式计算相对的计算方式。随着计算技术的发展，有些应用需要非常巨大的计算能力才能完成，如果采用集中式计算，则需要耗费相当长的时间。分布式计算将该应用分解成许多小的任务，并将这些小的任务分配给多台计算机进行处理，这样可以节约整体计算时间，提高计算效率。

1. 分布式大数据处理平台 Hadoop

Hadoop 是一款支持数据密集型分布式应用程序的开源软件框架，它支持在商用硬件构建的大型集群上运行的应用程序。Hadoop 是根据谷歌公司发表的 MapReduce 和 Google 文件系统的论文自行实现而成。所有的 Hadoop 模块都有一个基本假设，即硬件故障是常见情况，应该由框架自动处理。

Hadoop 框架透明地为应用提供可靠性和数据移动。它实现了名为 MapReduce 的编程范型：应用程序被分割成许多小部分，而每个部分都能在集群中的任意节点上执行或重新执行。此外，Hadoop 还提供了分布式文件系统，用以存储所有计算节点的数据，这为整个集群带来了非常高的带宽。MapReduce 和分布式文件系统的设计，使得整个框架能够自动处理节点故障。它使应用程序与成千上万的独立计算的计算机和 PB 级的数据连接起来。Hadoop 平台主要包括 Hadoop 内核、MapReduce、Hadoop 分布式文件系统（HDFS）以及一些相关项目，如 Apache Hive 和 Apache HBase 等。

2. 分布式内存计算平台 Spark

Spark 由加利福尼亚大学伯克利分校的 AMP 实验室开发，拥有 Hadoop 中 MapReduce 的优点。不同的是，Spark 的作业中间输出结果可以保存在内存中，不需要读写外存储器。因此，Spark 能更好地适用于数据挖掘与机器学习等需要迭代的 MapReduce 算法。Spark 基于内存计算，不仅提高了在大数据环境下数据处理的实时性，还保证了高容错性和高可伸缩性，允许用户将 Spark 部署在大规模廉价的服务器集群之上。

Spark 是采用 Scala 语言实现的，采用 Scala 作为其应用程序框架。Spark 和 Scala 紧密集成，Scala 可以像操作本地数据集一样轻松地操作分布式数据集。尽管创建 Spark 是为了支持分布式数据集上的迭代作业，但是实际上它也可以看成 Hadoop 的补充，可以使用 Yarn 作为资源调度器并在 Hadoop 文件系统中运行。此外，Spark 也可以使用 Mesos 等框架作为自身的资源调度器。

Spark 生态系统随着伯克利数据分析栈（Berkeley Data Analytics Stack，BDAS）的完善而日益全面。Spark 全面兼容 Hadoop 的数据持久层，如 HBase、HDFS、Hive，可

以很方便地把计算任务从原来的 MapReduce 计算任务迁移到 Spark 中。目前 Spark 已经得到广泛应用，百度、阿里巴巴、腾讯等公司都建立了自己的 Spark 集群系统。

7.5 区块链技术

区块链技术最初源自于中本聪（Satoshi Nakamoto）2008 年提出的比特币（Bitcoin），其去中心化、开放性、信息不可篡改等特性将很可能会对金融、服务等一系列行业带来颠覆性的影响。2016 年 1 月，中国人民银行在北京召开“数字货币”研讨会，探讨采用区块链技术发行“虚拟数字货币”的可行性。这一消息迅速在各大主流媒体和社区传播和热炒，于是“区块链”这个带着些神秘色彩的名词突然间成为热议的话题，接踵而来的是区块链技术在国内迅速升温，越来越多的区块链初创公司和相关研究机构小组相继成立。这带动了区块链技术高速发展，使其成为近年来最具革命性的新兴技术之一，甚至被认为是继大型机、个人计算机、互联网、移动/社交网络之后计算范式的第五次颠覆式创新。同时，它还被誉为人类信用进化史上继血亲信用、贵金属信用、纸币信用之后的第四个信用里程碑。

7.5.1 区块链的定义与发展

1. 区块链的定义

区块链（Blockchain）是一种将数据区块有序连接，并以密码学方式保证其不可篡改、不可伪造的分布式账本（数据库）技术。近年来，区块链技术在全球范围内受到广泛关注。区块链本质是一种点对点网络下的不可篡改的分布式数据库。区块链以某种共识算法保障节点间数据的一致性，并以加密算法保证数据的安全性，同时通过时间戳和哈希值形成首尾相连的链式结构，创造了一套技术体系，具有公开透明、可验证、不可篡改、可追溯等技术特征。区块链技术的应用十分广泛，主要应用于互联网金融、物流、产品供应链等需要追溯的环节和领域。区块链技术架构如图 7-4 所示。

（1）数据层　数据层将底层数据封装成链式结构，通过哈希算法和 Merkle 树，将某一时间段内接收到的交易记录打包成一种带有时间戳的数据区块，并链接到区块链网络。

（2）网络层　网络层封装了区块链系统的 P2P 组网方式、消息传播协议和数据验证机制等，使区块链网络中每一个节点都能参与区块数据的校验和记账过程，仅当区块数据通过全网大部分节点验证后才能记入区块链。

（3）共识层　共识机制是区块链的核心，是区块链网络中各个节点达成一致的方法，能够在决策权高度分散的去中心化系统中使得各节点高效地针对区块数据的有效性达成共识。区块链网络按照参与共识过程的节点是否需要准入门槛，可分为公有链、私有链和联盟链。

（4）激励层　激励层将价值度量、账户等集成到区块链中，建立适合的经济激励机制，以及代币发行与分配机制。通过经济激励遵守规则的记账节点，惩罚不遵守规则的节点，使得整个区块链网络朝着良性循环的方向发展。

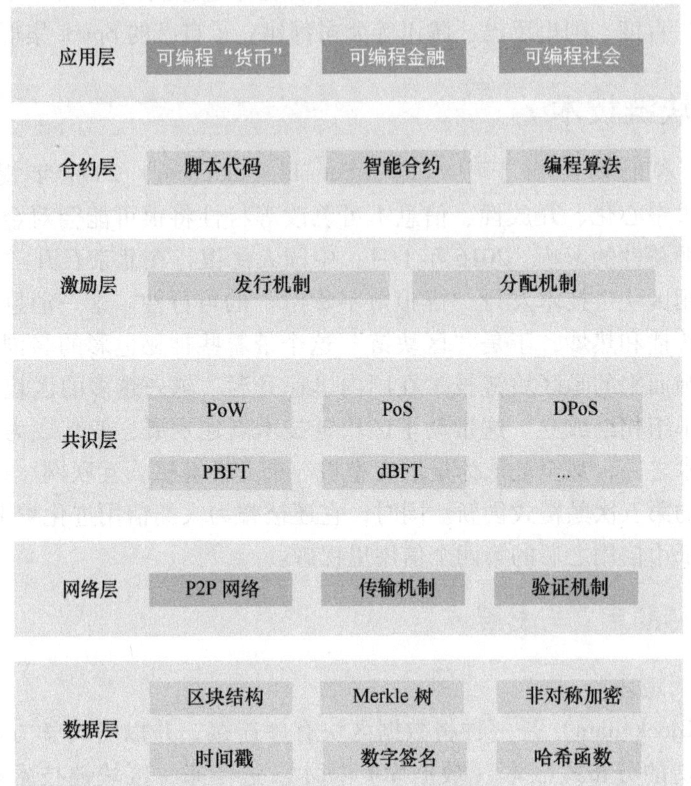

图 7-4 区块链技术架构

（5）合约层 合约层集成了各类脚本、算法和智能合约，建立了可监管、可审计的合约形式化规范，是区块链可编程特性的基础。

（6）应用层 区块链系统上的链式数据具有不可篡改性和去中心化的特点，可用来承载智能合约的运行，同时链上数据具有安全性高和隐私保护能力强等显著特点，使得区块链可以被应用于金融服务、供应链、物联网、医疗和公共服务等领域。

2. 区块链的发展

（1）技术起源 区块链技术源于中本聪创造的比特币。比特币是中本聪站在巨人的肩膀上，基于前人的各种相关技术和算法，结合自己独特的创造性思维而设计出来的。下面简要介绍区块链相关基础技术的发展历史。

1982 年，Leslie Lamport 等人提出"拜占庭将军问题"（Byzantine Generals Problem），这是一个非常著名的、分布式计算领域的问题，旨在设法建立具有容错性的分布式系统，即在一个存在故障节点和错误信息的分布式系统中保证正常节点达成共识，保持信息传递的一致性。

1985 年，Neal Koblitz 和 Victor Miller 两人提出椭圆曲线密码学（Elliptic Curve Cryptography，ECC），第一次将椭圆曲线用于密码学中，建立公开金钥加密演算法。相较于之前的 RSA 演算法，采用 ECC 的好处在于可用较短的金钥达到与 RSA 相同的安全强度。

1990年，David Chaum根据之前提出的密码学网络支付系统理念，实现了一个不可追踪密码学网络支付系统，称为eCash。不过，这是一个中心化的系统，但区块链技术在隐私安全上借鉴了其很多设计。

1990年，Leslie Lamport针对自己在1982年提出的“拜占庭将军问题”，给出了一个解决方案——Paxos算法，Paxos共识算法能在分布式系统中达成高容错性的全网一致性。

1991年，Stuart Haber与W. Scott Stornetta提出了时间戳技术来确保电子文件安全，中本聪在比特币中也采用了这一技术，对账本中的交易进行追本溯源。

1992年，Scott Vanstone等人基于ECC提出了性能更好的椭圆曲线数字签名算法（Elliptic Curve Digital Signature Algorithm，ECDSA）。

1997年，Adam Back发明了哈希现金（Hashcash）——一种工作量证明演算法，此演算法依赖成本函数的不可逆特性，具有容易被验证但很难被破解的特性，最早被应用于阻挡垃圾邮件。其算法设计理念被中本聪改进之后，Hashcash成为比特币区块链节点达成共识的核心技术之一，是比特币的基石。

1998年，Wei Dai发表了匿名的分布式电子现金系统B-money，引入了工作量证明机制，强调点对点交易和不可篡改特性。不过在B-money中，并未采用Adam Back提出的Hashcash演算法。Wei Dai的许多设计也被比特币区块链所采用。

2005年，Hal Finney提出可重复使用的工作量证明机制（Reusable Proofs of Work，RPoW），结合B-money与Adam Back提出的Hashcash演算法来创造密码学“货币”。

2008年，中本聪在一个隐秘的密码学讨论组发表了一篇关于比特币的论文，发明了比特币。

从上述技术发展历史来看，区块链技术并不是一蹴而就的，而是一定背景和技术发展下的必然产物。

（2）区块链1.0——“数字货币”　在区块链1.0阶段，区块链技术的应用范围主要集中在“数字货币”领域。在2009年比特币上线之后，由于比特币区块链解决了“双花问题”和“拜占庭将军问题”，真正扫清了“数字货币”流通的主要障碍，因而获得了极大的追捧，狗狗币、莱特币之类的“山寨”“数字货币”也开始大量涌现。这些“数字货币”在技术上与比特币十分类似，其架构一般都可分为三层：区块链层、协议层和货币层。区块链层作为这些“数字货币”系统的底层技术，是最核心部分，系统的共识过程、消息传递等核心功能都是通过区块链达成的。协议层则主要为系统提供一些软件服务、制定规则等。最后的货币层则主要是作为价值表示，用来在用户之间传递价值，相当于一种货币单位。

在区块链1.0阶段，基于区块链技术构建了很多去中心化数字支付系统，很好地解决了货币和支付手段的去中心化问题，对传统的金融体系有着一定的冲击。

（3）区块链2.0——智能合约　在比特币和其他山寨币的资源消耗严重、无法处理复杂逻辑等弊端逐渐暴露后，业界逐渐将关注点转移到了比特币的底层支撑技术区块链上，产生了运行在区块链上的模块化、可重用、自动执行脚本，即智能合约。这大大拓展了区块链的应用范围，区块链由此进入2.0阶段。业界慢慢地认识到区块链技术潜藏的巨大价值。区块链技术开始脱离“数字货币”领域的创新，其应用范围延伸

到金融交易、证券清算结算、身份认证等商业领域。涌现了很多新的应用场景，如金融交易、智能资产、档案登记、司法认证，等等。

以太坊（Ethereum）是这一阶段的代表性平台，它是一个区块链基础开发平台，提供了图灵完备的智能合约系统。通过以太坊，用户可以自己编写智能合约，构建去中心化应用程序 DAPP。基于以太坊智能合约图灵完备的性质，开发者可以编程任何去中心化应用，如投票、域名、金融交易、众筹、知识产权、智能财产，等等。目前在以太坊平台运行着很多去中心化应用，按照其白皮书说明，它们可以分为三种应用。第一种是金融应用，包括“数字货币”、金融衍生品、对冲合约、储蓄钱包、遗嘱这些涉及金融交易和价值传递的应用。第二种是半金融应用，它们涉及金钱的参与，但有很大一部分是非金钱的方面。第三种则是非金融应用，如在线投票和去中心化自治组织这类不涉及金钱的应用。

在区块链 2.0 阶段，以智能合约为主导，越来越多的金融机构、初创公司和研究团体加入了区块链技术的探索队列，推动了区块链技术的迅猛发展。

（4）区块链 3.0——超越货币、经济和市场 随着区块链技术的不断发展，区块链技术的低成本信用创造、分布式结构和公开透明等特性的价值逐渐受到全社会的关注，在物联网、医疗、供应链管理、社会公益等各行各业中不断有新应用出现。区块链技术的发展进入到了区块链 3.0 阶段。在这一阶段，区块链的潜在作用并不仅仅体现在货币、经济和市场方面，更延伸到了政治、人道主义、社交和科学领域，区块链技术方面的能力已经可以让特殊的团体来处理现实中的问题。而随着区块链的继续发展，我们可以大胆构想，区块链技术或许将广泛而深刻地改变人们的生活方式，并重构整个社会，重铸信用价值。或许将来当区块链技术发展到一定程度时，整个社会中的每一个人都可作为一个节点，连接到一个全球性的去中心化网络中，整个社会进入区块链时代，然后通过区块链技术来分配社会资源，或许区块链将成为一个促进社会经济发展的理想框架。

7.5.2 区块链与大数据的关系

大数据强调无法在一定时间范围内用常用软件工具进行捕捉、管理和处理的数据集合，是需要新处理模式才能具有更强的决策力、洞察发现力和流程优化能力的海量、高增长率和多样化的信息资产。因此，大数据侧重于数据概念，视数据为一种重要的信息资产。区块链是分布式数据存储、点对点传输、共识机制、加密算法等计算机技术的新型应用模式。因此它是一系列技术应用而成的底层技术，侧重于技术概念。区块链以其可信任性、安全性和不可篡改性，让更多数据被解放出来，两者存在差异性和互补性。一方面，区块链与大数据存在以下差异：

1）结构化与非结构化：区块链是结构定义严谨的块，通过指针组成的链，是典型的结构化数据，而大数据需要处理的更多的是非结构化数据。

2）独立与整合：区块链系统为保证安全性，信息是相对独立的，而大数据着重的是信息的整合分析。

3）直接与间接：区块链系统本身就是一个数据库，而大数据指的是对数据的深度分析和挖掘，是一种间接的数据。

4）数学与数据：区块链试图用数学说话，区块链主张“代码即法律”，而大数据试图用数据说话。

5）匿名与个性：区块链是匿名的（公开账本，匿名拥有者，相对于传统金融机构的公开账号，账本保密），而大数据有意的是个性化。

另一方面，区块链和大数据可以相互促进发展，通过在区块链中使用大数据技术可以有以下作用：

1）区块链是一种不可篡改的、全历史的分布式数据库存储技术，巨大的区块链数据集合包含着每一笔交易的全部历史。随着区块链技术的应用迅速发展，数据规模会越来越大，不同业务场景区块链的数据融合会进一步扩大数据规模和丰富性。

2）区块链以其可信任性、安全性和不可篡改性，让更多数据被解放出来，推进数据的海量增长。

3）区块链的可追溯性使得数据从采集、交易、流通，以及计算分析的每一步记录都可以留存在区块链上，使得数据的质量获得前所未有的强信任背书，也保证了数据分析结果的正确性和数据挖掘的效果。

4）区块链能够进一步规范数据的使用，精细化授权范围。脱敏后的数据交易流通，则有利于突破信息孤岛，建立数据横向流通机制，形成“社会化大数据”。基于区块链的价值转移网络，逐步推动形成基于全球化的数据交易场景。

5）区块链提供的是账本的完整性，数据统计分析的能力较弱。大数据则具备海量数据存储技术和灵活高效的分析技术，极大提升区块链数据的价值和使用空间。

7.5.3　区块链基础技术

区块链技术体系不是通过一个权威的中心化机构来保证交易的可信和安全，而是通过加密和分布式共识机制来解决信任和安全问题，其实现主要依赖以下四项技术。

1. 分布式账本

交易是由分布式系统中的多个节点共同记录的。每一个节点都记录完整的交易记录，因此它们都可以参与监督交易合法性并验证交易的有效性。不同于传统的中心化技术方案，区块链中没有任何一个节点有权限单独记录交易，从而避免了因单一记账人或节点被控制而造假的可能性。另一方面，由于全网节点参与记录，理论上讲，除非所有的节点都被破坏，否则交易记录就不会丢失，从而保证了数据的安全性。

2. 加密技术和授权技术

区块链技术很好地集成了当前对称加密、非对称加密和哈希算法的许多优点，并使用了数字签名技术来保证交易的安全性，其中最具代表性的是使用椭圆曲线加密算法生成用户的公私钥对和使用椭圆曲线数字签名算法来保证交易安全。打包在区块上的交易信息对于参与共识的所有节点是公开的，但是账户的身份信息是经过严格加密的。

3. 共识机制

共识机制是区块链系统中各个节点达成一致的策略和方法。区块链的共识机制替代了传统应用中保证信任和交易安全的第三方中心机构，能够降低由于各方不信任而产生的第三方信用成本、时间成本和资本耗用。常用的共识机制主要有 PoW、PoS、

DPoS、Paxos、PBFT 等，共识机制既是数据写入的方式，也是防止篡改的手段。

4. 智能合约

智能合约是可以自动化执行预先定义规则的一段计算机程序代码，它自己就是一个系统参与者。它能够实现价值的存储、传递、控制和管理，为基于区块链的应用提供了创新性的解决方案。

7.5.4 区块链在行业中的应用

当前，区块链技术已经在诸多领域展现了应用前景，许多机构和组织都对区块链技术产生了浓厚的兴趣，正在为区块链在本领域的落地进行积极的探索，本节将对当前区块链的主要应用场景进行分析和介绍。

1. 数字票据

传统的纸质票据存在着易丢失、易伪造和被篡改等风险。通过引入区块链技术，可以将票据信息、状态记录在区块链平台。一笔票据交易一旦生成，区块链上的各节点首先对交易进行验证，一旦各节点达成“共识”，便把该条交易记录于区块链上，且“不可篡改”。区块链内存在多个副本，增加了内容被恶意篡改的成本，因此相对于传统票据，具有更高的安全性。另外，传统的票据行业，各个机构之间的对账与清算相对比较复杂，而区块链技术通过各个节点共同记账、相互验证的方式，可有效地提高资金清算的效率。同时，各个机构也保持了相对独立的业务自主性，从而实现了效率与灵活的完美平衡。由于参与方存在互信问题，传统的票据流通审核烦琐，变现困难，难以实现互通互利。通过将票据信息登记在区块链平台上，利用区块链扩展成本低、交易步骤简化的特性，将票据转变为客户可持有、可流通、可拆分、可变现的具有一定标准化程度的数字资产。

2. 供应链金融

传统的供应链金融平台一般由单个金融机构主导，难以实现同行业间的扩展和推广。区块链技术让参与方只需专注于业务系统对接区块链平台即可，可实现全行业的快速覆盖。供应链上企业之间的贸易信息、授信融资信息，以及贸易过程中涉及的仓储、物流信息均登记在区块链上，且信息不可篡改，保证了资产的真实有效，降低了企业融资成本和银行授信成本。跨机构信息通过区块链的共识机制和分布式账本保持同步，通过访问任意一个节点即可获取完整的交易数据，打破信息孤岛。机构通过访问内部区块链节点即可获得完整的交易数据，增强企业间的信用协作。将应收账款、承兑汇票、仓单等资产凭证记录在区块链上，且支持转让、质押等相关操作，实现了资产数字化。利用区块链构造一个数字化的、可以点对点传输价值的信用系统，实现了区块链上的价值传输。这一可信赖的价值传输系统既提高了需求方的融资能力，又提高了供应方的监管能力，为金融系统健康稳定提供了根本保障。通过智能合约控制供应链流程，可以减少人为交互，提升产业效率。通过传感器探测真实仓储、物流信息，使用无线通信网络发送可信数据到区块链验证节点，保证满足合约条件时，自动触发相关操作，减少操作失误。

3. 应收账款

传统的应收账款通过线下交易确认的方式完成，而伪造交易、篡改应收账款信息

等风险的存在降低了交易参与方的信任感。区块链技术支持将应收账款的全流程操作通过区块链平台进行，实现了应收账款交易的全程签名认证并且不可抵赖，同时可使用智能合约实现权限和状态控制，使得应收账款更加安全可控，构建了高度可信的交易平台。应收账款交易流程中参与方众多，业务复杂，面对传统应收账款的融资申请，金融机构需要进行大量的贸易背景审查。区块链平台通过时间戳来记录整个应收账款的生命周期，从而使得所有的市场参与者都可以看到资金流和信息流，排除了票据造假的可能性。传统的应收账款由于存在互信问题，在交易市场上流通困难。应收账款以数字资产的方式进行存储、交易，不易丢失和无法篡改的特点使得新的业务模式可以快速推广，在提高客户资金管理效率的同时降低使用成本，并在不同企业间形成互信机制，使得多个金融生态圈可以通过区块链平台互通互利，具有良好的业务价值和广阔的发展空间。

4. 数据交易

数据作为特殊商品具有独特性，存在被复制、转存的风险，按照商品流通中介模式建立的数据中介平台构成了对数据交易双方权益的潜在威胁，变成了数据交易的一个障碍。只有建立符合数据特性的信息平台，通过技术机制而不是仅凭承诺来保障数据的安全和权益，做到让数据交易双方真正放心，才能加速数据的顺畅流动。通过区块链技术对数据进行确权，能够有效保障数据所有方的权益，杜绝数据被多次复制转卖的风险，把数据变成受保护的虚拟资产，对每笔交易和数据进行确权和记录。利用区块链的可追溯和不可篡改等特性，可以确保数据交易的合规、有效，激发数据交易的积极性，促成数据市场的规模性增长。

5. 债券交易

债券业务是需要多家机构共同参与的一项业务，在其发行、交易等流程中，各机构之间需要通过传统的邮寄或者报文转发的形式进行信息的同步与确认。债券发行交易如果通过中心化系统实现，可能会存在人工操作性失误或恶意篡改的风险。使用区块链技术之后，系统可以由区块链底层来保证数据的同步与一致，降低不同机构系统之间对接的时间、人力和资金成本，从依靠基于业务流的低效协同升级为不依靠任何中介而由平台保证基本业务流程的低成本、高效率、高可信协作系统。而且传统的中心化系统很多信息都封闭在机构内部，无法对外部系统进行及时、有效地监管，监管会存在盲区。利用区块链技术，监管机构以节点的形式加入区块链，实时监控区块链上的交易。同时，智能合约使得债券在整个生命周期中具备限制性和可控制性，也可以有效提高监管效能。由于区块链的数据完整和不可篡改性，对任何价值交换历史记录都可以追踪和查询，能够清晰查看和控制债券的流转过程，从而保证债券交易的安全性、有效性和真实性，有效防范市场风险。同时，基于区块链技术可避免第三方机构对账清算的工作，从而有效提升债券交易的清算效率。

6. 大宗交易

基于区块链技术的大宗交易平台，可以实现各清算行之间大宗交易的实时清算，提高大宗交易效率，为业务开展提供便利。智能合约控制大宗交易流程，减少人为交互，提升处理效率；无须中心平台审核确认，保证报价满足撮合条件时，自动触发相关操作，减少操作失误。交易所和清算所可以互为主备，负责所有交易数据定序广播，

发起共识。实时灾备容错，发生重大故障可以秒级切换主节点。接入节点发生故障，通过内置算法快速恢复历史数据，避免交易数据丢失。会员和银行接入端独立处理查询，数据实时同步，减轻主节点压力。监管节点实时获取相关交易数据，监管机构对大宗交易进行实时监管。

7. 其他场景

区块链是一种可以进行价值传输的协议，除了上述场景之外，还可应用于其他一切与价值转移有关的场景，如数字版权、医疗、教育、社会公益等。

在数字版权领域，知识产权侵权现象严重，基于区块链技术可以通过时间戳、哈希算法对作品进行确权，证明知识产权的存在性、真实性和唯一性，并可对作品的全生命周期进行追溯，极大地降低了维权成本。

在医疗领域，患者私密信息泄露情况时有发生，2015 年 4 月，Factom 宣称与医疗记录和服务方案供应商 Healthnautica 展开合作，研究运用区块链技术保护医疗记录以及追踪账目，为医疗记录公司提供防篡改数据管理。

在教育领域，目前学生信用体系不完整，无历史数据信息链，这导致政府和用人企业无法获得完整、有效的信息，利用区块链技术对学生的学历信息进行存储，可以解决信息不透明及容易被篡改的问题，有利于构建良性的学生信用体系。

在社会公益领域，慈善机构想要获得群众的支持，就必须具有公信力，而信息的透明则是必要条件之一，蚂蚁金服等公司已开始把区块链技术应用于公益捐赠平台，这为加速公益透明化提供了一种可能。区块链技术也可用于政府信息公开领域，帮助政府部门实施公共治理及服务创新，提升政府部门的效率及效力。

关于区块链的应用场景还有很多，区块链的未来存在着无限的可能，这需要更多优秀的公司、企业和人才加入到区块链技术的探索队伍中，这样才能使区块链技术得到更快、更好的发展。人们有理由期待在区块链技术的范式下，又一次“大航海时代”的来临，给各行各业和社会带来一次重构。

7.6 本章小结

本章主要介绍了大数据、云计算及区块链技术的基础知识和发展历程，对其体系架构、关键技术和特性进行了详细的讲解，并结合时代背景分析了技术的产业现状，选取了大数据与云计算技术涉及的典型平台和软件进行阐述。本章节的内容使读者对大数据、云计算及区块链技术有一个初步的了解和认识，为之后将物联网与这些技术相结合打下基础。

习 题

1. 大数据与云计算产生的基础是什么？什么是大数据？什么是云计算？
2. 如何理解大数据与云计算的关系？
3. 简述大数据的关键技术，并对每种关键技术进行简单的说明。
4. 简单介绍大数据预处理常用的几种方法。

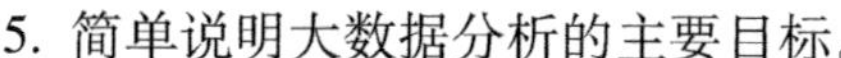

5. 简单说明大数据分析的主要目标。
6. 简要介绍云计算的体系架构与关键技术。
7. 简述云计算的三种服务模式和四种部署模型。
8. 简述虚拟机与容器技术的差异。
9. 区块链技术架构有哪些层级？每一层的作用是什么？
10. 简述区块链与大数据的关系。
11. 简述区块链在行业中的应用。

第8章 物联网安全技术

网络像空气，无处不在。在物联网正在成为经济和社会发展新模式的时代，我们不得不面对随着物联网发展而带来的网络安全性问题，毕竟通过物联网络覆盖医疗、交通、电力、银行等关系国计民生的重要领域，以现有的信息安全防护体系，难以保证敏感信息不外泄。一旦遭遇某些信息风险，更可能造成灾难后果，小到一台计算机、一台发电机，大到一个行业，甚至各国经济都会被别人控制。

8.1 信息安全基础

信息安全自古以来就受到人们的持续关注，但在不同的发展时期，信息安全的侧重点和控制方式是不同的。从信息安全的发展过程来看，在计算机出现以前，通信安全以保密为主，密码学是信息安全的基础和核心；随着计算机的出现，计算机系统安全保密成为现代信息安全的重要内容；网络普及和云计算的出现，使得分布式跨平台的信息系统的安全保密成为信息安全的主要内容。

信息安全之所以引起人们的普遍关注，是由于信息安全问题目前已经涉及人们日常生活学习工作的各个方面。以电子商务网络交易为例，2020 年双十一购物节期间，天猫销售额突破 4900 亿元，京东销售额突破 2700 亿元；2022 年双十一购物节期间，全网销售额为 11154 亿元，其中直播电商销售额达到 1814 亿元。巨大的销售额背后，电子商务交易必须遵循客观事实：交易双方都是谁？信息在传输过程中是否被篡改（信息的完整性）？信息在传送途中是否会被外人看到（信息的保密性）？网上支付后，对方是否会不认账（不可抵赖性）？因此，商家、银行、个人对电子交易安全的担忧是必然的，电子商务的安全问题已经成为阻碍现代服务业发展的瓶颈。推动信息安全技术不断发展和普及，是信息服务产业的重要使命。

信息安全涉及的领域相当广泛，人们对信息财产的使用主要通过计算机网络来实现，信息的处理在计算机和网络上是以数据的形式进行的。从这个角度来说，信息就是数据，信息安全可以分为数据安全和系统安全。因此，信息安全可以从两个层次来看。

从消息的层次，信息安全包括信息的完整性（Integrity），即保证消息的来源、去向、内容真实无误；保密性（Confidientiality），即保证消息不会被非法泄露扩散；不可否认性（Non-repudiation），也称为不可抵赖性，即保证消息的发送者和接收者无法否认自己所做过的操作行为等。从网络的层次，信息安全包括可用性（Availability），即保证网络和信息随时可用，运行过程中不出现故障，若遇意外打击尽可能减少损失并尽快恢复正常；可控性（Controllability），即对网络信息的传播及内容具有控制能力的特性。

1. 完整性

完整性是指未经授权不能修改数据的内容，保证数据的一致性。在网络传输和存储过程中，系统必须保证数据不被篡改、破坏和丢失。因此，网络系统有必要采用某种安全机制确认数据在此过程中没有被修改。

2. 保密性

保密性是指由于网络系统无法确认是否有未经授权的用户截取数据或非法使用数据，这就要求使用某种手段对数据进行保密处理。数据保密可分为网络传输保密和数据存储保密。对机密敏感的数据使用加密技术，将明文转化为密文，只有经过授权的合法用户才能利用密钥将密文还原成明文。反之，未经授权的用户无法获得所需信息。这就是数据的保密性。

3. 不可否认性

不可否认性是指建立有效的责任机制，防止网络系统中合法用户否认其行为，这一点在电子商务中是极其重要的。不可否认包含两个方面：①数据来源的不可否认，为数据接收者 B 提供数据的来源证据，使发送者 A 不能否认其发送过这些数据或不能否认发送数据的内容；②数据接收的不可否认，为数据发送者 A 提供数据的交付证据，使接收者 B 不能否认其接收过这些数据或不能否认接收数据的内容。

4. 可用性

可用性是指信息可被授权者访问并按需求使用的特性，即保证合法用户对信息和资源的使用不会被不合理地拒绝。对可用性的攻击就是阻断信息的合理使用，例如，破坏系统的正常运行就属于这种类型的攻击。

5. 可控性

可控性是指对信息的传播及内容具有控制能力的特性。授权机构可以随时控制信息的机密性，能够对信息实施安全监控。

8.2 物联网安全

由于物联网是一种虚拟网络与现实世界实时交互的新型系统，其无处不在的数据感知、以无线为主的信息传输、智能化的信息处理，虽然有利于提高工作效率，但也会引起大众对信息安全和隐私保护问题的关注，特别是暴露在公开场所之中的信号很容易被窃取，也更容易被干扰，这将直接影响到物联网体系的安全。物联网规模很大，与人类社会的联系十分紧密，一旦受到攻击，很可能出现世界范围内的工厂停产、商店停业、交通瘫痪，让人类社会陷入混乱。

8.2.1 物联网的安全特点

守护信息安全的中文操作系统

物联网系统的安全和一般 IT 系统的安全基本一样，主要有八个尺度：读取控制、隐私保护、用户认证、不可抵赖性、数据保密性、通信层安全、数据完整性、随时可用性。前四项主要处在物联网系统架构的应用层，后四项主要位于网络层和感知层。其中，隐私权

和可信度（数据完整性和数据保密性）问题在物联网体系中尤其受关注。如果我们从物联网系统体系架构的各个层面仔细分析，会发现现有的安全体系仅仅从基本上可以满足物联网应用的需求，尤其在我国物联网发展的初级和中级阶段。

根据物联网自身的特点，物联网除了面对移动通信网络的传统网络安全问题之外，还存在着一些与已有移动网络安全不同的特殊安全问题。这是由于物联网由大量机器构成，缺少人对设备的有效监控，并且数量庞大、设备集群等相关特点造成的，这些特殊的安全问题主要有以下几个方面：

1）物联网机器/感知节点的本地安全问题。由于物联网的应用可以取代人来完成一些复杂的、危险的和机械化的工作，所以，物联网机器/感知节点多数部署在无人监控的场景中。攻击者可以轻易地接触到这些设备，从而对它们造成破坏，甚至通过本地操作更换机器的软硬件。

2）感知网络的传输与信息安全问题。感知节点通常情况下功能简单（如自动温度计）、携带能量少（使用电池），使得它们无法拥有复杂的安全保护能力，而感知网络多种多样，从温度测量到水文监控，从道路导航到自动控制，它们的数据传输和消息也没有特定的标准，所以，没法提供统一的安全保护体系。

3）核心网络的传输与信息安全问题。核心网络具有相对完整的安全保护能力，但由于物联网中节点数量庞大，且以集群方式存在，因此会导致在数据传播时，由于大量机器的数据发送使网络拥塞，产生拒绝服务攻击。此外，现有通信网络的安全架构都是从人的通信角度设计的，并不适用于机器的通信。使用现有安全机制会割裂物联网机器间的逻辑关系。

4）物联网应用的安全问题。由于物联网设备可能是先部署后连接网络，而物联网节点又无人看守，所以，如何对物联网设备进行远程签约信息和应用信息配置就成了难题。另外，庞大且多样化的物联网平台必然需要一个强大而统一的安全管理平台；否则，独立的平台会被各式各样的物联网应用所淹没，但如此一来，如何对物联网机器的日志等安全信息进行管理成为新的问题，并且可能割裂网络与应用平台之间的信任关系，导致新一轮安全问题的产生。

对于上述问题的研究和产品开发，目前国内外都还处于起步阶段，在传感器网络和射频识别领域有一些针对性的研发工作，统一标准的物联网安全体系的问题目前还没提上议事日程，比物联网统一数据标准的问题更滞后，这两个标准密切相关，甚至应合并到一起统筹考虑，其重要性不言而喻。

特别指出，物联网作为一种无线传感器网络，具有传统网络和无线传感器网络共同的特点。因此，解决物联网安全问题除了使用常规网络安全措施外，针对物联网本身特点进行的安全防护尤为重要。

无线传感器网络安全相关的特点主要有以下几点：

1）单个节点资源受限，包括处理器资源、存储器资源、电源等。无线传感器网络中单个节点的处理器能力较低，无法进行快速的、高复杂度的计算，这对依赖加解密算法的安全架构提出了挑战。存储器资源的缺乏使得节点存储能力较弱，节点的充电也不能保证。

2）节点无人值守，易失效，易受物理攻击。无线传感器网络中较多的应用部署在

一些特殊的环境中，使得单个节点失效率很高。由于很难甚至无法给予物理接触上的维护，节点可能产生永久性的失效。另外，节点在这种环境中容易遭到攻击，特别是军事应用中的节点更易遭受针对性的攻击。

3）节点可能的移动性。节点移动性产生于受外界环境影响的被动移动、内部驱动的自发移动及固定节点的失效，它导致网络拓扑的频繁变化，造成网络上大量的过时路由信息及攻击检测的难度增加。

4）传输介质的不可靠性和广播性。无线传感器网络中的无线传输介质易受外界环境影响，网络链路产生差错和发生故障的概率增大，节点附近容易产生信道冲突，而且恶意节点也可以方便地窃听重要信息。

5）网络无基础架构。无线传感器网络中没有专用的传输设备，它们的功能需由各个节点配合实现，使得一些有线网中成熟的安全架构无法在无线传感器网络中有效部署，需要结合无线传感器网络的特点进行改进。有线网安全中较少提及的基础架构安全需要在无线传感器网络中引起足够的重视。

6）潜在攻击的不对称性。由于单个节点各方面的能力相对较低，攻击者很容易使用常见设备发动点对点的不对称攻击，如处理速度上的不对称、电源能量的不对称等，使得单个节点难以防御而产生较大的失效率。

因此，建立物联网安全模型，就是要根据物联网的网络模型，侧重于 RFID 标签安全及网络设备之间交互的安全。

8.2.2　物联网的安全模型

仅就现阶段而言，物联网安全侧重于电子标签的安全可靠性、电子标签与 RFID 读写器之间的可靠数据传输，以及包括 RFID 读写器及后台管理程序和它们所处的整个网络的可靠的安全管理。物联网的安全模型如图 8-1 所示。

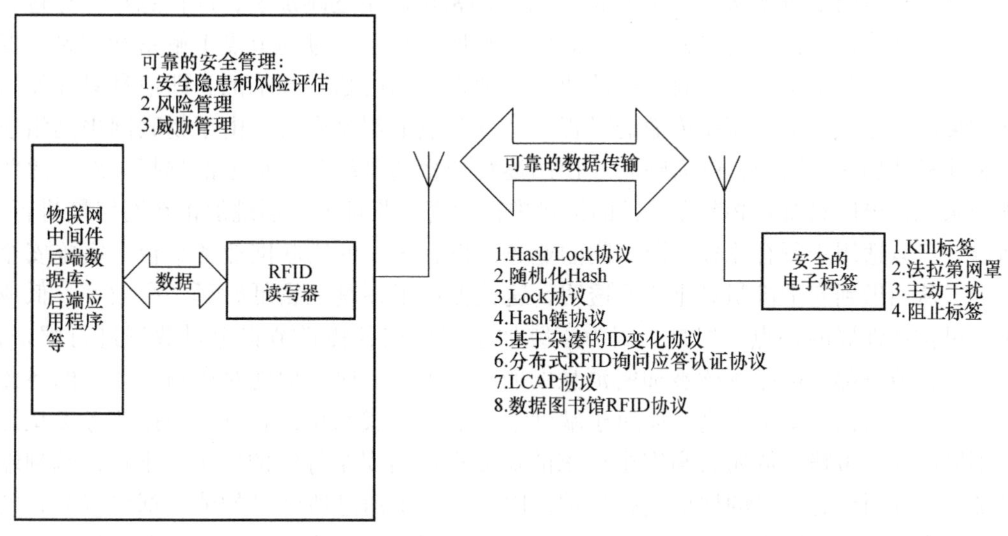

图 8-1　物联网的安全模型

但是，根据物联网的特点及对物联网的安全要求，其安全模型在“智慧感知”方面

更应该侧重于服务安全和接入安全。综合起来，物联网安全模型主要考虑以下因素：

1）电子标签由耦合元件及芯片组成，每个电子标签具有唯一的 RFID 编码，附着在物体上标识目标对象。电子标签是物体在物联网中的“身份证”，不仅包含了该物体在此网络中的唯一 ID，而且有的电子标签本身包含着一些敏感的隐私内容，或者通过对电子标签的伪造可以获取后端服务器内的相关内容造成物品持有者的隐私泄露，另外，对电子标签的非法定位也会对标签持有人（物）造成一定的风险。

2）物联网系统是一个庞大的综合网络系统，从各个层级之间进行的数据传输有很多。在传统的网络中，网络层的安全和业务层的安全是相互独立的。而物联网的特殊安全问题，很大一部分是由于物联网是在现有移动网络基础上，集成了感知网络和应用平台带来的。因此，在现阶段，移动网络中的大部分机制虽然可以适用于物联网并能够提供一定的安全性，如认证机制、加密机制等，但还是需要根据物联网的特征对安全机制进行补充调整，主要有以下两个方面。

① 物联网中的业务认证机制。传统的认证是区分不同层次的，网络层的认证负责网络层的身份鉴别，业务层的认证负责业务层的身份鉴别，两者独立存在。但在物联网中，大多数情况下，机器都拥有专门的用途，因此，其业务应用与网络通信紧紧地绑在一起。由于网络层的认证是不可缺少的，那么，其业务层的认证机制就不再是必需的，而是可以根据业务由谁来提供和业务的安全敏感程度来设计。例如，当物联网的业务由运营商提供时，就可以充分利用网络层认证的结果而不需要进行业务层的认证；当物联网的业务由第三方提供也无法从网络运营商处获得密钥等安全参数时，它就可以发起独立的业务认证而不用考虑网络层的认证；或者当业务是敏感业务（如金融类业务）时，一般业务提供者会不信任网络层的安全级别，而使用更高级别的安全保护，这时就需要进行业务层的认证；而当业务是普通业务时，如气温采集业务等，业务提供者认为网络认证已经足够，就不再需要业务层的认证。

② 物联网中的加密机制。传统的网络层加密机制是逐跳加密，即信息在发送过程中，虽然在传输过程中是加密的，但需要不断地在每个经过的节点上解密和加密，即在每个节点上都是明文的。而传统的业务层加密机制则是端到端的，即信息只在发送端和接收端才是明文，而在传输的过程和转发节点上都是密文。由于物联网中网络连接和业务使用紧密结合，就面临到底使用逐跳加密还是端到端加密的选择。对于逐跳加密来说，可以只对有必要受保护的链接进行加密，并且由于逐跳加密在网络层进行，所以，可以适用于所有业务，即不同的业务可以在统一的物联网业务平台上实施安全管理，从而做到安全机制对业务的透明，这就保证了逐跳加密低时延、高效率、低成本、可扩展性好的特点。但是，因为逐跳加密需要在各传送节点上对数据进行解密，所以，各节点都有可能解读被加密消息的明文，因此，逐跳加密对传输路径中的各传送节点的可信任度要求很高。而对于端到端的加密方式来说，它可以根据业务类型选择不同的安全策略，从而为高安全要求的业务提供高安全等级的保护。不过，端到端的加密不能对消息的目的地址进行保护，因为每一个消息所经过的节点都要以此目的地址来确定如何传输消息。这就导致端到端加密方式不能掩盖被传输消息的源点与终点，并容易受到对通信业务进行分析而发起的恶意攻击。另外，从国家政策角度来说，端到端的加密也无法满足国家合法监听政策的需求。

由以上分析可知，对一些安全要求不是很高的业务，在网络能够提供逐跳加密保护的前提下，业务层端到端的加密需求就显得并不重要。但是，对于高安全需求的业务，端到端的加密仍然是其首选。因而，由于不同物联网业务对安全级别的要求不同，可以将业务层端到端安全作为可选项。

8.3 RFID的安全管理技术

8.3.1 RFID安全管理

到目前为止，设计高效和低成本的RFID安全机制仍然是一个具有挑战性的课题。基于密码技术的RFID安全机制分为静态ID和动态ID。好的安全机制必须解决动态ID的“数据同步”问题，中国的RFID标准制订者正在进行积极的研究。

RFID的安全缺陷主要表现在以下两个方面。

1）RFID标识自身访问的安全性问题。由于RFID标识本身的成本所限，使之很难具备足以自身保证安全的能力，这就面临很大的问题。非法用户可以利用合法的读写器或者自制的读写器，直接与RFID标识进行通信，这样就可以很容易地获取RFID标识中的数据，并且还能够修改RFID标识中的数据。

2）通信信道的安全性问题。RFID使用的是无线通信信道，这就给非法用户的攻击带来了方便。攻击者可以非法截取通信数据；可以通过发射干扰信号来堵塞通信链路，使得读写器过载，无法接收正常的标签数据，制造拒绝服务攻击；可以冒名顶替向RFID发送数据，篡改或伪造数据。

8.3.2 手机安全

截至2022年，全世界有近84%的人口拥有智能手机，人们对手机的依赖程度一直在增加，而这些设备已经成为吸引骗子的平台。2021年，网络安全公司卡巴斯基（Kaspersky）检测到3930万次针对手机用户的恶意攻击。人们通过短信或邮件在手机上收到的垃圾信息往往会包含病毒链接，这里的“病毒”是指恶意软件。大部分时候，人们在某一刻不小心安装了恶意软件，恶意软件侵入手机并在后台工作（而你完全没有注意到）。根据私营公司Zimperium的一份全球报告，超过五分之一的移动设备遇到过恶意软件。而全世界每十部手机中就有四部容易受到网络攻击。

手机病毒是以手机为感染对象，以手机网络和计算机网络为平台，通过病毒短信等形式，利用手机嵌入式软件的漏洞，将病毒程序夹带在手机短信中，当用户打开携带病毒的短信之后，手机的嵌入式软件误将短信内容作为系统指令执行，从而导致手机内部程序故障，达到攻击手机的目的。手机病毒同样具有传播功能，可利用发送普通短信、彩信、上网浏览、下载软件、铃声等方式，实现网络到手机或者手机到手机之间的传播。手机病毒的危害包括造成手机死机、关机、删除存储的资料、手机通话被窃听、向外发送垃圾邮件、拨打电话等，甚至是损毁SIM卡、芯片等。

手机病毒攻击有以下四种基本的方式：

1）以病毒短信的方式直接攻击手机本身，使手机无法提供服务。

2）攻击 WAP 服务器，使 WAP 手机无法接收正常信息。

3）攻击和控制移动通信网络与互联网的网关，向手机发送垃圾信息。

4）攻击整个网络。有许多型号的手机都支持运行 Java 程序。攻击者可以利用 Java 语言编写一些脚本病毒来攻击整个网络，使整个手机通信网络产生异常。

凡是基于 Windows 操作系统开发的手机应用软件，都会受到针对 Windows 操作系统的蠕虫与病毒的攻击，Windows 操作系统的漏洞也都有可能成为攻击手机应用软件的途径。目前，针对 Linux 操作系统的病毒开始增多，那么基于 Linux 操作系统开发的应用系统，同样也会是造成手机被攻击和手机感染病毒的途径。

历史上最早的手机病毒出现在 2000 年，当时的手机病毒最多只能算是短信炸弹。根据腾讯发布的《2020 年上半年手机安全报告》显示，2020 年上半年安卓新增病毒包 308.05 万个，涨幅超过 62%，支付类病毒包更是大涨 155.51%。

从发展趋势看，手机攻击已经从初期的恶作剧开始向盗取用户秘密、获取经济利益方向发展。2005 年 11 月出现的 SYMBOS-PBSTEALA 是第一个窃取手机短信的病毒，它可以将染毒手机的信息传送到一定距离的其他移动设备之中。

通过计算机向手机传播的病毒在十几年前已经出现，但此前还没有病毒能从一部手机传染给另一部手机。2004 年，俄罗斯防病毒软件供应商——卡巴斯基实验室宣布，一个名为 29a 的国际病毒编写小组制造出了世界上首例可在手机之间传播的病毒。这个名叫“Cabir”（卡比尔）的手机病毒是一种蠕虫病毒，它具有在手机之间传播的功能，针对的是使用 Symbian（塞班）操作系统，并且具有蓝牙接入模块的手机，这是真正意义上的第一个手机病毒。Cabir 蠕虫病毒不能通过文件的自动传输来传播，它被伪装成一种安全软件。Hummingbad 病毒在 2016 年创建后的几个月内就感染了 1000 万台安卓设备，并使多达 8500 万台设备处于危险之中。澳大利亚竞争和消费者委员会（ACCC）的诈骗监察服务（Scamwatch）在 2021 年的短短八周内收到了 1.6 万份 Flubot 木马病毒报告。这种病毒向安卓和苹果手机用户发送带有恶意软件链接的文本信息。点击这些链接会导致一个恶意的应用程序被下载到手机上，让骗子获得手机用户的个人信息。

近年来，针对手机的病毒与攻击愈演愈烈，因此也引起了信息安全研究人员的高度重视。物联网环境中用手机作为最终用户访问的端系统设备会变得越来越多，因此研究针对手机和其他移动通信设备的安全技术就显得越来越重要了。手机作为用户连接世界的接口，安全风险形势牵动用户个人信息、财产安全。

8.4 无线传感器网络的安全管理技术

网络安全技术历来是网络技术的重要组成部分。网络技术的发展史已经充分证明了这样一个事实：没有足够安全保证的网络是没有前途的。

安全管理本来应该是网络管理的一个方面，但是因为在日常使用的公用信息网络中存在着各种各样的安全漏洞和威胁，所以安全管理始终是网络管理中最困难、最薄弱的环节之一。随着网络的重要性与日俱增，用户对网络安全的要求也越来越高，由此形成了现在的局面：网络管理系统主要进行故障管理、性能管理和配置管理等，而安全管理软件一般是独立开发的。一般认为，网络安全问题包括以下一些

研究内容：

1）网络实体安全，如计算机机房的物理条件、物理环境及设施的安全标准，计算机硬件、附属设备及网络传输线路的安装及配置等。

2）软件安全，如保护网络系统不被非法侵入，系统软件与应用软件不被非法复制、篡改、不受病毒的侵害等。

3）网络中的数据安全，如保护网络信息的数据安全、不被非法存取，保护其完整性、一致性等。

4）网络安全管理，如网络运行时突发事件的安全处理等，包括采取计算机安全技术、建立安全管理制度、开展安全审计、进行风险分析等内容。

由此可见，网络安全问题的涉及面非常广，已不单是技术和管理问题，还有法律、道德方面的问题，需要综合利用数学、管理科学、计算机科学等众多学科的成果才可能较好地予以解决，所以网络安全现在已经成为一个系统工程。

如果仅仅从网络安全技术的角度看，加密、认证、防火墙、入侵检测、防病毒、物理隔离、审计技术等是网络安全保障的主要手段，对应的产品也是当前网络安全市场的主流，现在常用的网络安全系统一般综合使用上述多种安全技术。尽管如此，网络安全问题并没有得到很好的解决，现在仅互联网上每年仍然会发生不计其数的网络入侵事件，造成的损失非常惊人。

无线传感器网络作为一种起源于军事领域的新型网络技术，其安全性问题显得更加重要。由于和传统网络之间存在较大差别，无线传感器网络的安全问题也有一些新的特点。本节首先分析无线传感器网络的安全需求和特点，然后介绍研究现状并分析其不足，在此基础上给出一个基于生物免疫原理的无线传感器网络安全体系，最后提出解决无线传感器网络安全问题的几个途径。

8.4.1　无线传感器网络信息安全需求和特点

1. 无线传感器网络信息安全需求

无线传感器网络的安全需求是设计安全系统的根本依据。尤其是无线传感器网络中资源严格受限，为使有限的资源发挥出最大的安全效益，首要任务是做细致、准确的安全需求分析。由于无线传感器网络具有和应用密切相关的特点，不同的应用有不同的安全需求，因此下述需求分析仅仅是一般意义上的讨论，对于具体应用还需具体分析。通信安全需求包括以下几方面的内容。

（1）节点的安全保证　传感器节点是构成无线传感器网络的基本单元，如果入侵者能轻易找到并毁坏各个节点，那么网络就没有任何安全性可言。节点的安全性包括以下两个具体需求：

1）节点不易被发现：无线传感器网络中普通传感器节点的数量众多，少数节点被破坏不会对网络造成太大影响。但是，一定要保证簇头等特殊节点不被发现，这些节点在网络中只占极少数，一旦被破坏，整个网络就面临完全失效的危险。

2）节点不易被篡改：节点被发现后，入侵者可能从中读出密钥、程序等机密信息，甚至可以重写存储器将该节点变成一个“卧底”。为防止为敌所用，要求节点具备抗篡改能力。

（2）被动抵御入侵的能力　实际操作中，由于诸多因素的制约，要把无线传感器网络的安全系统做得非常完善是非常困难的。对无线传感器网络安全系统的基本要求是：在局部发生入侵的情况下保证网络的整体可用性。因此，在遭到入侵时网络的被动防御能力至关重要。被动防御要求网络具备以下一些能力：

1）对抗外部攻击者的能力：外部攻击者是指那些没有得到密钥，无法接入网络的节点。外部攻击者无法有效地注入虚假信息，但是可以进行窃听、干扰、分析通信量等活动，为进一步攻击收集信息，因此对抗外部攻击者首先需要解决保密性问题；其次，要防范能扰乱网络正常运转的简单网络攻击，如重放数据包等，这些攻击会造成网络性能下降；再次，要尽量减少入侵者得到密钥的机会，防止外部攻击者演变成内部攻击者。

2）对抗内部攻击者的能力：内部攻击者是指那些获得了相关密钥并以合法身份混入网络的攻击节点。由于无线传感器网络不可能阻止节点被篡改，而且密钥可能被对方破解，因此总会有入侵者在取得密钥后以合法身份接入网络。由于至少能取得网络中一部分节点的信任，内部攻击者能发动的网络攻击种类更多，危害更大，也更隐蔽。

（3）主动反击入侵的能力　主动反击能力是指网络安全系统能够主动地限制甚至消灭入侵者，为此至少需要具备以下能力：

1）入侵检测能力：和传统的网络入侵检测相似，首先需要准确识别网络内出现的各种入侵行为并发出警报。其次，入侵检测系统还必须确定入侵节点的身份或者位置，只有这样才能在随后发动有效反击。

2）隔离入侵者的能力：网络需要具有根据入侵检测信息调度网络正常通信来避开入侵者，同时丢弃任何由入侵者发出的数据包的能力。这样相当于把入侵者和己方网络从逻辑上隔离开来，可以防止它继续危害网络。

3）消灭入侵者的能力：要想彻底消除入侵者对网络的危害就必须消灭入侵节点。但是让网络自主消灭入侵者是较难实现的。由于无线传感器网络的主要用途是为用户收集信息，因此可以在网络提供的入侵信息的引导下，由用户通过人工方式消灭入侵者。

2. 无线传感器网络信息安全特点

与传统网络相比，无线传感器网络的特点使其在安全方面有一些独有优势。下面在分析无线传感器网络安全特点的同时，提出实现无线传感器网络安全面临的挑战性问题。在深刻理解无线传感器网络安全问题特点的基础上，合理发挥无线传感器网络的安全优势并据此克服资源约束带来的挑战，是解决无线传感器网络安全问题的必由之路。

与传统网络安全问题相比，无线传感器网络安全问题具有以下特点：

1）内容广泛。传统互联网等数据网络为用户提供的是通用的信息传输平台，其安全系统解决的是信息的安全传输问题。而无线传感器网络是面向特定应用的信息收集网络，它要求安全系统支持数据采集、处理和传输等更多的网络功能，因此无线传感器网络安全问题要研究的内容也更加广泛。

2）需求多样。无线传感器网络作为用户和物理环境之间的交互工具，大多以局域网的形式存在，不论是工作环境还是网络的用途都与传统的公用网络存在很大差异，

不同用户对网络的性能以及网络安全性的需求呈现出多样化的特点。

3）对抗性强。在一些军事应用中，无线传感器网络本身就是用于进攻或防御的对抗工具。攻击者往往是专业人员，相关经验丰富，装备先进，并且会动用一切可能的手段摧毁对方网络。对此类无线传感器网络来说，安全性往往是最重要的性能指标之一。

综上所述，在复杂的安全环境、多样的安全需求和无线传感器网络自身资源限制等因素的综合作用下，无线传感器网络的安全性面临以下一些挑战性问题：

1）无线传感器网络中节点自身资源严重受限，能量有限、处理器计算能力弱、通信带宽小、内存容量小，这极大地限制了传感器节点本身的对抗能力。

2）无线传感器网络主要采用无线通信方式，与有线网络相比，其数据包更容易被截获。其信道的质量较差，可靠性比较低，也更容易受到干扰。

3）无线传感器网络内不存在控制中心来集中管理整个网络的安全问题，所以安全系统必须适应网络的分布式结构，并自行组织对抗网络入侵。

在面临这些挑战性问题的同时，与传统网络相比，无线传感器网络在安全方面也具有自己独有的优势，总结为以下几个方面：

1）无线传感器网络是典型的分布式网络，具备自组网能力，能适应网络拓扑的动态变化，再加上网络中节点数目众多，网络本身具有较强的可靠性，所以无线传感器网络对抗网络攻击的能力较强，遇到攻击时一般不容易出现整个网络完全失效的情况。

2）随着微机电系统（MEMS）技术的发展，完全可能实现传感器节点的微型化。在那些对安全要求高的应用中，可以采用体积更小的传感器节点和隐蔽性更好的通信技术，使网络难以被潜在的网络入侵者发现。

3）无线传感器网络是一种智能系统，有能力直接发现入侵者。有时网络入侵者本身就是网络要捕捉的目标，在发起攻击前就已经被网络发现，或者网络攻击行为也可能暴露攻击者的存在，从而招致网络的反击。

4）无线传感器网络不具有传统网络的通用性，每个网络都是面向特定应用设计的，目前没有统一的标准。在这种情况下，入侵者难以形成通用的攻击手段。

8.4.2 密钥管理

针对无线传感器网络安全面临的挑战性问题，人们在密钥管理、安全路由和安全数据聚合等多个方面进行了研究。

加密和鉴别为网络提供机密性、完整性、认证等基本的安全服务，而密钥管理系统负责产生和维护加密和鉴别过程中所需的密钥。相比其他安全技术，加密技术在传统网络安全领域已经相当成熟，但在资源受限的无线传感器网络中，任何一种加密算法都面临如何在非常有限的内存空间内完成加密运算，同时还要尽量减小能耗和运算时间的问题。在资源严格受限的情况下，基于公开密钥的加密、鉴别算法被认为不适合在无线传感器网络中使用。而无线传感器网络是分布式自组织的，属于无中心控制的网络，因此也不可能采用基于第三方的认证机制。考虑到这些因素，目前的研究主要集中在基于对称密钥的加密和鉴别协议。

1. 单密钥方案

无线传感器网络中最简单的密钥管理方式是所有节点共享同一个对称密钥来进行加密和鉴别。加利福尼亚大学伯克利分校的研究人员设计的 TinySec 就使用全局密钥进行加密和鉴别。TinySec 是一个已经在 Mica 系列传感器平台上实现的链路层安全协议，它提供了机密性、完整性保护和简单的接入控制功能。在对节点进行编程时，TinySec 所需的密钥和相关加密、鉴别算法被一并写入节点的存储器，无须在运行期间交换和维护密钥，加之选用了适于在微控制器上运行的 RC5 算法，这使得它具有较好的节能性和实时性。由于 TinySec 在数据链路层实现，对上层应用完全透明，网络的路由协议及更高层的应用都不必关心安全系统的实现，所以其易用性非常好。

加密和解密过程中将消耗大量能量和时间，因此在无线传感器网络中要尽量减少加密、解密操作。为此，研究人员提出 Secure Sense 安全框架，允许节点根据自己所处的外部环境、自身资源和应用需求为网络提供动态的安全服务，从而减少不必要的加密、解密操作。Secure Sense 也使用开销比较小的 RC5 算法，提供语义安全、机密性、完整性和防止重放攻击等安全机制。

以上两个协议都使用了固定长度的密钥，加密强度是一定的。从理论上说，密钥越长，则安全性越好，但是计算开销也越大。为便于根据不同数据包中信息的敏感程度实施不同强度的加密，加利福尼亚大学洛杉矶分校和罗克韦尔开发的 WINS 传感器节点上实现了 Sensor Ware 协议，可高效、灵活地利用有限的能量。由于采用了 RC6 算法，无须改变密钥长度，只要简单地调整参数即可改变加密强度，因此非常适合需要动态改变加密强度的场合。

总之，单密钥方案的效率最高，对网络基本功能的支持也最全面，但缺点是一旦密钥泄露，那么整个网络安全系统就形同虚设，对无人值守并且大量使用低成本节点的无线传感器网络来说，这是非常严重的安全隐患。

2. 多密钥方案

为消除单密钥系统存在的安全隐患，可以使用多密钥系统，多密钥系统就是不同的节点使用不同的密钥，而同一节点在不同时刻也可使用不同的密钥。这样的系统相比于单密钥系统要严密得多，即使有个别节点的密钥泄露出去，也不会造成太大危害，系统的安全性大大增强。

传感器网络的安全协议（Security Protocols for Sensor Networks，SPINS）是一个典型的多密钥协议，它提供了两个安全模块：SNEP 和 μTESLA。SNEP 通过全局共享密钥提供数据机密性、双向数据鉴别、数据完整性和时效性等安全保障。μTESLA 首先通过单向函数生成一个密钥链，广播节点在不同的时隙从中选择不同的密钥计算报文鉴别码，再延迟一段时间公布该鉴别密钥。接收节点使用和广播节点相同的单向函数，它只需和广播者实现时间同步就能连续鉴别广播包。由于 μTESLA 算法只认定基站是可信的，只适用于从基站到普通节点的广播数据包鉴别，普通节点之间的广播包鉴别必须通过基站中转。因此，在多跳网络中将有大量节点卷入鉴别密钥和报文鉴别码的中继过程，除了可能引发安全方面的问题，由此带来的大量通信开销也是以广播通信为主的无线传感器网络难以承受的。

轻量级可扩展身份验证协议（LEAP）采用了另一种多密钥方式：每个节点和基站

之间共享一个单独的密钥，用于保护该节点发送给基站的数据。网络内所有节点共享一个组密钥，用于保护全局性的广播。为保障局部数据聚合的安全进行，每个节点都和它所有的邻居节点之间还共享一个组密钥。同时，任意节点都与其每个邻居节点之间拥有一个单独的会话密钥，用于保护和邻居节点之间的单播通信。由于LEAP使用不同的密钥保护不同的通信关系，其对上层网络应用的支持好于SPINS协议，但其缺点是每个节点要维护的密钥个数比较多，开销较大。

为降低密钥管理系统传递密钥带来的危险，减少用于密钥管理的通信量，可采用随机密钥分配机制。通过从同一个密钥池中随机选择一定数量的密钥分配给各个节点，就能以一定的概率保证其中任意一对节点拥有相同的密钥来支持相互通信。随机分配机制不必传输密钥，能适应网络拓扑的动态变化，安全性较好，但是其扩展性仍然有限，难以适应大规模的网络应用。

总之，由于入侵者很难同时攻破所有密钥，多密钥方案的安全性较好，但是网络中必须有部分节点承担繁重的密钥管理工作，这种集中式的管理不适合无线传感器网络分布式的结构。这种结构性差异将引起一系列问题，当网络规模增大时，用于密钥管理的能耗将急剧增加，影响系统的实际可用性。此外，多密钥系统仍无法彻底解决密钥泄露问题。

8.4.3 安全路由

无线传感器网络中一般不存在专职的路由器，每一个节点都可能承担路由器的功能，这和无线自组网络是相似的。因此，网络路由是无线传感器网络研究的热点问题之一。本书第3章已详细地介绍了无线传感器网络的路由进展，对于任何路由协议，路由失败都将导致网络的数据传输能力下降，严重的会造成网络瘫痪，因此路由必须是安全的。但现有的路由算法如信息协商的传感器协议（SPIN）、定向扩散路由协议（DD）、LEACH等都没有考虑安全因素，即使在简单的路由攻击下也难以正常运行，解决无线传感器网络的路由安全问题的要求已经十分紧迫。

与外部攻击者相比，那些能够发送虚假路由信息或者有选择地丢弃某些数据包的攻击者对路由安全造成的危害最大，因此网络安全系统要具有防范和消除这些内部攻击者的能力。当前实现安全路由的基本手段有两类，一类是利用密钥系统建立起来的安全通信环境来交换路由信息，另一类是利用冗余路由传递数据包。

由于实现安全路由的核心问题在于拒绝内部攻击者的路由欺骗，因此有研究者将SPINS协议用于建立无线自组网络的安全路由，这种方法也可以用于无线传感器网络。在这类方法中，路由的安全性取决于密钥系统的安全性。前面已经提到，无线传感器网络的特点决定其密钥系统是脆弱的，难以抵挡设计巧妙的网络攻击。例如，在虫孔（Wormhole）攻击中，入侵者利用其他频段的高速链路把一个地点收集到的数据包快速传递到网络中的其他地点再广播出去，从而使相距很远的节点误以为它们相邻。因为这些攻击完全是基于入侵者拥有的强大硬件设施发动的，根本就无须靠窃取密钥等方法接入网络，密钥系统对此类网络攻击无能为力。

J. Deng等研究人员提出了对网络入侵具有抵抗力的路由协议INSENS。在这个路由协议中，针对可能出现的内部攻击者，网络不是通过入侵检测系统，而是综合利用了

冗余路由及认证机制化解入侵危害。虽然通过多条相互独立的路由传输数据包可能避开入侵节点，但使用冗余路由也存在相当大的局限性，因为冗余路由的有效性是以假设网络中只存在少量入侵节点为前提的，并且仅仅能解决选择性转发和篡改数据等问题，而无法解决虚假路由信息问题。冗余路由在实际网络使用中也存在问题，如在网络中难以找到完全独立的冗余路径，或者即使成功地通过多条路由将数据传输回去，也将导致过多的能量开销。

8.4.4 安全聚合

数据聚合是无线传感器网络的主要特点之一，通过在网络内聚合多个节点采集到的原始数据，可以达到减少通信次数、降低通信能耗，从而延长网络生存时间的作用。目前在无线传感器网络内实现安全聚合主要通过以下两个途径：

1）提高原始数据的安全性。要保证用于聚合的原始数据的真实性。现有的手段主要是数据认证，但是从前面对密钥系统介绍可知，现有的高强度认证机制不但引入了更多的时间和能量开销，还限制了网络的数据聚合能力，而那些对数据聚合支持较好的协议又存在比较严重的安全隐患。

2）使用安全聚合算法。由于相邻节点采样值具有相似性，聚合节点可通过对多个原始数据进行综合处理来减轻个别恶意数据的危害。但是必须看到，这种办法也存在局限性，聚合节点并不总能获得多个有效的冗余数据，而且对于不同的应用效果也不同。在环境监测等时间驱动型应用中可能取得较好效果，但是在目标侦察、定位等事件触发型应用中这样做，不但会引起更大的延时，还可能会把重要信息过滤掉。

8.5 蓝牙安全管理技术

蓝牙技术已经普遍应用在个人电子、汽车电子、智能家居、智慧城市和工业物联网等各种场景中，获得了三万多家厂商的支持。据美国应用生物系统公司数据显示，2020年有50亿台蓝牙设备上市，预计到2026年，这一数字将上升到70亿台。蓝牙是目前近场通信环境下使用量最大的通信技术之一，如果该技术出现严重的安全隐患，其影响将极为广泛和深远。

蓝牙联盟在标准制定过程中已经充分考虑了蓝牙的安全性，在设备间的配对、认证、授权、机密性和完整性等方面都有所设计。然而，各个厂商对蓝牙协议进行实现的过程中，由于对蓝牙协议理解的不一致性，或者是受设备资源所限，暴露出大量的安全事件，包括手机、汽车娱乐、智能手环、智能门锁、蓝牙灯泡和蓝牙保险箱等产品都被曝光存在蓝牙漏洞，给用户带来担忧。

8.5.1 低功耗蓝牙安全威胁

传统蓝牙（BR/EDR）、低功耗（LE）蓝牙和高速蓝牙，支持射频链路功率控制，允许设备根据信号强度测量来协商和调整其射频功率。它与跳频传输技术结合，形成了一种基本的防护手段，增加了定位和捕获数据的难度。但是当高灵敏度的设备使用一组频率周期性地扫描物理信道时，便可以获取到信号的跳频序列。

低功耗蓝牙技术可以应用于智能设备的控制，也可以用于数据传输，首先应防止偶然的或未授权者对传输的数据进行更改和获取。其既需要保证发出的控制信息不会被恶意泄露、修改和破坏，也要关注传输的数据信息的保密性、完整性，避免泄密或数据信息被非法使用等问题。其具有无线网络相类似的脆弱性，可能面临的安全威胁有中间人攻击、非授权访问（非法使用）、窃听攻击、拒绝服务（DoS）攻击等。

1. 中间人攻击

中间人攻击（Man-in-the-Middle Attack，MITM）是指攻击者把自己的设备放置在正常连接的两台设备的中间位置（这个中间位置通常是逻辑上的而不是物理位置），以此来监听它们之间的通信。攻击者的设备会对通信数据进行嗅探和欺骗，从而获取服务发起端设备的通信信息，之后再将其捕获到的数据解读之后再转发给另一个设备。在这个过程中两个设备之间的通信并没有中断，因此原始计算机用户认为他们是在与合法的客户端进行数据交互。由于中间人攻击从传统的主动攻击转向为被动式攻击，因此该攻击方式具有一定的隐蔽性，常用于蓝牙技术对物联网设备进行控制操作的时候，比如获取智能门锁的开锁信息等。

2. 非授权访问（非法使用）

非授权访问是指设备的资源被某个非授权用户或以非授权的方式使用，如蓝牙劫持，指攻击者通过向未启用蓝牙功能设备的用户发送未经请求的消息来实现劫持。所发送的消息不会对用户的设备造成危害，但是它们可能诱使用户以某种方式进行响应，或者将新的联系人添加到设备的地址簿。此类攻击类似于针对电子邮件用户的垃圾邮件或网络钓鱼攻击。当用户对这些抱有恶意的劫持消息产生响应时，有可能会产生不良的后果。

3. 窃听攻击

窃听攻击是指用各种合法的或非法的手段窃取系统中的敏感信息。在针对蓝牙技术的攻击案例中，汽车偷听软件就属于这一类的安全威胁。其利用车载蓝牙配件的软件中标准（非随机）密码，可以发送和接收车载套件中的音频，盗取使用者与蓝牙之间的通信信息。

4. 拒绝服务（DoS）攻击

拒绝服务攻击是一种典型的历史悠久的攻击手段，它是一类攻击的合称。其目的是要使受攻击的服务器系统瘫痪或服务失效，从而使合法用户无法得到相应的资源。蓝牙容易受到 DoS 攻击并影响使用，其结果包括使设备的蓝牙接口不可用、耗尽蓝牙设备的电池等。这类攻击通常可以通过移出范围来简单解决。

8.5.2 蓝牙安全机制

蓝牙从出现开始，经历了 1.0~5.3 以及蓝牙 mesh 多个版本，每个版本都有不同的特性。一般来说，将蓝牙 4.0 及以上称为低功耗（LE）蓝牙，蓝牙 4.0 之前的称为蓝牙 BR/EDR/高速（HS）（蓝牙 1.0、2.0、3.0）。蓝牙标准中规定了五项基本的安全服务。

1）认证：基于蓝牙设备地址，验证正在通信的设备身份。蓝牙不提供原生的用户认证机制。

2）机密性：确保只有被授权的设备能够访问和查看传输的数据，以防止窃听导致的信息泄露。

3）授权：通过确保设备在被允许使用一项服务之前是已经被授权的，来允许其对资源的控制。

4）消息完整性：验证在两个蓝牙设备之间发送的消息在传输过程中没有被更改。

5）配对/绑定：创建一个或多个共享密钥和存储这些密钥以用于后续连接，以便形成可信设备对。

蓝牙提供的身份验证和加密机制的关键在于生成一个秘密对称密钥，在蓝牙 BR/EDR 中，该密钥称为链接密钥，低功耗蓝牙中称为长期密钥。密钥的生成主要通过配对完成，主要包括 PIN（传统配对）和 SSP（安全简单配对）两类配对方式。

8.5.3 低功耗蓝牙安全防范措施

面向逻辑进行分层的物联网架构中，低功耗蓝牙技术主要涉及感知层和传输层的安全问题。它是传输层提供给感知层来进行数据通信的协议，其所受到的安全威胁，会对感知层和传输层两层产生安全风险，感知层负责数据的收集，传输层负责传递感知层收集到的数据给应用层。而应用层获取数据之后，将其进行最终的处理和应用。如上一节中，因为中间人攻击、窃听攻击造成的数据信息泄露，以及拒绝服务攻击造成的传输层网络瘫痪等。因此，针对这些类别的安全威胁，可从身份认证、密钥协商、数据机密性与完整性保护等几方面进行安全措施的考虑。表 8-1 中列举了一些针对上述安全风险可以采取的措施。使用者和开发者在对蓝牙设备的使用和开发时，应遵守相应的国家标准，同时遵守表 8-1 中基本的安全规则。

表 8-1 蓝牙安全规则

序号	安全防范规则	应对的安全风险
1	将蓝牙设备设置为满足其功能需要的最低功率级别，以便减小传输距离，保证其周围的传输安全	将蓝牙设备设置为最低必需和足够的功率级别，确保对授权用户的安全访问范围
2	将加密密钥大小配置为允许的最大值。确保蓝牙功能在不使用时被禁用	使用最大允许密钥大小可以防止暴力攻击
3	尽量减少蓝牙配对的频率，尽量在一个攻击者无法轻易截获密钥信息的理想的安全区域中进行配对	除非用户已启动配对并且确定 PIN 请求是由用户的设备之一发送的，否则用户不应响应任何请求 PIN 的消息（注意：“安全区域”定义为在具有物理访问控制位置的室内远离窗户的非公共区域）
4	选择足够随机、较长和较为私密的 PIN 码。避免使用静态和弱 PIN	PIN 代码应该是随机的，以便怀有恶意目的的用户不能轻易猜到它们。更长的 PIN 码更能抵抗暴力攻击
5	蓝牙设备必须提示用户对所有传入的蓝牙连接请求进行授权，然后才允许传入的连接请求继续进行下一步操作	用户同时应不接受来自意外、未知或不受信任来源的连接、文件或其他对象

8.6 云安全架构

云计算的主要目的在于帮助租户摆脱纷杂的硬件管理与维护，实现系统资源的深度整合。通过统一管理模式提高资源利用率的同时，满足各类租户的个性化需求。其实现方式决定了租户的数据信息势必会存储在公用数据中心，数据的读取完全依赖于网络传输。因此，云计算系统不仅面临着传统信息系统（或软件系统等）的安全问题，还面临着由其运营特点所产生的一些新的安全威胁。云计算在安全方面必须解决好下列问题：多租户高效、安全的资源共享；租户角色信任关系保证；个性化、多层次的安全保障机制；效率、经济性与安全性兼顾的多属性服务系统。

云安全架构定义了如何可管、可控、可度量地维护云平台中的租户安全、应用安全、数据安全、虚拟化安全、系统安全及物理安全等要素。

1. 基于可信任的安全架构

保证云计算使用主体之间的信任是提供安全云计算环境的重要条件，也是该类安全架构的基本出发点。尽可能地避免安全威胁得逞、及时发现并处理不可信的事件是该架构的设计目的。一方面要求包括云计算提供商在内的各主体，在时间和功能上只有有限的权限，超过权限的操作能够被发现并得到妥善处理；另一方面要求主体的使用权限在具有安全保证的前提下可以便捷地变更，针对硬件即服务（HaaS）这项功能尤其重要。该架构的典型代表为基于可信平台模块（TMP）的云计算安全架构。

2. 基于隔离的安全架构

租户的操作、数据等如果都被限制在相对独立的环境中，不仅可以保护用户隐私，还可以避免租户间的相互影响，这是建立云计算安全环境的必要方法。目前，基于隔离的云计算安全架构研究主要集中在软件隔离和硬件隔离两个不同的层面上，目标在于为租户提供由底至顶的云计算隔离链路。

3. 安全即服务的安全架构

租户业务的差异性使得他们需要的安全措施也不尽相同，单纯地设置统一的安全配置不仅会导致资源的浪费，也难以满足所有租户的要求。目前，借鉴 SOA 理念，把安全作为一种服务，支持用户定制化的安全即服务的云计算安全架构得到了广泛的关注。

此外，基于可信+零信任架构、全链路加密、云的安全纵深防御体系及数据安全体系等也是云计算安全架构的发展热点。

8.7 区块链安全技术

区块链技术的核心优势是去中心化，能够通过运用哈希算法、数字签名、时间戳、分布式共识和经济激励等手段，在节点无须互相信任的分布式系统中建立信用，实现点对点交易和协作，从而为中心化机构普遍存在的高成本、低效率和数据存储不安全等问题提供了解决方案。总结起来，区块链通过去中心化、可靠数据库、开源可编程、集体维护、安全可信、交易准匿名性等机制，实现了对系统的安全加固。

(1) 去中心化　区块链数据的存储、传输、验证等过程均基于分布式的系统结构，整个网络中不依赖中心化的硬件或管理机构。作为区块链一种部署模式，公共链网络中所有参与的节点都可以具有同等的权利和义务。

(2) 可靠数据库　区块链系统的数据库采用分布式存储，任一参与节点都可以拥有一份完整的数据库复制品。除非能控制系统中超过一半以上的算力，否则在节点上对数据库的修改都将是无效的。参与系统的节点越多，数据库的安全性就越高，并且区块链数据的存储还带有时间戳，从而为数据添加了时间维度，具有极高的可追溯性。

(3) 开源可编程　区块链系统通常是开源的，代码高度透明公共链的数据和程序对所有人公开，任何人都可以通过接口查询系统中的数据。区块链平台还提供灵活的脚本代码系统，支持用户创建高级的智能合约、货币和去中心化应用。例如，以太坊平台即提供了图灵完备的脚本语言，供用户来构建任何可以精确定义的智能合约或交易类型。

(4) 集体维护　系统中的数据块由整个系统中所有具有记账功能的节点来共同维护，任一节点的损坏或失去都不会影响整个系统的运作。

(5) 安全可信　区块链技术采用非对称密码学原理对交易进行签名，使得交易不能被伪造；同时利用哈希算法保证交易数据不能被轻易篡改，最后借助分布式系统各节点的工作量证明等共识算法形成强大的算力来抵御破坏者的攻击，保证区块链中的区块以及区块内的交易数据不可篡改和不可伪造，因此具有极高的安全性。

(6) 交易准匿名性　区块链系统采用与用户公钥挂钩的地址来做用户标识，不需要传统的基于 PKI 的第三方认证中心（Certificate Authority，CA）颁发数字证书来确认身份。通过在全网节点运行共识算法，建立网络中诚实节点对全网状态的共识，间接地建立了节点间的信任。用户只需要公开地址，不需要公开真实身份，而且同一个用户可以不断变换地址。因此，在区块链上的交易不和用户真实身份挂钩，只是和用户的地址挂钩，具有交易的准匿名性。

8.8　本章小结

物联网的安全和互联网的安全问题一样，永远都会是一个被广泛关注的话题。本章主要介绍物联网的相关安全技术知识，包括物联网的安全特点、安全模型、安全管理等。在此基础上着重介绍无线传感器网络的信息安全需求及特点，密钥管理、安全路由和安全聚合等相关内容。最后对蓝牙、云安全架构及区块链安全技术做简要介绍。

习　题

1. 信息安全的基本属性主要表现在哪几个方面？
2. 物联网安全的特点有哪些？
3. RFID 安全缺陷主要表现在哪些方面？
4. 无线传感器网络安全管理技术包含的主要研究是什么？

5. 简述无线传感器网络信息安全的需求及特点。
6. 什么是密钥管理？
7. 无线传感器网络内如何实现安全路由？
8. 蓝牙标准中规定了哪些基本的安全服务？
9. 列举几种云安全架构。
10. 区块链技术利用哪些机制保障其安全？

第9章 物联网基础实验

物联网作为一种新的信息传播方式，它可以让尽可能多的物品与网络实现连接，从而对物体进行识别、定位、追踪、监控，进而形成智能化的解决方案，这就是物联网带给人们的生活方式。本章以蓝牙、RFID 及区块链技术为基础介绍几个与物联网相关的基础实验，通过本章实验的训练，读者可以更深入地掌握物联网的关键技术。

9.1 RFID 实验

本节介绍采用专用 IC 设计的 RFID 实验套件，以及利用该实验套件开展的射频卡序列号读取、存储区读写实验。

9.1.1 RFID 实验套件简介

本书中 RFID 实验所采用的阅读器电路由 NXP 公司生产的 MFRC522 非接触式集成读写芯片及外围电路构建，应答器（IC 卡）采用 S50 卡，阅读器控制板采用 Cortex-M3 内核的微控制器作为主控。RFID 实验套件由一个控制器、一个读卡器和一个射频卡组成，实物图与原理框图如图 9-1 和图 9-2 所示。

图 9-1 RFID 实验套件实物图

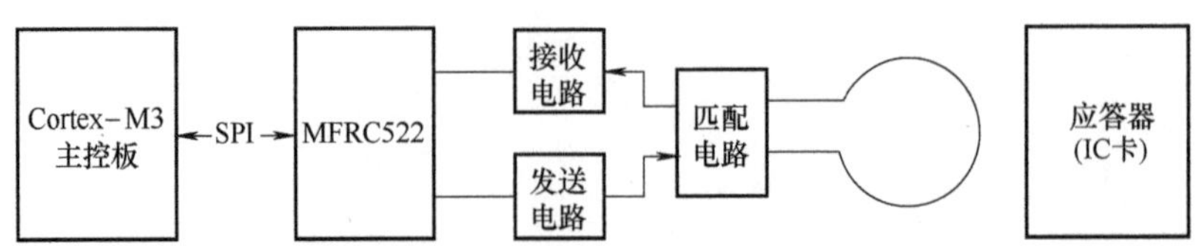

图 9-2 RFID 实验套件原理框图

1. 阅读器性能简介

（1）主要指标　阅读器电路由 NXP 公司生产的 MFRC522 非接触式集成读写芯片及外围电路构建。MFRC522 芯片专门用于驱动与 ISO/IEC 14443A 卡片或其他有源设备进行通信的读写天线，工作频率为 13.56MHz。接收器部分提供一个功能强大、高效的解调和译码电路，用来处理兼容 ISO 14443A/MIFARE 的卡和应答器的信号。数字电路部分处理完整的 ISO 14443A 帧和错误检测（奇偶 &CRC）。MFRC522 支持 MIFARE Classic（如 MIFARE 标准）器件，支持 MIFARE 更高速的非接触式通信，双向数据传输速率高达 424kbit/s。MFRC522 具有三种接口方式可方便地与任何 MCU 通信：SPI 模式、UART 模式、I^2C 模式。甚至可以通过 RS-232 或 RS-485 通信方式直接与 PC 相连，因而主控板设计具有前所未有的灵活性。

（2）工作原理　MFRC522 射频阅读器在主控板的控制下，通过天线向射频卡发送无线载波信号，这些信号通过射频卡的天线耦合接收后先进行波形转换，然后对其整流滤波，由电压调节模块对电压进行进一步处理，包括稳压等操作，最终输出到射频卡上的各级电路。继而，射频卡通过自身的调制/解调电路对载波信号进行调制/解调，处理后的信号送到射频卡上的控制器以供控制及处理。数据处理完毕后，射频卡通过天线向 MFRC522 返回载波信号，MFRC522 也通过自身的调制/解调电路来对这些载波信号进行处理。通过这样一个通信回路，MFRC522 就可以对射频卡的存储区进行数据读写操作了。

由于射频卡本身是无源体，当阅读器对卡进行读写操作时，读写模块发出的信号由两部分叠加组成。一部分是电源信号，信号由卡接收后，与其本身的 LC 电路产生谐振，产生一个瞬间能量来供给芯片工作。另外一部分则是载波数据信号，实现数据的传输。MFRC522 阅读器的外围电路中也包含了射频信号发射天线电路，电路原理图如图 9-3 所示。

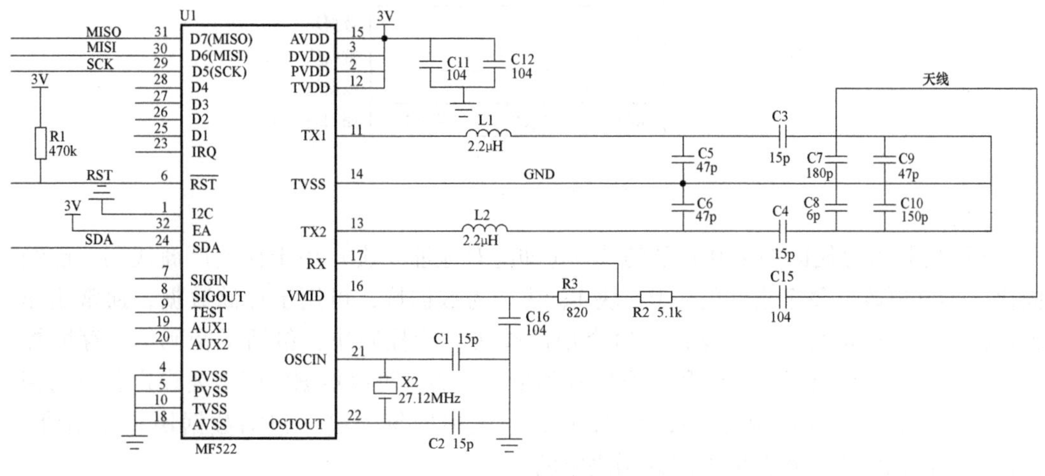

图 9-3　MFRC522 阅读器电路原理图

2. S50 非接触式 IC 卡性能简介

（1）主要指标

1）容量为 8Kbit 的 EEPROM。

2）分为16个扇区，每个扇区为4块，每块16B，以块为存取单位。

3）每个扇区有独立的一组密码及访问控制。

4）每张卡有唯一序列号，为32位。

5）具有防冲突机制，支持多卡操作。

6）无电源，自带天线，内含加密控制逻辑和通信逻辑电路。

7）数据保存期为10年，可改写10万次，读无限次。

8）工作温度：-20~50℃（湿度为90%）。

9）工作频率：13.56MHz。

10）通信速率：106kbit/s。

11）读写距离：10cm以内（与读写器有关）。

（2）存储结构 S50射频卡分为16个扇区，每个扇区由4块（块0~块3）组成，将16个扇区的64个块按绝对地址编号为0~63，存储结构如图9-4所示。

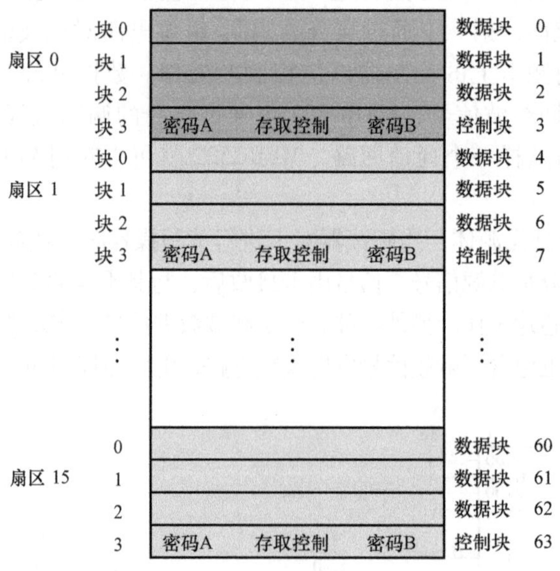

图9-4 S50射频卡存储结构图

S50射频卡存储区中第0扇区的块0（即绝对地址0块）用于存放厂商代码，已经固化，不可更改。每个扇区的块0、块1、块2为数据块，可用于存储数据，通常用作数据保存，可以进行读、写操作。每个扇区的块3为控制块，包括了密码A、存取控制、密码B。每个扇区的密码和存取控制都是独立的，可以根据实际需要设定各自的密码及存取控制。存取控制为4B，共32位，扇区中的每个块（包括数据块和控制块）的存取条件是由密码和存取控制共同决定的。

（3）工作原理 卡片的电气部分由一个天线和专用集成电路（ASIC）组成。卡片的天线是只有几组绕线的线圈，很适于封装到ISO卡片中。卡片的ASIC由一个高速（106kBaud波特率）的RF接口、一个控制单元和一个8Kbit EEPROM组成。

当阅读器向S50射频卡发一组固定频率的电磁波时，卡片内有一个LC串联谐振电

路，其频率与读写器发射的频率相同，在电磁波的激励下，LC 谐振电路产生共振，从而使电容内有了电荷，在这个电容的另一端，接有一个单向导通的电子泵，将电容内的电荷送到另一个电容内存储，当所积累的电荷达到 2V 时，此电容可作为电源为其他电路提供工作电压，将卡内数据发射出去或接收阅读器发送来的数据。

9.1.2 射频卡序列号读取实验

全球标准编码委员会给予每个 RFID 厂商分配一定的序列号区段，且 RFID 厂商是不能够生产相同序列号的 RFID 芯片，如有违反，厂商将面临巨额的罚款以及制裁，此外全球唯一的序列号是固化在芯片内部不可以更改的，保证每张 RFID 应答卡片拥有全球唯一的序列号。应答卡序列号的唯一性在现实中具有重要的应用价值，本实验完成对射频卡序列号的读取。

1. 实验要求

利用实验套件中的主控板控制 MFRC522 阅读器实现对 S50 射频卡序列号的读取。

2. 实验目的

1）掌握通过 SPI 对 MFRC522 阅读器进行操作的方法。

2）掌握 S50 射频卡序列号存储区读取方法。

3. 实验指导

本实验使用单片机实验板的 SPI 与 MFRC522 阅读器进行数据通信，读取 S50 兼容卡的序列号，并将读取到的序列号显示在液晶屏幕上。实验的软件流程如图 9-5 所示。

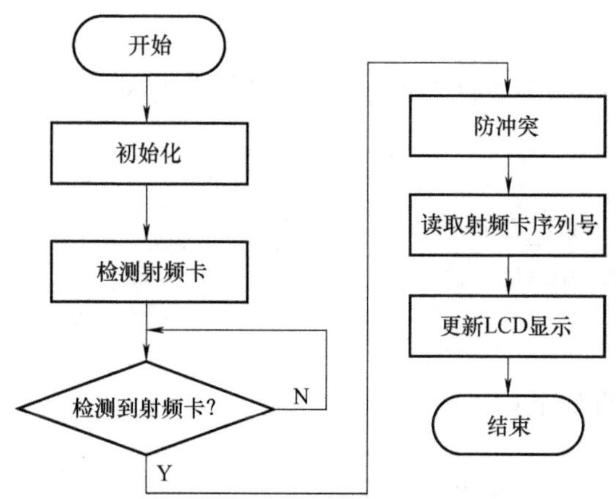

图 9-5 射频卡序列号读取软件流程图

其中，初始化操作完成对 SPI 通信接口的配置、MFRC522 芯片复位操作、阅读器天线使能操作以及射频卡类型配置操作，代码如下：

```
void InitRc522(void)
{
```

```
  SPI2_Init();
  PcdReset();
  PcdAntennaOff();
  PcdAntennaOn();
  M500PcdConfigISOType('A');
}
```

检测射频卡函数的实现如下：

```
char PcdRequest(u8  req_code,u8 *pTagType)
{
    char  status;
    u8  unLen;
    u8  ucComMF522Buf[MAXRLEN];
    ClearBitMask(Status2Reg,0x08);
    WriteRawRC(BitFramingReg,0x07);
    SetBitMask(TxControlReg,0x03);
    ucComMF522Buf[0]=req_code;
    status=PcdComMF522(PCD_TRANSCEIVE,ucComMF522Buf,1,ucCom-
MF522Buf,&unLen);
    if ((status==MI_OK) && (unLen==0x10))
    {
        *pTagType    =ucComMF522Buf[0];
        *(pTagType+1)=ucComMF522Buf[1];
    }
    else
    {  status=MI_ERR;  }
        return status;
    }
```

防冲突函数的实现如下：

```
char PcdAnticoll(u8 *pSnr)
{
    char  status;
    u8  i,snr_check=0;
    u8  unLen;
    u8  ucComMF522Buf[MAXRLEN];
    ClearBitMask(Status2Reg,0x08);
```

```
        WriteRawRC(BitFramingReg,0x00);
        ClearBitMask(CollReg,0x80);
        ucComMF522Buf[0]=PICC_ANTICOLL1;
        ucComMF522Buf[1]=0x20;
        status=PcdComMF522(PCD_TRANSCEIVE,ucComMF522Buf,2,ucCom-
MF522Buf,&unLen);
        if (status==MI_OK)
        {
        for (i=0; i<4; i++)
            {
                *(pSnr+i)  =ucComMF522Buf[i];
                snr_check ^=ucComMF522Buf[i];
            }
            if (snr_check ! =ucComMF522Buf[i])
            {  status=MI_ERR;    }
        }
        SetBitMask(CollReg,0x80);
        return status;
    }
```

9.1.3 射频卡存储区读写实验

射频卡存储区用于存放与该卡片相关的用户信息，存储区可以被擦写和读取，本实验完成对射频卡存储区的读写操作。

1. 实验要求

利用实验套件中的 MFRC522 阅读器实现对 S50 射频卡存储区的读写操作。

2. 实验目的

1）掌握 MFRC522 阅读器的操作方法。

2）掌握 S50 射频卡用户存储区数据的读写方法。

3. 实验指导

本实验使用单片机实验板的 SPI 与 MFRC522 阅读器进行数据通信，对 S50 兼容卡的数据存储区进行读写操作，并将读取到的数据显示在 LCD 上。实验的软件流程如图 9-6 所示。

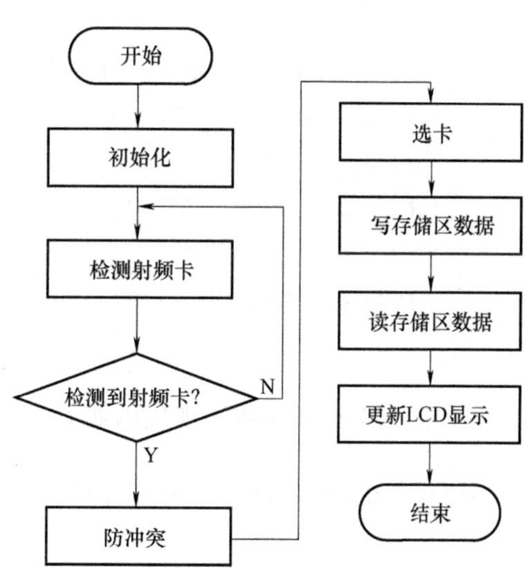

图 9-6 射频卡存储区读写软件流程图

其中初始化、检测卡和防冲突操作与前一个实验相同，不同的是选卡、写存储区和读存储区几个操作。

选卡函数实现代码如下：

```
char PcdSelect(u8 *pSnr)
{
    char  status;
    u8  i;
    u8  unLen;
    u8  ucComMF522Buf[MAXRLEN];

    ucComMF522Buf[0]=PICC_ANTICOLL1;
    ucComMF522Buf[1]=0x70;
    ucComMF522Buf[6]=0;
    for (i=0; i<4; i++)
    {
    ucComMF522Buf[i+2]=*(pSnr+i);
    ucComMF522Buf[6]  ^=*(pSnr+i);
    }
    CalulateCRC(ucComMF522Buf,7,&ucComMF522Buf[7]);

    ClearBitMask(Status2Reg,0x08);

    status=PcdComMF522(PCD_TRANSCEIVE,ucComMF522Buf,9,ucCom-
MF522Buf,&unLen);

    if ((status==MI_OK) && (unLen==0x18))
    {  status=MI_OK;  }
    else
    {  status=MI_ERR;  }

    return status;
}
```

写数据到射频卡函数实现代码如下：

```
char PcdWrite(u8  addr,u8 *p )
{
    char  status;
```

```
        u8  unLen;
        u8  i,ucComMF522Buf[MAXRLEN];

        ucComMF522Buf[0]=PICC_WRITE;
        ucComMF522Buf[1]=addr;
        CalulateCRC(ucComMF522Buf,2,&ucComMF522Buf[2]);

        status=PcdComMF522(PCD_TRANSCEIVE,ucComMF522Buf,4,ucCom-
MF522Buf,&unLen);

        if((status ! =MI_OK) || (unLen ! =4) || ((ucComMF522Buf[0]
& 0x0F) ! =0x0A))
        {  status=MI_ERR;  }

        if(status==MI_OK)
        {
            //memcpy(ucComMF522Buf,p,16);
            for(i=0; i<16; i++)
            {
        ucComMF522Buf[i]=*(p+i);
            }
            CalulateCRC(ucComMF522Buf,16,&ucComMF522Buf[16]);

            status=PcdComMF522(PCD_TRANSCEIVE,ucComMF522Buf,18,
ucComMF522Buf,&unLen);
            if((status ! =MI_OK) || (unLen ! =4) || ((ucComMF522Buf
[0] & 0x0F) ! =0x0A))
            {  status=MI_ERR;  }
        }

        return status;
    }
```

从射频卡中读取数据函数实现代码如下：

```
    char PcdRead(u8  addr,u8 *p )
    {
        char  status;
        u8  unLen;
```

```
    u8  i,ucComMF522Buf[MAXRLEN];

    ucComMF522Buf[0]=PICC_READ;
    ucComMF522Buf[1]=addr;
    CalulateCRC(ucComMF522Buf,2,&ucComMF522Buf[2]);

    status=PcdComMF522(PCD_TRANSCEIVE,ucComMF522Buf,4,ucCom-
MF522Buf,&unLen);
    if ((status==MI_OK) && (unLen==0x90))
//  {  memcpy(p,ucComMF522Buf,16);  }
    {
        for (i=0; i<16; i++)
        {    *(p+i)=ucComMF522Buf[i];  }
    }
    else
    {  status=MI_ERR;  }

    return status;
}
```

本实验读取S50兼容卡的序列号并读写数据存储区，并在LCD上显示卡类型、卡号、读出数据（读出卡里存储的数据，即上次写入的数据）、写入数据（在卡里写入新数据）等信息。射频卡信息显示如图9-7所示。

图9-7　射频卡信息显示

9.1.4　RFID实验思考及练习

综合9.1.2节和9.1.3节实验涉及的内容，思考并练习以下实验内容。

利用三套 RFID 实验套件，模拟使用公交卡乘坐地铁。用 MFRC522 阅读器模拟售票机、进站闸机和出站闸机；用 S50 射频卡模拟公交卡。实验要求如下：

1）3~5 人为一组，以小组为单位完成。

2）使用三套实验套件，分别模拟售票机、进站闸机、出站闸机。

3）售票机能够对公交卡（用预先写入数据的 S50 射频卡替代）进行充值，也能根据票价方案发售单程票。

4）要求售票机既能够选择金额和数量进行售票，也能够通过选择站点计算出票价，进行售票。

5）售票机和闸机交互的内容显示在 LCD 上，或通过串口发送至计算机上显示。

6）进站闸机初始化完毕后显示“请刷卡”。刷卡时显示欢迎语言以及余额，并发出声响，同时带动直流电动机逆时针转动两圈，延时 5s 后电动机顺时针转动两圈，LCD 恢复显示。

7）出站闸机初始化完毕后显示“请刷卡或投入车票”。刷卡时显示扣费及余额，并发出声响。若支付成功，则带动电动机逆时针转动两圈，延时 5s 后电动机顺时针转动两圈；若支付失败，则给出相应提示信息。

8）针对售票机、进站闸机和出站闸机设计容易操作的人机界面，输入可使用键盘或遥控器，输出使用串口或 LCD。

9.2 蓝牙 4.0 实验

本节介绍利用蓝牙实验套件开展的协议栈实验和温度采集实验。

9.2.1 蓝牙 4.0 BLE 协议栈实验

本实验采用自主集成设计的蓝牙 4.0 BLE 开发板及仿真器，其实物如图 9-8 所示。

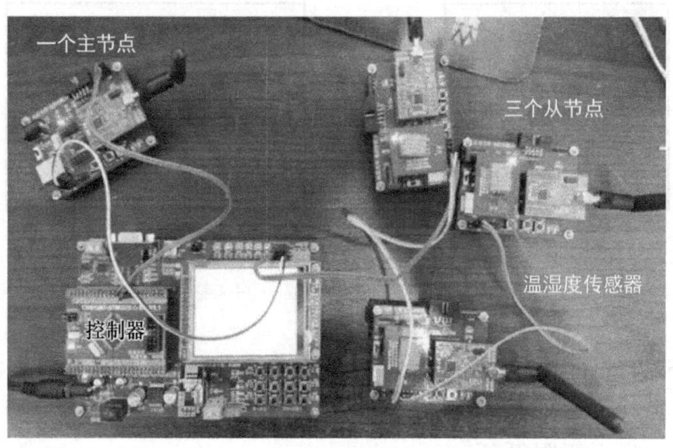

图 9-8 蓝牙 4.0 BLE 开发板及仿真器实物图

协议是一系列的通信标准，通信双方需要共同按照这一标准进行正常的数据发送和接收。协议栈是协议的具体实现形式，通俗点来理解就是协议栈是协议和用户之间的一个接口，开发人员通过使用协议栈来使用该协议，进而实现无线数据收发。

任何配置文件和应用程序都是建立在通用访问规范（GAP）和通用属性规范（GATT）协议层上，也就是说编程只需要配置 GAP 和 GATT 就可以了。其中，GAP 层是直接与应用程序或配置文件（Profiles）通信的接口，处理设备发现和连接相关服务以及处理安全特性的初始化；GATT 层定义了使用属性协议（ATT）的服务框架和配置文件的结构。BLE 中所有的数据通信都需要经过 GATT。

CC2540 芯片集成了增强型的 8051 MCU 内核，TI 公司为 BLE 协议栈搭建了一个简单的操作系统，即一种任务轮询机制。它搭建好了系统底层和蓝牙协议深层的内容，而将复杂部分屏蔽掉，这样可以使得用户通过 API 函数就可以轻易使用蓝牙 4.0，便于后续的系统开发。

下面着重介绍任务轮询（OSAL）机制的工作原理。

安装完 BLE 协议栈（BLE-CC254x-1.3.2）之后，会在安装目录下找到 SimpleBLE-Central 和 SimpleBLEPeripheral 两个文件夹，分别为主机和从机的协议栈基础结构。其中，Peripheral 从机是可链接，它在单个链路层链接中作为从机；Central 主机可以扫描设备并发起链接，它在单链路层或多链路层中作为主机。

在蓝牙 4.0 BLE 协议栈中，OSAL 负责调度各个任务的运行，如果有事件发生了就调用相应的事件处理函数。以下三个变量是至关重要的：①taskCnt：任务的总个数；②tasksEvents：指针，指向事件表的首地址；③tasksArr：数组，该数组的每一项都是一个函数指针，指向了事件处理函数。事件和函数表的关系如图 9-9 所示。

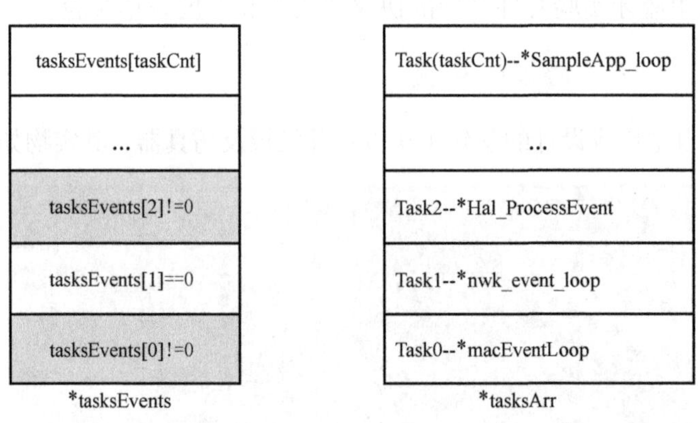

图 9-9 事件和函数表的关系

实际上，OSAL 的工作原理就是：通过 tasksEvents 指针访问时间表的每一项，如果有事件发生，则查找事件表找到事件处理函数进行处理，处理完后继续访问事件表，查看是否有事件发生，无限循环。

关于蓝牙协议栈的物理和逻辑结构如果还有疑问请参考《蓝牙 4.0 BLE 开发完全手册》，或者参考 TI 网站。

1. 实验要求

学习蓝牙协议栈结构，实现蓝牙协议栈的串口与 PC 之间的通信实验。

本实验是在 IAR（8.10 版本）集成开发环境下实现的，采用的蓝牙协议版本为 BLE-CC254x-1.3.2。

2. 实验目的

1）了解蓝牙协议栈的结构。

2）对比蓝牙串口应用的基础程序，了解蓝牙协议栈串口配置的特点。

3）掌握数据传输过程中数据的流向。

3. 实验指导

串口是开发板和计算机交互的一种接口，正确地使用串口是蓝牙开发过程中一个重要的步骤，对蓝牙协议栈的应用有很大的促进作用，使用串口的基本步骤如下：

1）初始化串口，包括波特率、中断等。

2）向发送缓冲区发送数据或从接收缓冲区读取数据。

上述方法是使用串口的常用方法，但是由于蓝牙 4.0 BLE 协议栈的存在，串口的使用略有不同。在蓝牙协议栈中已经对串口初始化进行了实现，所以只需要传递几个参数就可以使用串口了，此外协议栈内还实现了串口读写函数。

协议栈中提供的串口操作函数有：

1）uint8　HalUARTOpen（uint8 port，halUARTCfg_t * config）

2）uint16　HalUARTRead（uint8 port，uint8 * buf，uint16 len）

3）uint16　HalUARTWrite（uint8 port，uint8 * buf，uint16 len）

函数定义在图 9-10 所示的目录里。

SimpleBLEPeripheral - CC2540
APP
HAL
Common
Include
Target
CC2540EB
Config
Drivers
hal_adc.c
hal_aes.c
hal_crc.c
hal_dma.c
hal_flash.c
hal_key.c
hal_lcd.c
hal_led.c
hal_sleep.c
hal_startup.c
hal_timer.c
hal_uart.c
Includes
INCLUDE
LIB

图 9-10　文件夹目录

4. 串口发送实验

本实验在使用协议栈提供 simpleBLEPeripheral 工程的基础上对 simpleBLEPeripheral.c 文件进行改动。在文件内添加串口回调函数程序代码如下：

```
static void NpiSerialCallback(uint8 port,uint8 events)
{
  (void)port;
  uint8 numBytes=0;
  uint8 buf[128];

  if(events & HAL_UART_RX_TIMEOUT)   //串口有数据
  {
   numBytes=NPI_RxBufLen();          //读出串口缓冲区有多少字节
```

```
    if (numBytes)
    {
      //从串口缓冲区读出 numBytes 字节数据
      NPI_ReadTransport(buf,numBytes);
      //把串口接收到的数据再打印出来
      NPI_WriteTransport(buf,numBytes);
    }
  }
}
```

在工作空间内添加 NPI 文件，打开 npi. c 文件，其中的 NPI_InitTransport （npiCBack_t npiCBack）配置了串口参数，程序如下：

```
void NPI_InitTransport(npiCBack_t npiCBack)
{
  halUARTCfg_t uartConfig;

  //configure UART
  uartConfig.configured                =TRUE;
  uartConfig.baudRate                  =NPI_UART_BR;
  uartConfig.flowControl               =NPI_UART_FC;
  uartConfig.flowControlThreshold      =NPI_UART_FC_THRESHOLD;
  uartConfig.rx.maxBufSize             =NPI_UARI_RX_BUF_SIZE;
  uartConfig.tx.maxBufSize             =NPI_UART_TX_BUF_SIZE;
  uartConfig.idleTimeout               =NPI_UART_IDLE_TIMEOUT;
  uartConfig.intEnable                 =NPI_UART_INT_ENABLE;
  uartConfig.callBackFunc              =(halUARTCBack_t)npiCBack;

  //start UART
  //Note:Assumes no issue opening UART port.
  (void)HalUARTOpen(NPI_UART_PORT,&uartConfig);

  return;
}
```

这里配置波特率为 115200bit/s，想要修改其他波特率，可以直接修改 usartConfig. baudRate 变量。在协议栈中使用了结构体 halUARTCfg_t 对串口进行配置。

在 simpleBLEPeripheral. c 文件开头调用#include " npi. h"，这样串口初始化函数就配置完成了。但还需要对预编译选项进行修改。打开 “option”→“C/C + +” 的

“Compiler Preprocessor”，添加 HAL_UART=TRUE，并将 POWER_SAVING 注释掉，否则不能使用串口，修改好的代码如下：

```
INT_HEAP_LEN=3072
HALNODEBUG
OSAL_CBTIMER_NUM_TASKS=1
HAL_AES_DMA=TRUE
HAL_DMA=TRUE

xPOWER_SAVING
xPLUS_BROADCASTER
xHAL_LCD=TRUE
HAL_LED=FALSE
HAL_UART=TRUE
```

下载程序即可实现开发板上的串口与 PC 的通信。比如，在刚刚添加初始化代码后面加入一条指令：

```
NPI_WriteTransport("Hello World\n",12);
```

连接下载器和 USB 转串口线，单击下载并调试，可以看到串口助手收到的信息。

5. 实验要点

对回调函数的掌握。回调函数是一个通过函数指针（函数地址）调用的函数，如果把函数的指针（函数地址）作为参数传递给另一个函数，当通过指针调用该函数时，成为回调函数。不仅在串口应用中用到了回调函数，在以后的协议栈开发过程中回调函数也十分重要。

9.2.2　基于蓝牙的温度采集系统

借助蓝牙技术，准确而有效地检测并监测多目标的相关参数是物联网的重要功能之一。本实例以温度采集为应用背景，说明蓝牙技术在物联网应用开发中的具体实现过程。

温度传感器将采集到的温度数据存放到节点设备属性表的特性中，然后通过无线的方式将这些数据传送到集中设备节点上。该系统中的温度传感器可选用 SHT1X 或 DS18B20 等器件，系统结构如图 9-11 所示。

1. 实验要求

实现蓝牙网络一主多从模式的温度采集系统。

2. 实验目的

1）掌握蓝牙连接与断开的操作。

2）掌握蓝牙的数据传输设置规则。

3）掌握 SHT1X 系列温度传感器的使用。

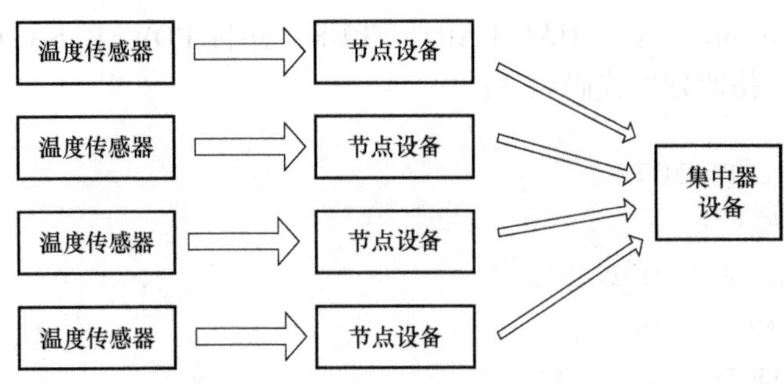

图 9-11　温度采集系统结构

3. 实验指导

（1）节点设备编程　节点设备编程主要需要在协议栈的基础上添加温度传感器的应用程序以及数据发送程序。应用层的事件处理函数代码如下：

```
uint16 SimpleBLEPeripheral_ProcessEvent（uint8 task_id,uint16 events）
{ …
    if (events & SBP_PERIODIC_EVT )                    //周期性事件
{
    if ( SBP_PERIODIC_EVT_PERIOD )
    {
    osal_start_timerEx（simpleBLEPeripheral_TaskID,SBP_PERIODIC_EVT,SBP_PERIODIC_EVT_PERIOD）;
    }
     performPeriodicTask();  //周期性采集数据
     return (events ^ SBP_PERIODIC_EVT);
}
}
```

1）周期检测函数代码如下：

```
static void performPeriodicTask(void)
{
  uint8 valueToCopy;
  uint8 stat;
  uint8 charValue7[SIMPLEPROFILE_CHAR7_LEN];

  stat = SimpleProfile_GetParameter（SIMPLEPROFILE_CHAR3,&valueToCopy);

  unit8 tempValue,himidityValue;
```

```
  DHT11_TEST();    //使能温度传感器
…
}
```

2）温度采集数据处理部分代码如下：

```
T[0]=wendu_shi+48;
T[1]=wendu_ge+48;
HalUARTWrite(0,"temp=",5);
HalUARTWrite(0,T,2);
HalUARTWrite(0," ",1);

H[0]=shidu_shi+48;
H[1]=shidu_ge+48;
HalUARTWrite(0,"humidity=",9);
HalUARTWrite(0,H,2);
HalUARTWrite(0,"\n",1);
```

3）数据发送程序代码如下：

```
SimpleProfile_SetParameter(SIMPLEPROFILE_CHAR7,SIMPLEPROFILE
                           _CHAR7_LEN,charValue7);
tempValue=wendu_shi*10+wendu_ge;
himidityValue=shidu_shi*10+shidu_ge;
webeesensorProfile_SetParameter(WEBEESENSORPROFILE_TEMP,
                                sizeof(uint8),&tempValue);
webeesensorProfile_SetParameter(WEBEESENSORPROFILE_HUMIDITY,
                                sizeof(uint8),&himidityValue);
```

（2）集中器编程　集中器需要扫描广播节点，然后循环连接每个节点并采集数据，实现多个节点的数据采集任务。

1）在 GATT 消息处理函数中处理接收到的通知，代码如下：

```
static void simpleBLECentral_ProcessOSALMsg(osal_event_hdr_t *pMsg)
{
  switch(pMsg->event)
  {
    case KEY_CHANGE:
      simpleBLECentral_HandleKeys(((keyChange_t *)pMsg)->
                                  state,((keyChange_t *)
                                  pMsg)->keys);
```

```
        break;

      case GATT_MSG_EVENT:
        simpleBLECentralProcessGATTMsg((gattMsgEvent_t *)pMsg);
        break;

      case SERIAL_MSG:
        simpleBLEPeripheral_HandleSerial((mtOSALSerialData_t *)pMsg);
        break;
    }
}
```

2）集中器使用串口实现数据选择性采集，使用 simpleBLEPeripheral_HandleSerial 可实现该功能，代码如下：

```
  static void simpleBLEPeripheral_HandleSerial(mtOSALSerialData_
t * cmdMsg)
{
  uint8 i,len, * str=NULL;  //len 有用数据长度 0~255
  uint8 CMD;
  uint8 CMD1;  //
  str=cmdMsg->msg;            //指向数据开头
  len= * str;                 //msg 里的第 1 个字节代表后面的数据长度
  /* * * * * * * * 打印出串口接收到的数据,用于提示 * * * * * * * * * */
  for(i=0;i<=len;i++)
    HalUARTWrite(0,str+i,1);
 HalUARTWrite(0,"\n",1);
  CMD=str[1];
  if(CMD=='1')
  {
    //Start or stop discovery 开始或停止设备扫描
    …
  if (CMD=='4')
  {
    uint8 addrType;
    uint8 *peerAddr;
    if(len==2)
    {
```

```
      CMD1=sit[2]-48;     //把数字字符转换为实际的数字,用于指示连接
                            设备的编号
    simpleBLEScanIdx=CMD1;
  //Connect or disconnect    连接或断开连接
  if (simpleBLEState==BLE_STATE_IDLE)
  {
   //if there is a scan result
    if (simpleBLEScanRes>0)
    {
      //connect to current device in scan result
      peerAddr=simpleBLEDevList[simpleBLEScanIdx].addr;
      addrType=simpleBLEDevList[simpleBLEScanIdx].addrType;

      simpleBLEState=BLE_STATE_CONNECTING;

      GAPCentralRole_EstablishLink(DEFAULT_LINK_HIGH_DUTY_CY-
                                   CLE, DEFAULT _ LINK _ WHITE _
                                   LIST,addrType,peerAddr);
      uint8 ValueBuf[2];
  gattPrepareWriteReq_t req;

  rep.handle=0x0039;
  req.len=2;
  ValueBuf[0]=0x01;
  ValueBuf[1]=0x00;
  req.offset=0;
  req.pValue=osal_msg_allocate(2);
  osal_memcpy(req.pValue,ValueBuf,2);
  GATT _WriteLongCharValue ( simpleBLEConnHandle, &req, simpleBLE-
                            TaskId);//使能通知
    }
   }
  else if(simpleBLEState==BLE_STATE_CONNECTING || simpleBLEState==
        BLE_STATE_CONNECTED)
  {
   //disconnect 断开连接
   simpleBLEState=BLE_STATE_DISCONNECTING;
```

```
    gStatus=GAPCentralRole_TerminateLink(simpleBLEConnHandle);

    LCD_WRITE_STRING("Disconnecting",HAL_LCD_LINE_1);
     HalLedSet(HAL_LED_3,HAL_LED_MODE_OFF);
   }
  }
}
…
```

3）通过按键使能数据接收，代码如下：

```
   static void simpleBLECentral _HandleKeys(uint8 shift,uint8
keys)
{
  (void)shift;  //Intentionally unreferenced parameter

  if (keys & HAL_KEY_SW_1)
  {
    //HalUARTWrite(0,"KEY K1\n",7);
    /*使能通知 Char7*/
    uint8 ValueBuf[2];
    gattPrepareWriteReq_t  req;

    rep.handle=0x0039;
    rep.len=2;
    ValueBuf[0]=0x01;
    ValueBuf[1]=0x00;
    req.offset=0;
    req.pValue=osal_msg_allocate(2);
    osal_memcpy(req.pValue,ValueBuf,2);
     GATT _WriteLongCharValue(simpleBLEConnHandle,&req.simpleBLE-
TaskId);

    //HalUARTWrite(0,"Enable Notice\n",14);
  }
  …
```

4. 温度采集系统测试

分别下载程序，集中器串口接收到“1”扫描广播节点，“2”显示广播节点的地址，串口接收“40”，接收第一个地址的温度数据，串口再次接收到“40”断开节点，

串口接收“41”，接收第二个地址的温度数据，串口再次接收到“41”断开节点，循环采集所有蓝牙节点的温度数据。测试结果如图9-12所示。

```
# SEND ASCII>
1

# RECV ASCII>
集中器：开始扫描广播节点

# SEND ASCII>
2

# RECV ASCII>
集中器：扫描到节点地址 0,1

# SEND ASCII>
40

# RECV ASCII>
集中器：节点 0:temp=23 humidity=36

# SEND ASCII>
40

# RECV ASCII>
集中器：断开节点 0

# SEND ASCII>
41

# RECV ASCII>
集中器：节点 1:temp=22 humidity=37


# SEND ASCII>
41

# RECV ASCII>
集中器：断开节点 1
```

图9-12　温度采集串口终端记录

9.3 轨道交通刷卡大数据分析实验

随着城市轨道交通线网规模的快速扩张和客流量的急剧增加，线网客流的时空分布日趋复杂，系统安全运营和应急管理面临巨大挑战。因此，需要顺应网络化以及大客流常态化的发展趋势，科学合理地分析轨道交通客流状态，并进行相应的运营组织和客流管控。大数据、人工智能等新兴技术的飞速发展，为轨道交通智慧化的运营组织和客流管控提供了思路和方法。

城市轨道交通短时客流预测是构建智慧轨道交通系统的重要研究内容，包括短时进站流预测、短时交通起止点（OD）流预测以及短时断面流预测。以深度学习为代表的人工智能技术为城市轨道交通短时客流预测的进一步发展提供了契机，因此，本节

将以轨道交通刷卡数据为例，简要介绍深度学习在轨道交通领域的应用现状，在此基础上，以轨道交通短时进站流预测为应用背景，以“数据获取→数据预处理→应用实战”为主线，带领读者完整实现一套标准的深度学习建模流程。

本节试验采用北京市 2016 年 2 月 29 日—2016 年 4 月 3 日连续 5 周期间的 10min、15min 和 30min 时间粒度的轨道交通进站流和出站流时间序列数据。

9.3.1　交通大数据预处理实验

铁路信号的“活化石”

本节实验要求具有一定的 Python 环境配置与编程先验知识，详细内容读者可参考其他相关书目，本节只给出简要的环境配置说明。

1. Python 环境配置

这里作者推荐通过清华大学开源软件镜像站下载 Anaconda 进行 Python 环境的配置。Anaconda 是一个用于科学计算的 Python 发行版，支持 Linux、Mac、Windows 操作系统，包含了众多流行的科学计算、数据分析的 Python 包。关于 Anaconda 的安装、换源、新环境的建立与激活配置，读者可以参阅网络资料。

2. IDE 集成开发环境

推荐使用 Pycharm 作为 Python 语言的集成开发环境，读者可以搜索官方网站下载最新版本的社区版本，从而免费使用软件。安装好 Pycharm 软件后，需要配置好 Python 语言的解析器路径，读者可以将解析器路径设置为安装 Anaconda 时创建的环境。设置页面如图 9-13 所示，供读者参考。

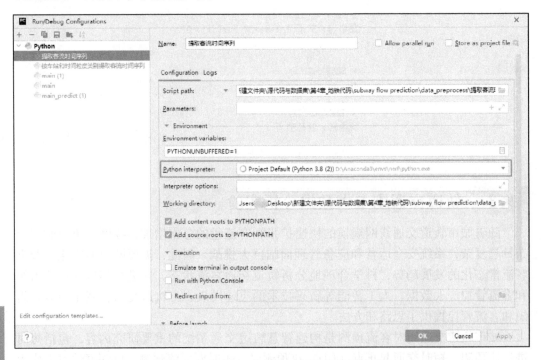

图 9-13　Pycharm 中 Python 解析器路径设置

本小节主要以北京地铁卡数据为例，讲述如何从原始卡数据中提取客流时间序列信息。自动售检票（Automatic Fare Collection，AFC）系统数据是AFC系统在乘客通过闸机刷卡进出站时收集的关于乘客部分出行信息的数据记录，该系统通过乘客进、出站刷卡，可以精确记录乘客的卡号、进出站时间、进出站编码等信息，所有记录的信息包含42个字段，利用该数据可准确掌握客流时空分布规律，有利于统计各条线路及各车站的客流量，为地铁运营组织提供基础数据，应对客流变化，及时调整运力，缓解拥挤，同时有助于实现各条线路之间的票款清分等。需要注意的是，卡数据中只记录起终点，并不会记录乘客的换乘信息等。

地铁AFC数据中的信息均为编码类型，必须将车站编码和对应的车站名称进行匹配才能有实际的意义。提取客流时间序列主要需要的字段为卡发行号、进站编码、进站时间、出站编码、出站时间以及与进站编码和出站编码匹配后的进出站站点名称，所需字段列表见表9-1。

表9-1　所需字段列表

字段	说明
卡发行号（Grant Card Code）	一卡通发行顺序号
进站编码（Trip Origin Location）	进站时车站编码
进站站点名称（Entry Station）	与进站编码匹配后的站点名称
出站编码（Current Location）	出站时车站编码
出站站点名称（Exit Station）	与出站编码匹配后的站点名称
进站时间（Entry Time）	乘客进站刷卡时间
出站时间（Deal Time）	乘客出站刷卡时间

乘客一次出行通过AFC系统刷卡进出站会产生两条数据记录。刷卡进站时会产生一条记录，该记录包括交易编号、卡发行号、进站时间、进站编码等信息，不包含出站信息；而乘客刷卡出站时产生的记录则既包含进站信息也包含出站信息，即增加了出站时间、出站编码等信息，所以可以将进站时产生的数据记录予以删除，大大减少数据量，减小数据处理难度。

针对地铁AFC系统数据，考虑乘客出行的时空特点以及乘客出行规律，主要是删除逻辑上明显不合理的记录以及一些对本研究无用的变量，该部分的数据清洗工作主要在Oracle数据库中进行，主要处理方法如下：

1）提取研究所需字段，删除无用字段，并与进出站编码和进出站站点名称匹配，删除不能正常匹配站名的记录。

2）删除进站时间晚于出站时间的记录。

3）删除进出站时间在地铁运营时间范围之外的记录。

4）删除进出站日期不在同一天的记录（部分线路跨日运营）。

5）删除进出站时间之差大于4h的记录，因为北京地铁规定站内逗留超4h补3元，极少数乘客能够乘坐超过4h的地铁。

6）删除出行时间与出行距离不匹配的记录，即乘客出行速度不在正常范围内。

7）删除同站进出的记录。

8）删除部分字段丢失的记录，例如，对于某些字段为 0 或 NULL 的记录，应予以删除。

本节使用北京地铁 2016 年 2 月 29 日—4 月 1 日连续 5 周 25 个工作日的 AFC 刷卡数据，共计 1.3 亿条记录，数据跨度为 05：00—23：00（18h 或 1080min），原始卡数据记录了卡号、进出站时间、进出站编码、进出站站点名称等信息。2016 年 3 月，北京市共计 17 条运营线路和 276 座运营车站（换乘车站不重复计数，不计机场线）。对于两条或三条线路交叉换乘的车站，给予不同的车站编号，其他车站给予唯一编号，将进出站时间转换为 0~1080min，代表一天内 05：00—23：00 的运营时间。

原始 AFC 卡数据样例和处理后 AFC 卡数据样例，见表 9-2 和表 9-3。根据处理后的卡数据，分别提取不同时间粒度下的进站客流时间序列，提取的 15min 时间粒度下的进站客流时间序列，见表 9-4，其中，车站编号按线路号及邻接关系进行排序。该客流序列数据使用 Min-Max Scaler 归一化至（0，1），结果评估时再反归一化至数据原始量级。

表 9-2　原始 AFC 卡数据样例

序号	卡号	进站编码	出站编码	进站时间	出站时间	进站名称	出站名称
1	74873...	121	203	20160309190900	20160309193524	永安里	复兴门
2	19727...	643	210	20160309123200	20160309124606	朝阳门	北京站
3	42656...	9708	210	20160309115600	20160309124428	通州北苑	北京站

表 9-3　处理后 AFC 卡数据样例

序号	卡号	进站车站唯一编号	出站车站唯一编号	进站时间	出站时间
1	74873...	19	37	849	875
2	19727...	44	43	452	466
3	42656...	29	43	356	464

表 9-4　进站客流时间序列

编号	05：00—05：15	05：15—05：30	05：30—05：45	...	22：45—23：00
1	30	55	77	...	22
2	15	42	58	...	11
3	18	37	49	...	19
...	...	...	...	...	...
276	23	47	62		16

笔者得到的卡数据为处理后的 AFC 卡数据，数据存储在 CSV 文件中，每个 CSV 文件以星期+日期命名，数据格式见表 9-3。该段代码的输入为表 9-3 所示的 CSV 文件，输出为表 9-4 所示的进站客流时间序列，输出结果存储在 CSV 文件中。该代码及其所使用的样例数据存储于本章代码的 data preprocess 文件夹中。需要注意的是，由于提供的并非全量的 AFC 卡数据，仅提供样例数据用于客流时间序列提取过程，因此提取的

客流时间序列结果并不具有规律性，提取过程代码如下：

```
# _*_coding:utf-8_*_
import os
import time
import numpy as np

#以两天的数据为例,共计 276 个车站,15 分钟时间粒度下,每天 05:00-23:00 共计 18 个小时,每天共 72 个时间片
#两天共计 144 个时间片,所以最终得到的为 276×144 的矩阵

global_start_time=time.time()
print(global_start_time)
#导入 n 天的客流数据
datalist=os.listdir('./data/')
print(datalist)
datalist.sort(key=lambda x: int(x[9:13]))
#初始化 n 个空列表存放 n 天的数据
for i in range(0,len(datalist)):
    globals()['flow_'+str(i)]=[]

for i in range(0,len(datalist)):
    file=np.loadtxt('./data/'+datalist[i],skiprows=1,dtype=str)
    for line in file:
        line=line.replace('"',").strip().split(',')
        line=[int(x) for x in line]
        globals()['flow_'+str(i)].append(line)
    print("已导入第"+str(i)+"天的数据"+" "+datalist[i])
#获取车站在所给时间粒度下的进站客流序列
def get_tap_in(flow,time_granularity,station_num):
    #一天共计 1440 分钟,去掉 23 点到 5 点五个小时 300 分钟的时间,一天还剩 1080 分钟,num 为每天的时间片个数。
    # 当除不尽时,由于 int 是向下取整,会出现下标越界,所以加 1
if 1080 % time_granularity==0:
    num=int(1080/time_granularity)
else:
    num=int(1080/time_granularity)+1
```

```
    #初始化 278*278*num 的多维矩阵,每个 num 代表第 num 个时间粒度
    OD_matrix=[[([0] * station_num) for i in range(station_num)] for j in range(num)]
    #print (matrix)
    for row in flow:
    #每一列的含义 GRANT_CARD_CODE  TAP_IN  TAP_OUT TIME_IN TIME_OUT
    #row[1]为进站编码,row[2]为出站编码,row[3]为进站时间,t 为进站时间所在的第几个时间粒度(角标是从 0 开始的所以要减 1)
    #通过 row[3]将晚上 11 点到 12 点的数据删掉不予考虑
    if row[3]<1380 and row[1] <277 and row[2] <277:
        m=int(row[1])-1
        n=int(row[2])-1
        t=int((int(row[3])-300)/time_granularity)+1
        #对每一条记录,在相应位置进站量加 1
        OD_matrix[t-1][m][n]+=1

    #不同时间粒度下某个站点的进站量 num 列,行数为 station_num
    O_matrix=[([0] * num) for i in range(station_num)]
    for i in range(num):
        for j in range(station_num):
            temp=sum(OD_matrix[i][j])
            O_matrix[j][i]=temp
        return O_matrix,OD_matrix

    for i in [5,10,15,30,60]:
        print('正在提取第'+str(i)+'个时间粒度的时间序列')
        for j in range(len(datalist)):
            print('正在提取该时间粒度下第'+str(j)+'天的时间序列')
            globals()['O_flow_'+str(i)],globals()['OD_matrix_'+str(i)]=get_tap_in(globals()['flow_'+str(j)],i,station_num=276)
            np.savetxt('O_flow_'+str(i)+'.csv',np.array(globals()['O_flow_'+str(i)]),delimiter=',' fmt='%i')
            print(globals()['O_flow_'+str(i)])

    print('总时间为(s):',time.time()-global_start_time)
```

代码执行的部分结果如下:

```
    1661170674.8418434
```

```
['XINGQI_1_0229.csv','XINGQI_2_0301.csv']
已导入第 0 天的数据  XINGQI_1_0229.csv
已导入第 1 天的数据  XINGQI_2_0301.csv
正在提取第 5 个时间粒度的时间序列
正在提取该时间粒度下第 0 天的时间序列
[[0,2,1,3,5,1,4,3,1,4,2,4,6,5,9,11,9,6,11,9,6,3,3,0,5,6,4,2,1,2,1,2,1,3,2,1,4,3,1,5,2,1,4,3,2,1,3,1,3,8,2,5,4,3,3,3,3,6,2,2,3,3,0,0,0,0],[0,0,0,0,0,0,1,1,1,1,0,1,1,2,6,1…]]
```

9.3.2 轨道交通刷卡大数据建模

1. 问题陈述及模型框架

本节将基于获取的客流时间序列 CSV 文件，构建简单的深度学习模型，进行实战应用与详解。本节所解决的问题为使用历史进站流数据，借助简单的图卷积网络（Graph Convolutional Network，GCN）（Kipf 版本）以及二维卷积神经网络，预测未来 15min 所有地铁车站的进站流。模型输入为周模式、日模式、实时模式三个模式下的短时进站流序列，分别经过图卷积网络（GCN）层和卷积神经网络（CNN）层，输入下一时刻的进站流序列。关于 GCN 和 CNN 等基本模型的相关知识，读者可以阅读神经网络相关书籍资料。

本节代码的目录框架如下所示，其中，data 文件夹主要用于读取数据并将数据划分为训练集、验证集和测试集。model 文件夹主要提供了图注意力网络（Graph Attention Network，GAT）和图卷积网络的 PyTorch 版本的层，以及本节所构建的短时客流预测深度学习模型。result 文件夹用于存储模型预测结果。runs 文件夹用于存储模型训练过程，可使用 TensorBoard 可视化模型的训练损失和验证损失。save_model 文件夹用于保存训练过程的模型。utils 文件夹存放的文件主要用于终止模型训练、模型评价、获取图卷积中的拉普拉斯矩阵等。

```
--data
----------adjacency.csv
----------in_15min.csv
----------out_15min.csv
----------datasets.py
----------get_dataloader.py
--model
----------GAT_layers.py
----------GCN_layers.py
----------main_model.py
--result
```

```
--runs
--save_model
--utils
----------earlystopping.py
----------metrics.py
----------utils.py
--main.py
--main_predict.py
```

2. 数据准备

本节使用的是北京地铁连续 5 周 25 个工作日共计约 1.3 亿条刷卡数据提取的 15min 时间粒度的进站客流时间序列，维度为 276×1800，使用过去 10 个时间步的数据预测未来 1 个时间步的数据，前 4 周的数据为训练集，其中又将训练集的 10%（0.1）取出作为验证集，后一周的数据为测试集。由于数据量有限，且预测模型中考虑了周模式、日模式、实时模式三个模式，因此第 4 周的数据既在训练集中使用，又在测试集中使用，在训练集中第 4 周的数据作为 train Y，在测试集中第 4 周的数据作为 test X。模型自定义参数含义见表 9-5。

表 9-5　模型自定义参数含义

参数	取值	参数含义
time_interval	15	时间粒度
time_lag	10	使用的历史时间步
tg_in_one_day	72	一天内有多少个时间步
forecast_day_number	5	预测的天数
is_train	默认 True	是否获取训练集
is_val	默认 False	是否获取验证集
val_rate	0.1	验证集所占比例
pre_len	1	预测未来时间步

在 PyTorch 中，Dataset（数据集）和 Dataloader（数据加载器）是进行数据载入的部件，必须将数据载入后，再进行深度学习模型的训练。非官方自制的数据集则需要用户改写原有函数来载入自己的数据集。

其中，本节的 Dataset 类构建如下，数据使用 Min-Max Scaler 归一化后进行训练，然后再反归一化至原始维度进行测试，代码如下：

```
import torch
from torch.utils.data import Dataset
import numpy as np
```

```
"""
Parameter:
time_interval,time_lag,tg_in_one_day,forecast_day_number,
is_train=True,is_val=False,val_rate=0.1,pre_len
"""


class Traffic_inflow(Dataset):
def __init__(self,time_interval,time_lag,tg_in_one_day,
forecast_day_number,inflow_data,pre_len,is_train=True,is_val=
False,val_rate=0.1):
super().__init__()
#此部分的作用是将数据集划分为训练集、验证集、测试集。
#完成后X的维度为num*276*30,30代表10个时间步*3个模式Y的维度
为num*276*1
#X中包含上周同一时段的10个时间步、前一天同一时段的10个时间步以及临
近同一时段的10个时间步
#Y为276个车站未来1个时间步
self.time_interval=time_interval
self.time_lag=time_lag
self.tg_in_one_day=tg_in_one_day
self.forecast_day_number=forecast_day_number
self.tg_in_one_week=self.tg_in_one_day*self.forecast_day_
number
self.inflow_data=np.loadtxt(inflow_data,delimiter=",")   #
(276*num),num is the total inflow numbers in the 25 workdays

self.max_inflow=np.max(self.inflow_data)
self.min_inflow=np.min(self.inflow_data)
self.is_train=is_train
self.is_val=is_val
self.val_rate=val_rate
self.pre_len=pre_len

#Normalization
self.inflow_data_norm=np.zeros((self.inflow_data.shape[0],
self.inflow_data.shape[1]))
for i in range(len(self.inflow_data)):
```

```
    for j in range(len(self.inflow_data[0])):
    self.inflow_data_norm[i,j] = round((self.inflow_data[i,j]-
self.min_inflow)/(self.max_inflow-self.min_inflow),5)
    if self.is_train:
    self.start_index=self.tg_in_one_week+time_lag
    self.end_index=len(self.inflow_data[0])-self.tg_in_one_day *
self.forecast_day_number-self.pre_len
    else:
    self.start_index=len(self.inflow_data[0])-self.tg_in_one_day *
self.forecast_day_number
    self.end_index=len(self.inflow_data[0])-self.pre_len

    self.X=[[] for index in range(self.start_index,self.end_in-
dex)]
    self.Y=[]
    self.Y_original=[]
    # print(self.start_index,self.end_index)
    for index in range(self.start_index,self.end_index):
    temp1 = self.inflow_data_norm[:,index-self.tg_in_one_week-
self.time_lag: index-self.tg_in_one_week]  # 上周同一时段
    temp2 = self.inflow_data_norm[:,index-self.tg_in_one_day-
self.time_lag: index-self.tg_in_one_day]  # 前一天同一时段
    temp3=self.inflow_data_norm[:,index-self.time_lag: index]
                                                # 邻近几个时间段的进站量
    temp=np.concatenate((temp1,temp2,temp3),axis=1).tolist()
    self.X[index-self.start_index]=temp
    self.Y.append(self.inflow_data_norm[:,index:index+self.pre_
len])
    self.X,self.Y=torch.from_numpy(np.array(self.X)),torch.from_
numpy(np.array(self.Y))  # (num,276,time_lag)

        # if val is not zero
    if self.val_rate * len(self.X) ! =0:
            val_len=int(self.val_rate * len(self.X))
            train_len=len(self.X)-val_len
    if self.is_val:
    self.X=self.X[-val_len:]
    self.Y=self.Y[-val_len:]
```

```
    else:
    self.X=self.X[:train_len]
    self.Y=self.Y[:train_len]
    print("X.shape",self.X.shape,"Y.shape",self.Y.shape)

    if not self.is_train:
    for index in range(self.start_index,self.end_index):
    self.Y_original.append(self.inflow_data[:, index: index +
self.pre_len])
    # the predicted inflow before normalization
    self.Y_original=torch.from_numpy(np.array(self.Y_original))

    def get_max_min_inflow(self):
    return self.max_inflow,self.min_inflow

    def __getitem__(self,item):
    if self.is_train:
    return self.X[item],self.Y[item]
    else:
    return self.X[item],self.Y[item],self.Y_original[item]

    def __len__(self):
    return len(self.X)
```

本试验使用的DataLoader构建如下，将所有的DataLoader包装在了一个函数里，函数的输入即为前文所列参数，输出为train、validation、test三个DataLoader。模型中并未涉及出站流，但数据中提供了处理好的出站流数据，其维度和进站流完全一致，因此所有涉及进站流的代码都可用出站流代替，为演示方便，此处不再详述出站流，读者可在模型中加入出站流数据以调试模型，代码如下：

```
    from data.datasets import Traffic_inflow
    from torch.utils.data import DataLoader



    inflow_data="./data/in_15min.csv"
    #outflow_data="./data/out_15min.csv"



    def get_inflow_dataloader(time_interval=30,time_lag=5,tg_in_
one_day=36,forecast_day_number=5,pre_len=1,batch_size=8):
```

```
    # train inflow data loader
    print("train inflow")
      inflow_train=Traffic_inflow(time_interval=time_interval,
time_lag=time_lag,tg_in_one_day=tg_in_one_day,forecast_day_
number=forecast_day_number,
    pre_len=pre_len,inflow_data=inflow_data,is_train=True,is_val=
False,val_rate=0.1)
      max_inflow,min_inflow=inflow_train.get_max_min_inflow()
      inflow_data_loader_train=DataLoader(inflow_train,batch_
size=batch_size,shuffle=False)

    # validation inflow data loader
    print("val inflow")
      inflow_val=Traffic_inflow(time_interval=time_interval,time_
lag=time_lag,tg_in_one_day=tg_in_one_day,forecast_day_number=
forecast_day_number,
    pre_len=pre_len,inflow_data=inflow_data,is_train=True,is_val=
True,val_rate=0.1)
      inflow_data_loader_val=DataLoader(inflow_val,batch_size=
batch_size,shuffle=False)

    # test inflow data loader
    print("test inflow")
      inflow_test=Traffic_inflow(time_interval=time_interval,
time_lag=time_lag,tg_in_one_day=tg_in_one_day,forecast_day_
number=forecast_day_number,
    pre_len=pre_len,inflow_data=inflow_data,is_train=False,is_
val=False,val_rate=0)
      inflow_data_loader_test=DataLoader(inflow_test,batch_size=
batch_size,shuffle=False)

    return inflow_data_loader_train,inflow_data_loader_val,inflow_
data_loader_test,max_inflow,min_inflow
    def get_outflow_dataloader(time_interval=15,time_lag=5,tg_in_
one_day=72,forecast_day_number=5,pre_len=1,batch_size=8):
    # train inflow data loader
    print("train outflow")
```

```
        inflow_train=Traffic_inflow(time_interval=time_interval,
time_lag=time_lag,tg_in_one_day=tg_in_one_day,forecast_day_
number=forecast_day_number,
    pre_len=pre_len,inflow_data=outflow_data,is_train=True,is_
val=False,val_rate=0.1)
      max_inflow,min_inflow=inflow_train.get_max_min_inflow()
      inflow_data_loader_train=DataLoader(inflow_train,batch_
size=batch_size,shuffle=False)

    # validation inflow data loader
    print("val outflow")
      inflow_val=Traffic_inflow(time_interval=time_interval,time_
lag=time_lag,tg_in_one_day=tg_in_one_day,forecast_day_number=
forecast_day_number,
    pre_len=pre_len,inflow_data=outflow_data,is_train=True,is_
val=True,val_rate=0.1)
      inflow_data_loader_val=DataLoader(inflow_val,batch_size=
batch_size,shuffle=False)

    # test inflow data loader
    print("test outflow")
      inflow_test=Traffic_inflow(time_interval=time_interval,
time_lag=time_lag,tg_in_one_day=tg_in_one_day,forecast_day_
number=forecast_day_number,
    pre_len=pre_len,inflow_data=outflow_data,is_train=False,is_
val=False,val_rate=0)
      inflow_data_loader_test=DataLoader(inflow_test,batch_size=
batch_size,shuffle=False)

    return inflow_data_loader_train,inflow_data_loader_val,inflow
_data_loader_test,max_inflow,min_inflow
```

本实验构建的短时客流预测模型为 GCN 层和普通卷积层的叠加，其中，周模式、日模式、实时模式三个模式下的进站客流分别经过 GCN 层处理，然后进行特征叠加后，使用 CNN 再次提取时空特征，随后使用全连接层进行降维输出结果。该模型输入的形状为 Batch Size×273×30，输出的形状为 Batch Size×276×1，模型过程中变量的维度变化也在注释中进行了清晰说明，模型代码如下：

```
    import torch
```

```
from torch import nn
import torch.nn.functional as F
from model.GCN_layers import GraphConvolution


class Model(nn.Module):
def __init__(self,time_lag,pre_len,station_num,device):
super().__init__()
self.time_lag=time_lag
self.pre_len=pre_len
self.station_num=station_num
self.device=device
self.GCN_week = GraphConvolution (in_features = self.time_lag,
out_features=self.time_lag).to(self.device)
self.GCN_day=GraphConvolution(in_features=self.time_lag,out_
features=self.time_lag).to(self.device)
self.GCN_time = GraphConvolution (in_features = self.time_lag,
out_features=self.time_lag).to(self.device)
self.Conv2D=nn.Conv2d(in_channels=1,out_channels=8,kernel_
size=3,padding=1).to(self.device)
self.linear1=nn.Linear (in_features = 8 * self.time_lag * 3 *
self.station_num,out_features=1024).to(self.device)
self.linear2=nn.Linear(in_features=1024,out_features=512).
to(self.device)
self.linear3 = nn.Linear (in _ features = 512, out _ features =
self.station_num * self.pre_len).to(self.device)

def forward(self,inflow,outflow,adj):
    inflow=inflow.to(self.device)
    outflow=outflow.to(self.device)
    adj=adj.to(self.device)
# inflow=self.GCN(input=inflow,adj=adj)  # (64,276,10)
    inflow_week=inflow[:,:,0:self.time_lag]
    inflow_day=inflow[:,:,self.time_lag:self.time_lag * 2]
    inflow_time=inflow[:,:,self.time_lag * 2:self.time_lag * 3]
    inflow_week=self.GCN_week(x=inflow_week,adj=adj)  # (64,
276,10)
inflow_day=self.GCN_day(x=inflow_day,adj=adj)  # (64,276,10)
```

```
    inflow_time=self.GCN_time(x=inflow_time,adj=adj)  #(64,276,10)
    inflow=torch.cat([inflow_week,inflow_day,inflow_time],dim=2)
    output=inflow.unsqueeze(1)  #(64,1,276,30)
    output=self.Conv2D(output)  #(64,8,276,5)
    output=output.reshape(output.size()[0],-1)  #(64,8*276*30)
    output=F.relu(self.linear1(output))  #(64,1024)
    output=F.relu(self.linear2(output))  #(64,512)
    output=self.linear3(output)  #(64,276*pre_len)
    output = output.reshape (output.size () [0], self.station _num,
self.pre_len)  # ( 64,276,pre_len)
    return output
```

3. 模型终止及评价

模型终止部分采用 Early Stopping（早停）技术，该部分主要有两个作用：一是借助验证集损失，来保存截至当前的最优模型；二是当模型训练到一定标准后终止模型训练。实例化该 Early Stopping 类时，会自动调用 call_( ) 函数，其输入为验证集的损失 val_loss、模型的参数字典 model_dict、模型类 model、当前的迭代次数 Epoch，以及模型的保存路径 ave_path。该类的调用方法在模型训练及测试部分有示例。

```
class EarlyStopping:
    """Early stops the training if validation loss doesn't im-
prove after a given patience."""
    def __init__(self,patience=7,verbose=False):
        """
        Args:
            patience (int): How long to wait after last time vali-
dation loss improved.
                            Default: 7
            verbose (bool): If True,prints a message for each val-
idation loss improvement.
                            Default: False
        """
        self.patience=patience
        self.verbose=verbose
        self.counter=0
        self.best_score=None
        self.early_stop=False
        self.val_loss_min=np.Inf
```

```
    def __call__(self,val_loss,model_dict,model,epoch,save_path):

        score=-val_loss

        if self.best_score is None:
            self.best_score=score
            self.save_checkpoint(val_loss,model_dict,model,epoch,save_path)
        elif score < self.best_score:
            self.counter+=1
            print(
                f'EarlyStopping counter: {self.counter} out of {self.patience}',self.val_loss_min
            )
            if self.counter >=self.patience:
                self.early_stop=True
        else:
            self.best_score=score
            self.save_checkpoint(val_loss,model_dict,model,epoch,save_path)
            self.counter=0
```

由于训练过程中借助 Early Stopping 技术可能会保存多个模型，为了方便测试，本试验将训练验证部分写在了主函数里，将测试部分重新写了一个函数。对每个 Epoch，先进行训练，再进行验证，过程中借助 Summary Writer 保存训练损失和验证损失，可借助 TensorBoard 进行可视化。每一次验证结束后，借助 Early Stopping 判断是否保存当前模型以及是否终止模型训练。是否保存模型的判定标准是只要验证集损失有所下降，便保存当前模型，终止模型训练的判断标准是当验证集损失超过 100 次不再下降时，便终止训练过程。鉴于此，模型的 Epoch 可尽量设置得大一些，可避免模型过早地终止训练。

模型测试部分代码稍有不同，但和训练过程中代码大体一致。测试过程首先需要利用 torch.load() 函数将保存的模型重新导入，然后利用 model.load_state_dict() 函数将保存的参数字典加载到模型中，此时模型中的参数即为训练过程中训练好的参数。试验时，需要将预测结果反归一化至原始数据量级进行测试，代码如下：

```
path='D:/subway flow prediction_for book/save_model/1_ours2021_04_12_14_34_43/model_dict_checkpoint_29_0.00002704.pth'
checkpoint=torch.load(path)
```

```
    model.load_state_dict(checkpoint,strict=True)
    optimizer=torch.optim.Adam(model.parameters(),lr=lr)

    # test
    result=[]
    result_original=[]
    if not os.path.exists('result/prediction'):
      os.makedirs('result/prediction/')
    if not os.path.exists('result/original'):
      os.makedirs('result/original')
    with torch.no_grad():
      model.eval()
      test_loss=0
    for inflow_te,outflow_te in zip(enumerate(inflow_data_loader_
test),enumerate(outflow_data_loader_test)):
        i_batch,(test_inflow_X,test_inflow_Y,test_inflow_Y_origi-
nal)=inflow_te
        i_batch,(test_outflow_X,test_outflow_Y,test_outflow_Y_o-
riginal)=outflow_te
        test_inflow_X,test_inflow_Y=test_inflow_X.type
(torch.float32).to(device),test_inflow_Y.type(torch.float32).to
(device)
        test_outflow_X,test_outflow_Y=test_outflow_X.type
(torch.float32).to(device),test_outflow_Y.type(torch.float32).to
(device)

        target=model(test_inflow_X,test_outflow_X,adjacency)

        loss=mse(input=test_inflow_Y,target=target)
        test_loss+=loss.item()

    # evaluate on original scale
        # 获取 result (batch,276,pre_len)
    clone_prediction=target.cpu().detach().numpy().copy() * max_
inflow  # clone(): Copy the tensor and allocate the new memory
        # print(clone_prediction.shape)  # (16,276,1)
    for i in range(clone_prediction.shape[0]):
        result.append(clone_prediction[i])
```

```
    # 获取 result_original
    test_inflow_Y_original=test_inflow_Y_original.cpu().detach().
numpy()
    # print(test_OD_Y_original.shape)  # (16,276,1)
    for i in range(test_inflow_Y_original.shape[0]):
        result_original.append(test_inflow_Y_original[i])

    print (np.array (result).shape, np.array (result _ original).
shape)  # (num,276,1)
      # 取整 & 非负取 0
    result=np.array(result).astype(np.int)
      result[result <0]=0
    result_original=np.array(result_original).astype(np.int)
      result_original[result_original <0]=0
```

9.4 Java 区块链实验

本节在 IntelliJ IDEA 集成开发环境中进行基于 Java 语言的区块链基础编程实验，开展创建区块、区块验证以及数字钱包的创建和区块链交易等基础操作。

9.4.1 区块创建实验

区块链即由一个个区块组成的链。每个区块分为区块头和区块体（含交易数据）两个部分。区块头包括用来实现区块链接的前一区块的哈希（PrevHash）值（又称散列值）和用于计算挖矿难度的随机数（nonce）。前一区块的哈希值实际是上一个区块头部的哈希值，而计算随机数规则决定了哪个矿工可以获得记录区块的权力。

1. 实验要求

在 IntelliJ IDEA 集成开发环境中，使用 Java 语言实现区块的创建。

2. 实验目的

1）掌握在 IntelliJ IDEA 集成开发环境中使用 Java 语言进行代码的编写、调试及运行。

2）掌握使用 Java 语言进行多个区块的创建。

3. 实验指导

（1）环境配置

1）下载并安装 IntelliJ IDEA Community Edition，安装过程中勾选“java”复选框，如图 9-14 所示，其余选项默认，单击“Next”（下一步）按钮即可。

2）软件安装完成后，启动 IntelliJ 集成开发环境后单击“New Project”选项建立新的工程。第一次使用时，如果系统中没有配置 JDK（Java Development Kit）环境，则需要在弹出界面中的“JDK”下拉选项表中选择“Download JDK”，开发环境将自动匹配

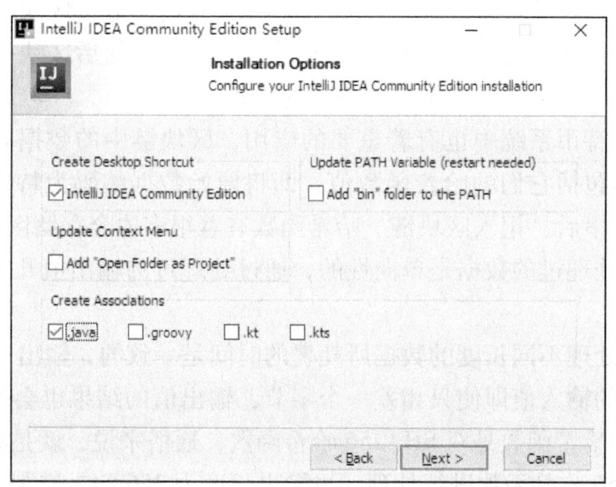

图 9-14　IntelliJ IDEA Community Edition 安装

并下载最新的 JDK 包，安装过程如图 9-15 所示。如果由于网络问题导致下载失败，读者也可自行去 Oracle 官方网站下载安装最新的 JDK 包，下载完成后将解压后的 JDK 包对应路径添加到 IntelliJ 环境中即可。Java 开发环境就配置完成了，接下来开始编码。

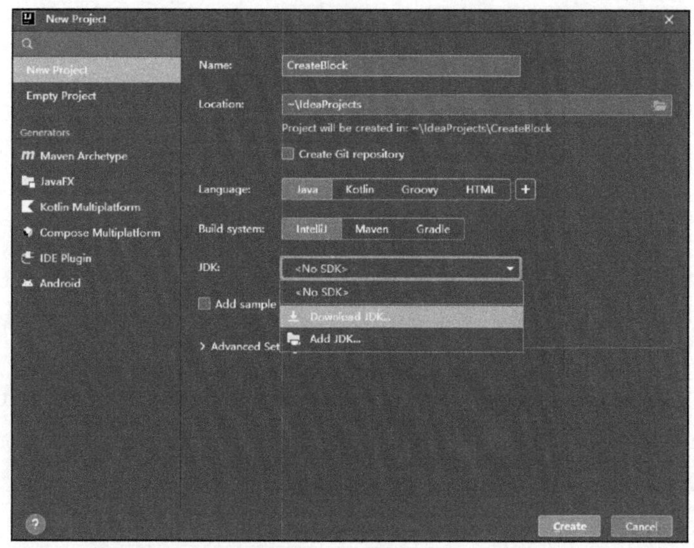

图 9-15　JDK 安装

（2）代码实现　在新工程 src 目录下新建两个 Java Class，分别命名为 Block 和 BlockChainMain。

其中 Block. java 的任务是创建单个区块。每个区块中有六个属性和三个方法：六个属性分别是 index、timestamp、currentHash、previousHash、data、nonce；而三个方法分别是 calculateHash( )、mineBlock( ) 和 toString( )。

时间戳是指从格林尼治时间 1970 年 01 月 01 日 00 时 00 分 00 秒（北京时间 1970 年 01 月 01 日 08 时 00 分 00 秒）起至现在的总秒数，通常是一个字符序列，唯一地标

识某一刻的时间。在比特币系统中，获得记账权的节点在链接区块时需要在区块头中加盖时间戳，用于记录当前区块数据的写入时间。每一个随后区块中的时间戳都会对前一个时间戳进行增强，形成一个时间递增的链条。

哈希函数在比特币系统中也有着重要的应用，区块链中的数据并不只是原始数据或者交易记录，还包括它们的哈希函数值，即将原始数据编码为特定长度的、由数字和字母组成的字符串后，记入区块链。哈希函数有着很多适合存储区块链数据的优点：

1）哈希函数处理过的数据是单向性的，通过处理过的输出值几乎不可能计算出原始的输入值。

2）哈希函数处理不同长度的数据所耗费的时间是一致的，输出值也是定长的。

3）哈希函数的输入值即使只相差一个字节，输出值的结果也会迥然不同。比特币系统中最常采用的哈希函数是双 SHA256 哈希函数，通俗来说，就是将不同长度的原始数据用两次 SHA256 哈希函数进行处理，再输出长度为 256 的二进制数字来进行统一的识别和存储。

下面的代码属于 Block. java，功能是创建单个区块。每个区块中有六个属性和三个方法：六个属性分别是 index、timestamp、currentHash、previousHash、data、nonce；而三个方法分别是 calculateHash( )、mineBlock( ) 和 toString( )。

```
import java.security.*;
import java.util.*;
public class Block {
public int index;
public long timestamp;
public String currentHash;
public String previousHash;
public String data;
public int nonce;  //六个属性
public Block(int index,String previousHash,String data) {
this.index=index;
this.timestamp=System.currentTimeMillis();
this.previousHash=previousHash;
this.data=data;
nonce=0;
currentHash=calculateHash();
    }
```

其中 calculateHash( ) 用于计算区块的当前哈希值。

```
public String calculateHash(){//计算区块的当前哈希值
try {
```

```
String input=index+timestamp+previousHash+data+nonce;
MessageDigest digest=MessageDigest.getInstance("SHA-256");
byte[] hash=digest.digest(input.getBytes("UTF-8"));

StringBuffer hexString=new StringBuffer();
for (int i=0; i <hash.length; i++) {
String hex=Integer.toHexString(0xff &hash[i]);
if(hex.length()==1) hexString.append('0');
hexString.append(hex);
        }
return hexString.toString();
}
catch(Exception e) {
throw new RuntimeException(e);
    }
}
```

mineBlock() 用于根据指定的难度（前导0的数量）挖掘区块，toString() 用于显示区块的信息。为了创建区块，需要提供有关 index、previousHash 和 data 的信息。

```
public void mineBlock(int difficulty) {//根据指定的难度挖掘区块
nonce=0;
String target=new String(new char[difficulty]).replace('\0','0');
while (! currentHash.substring(0,difficulty).equals(target)) {
nonce++;
currentHash=calculateHash();
        }
    }
public String toString() { //显示区块的信息
String s="Block #       : "+index+"\r\n";
s=s+    "PreviousHash : "+previousHash+"\r\n";
s=s+    "Timestamp    : "+timestamp+"\r\n";
s=s+    "Data         : "+data+"\r\n";
s=s+    "Nonce        : "+nonce+"\r\n";
s=s+    "CurrentHash  : "+currentHash+"\r\n";
return s;
  }
}
```

接下来分析主程序 BlockChainMain. java 如下，用于创建区块链并将两个区块添加到区块链中。

```
import java.util. * ;

public class BlockChainMain {

public static ArrayList<Block>blockchain=new ArrayList<Block>();
public static int difficulty=5;

public static void main(String[ ] args) {
Block b=new Block(0,null,"My First Block"); //The genesis block
b.mineBlock(difficulty);
blockchain.add(b);
System.out.println(b.toString());

Block b2=new Block(1,b.currentHash,"My Second Block");
b2.mineBlock(difficulty);
blockchain.add(b2);
System.out.println(b2.toString());
  }
}
```

BlockChainMain. java 创建了两个区块，分别命名为 My First Block 和 My Second Block，编译、运行主程序 BlockChainMain. java 后输出结果如下：

```
Block #        :0
PreviousHash   :null
Timestamp      :1661002260767
Data           :My First Block
Nonce          :624716
CurrentHash    :
000009b69e1a9edda7c3fd400e126760fff36fff317ce23e5dd32322a0508357

Block #        :1
PreviousHash   :
000009b69e1a9edda7c3fd400e126760fff36fff317ce23e5dd32322a0508357
Timestamp      :1661002261598
```

```
    Data            :My Second Block
    Nonce           :1182791
    CurrentHash  :
00000bd5925aa7532c44d5c89c57bc8783e52ff2ddcc4a685b66131989007546

    Process finished with exit code 0
```

9.4.2　区块验证实验

区块链本身其实是一串链接的数据区块，其链接指针是采用密码学哈希算法对区块头进行处理所产生的区块头哈希值。每一个数据块中记录了一组采用哈希算法组成的树状交易状态信息，这样保证了每个区块内的交易数据不可篡改，区块链里链接的区块也不可篡改。

1. 实验要求

在 IntelliJ IDEA 集成开发环境中，使用 Java 语言验证区块的有效性及其不可篡改性。

2. 实验目的

1）掌握使用 Java 语言验证区块的有效性。

2）验证区块链防止篡改的性质。

3. 实验指导

（1）有效性验证　9. 4. 1 节试验中完成了在区块链中加入两个区块，这一节中进行区块验证试验。新建 Java Class 命名为 BlockChainMain2. java。程序中新建一个名为 validateBlock( ) 的函数，该函数可以根据区块的索引、前一区块的哈希值和当前区块的哈希值来验证区块是否有效。下面给出了 BlockChainMain2. java 程序的源码和执行结果，可以看到 9. 4. 1 节中加入区块链的两个区块均有效。

```
//BlockChainMain2.java
import java.util.*;

public class BlockChainMain2 {

public static ArrayList<Block>blockchain=new ArrayList<Block>();
public static int difficulty=5;//开挖难度为 5

public static void main(String[] args) {
Block b=new Block(0,null,"My First Block");
b.mineBlock(difficulty);
blockchain.add(b);
```

```
    System.out.println(b.toString());
    System.out.println("Current Block Valid:"+ValidateBlock(b,
null));

    Block b2=new Block(1,b.currentHash,"My Second Block");
    b2.mineBlock(difficulty);
    blockchain.add(b2);
    b2.data="My Third Block";//该行代码用以模拟人工篡改区块内容
    System.out.println(b2.toString());
    System.out.println("Current Block Valid: "+ValidateBlock(b2,b));
    }
    public static boolean ValidateBlock(Block newBlock,Block previ-
ousBlock) {//区块有效性验证

    if (previousBlock==null){  //The first block
    if (newBlock.index !=0) {
    return false;
            }

    if (newBlock.previousHash !=null) {
    return false;
            }

    if (newBlock.currentHash==null ||
                !newBlock.calculateHash().equals(newBlock.cur-
rentHash)){
    return false;
            }
    return true;
        }
    else{                          //The rest blocks
    if (newBlock !=null ) {
    if (previousBlock.index+1 !=newBlock.index) {
    return false;
            }
    if (newBlock.previousHash==null  ||
                                    ! newBlock.previousHash.equals
(previousBlock.currentHash)) {
```

```
    return false;
                    }
    if (newBlock.currentHash==null  ||
                    ! newBlock.calculateHash().equals(newBlock.
currentHash)) {
    return false;
                    }
    return true;
                }
    return false;
            }
        }
    }
```

编译并运行 BlockChainMain2.java 的结果如下：

```
    Block #         :0
    PreviousHash :null
    Timestamp       :1661007343516
    Data            :My First Block
    Nonce           :153152
    CurrentHash     :
00000898d7755140e75c6598f8dc915efab66a07cbe817600b10c50b605f37c1

    Current Block Valid:true
    Block #         :1
    PreviousHash    :
00000898d7755140e75c6598f8dc915efab66a07cbe817600b10c50b605f37c1
    Timestamp       :1661007343785
    Data            :My Second Block
    Nonce           :1299825
    CurrentHash     :
00000209ea11dbed843263d7dd57b711aa92fc02c15e05fd82f4ee04475a7b28

    Current Block Valid:true
```

（2）防篡改性验证　现在，如果取消注释以下代码行，那么效果等同于在创建区块之后人为修改区块数据：

```
blockchain.add(b2);
//b2.data="My Third Block";//该行代码用以模拟人工篡改区块内容
System.out.println(b2.toString());
```

当重新执行程序时，将显示第二个区块是无效的，从而验证了区块链的防篡改特性。

```
    Block #          :0
    PreviousHash     :null
    Timestamp        :1661007517285
    Data             :My First Block
    Nonce            :7960870
    CurrentHash      :
000000db9376572d331eb8e9b9f71a3323db0f4bf5536549eff4d1f0520e921c

    Current Block Valid:true
    Block #          :1
    PreviousHash     :
000000db9376572d331eb8e9b9f71a3323db0f4bf5536549eff4d1f0520e921c
    Timestamp        :1661007523953
    Data             :My Third Block
    Nonce            :914432
    CurrentHash      :
0000046f9e2ec490dffcf0a260557a8c93c8451dec1ce31247c2f5b760a7de00

    Current Block Valid:false

    Process finished with exit code 0
```

9.4.3　区块链交易实验

区块链的交易并不是通常意义上的一手交钱一手交货的交易，而是转账。如果每一笔转账都需要构造一笔交易数据会比较笨拙，为了使得价值易于组合与分割，比特币的交易被设计为可以纳入多个输入和输出，即一笔交易可以转账给多个人。从生成到在网络中传播，再到通过工作量证明、整个网络节点验证，最终记录到区块链，就是区块链交易的整个生命周期。

1. 实验要求

本实验使用区块链去做一些有趣的事情，在 IntelliJ IDEA 集成开发环境中创建数字钱包、实现转账交易等。

2. 实验目的

1）掌握如何编程在区块链中创建数字钱包。

2）掌握如何利用区块链实现数字钱包之间的转账交易。

3. 实验指导

（1）创建数字钱包 首先创建4个Java Class，分别命名为Block2. java、Transaction. java、Wallet. java 和 BlockChainMain4. java。Block2. java 与先前的 Block. java 相似，但是不使用 String 数据，而是在每个区块内使用 ArrayList<Transaction>。ArrayList 用于存储多笔交易。Block2. java 的代码如下：

```
// Block2.java
import java.security.*;
import java.util.*;

public class Block2 {
public int index;
public long timestamp;
public String currentHash;
public String previousHash;
public String data;
public ArrayList < Transaction > transactions = new ArrayList
<Transaction>(); //our data will be a simple message.
public int nonce;

public Block2(int index,String previousHash,ArrayList<Transac-
tion> transactions) {
this.index=index;
this.timestamp=System.currentTimeMillis();
this.previousHash=previousHash;
this.transactions=transactions;
nonce=0;
currentHash=calculateHash();
    }
public String calculateHash(){
try {
data="";
for (int j=0; j<transactions.size();j++){
Transaction tr=transactions.get(j);
data=data+tr.sender+tr.recipient+tr.value;
```

```
            }
String input=index+timestamp+previousHash+data+nonce;
MessageDigest digest=MessageDigest.getInstance("SHA-256");
byte[] hash=digest.digest(input.getBytes("UTF-8"));

StringBuffer hexString=new StringBuffer();
for (int i=0; i <hash.length; i++) {
String hex=Integer.toHexString(0xff &hash[i]);
if(hex.length()==1) hexString.append('0');
hexString.append(hex);
            }
return hexString.toString();
        }
catch(Exception e) {
throw new RuntimeException(e);
        }
    }
public void mineBlock(int difficulty) {
nonce=0;
String target=new String(new char[difficulty]).replace('\0','0');
while (! currentHash.substring(0,  difficulty).equals(target)) {
nonce++;
currentHash=calculateHash();
        }
    }
public String toString() {
String s="Block #       : "+index+"\r\n";
s=s+    "PreviousHash : "+previousHash+"\r\n";
s=s+    "Timestamp    : "+timestamp+"\r\n";
s=s+    "Transactions  : "+data+"\r\n";
s=s+    "Nonce        : "+nonce+"\r\n";
s=s+    "CurrentHash  : "+currentHash+"\r\n";
return s;
    }
}
```

Transaction.java 仅记录一笔交易，其中包括发送方、接收方和值，代码如下：

```
//Transaction.java
```

```
import java.security.*;
import java.util.*;

public class Transaction {
public String sender;
public String recipient;
public float value;

public Transaction(String from,String to,float value) {
this.sender=from;
this.recipient=to;
this.value=value;
    }
}
```

Wallet.java 用于为用户创建数字钱包。可首先使用 generateKeyPair() 函数为用户生成一对公钥/私钥，然后使用 getBalance() 函数获取用户的余额，最后使用 send() 函数以及发送方和接收方的公钥向另一个用户发送一些数字硬币。getBalance() 函数会遍历整个区块链，为用户搜索交易：如果发送交易，就从余额中扣除交易额；如果收到交易，就将交易额添加到余额中。为了简单起见，每个数字钱包都包含 100 枚数字硬币。Wallet.java 代码如下：

```
//Wallet.java
import java.security.*;
import java.util.*;

public class Wallet {

public String privateKey;
public String publicKey;
private float balance=100.0f;
private ArrayList<Block2>blockchain=new ArrayList<Block2>();

public Wallet(ArrayList<Block2> blockchain) {
        generateKeyPair();
this.blockchain=blockchain;
    }

public void generateKeyPair() {
```

```
    try {
    KeyPair keyPair;
    String algorithm="RSA"; //DSA DH etc
    keyPair=KeyPairGenerator.getInstance(algorithm).generateKey-
Pair();
    privateKey=keyPair.getPrivate().toString();
    publicKey=keyPair.getPublic().toString();

            }catch(Exception e) {
    throw new RuntimeException(e);
            }
        }

    public float getBalance() {
    float total=balance;
    for (int i=0; i<blockchain.size();i++){
    Block2 currentBlock=blockchain.get(i);
    for (int j=0; j<currentBlock.transactions.size();j++){
    Transaction tr=currentBlock.transactions.get(j);
    if (tr.recipient.equals(publicKey)){
    total+=tr.value;
                    }
    if (tr.sender.equals(publicKey)){
    total -=tr.value;
                    }
                }
            }
    return total;
        }

    public Transaction send(String recipient,float value ) {
    if(getBalance() < value) {
    System.out.println("!!! Not Enough funds.Transaction Discarded.");
    return null;
            }

    Transaction newTransaction = new Transaction (publicKey, recipi-
ent,value);
```

```
    return newTransaction;
        }

    }
```

BlockChainMain4. java 是使用 Wallet. java 进行区块链交易的主程序，它仅创建两个数字钱包并显示它们的余额，代码如下：

```
    //BlockChainMain4.java
    import java.security.*;
    import java.util.*;

    public class BlockChainMain4 {

    public static ArrayList<Block2> blockchain = new ArrayList<
Block2>();
    public static ArrayList<Transaction> transactions = new
ArrayList<Transaction>();
    public static int difficulty=5;

    public static void main(String[] args) {
    Wallet A=new Wallet(blockchain);
    Wallet B=new Wallet(blockchain);
    System.out.println("Wallet A Balance: "+A.getBalance());
    System.out.println("Wallet B Balance: "+B.getBalance());

        }
    }
```

对 BlockChainMain4. java 进行编译运行后，成功创建两个数字钱包，余额均为 100，程序执行结果如下所示：

```
    Wallet A Balance:100.0
    Wallet B Balance:100.0

    Process finished with exit code 0
```

（2）转账交易　接下来可以添加一些交易。A 首先向 B 发送了 10 枚数字硬币，然后又向 B 发送了 20 枚数字硬币。可以使用前面的 validateChain( ) 函数来验证整个区块链。

```
//BlockChainMain5.java
import java.security.*;
import java.util.*;

public class BlockChainMain5 {

public static ArrayList <Block2> blockchain = new ArrayList
<Block2>();
public static ArrayList <Transaction> transactions = new
ArrayList<Transaction>();
public static int difficulty=5;

public static void main(String[] args) {
Wallet A=new Wallet(blockchain);
Wallet B=new Wallet(blockchain);
System.out.println("Wallet A Balance: "+A.getBalance());
System.out.println("Wallet B Balance: "+B.getBalance());

System.out.println("Add two transactions...");
Transaction tran1=A.send(B.publicKey,10);
if (tran1!=null){
transactions.add(tran1);
        }
Transaction tran2=A.send(B.publicKey,20);
if (tran2!=null){
transactions.add(tran2);
        }
Block2 b=new Block2(0,null,transactions);
b.mineBlock(difficulty);
blockchain.add(b);
System.out.println("Wallet A Balance: "+A.getBalance());
System.out.println("Wallet B Balance: "+B.getBalance());
System.out.println("Blockchain Valid : "+ValidateChain(block-
chain));
    }
public static boolean ValidateChain(ArrayList<Block2> block-
chain) {
if (!ValidateBlock(blockchain.get(0),null)) {
```

```
    return false;
        }
    for (int i=1; i < blockchain.size(); i++) {
    Block2 currentBlock=blockchain.get(i);
    Block2 previousBlock=blockchain.get(i-1);
    if (! ValidateBlock(currentBlock,previousBlock)) {
    return false;
              }
          }
    return true;
        }
    public static boolean ValidateBlock(Block2 newBlock,Block2 pre-
viousBlock) {
    if (previousBlock==null){   //The first block
    if (newBlock.index ! =0) {
    return false;
              }
    if (newBlock.previousHash ! =null) {
    return false;
              }
    if (newBlock.currentHash==null ||
                        ! newBlock.calculateHash().equals(newBlock.
currentHash)) {
    return false;
              }
    return true;
          }
    else{                               //The rest blocks
    if (newBlock ! =null ) {
    if (previousBlock.index+1 ! =newBlock.index) {
    return false;
                }
    if (newBlock.previousHash==null   ||
                      ! newBlock.previousHash.equals(previousBlock.
currentHash)) {
    return false;
                }
    if (newBlock.currentHash==null   ||
```

```
                    ! newBlock.calculateHash ( ) .equals ( newBlock.
currentHash)) {
    return false;
                    }
    return true;
                }
    return false;
            }
        }
    }
```

BlockChainMain5.java 的编译和运行结果如下所示：

```
Wallet A Balance:100.0
Wallet B Balance:100.0
Add two transactions...
Wallet A Balance:70.0
Wallet B Balance:130.0
Blockchain Valid:true

Process finished with exit code 0
```

运行结果可以看出，两笔交易已经通过，整个区块链是有效的。

如果将第二笔交易额改为200（表示A向B发送200枚数字硬币），即改为Transaction tran2 = A.send（B.publicKey，200）；那么由于超出A的余额，因此这笔交易将被丢弃，执行结果如下所示：

```
Wallet A Balance:100.0
Wallet B Balance:100.0
Add two transactions...
!!! Not Enough funds. Transaction Discarded.
Wallet A Balance:90.0
Wallet B Balance:110.0
Blockchain Valid:true

Process finished with exit code 0
```

参考文献

[1] 吴功宜. 智慧的物联网：感知中国和世界的技术［M］. 北京：机械工业出版社，2010.

[2] 汉斯. 物联网（IoT）基础：网络技术+协议+用例［M］. 李华成，译. 北京：人民邮电出版社，2021.

[3] 宋航. 万物互联：物联网核心技术与安全［M］. 北京：清华大学出版社，2019.

[4] 安翔. 物联网 Python 开发实战［M］. 北京：电子工业出版社，2018.

[5] 刘伟荣. 物联网与无线传感器网络［M］. 2 版. 北京：电子工业出版社，2021.

[6] 朱明，马洪连. 无线传感器网络技术与应用［M］. 北京：电子工业出版社，2020.

[7] 孙利民，李建中，陈渝，等. 无线传感器网络［M］. 北京：清华大学出版社，2005.

[8] ESTRIN D，GOVINDAN R，HEIDEMANN J S，et al. Next century challenges：scalable coordinate in sensor network［C］. In Proc. 5th ACM/IEEE International Conference on Mobile Computing and Networking，1999.

[9] BONNET P，GEHRKE J，SESHADRI P. Querying the physical world［J］. IEEE Personal Communication，2000，7（5）：10-15.

[10] POTTIE G J，KAISER W J. Embedding the Internet：Wireless integrated network sensors［J］. Communications of the ACM，2000，43（5）：51-58.

[11] AKYILDIZ I F，SU W，SANKARASUBRAMANIAM Y，et al. A survey on sensor networks［J］. IEEE Communications Magazine，2002，40（8）：102-114.

[12] BENSALEH M S，SAIDA R，KACEM Y H，et al. Wireless sensor network design methodologies：A survey［J］. Journal of Sensors，2020，2020：9592836.

[13] BURATTI C，CONTI A，DARDARI D，et al. An overview on wireless sensor networks technology and evolution［J］. Sensors，2009（9）：6869-6896.

[14] MATIN M A，ISLAM M M. Overview of wireless sensor network［M］//MATIN M A. Wireless sensor Networks：technology and protocols. London：IntechOpen，2012.

[15] TUBAISHAT M，MADRIA S. Sensor networks：An overview［J］. IEEE Potentials，2003（22）：20-30.

[16] HIJIOKE W C，JAMAL A J，MAHIDDIN N A. Wireless sensor networks，internet of things，and their challenges［J］. International Journal of Innovative Technology and Exploring Engineering，2019，8（12S2）：556-566.

[17] 李少年，李毅，魏列江，等. 基于改进卡尔曼数据融合算法的温室物联网采集系统研究［J］. 传感技术学报，2022，35（4）：558-564.

[18] PUCCINELLI D，HAENGGI M. Wireless sensor networks：Applications and challenges of ubiquitous sensing［J］. IEEE Circuits and Systems Magazine，2005，5（3）：19-31.

[19] DURISIC M P，TAFA Z，DIMIC G，et al. A survey of military applications of wireless sensor networks［C］//Proceeding from the 2012 Mediterranean Conference on Embedded Computing（MECO）. Bar，Montenegro，USA：IEEE，2012：196-199.

[20] OMOJOKUN G. A survey of Zigbee wireless sensor network technology：Topology，applications and challenges［J］. International Journal of Computer Applications，2015，130（9）：47-55.

[21] YOUNIS O，FAHMY S. HEED：A hybrid，energy-efficient，distributed clustering approach for ad hoc sensor networks［J］. IEEE Transactions on Mobile Computing，2004，3（4）：366-379.

[22] 汤旭翔，何蕾. 一种面向实验室安全监测 WSN 的自适应分段聚类多跳路由协议研究 [J]. 传感技术学报，2021，34 (5)：684-689.

[23] 陈娴静，王刚. 修正极坐标系中基于 AOA 的近似无偏定位方法 [J]. 传感技术学报，2020，33 (10)：1467-1474.

[24] 李逸文. 面向无线传感器网络的精准时钟同步技术研究 [D]. 成都：电子科技大学，2022.

[25] 李睿. 水下无线传感网络移动节点定位及目标跟踪关键技术研究 [D]. 大连：大连理工大学，2021.

[26] IEEE 802. 15. 4 Working Group. IEEE 802. 5 WPAN Task Group 4 (TG4) [S/OL]. [2022-08-20]. http：//www. ieee802. org/15/pub/TG4. html.

[27] IEEE. Wireless medium access control (MAC) and physical layer (PHY) specifications for low-rate wireless personal area networks (LR-WPANs)：IEEE Std 802. 15. 4-2003 [S]. New York：IEEE，2003.

[28] DAWOUD S D，D P. Microcontroller and smart home networks [M]. Gistrup：River Publishers，2020.

[29] HERSENT O，BOSWARTHICK D，ELLOUMI O. The Internet of Things：Key applications and protocols [M]. Chichester：Wiley，2012.

[30] NARESH K G. Inside Bluetooth Low Energy [M]. 2nd ed. Boston：Artech House，2016.

[31] 徐小龙. 云计算与大数据 [M]. 北京：电子工业出版社，2021.

[32] 孙宇熙. 云计算与大数据 [M]. 北京：人民邮电出版社，2017.

[33] 怀特. Hadoop 权威指南：大数据的存储与分析：4 版 [M]. 王海，华东，刘喻，等译. 北京：清华大学出版社，2017.

[34] 李文强. Docker+Kubernetes 应用开发与快速上云 [M]. 北京：机械工业出版社，2020.

[35] 顾炯炯. 云计算架构技术与实践 [M]. 2 版. 北京：清华大学出版社，2016.

[36] 李渝方. 数据分析之道：用数据思维指导业务实战 [M]. 北京：电子工业出版社，2022.

[37] 华为区块链技术开发团队. 区块链技术及应用 [M]. 2 版. 北京：清华大学出版社，2021.

[38] 张金雷，杨立兴，高自友. 深度学习与交通大数据实战 [M]. 北京：清华大学出版社，2022.

[39] 邹均，张海宁，唐屹，等. 区块链技术指南 [M]. 北京：机械工业出版社，2016.

[40] 吴吉义. 基于 DHT 的开放对等云存储服务系统研究 [D]. 杭州：浙江大学，2011.

[41] 刘鹏. 云计算 [M]. 3 版. 北京：电子工业出版社，2015.

[42] ACHARA S，RATHI R. Security related risks and their monitoring in cloud computing [J]. International Journal of Computer Applications，2013，86 (13)：42-47.

[43] ARMBRUST M，FOX A，GRIFFITH R，et al. A view of cloud computing [J]. Communications of the ACM，2010，53 (4)：50-58.

[44] 云安全联盟. 云计算关键领域安全指南 V4. 0 [Z]. 2017.

[45] 徐雷，张云勇，吴俊，等. 云计算环境下的网络技术研究 [J]. 通信学报，2017，33 (S1)：216-221.

[46] SABYASACHI A，SOHINI D，SUDDHASIL D. Uncoupling of mobile cloud computing architecture using tuple space：modeling and reasoning [C]. 6th ACM India Computing Convention，2013.

[47] 林闯，苏文博，孟坤，等. 云计算安全：架构、机制与模型评价 [J]. 计算机学报，2013，36 (9)：1765-1784.

[48] ABOUZAMAZEM A，EZHILCHELVAN P. Efficient inter-cloud replication for high-availability services [C]. IEEE International Conference on Cloud Engineering，2013.

[49] SU Y P，CHEN W C，HUANG Y P，et al. Time-shift current balance technique in four-phase voltage

regulator module with 90% efficiency for cloud computing [J]. IEEE Transactions on Power Electronics, 2014, 30 (3): 1521-1534.

[50] WANG N, YANG Y, MI Z Q, et al. A fault-tolerant strategy of redeploying the lost replicas in cloud [C]. 8th International Symposium on Service Oriented System Engineering, 2014.

[51] 罗军舟，金嘉晖，宋爱波，等. 云计算：体系架构与关键技术 [J]. 通信学报，2011，32 (7)：3-21.

[52] IDC. 全球及中国公有云服务市场（2020年）跟踪 [Z]. 2021.

[53] 艾瑞咨询. 艾瑞咨询系列研究报告：2020年第11期 [R]. 上海：上海艾瑞市场咨询有限公司，2020.

[54] LIU F, TONG J, MAO J, et al. NIST cloud computing reference architecture [J]. NIST Special Publication, 2011, 500 (292): 1-28.

[55] 刘江. 阿里云：布局全球云计算 [J]. 中国品牌，2015 (7)：26-27.

[56] 黄少荣. 云计算任务调度算法研究 [J]. 沈阳师范大学学报：自然科学版，2015，33 (3)：417-422.

[57] 冯朝胜，秦志光，袁丁，等. 云计算环境下访问控制关键技术 [J]. 电子学报，2015，43 (2)：312-319.

[58] 拱长青，肖芸，李梦飞，等. 云计算安全研究综述 [J]. 沈阳航空航天大学学报，2017，34 (4)：1-17.

[59] 吴斌伟. 移动通信网络功能虚拟化部署的关键技术研究 [D]. 成都：电子科技大学，2020.

[60] 张栖桐. 面向绿色云计算的虚拟机迁移机制的研究 [D]. 南京：南京邮电大学，2017.

[61] 王珊，萨师煊. 数据库系统概论 [M]. 5版. 北京：高等教育出版社，2014.

[62] 周屹，李艳娟. 数据库原理及开发应用 [M]. 2版. 北京：清华大学出版社，2013.

[63] 梅宏. 大数据发展现状与未来趋势 [J]. 交通运输研究，2019，5 (5)：1-11.

[64] 李学龙，龚海刚. 大数据系统综述 [J]. 中国科学：信息科学，2015，45 (1)：1-44.

[65] 闫树. 大数据：发展现状与未来趋势 [J]. 中国经济报告，2020 (1)：38-52.

[66] 李涛，曾春秋，周武柏，等. 大数据时代的数据挖掘：从应用的角度看大数据挖掘 [J]. 大数据，2015，1 (4)：57-80.